제6판 공공경제학 연습문제 해답집

공공경제학

Public Economics

연습문제 해답집

임봉욱 지음

6판

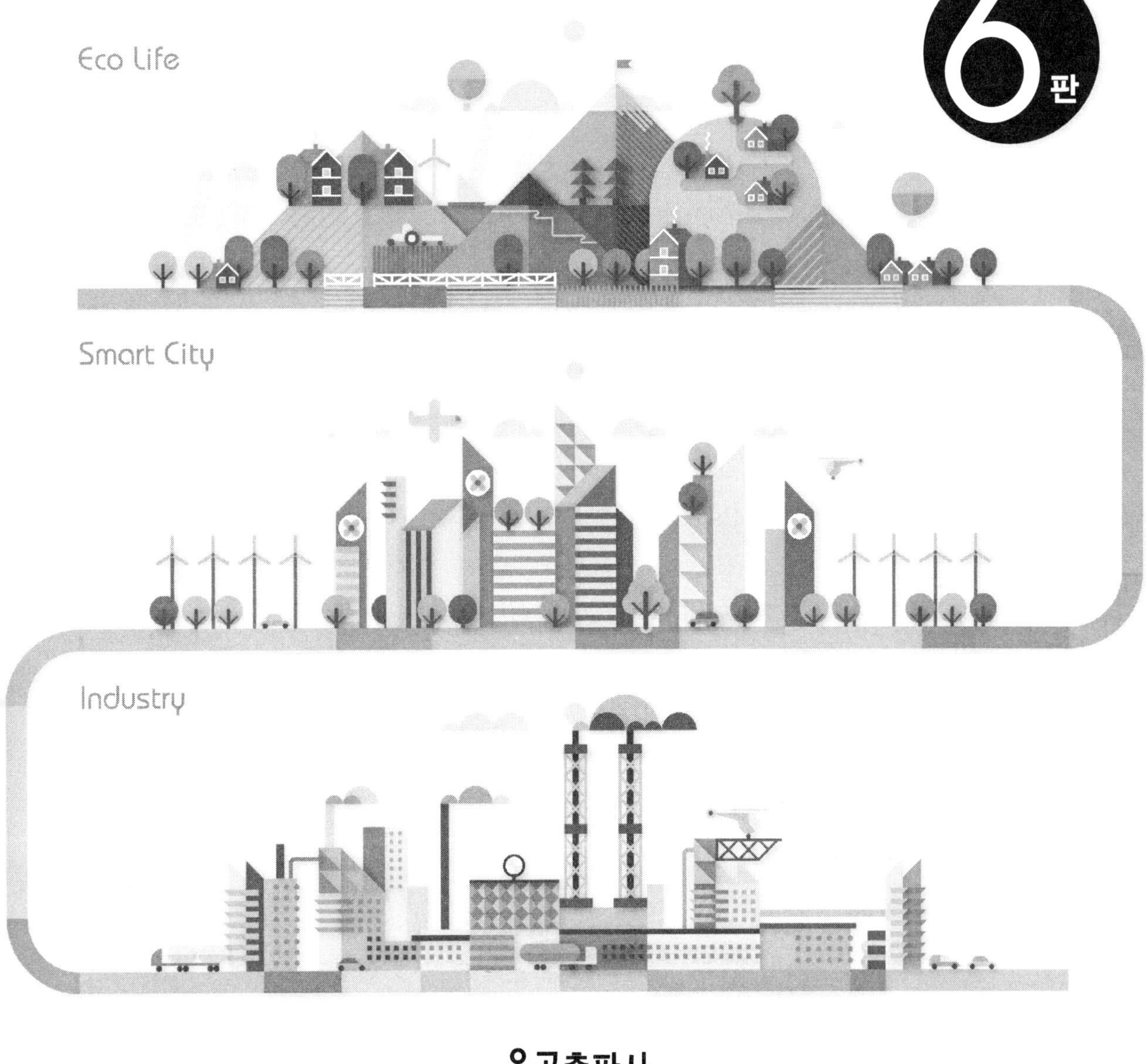

율곡출판사

들어가는 글

이 책은 율곡출판사가 발행한 『공공경제학』 제6판의 연습문제 풀이를 담은 책이다. 제5판 해답집과 마찬가지로 독자들의 편의를 위해 연습문제도 함께 실어놓았다. 다음 내용에 주목하자.

1. 『공공경제학』 6판에 새로 추가된 5장 16, 17, 6장 22, 25, 11장 2, 3 등 6개 연습문제의 해답이 실려 있다.
2. 『공공경제학』 5판 해답집처럼 이 책에는 『공공경제학』 제6판에 실리지 않은 8개의 문제들과 그 풀이가 실려 있다. 4장 7, (5장 15의 경우 『공공경제학』 5판과 달리 『공공경제학』 6판에는 문제 수록), 10장 19, 14장 17, 17장 8, 18장 22, 21장 11, 22장 16, 25장 6이 그것들이다. 5장 15를 제외하고는 모두 [추가 문제]라고 명시해 두었다.

책을 내게 된 동기에는 변화가 없기에 제5판 해답집의 내용을 여기에 옮겨 적는다.

"공공경제학은 정교한 미시적 분석을 바탕으로 하고 있다. 이러한 측면에서 그 내용을 완전히 이해하기 위해서는 연습문제를 풀어보는 것이 대단히 중요하다. 그 중요성을 강조하기 위해 필자의 『미시경제학 연습』의 머리말 일부를 여기에 옮겨본다.

'…… 보다 심층적으로 이해하는 방법 중의 하나는 여러 각도로 깊이 생각해 보는 것이다. 그것을 도와주는 방법 중의 하나는 바로 다양한 문제를 풀어보는 것이며, 다양한 문제를 풀어보는 것은 사고의 깊이를 더해 줄 뿐만 아니라 혹시 있을지도 모르는 사고의 오류를 스스로 깨닫게 해준다 ……'

1. 다시 말하지만, 공공경제학은 정교한 미시적 분석을 바탕으로 하고 있다. 그러므로 위의 내용은 공공경제학을 공부하는 데에도 그대로 적용된다.

2. 다만 하나 더 주목할 것은 공공경제학은 정부나 공공기관의 정책이나 제도들을 많이 다루고 있다는 점이다. 특히 이러한 제도나 정책의 경제적 효과를 후생경제학적 관점에서 분석하고 있다. 그러므로 지면관계상 이 책의 풀이에 일일이 적시하지 않았더라도 정책과 관련된 문제를 접할 때에는 가능한 한 효율 측면뿐만 아니라 공평 측면도 함께 고려해 보기 바란다. 나아가서 실제 정책으로 집행하려 할 때 예상되는 문제점들에 대해서 평가해 보는 것도 중요하다고 하겠다.
3. 이 책에 있는 풀이는 어디까지나 참고용이라는 점에 주목하기 바란다. 항상 느끼지만, 문제를 푸는 사람이 출제자가 의도한 것보다 훨씬 더 멋진 방법으로 풀어내는 경우가 많다. 필자도 독자 여러분들의 더 멋지고 독창적인 풀이를 기대해 본다.

독자들이 공공경제학이나 재정학을 공부하는 데 이 책이 조금이나마 도움이 된다면 필자에게는 더 없는 영광이겠다."

끝으로 항상 필자에게 많은 관심을 보여주시는 율곡출판사의 박기남 사장님, 『공공경제학』 6판뿐만 아니라 이 해답집까지 열과 성을 다하시어 완벽하게 편집해 주신 방조일 님, 여러모로 애써 주신 관계자 여러분들께 깊이 감사드린다.

2022. 1.

임봉욱
(limbu@dju.kr)

[정정]

『공공경제학』 6판 401쪽 [그림 14−3] 및 관련 본문, 『미시경제학 연습』 5판(율곡출판사) 89쪽 그림 및 관련 본문에서 $2{,}000(1-\tau_2)$들은 모두 이 책 13장 7번의 그림에서처럼 $1{,}000(1-\tau_1)+1{,}000(1-\tau_2)$로 고쳐 써야 한다.

차 례

03

후생경제학

01. 어떤 개인이 자급자족할 목적으로, 두 재화 X, Y를 생산하려는데 이를 위해서 800시간을 투입할 계획이라고 한다. 각 재화의 생산함수를 $X = L_X^{\frac{1}{2}}$, $Y = \frac{1}{2}L_Y^{\frac{1}{2}}$라 하고, 효용함수를 $U = (XY)^{\frac{1}{2}}$라 하자. 여기서 L_X, L_Y는 각 재화를 생산하는 데 투입한 노동시간이다.

(a) 효율적 노동시간 배분, 각 재화의 산출량, 그리고 그때의 효용을 구하시오.

(b) 두 재화에 대한 국제상대가격이 1인 상황에서 이 개인이 무역을 할 경우 각 재화의 산출량 및 소비량과 그때의 효용을 구하시오.

(c) 위의 (a) 및 (b)의 결과를 그림으로 나타내시오.

해답 $L_X + L_Y = 800$이다. 그런데 생산함수가 $X = L_X^{\frac{1}{2}}$, $Y = \frac{1}{2}L_Y^{\frac{1}{2}}$로 주어졌다. 생산함수들을 이 식에 대입하면 생산가능경계선은 $PPF : X^2 + 4Y^2 = 800$으로 구해진다. 이로부터

$$MRT = -\frac{dY}{dX} = \frac{2X}{8Y} = \frac{X}{4Y}$$

를 얻는다. 한편 효용함수로부터

$$MRS = -\frac{dY}{dX} = \frac{dU/dX}{dU/dY} = \frac{Y}{X}$$

를 얻는다.

(a) 종합적 효율조건인

$$MRS = MRT$$

로부터 $X = 2Y$를 얻는다. 이 식과 PPF를 이용하면, $X^* = 20$, $Y^* = 10$을 얻는다. 이 값을 효용함수에 대입하면 $U^* = 10\sqrt{2}$를 얻는다. 한편 생산함수로부터 $L_X^* = L_Y^* = 400$을 얻는다.

(b) $\frac{P_X}{P_Y} = 1$이므로, $MRT = 1$로 놓으면 $X = 4Y$를 얻는다. 이 식과 PPF로부터 산출량은 $X^* = 8\sqrt{10}$, $Y^* = 2\sqrt{10}$으로 구해진다. 이때 효용을 극대화하는 소비량은

$$Max \quad X^{\frac{1}{2}}Y^{\frac{1}{2}}$$
$$s.t. \quad X + Y = 10\sqrt{10}\,(= p_X X^* + p_Y Y^* = 8\sqrt{10} + 2\sqrt{10})$$

으로부터 $X^* = 5\sqrt{10}$, $Y^* = 5\sqrt{10}$으로 구해진다. 이때 효용수준은 $U^* = 5\sqrt{10}$이 된다.

(c)

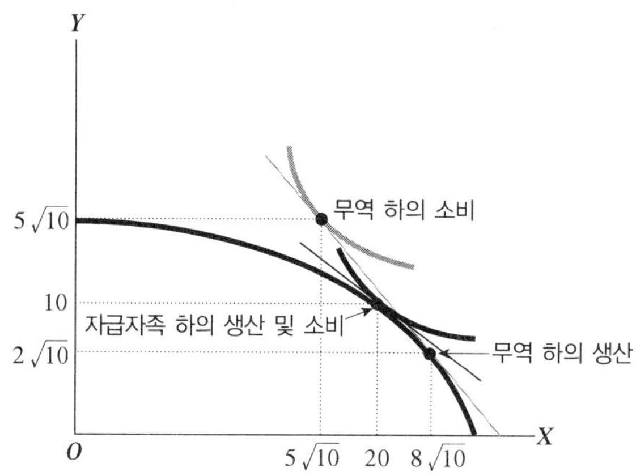

02. 두 재화 X, Y가 존재하는 경제를 생각해 보자. 이때 재화 X, Y 사이의 한계대체율이 2이고, 한계변환율이 1이라고 하자. 파레토효율을 위해서 이 경제는 어떻게 해야 하는가? 또 그 이유를 설명하시오.

해답 X재를 더 생산해야 한다. 한계대체율이 2라는 것은 X재를 한 단위 더 얻기 위해 Y재를 두 단위 포기할 의향이 있다는 것을 의미한다. 한편 한계변환율이 1이라는 것은 X재를 한 단위 더 얻기 위해 기술적으로 Y재를 한 단위 포기해야 한다는 것을 의미한다. 따라서 위와 같은 상황에서는 X재를 한 단위 더 얻기 위해 Y재를 두 단위 포기할 의향이 있음에도 불구하고, Y재를 한 단위만 포기하고서도 X재를 한 단위 더 얻을 수 있게 된다.

부분균형분석 측면에서 볼 때 X재 소비로부터 얻는 한계편익이 X재 생산에 드는 한계비용보다 크므로 X재를 더 생산해야 한다.

03. 파레토효율적 배분에서보다 모든 사람들의 효용이 모두 나아지는 배분이 존재할 수 있는가?

해답 존재할 수 없다. 어떤 배분에서 모든 사람들의 효용수준이 나아지는 이른바 파레토 개선의 여지가 있다면 그 배분은 파레토효율적이 될 수 없기 때문이다.

04. 두 개인 A, B가 존재하는 순수교환모형을 생각해 보자. 이때 다음의 각 경우에 교환의 결과를 그림으로 나타내고 각 결과가 파레토효율적인지를 말하시오.

(a) 각 개인이 가격순응자로 행동할 경우

(b) 개인 A가 독점자로서 가격을 설정할 수 있을 경우

(c) 개인 A가 완전가격차별 독점자일 경우

해답 〈그림 참조〉

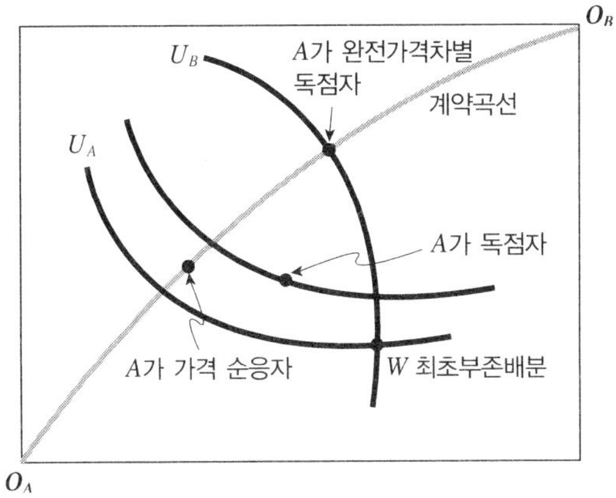

(a) 가격기구가 파레토효율적 배분을 낳는다. 그리고 통상 두 사람이 모두 교환으로부터 이득을 얻는다.

(b) 독점자는 자신에게 가장 유리한 가격비율을 설정한다. 이것은 그림에 그려져 있지는 않지만 구체적으로 개인 B의 오퍼곡선(offer curve)과 자신의 무차별곡선이 접하는 점에서 측정한 기울기로 결정된다.[1]

이때 균형은 계약곡선 상에 놓이지 않으므로 파레토효율적이지 않다. 통상적으로 경쟁균형에 비해 개인 A는 더 높은 효용을 누리고 개인 B는 더 낮은 효용에 머무른다.

---

1. 오퍼곡선은 상대가격이 변화할 때 이에 대응하여 생겨나는 예산선과 무차별곡선이 접하는 점들의 궤적을 말한다. 이것은 가격소비곡선과 같은 개념이다.

(c) 개인 A가 완전가격차별 독점자일 경우 균형은 최초부존배분을 지나는 개인 B의 무차별곡선이 계약곡선과 만나는 곳에서 달성된다. 이때 모든 교환의 이득은 개인 A에게 돌아가 교환을 통해 이득을 볼 여지는 더 이상 없다. 따라서 이때의 배분은 파레토효율적이다.

05. 현재 경제 전체에 야채와 과일이 각각 100단위씩 있다고 하자. 개인 A는 야채(V) 1단위와 과일(F) 2단위를 항상 함께 먹는다고 한다. 한편 개인 B에게는 야채 1단위와 과일 2단위가 서로 대체될 수 있다고 한다.

(a) 각 개인의 선호를 효용함수로 나타내시오.
(b) 계약곡선을 그리시오.

처음에 개인 A가 야채를 40단위, 과일을 60단위 갖고 있었다고 하자.

(c) 경쟁균형을 그리시오.
(d) 유일하게 가능한 상대가격의 값은 얼마인가? 경쟁균형 및 균형가격을 구하시오. 교환으로부터 누가 이득을 보았는가에 대해서 논의하시오.

해답

(a) 두 상품이 개인 A에게는 보완재이고 개인 B에게는 대체재이므로 효용함수는 각각

$$U_A = \min(V, \frac{F}{2}), \quad U_B = 2V + F$$

가 된다.

(b) 파레토효율을 위한 유일한 조건은 $2V_A = F_A$이다. 그 이유를 살펴보자.

(i) 이를 위해 그림의 Q점과 같이 $2V_A = F_A$직선 상에 있지 않은 배분을 생각해 보자. 그리고 배분 Q를 지나는 두 개인의 무차별곡선을 그려보자. 그러면 그림과 같이 삼각형의 부분이 형성된다. 이 경우 이러한 삼각형의 내부에 있는 $2V_A = F_A$직선 부분으로 이동하면 두 개인이 모두 나아진다. 즉, 파레토개선이 이루어진다. 이같은 파레토개선은 $2V_A = F_A$직선 상에 있지 않은 어떠한 배분에서도 발생한다. 그러므로 $2V_A = F_A$직선 상에 있지 않은 배분은 파레토효율적이 아니다.

(ii) 끝으로 $2V_A = F_A$를 따라 위로 이동해 보자. 이 경우 개인 A는 나아지지만 개인 B는 나빠진다. 즉, 이 경우 파레토개선이 되지 않는다.

(iii) 반대로 $2V_A = F_A$를 따라 아래로 이동하면 개인 B는 나아지지만 개인 A는 나빠

진다. 이 경우에도 역시 파레토개선이 되지 않는다.

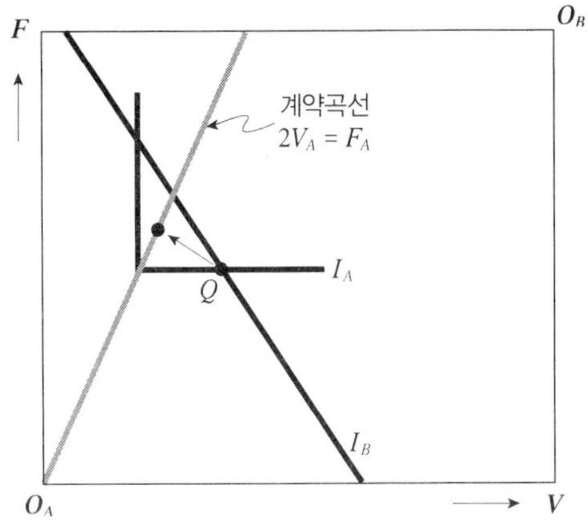

(iv) 결과적으로 $2V_A = F_A$직선 상에 있는 배분은 파레토효율적이다. 그러므로 계약곡선의 식은 $2V_A = F_A$이다.

(c) 경쟁균형이 그림에 표시되어 있다.

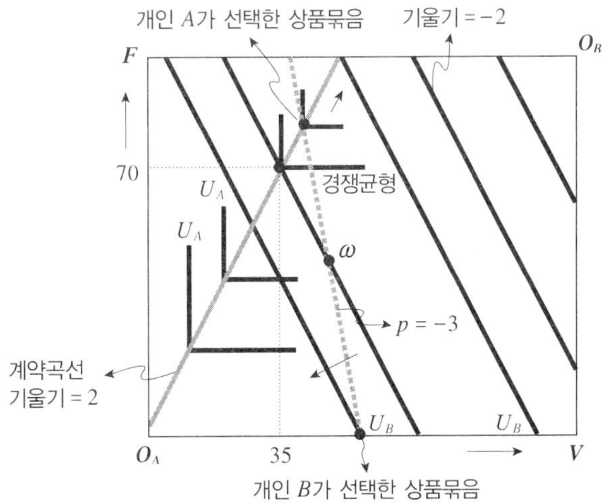

(d)

(i) 만일 $P = \frac{P_V}{P_F} \neq 2$일 경우, 예를 들어 $P = \frac{P_V}{P_F} = 3$이라고 하자. 이때 부존점을 지나는 점선을 각 개인의 예산선으로 생각할 수 있다. 이때 에지워드상자는 이 점선에 의해 두 부분으로 나뉘어진다. 이 두 부분 중에서 왼쪽 부분이 개인 A의 예산집합이 된다. 개인 A는 이 예산집합에 있는 점 중에서 가장 먼 무차별곡선 상에 놓이는 점을 택한다. 이것이 그림에 개인 A가 선택한 상품묶음이라고 표시되어 있다. 개인 B도 같은 원리에 따라 선택한다. 이것이 그림에 개인 B가 선택한 상품묶음으로 표시되어 있다. 개인 A는 여전히 계약곡선 상의 배분에서 소비를 하지만, 개인

B는 모퉁이(corner)에서 소비를 하므로 경쟁균형이 달성되지 않는다. 그러므로 유일한 균형가격은 $P = \frac{P_V}{P_F} = 2$이다.

(ii) 경쟁균형을 구체적으로 찾아보자. 부존량은 $W = (100, 100)$, 개인 A의 최초부존배분은 $E_A = (40, 60)$, 개인 B의 최초부존배분은 $E_B = (60,40)$으로 주어졌다. 개인 A의 효용극대화 문제는

$$\begin{aligned} Max \quad & U_A = \min(V_A, \frac{F_A}{2}) \\ s.t. \quad & p_V V_A + p_F F_A = p_V \cdot 40 + p_F \cdot 60 \end{aligned}$$

이다. 개인 A의 효용함수에서 볼 때 그가 상품을 불필요하게 낭비하지 않는 조건, 즉 효율조건은 $V_A = \frac{F_A}{2}$ (1)이다. 이것을 예산식에 대입하여 풀면

$$\frac{p_V}{p_F} = \frac{60 - 2V_A}{V_A - 40} \qquad (2)$$

를 얻는다.

한편 유일한 균형가격은 $\frac{P_V}{P_F} = 2$라고 하였다. 이것을 (2)식에 대입하면 $V_A^* = 35$를 얻는다. 이 값을 (1)에 대입하면 $F_A^* = 70$을 얻는다. 따라서 $V_B^* = 65$, $F_B^* = 30$이다.

(iii) 이때 개인 A의 입장에서 보면 경쟁균형은 최초부존배분보다 더 높은 무차별곡선 상에 놓인다. 반면에 개인 B의 입장에서 보면, 경쟁균형이나 최초부존배분이 모두 같은 무차별곡선 상에 놓인다. 따라서 교환의 결과 개인 A의 효용은 높아지지만 개인 B의 효용은 변하지 않는다.

06. 두 개인 A, B만 존재하는 단순한 경제를 가정하자. 사회후생함수가 다음의 각 경우와 같을 때 각자의 후생에 사회가 부여하는 중요성은 어떠한가?

(a) $W = U_A + U_B$일 때

(b) $W = 2U_A + U_B$일 때

해답

(a) 개인 A나 개인 B 중 누구의 효용이 증가하든 사회후생은 똑같이 증가한다. 이로부터 각 개인의 효용에 부여하는 사회적 중요성은 같다는 것을 알 수 있다.

(b) 개인 A의 효용증가는 개인 B의 효용증가에 비해 사회후생을 2배 증가시키므로 개인 A의 효용에는 개인 B의 효용에 비해 사회적으로 2배의 중요성이 부여되고 있다고 볼 수 있다.

07. X재가 100개 있다고 하자. 경제 내에 두 명의 개인 A, B가 있는데 그들의 효용함수가 각각 $U_A = 2X_A^{\frac{1}{2}}$, $U_B = X_B^{\frac{1}{2}}$이라고 하자.

(a) 공리주의 사회후생함수를 가정할 때 사회후생의 극대값을 구하시오.

(b) 롤즈의 사회후생함수를 가정할 때 사회후생의 극대값을 구하시오.

해답

(a) 각 개인의 효용함수로부터 $X_A = \frac{U_A^2}{4}$, $X_B = U_B^2$를 얻는다. 이것을 $X_A + X_B = 100$에 대입하면

$$\frac{U_A^2}{4} + U_B^2 = 100$$

을 얻는다. 이것이 효용가능경계선이다.

공리주의 사회후생함수일 경우 사회후생극대화 문제는

$$\underset{U_A,\, U_B}{Max} \quad W = U_A + U_B$$
$$s.t. \quad \frac{U_A^2}{4} + U_B^2 = 100$$

이다. 라그랑지함수를 이용해 이 문제를 풀면 $U_A = 8\sqrt{5}$, $U_B = 2\sqrt{5}$, $W = 10\sqrt{5}$를 얻는다. 참고로 이때 $X_A^* = 80$, $X_B^* = 20$을 얻는다.

(b) 롤즈의 사회후생함수일 경우에는

$$\underset{U_A,\, U_B}{Max} \quad W = Min[U_A, U_B]$$
$$s.t. \quad \frac{U_A^2}{4} + U_B^2 = 100$$

을 풀면 된다. 그런데 효율이 달성되려면 $U_A = U_B$가 성립되어야 한다. 따라서 $U_A = U_B = 4\sqrt{5}$, $W^* = 4\sqrt{5}$를 얻는다. 참고로 $X_A^* = 20$, $X_B^* = 80$이다.

롤즈의 사회후생함수에서는 공리주의 사회후생함수에서보다 분배가 더 강조된다. 그 결과 롤즈의 사회후생함수일 경우 사회후생의 극대값이 더 작아진다.

08. 경쟁균형의 긍정적인 측면과 부정적인 측면에 대해서 각각 말하시오.

해답 (i) **긍정적 측면** : 몇 가지 가정 아래에서는 경쟁균형은 파레토효율적이 된다. 이것은 긍정적으로 생각될 수 있다. 왜냐하면 그 배분에서 더 이상 모든 사람을 동시에 더 낫게 만들 수 있는 방법은 없기 때문이다.

(ii) **부정적 측면** : 경쟁균형은 부정적인 측면도 지니고 있다. 즉, 경쟁균형의 경우 소득분배 측면에서는 바람직하지 않은 경우가 발생할 수도 있다.

09. 모든 사람들이 배분 X보다 배분 Y를 더 선호할 경우 배분 Y는 배분 X보다 사회적으로 선호된다고 말한다. 이러한 기준을 사회적 선택에 적용하려 할 때 직면하는 문제점을 지적하시오.

해답 가장 주요한 문제점은 이러한 기준에 의해서는 서로 비교될 수 없는 배분들이 존재한다는 것이다. 이를테면 더 이상 파레토개선의 여지가 없는 배분들, 즉 파레토효율적 배분들은 서로 비교될 수 없다.

10. 고속전철의 건설재원을 일반조세수입으로 충당하려고 한다. 파레토개선 여부를 판단하시오.

해답 일반조세수입은 고속전철 건설이 아닌 다른 용도로도 사용될 수 있다. 그럼에도 불구하고 일반조세수입이 고속전철에 사용될 경우 다른 사업부문의 재원조달을 위해 조세를 더 징수해야 한다. 이 경우 고속전철을 별로 이용할 기회가 없는 사람의 후생은 감소할 것이다. 따라서 이러한 정책은 파레토개선이 되는 결과를 낳지 못한다.

04 시장의 실패와 정부의 기능

01. 시장수요곡선이 $Q = 170 - P$이고, 독점자의 평균비용함수가 $AC = 50 + Q$라고 하자.

(a) 독점자의 이윤을 극대화하는 산출량 및 가격, 그리고 그때의 이윤 및 소비자잉여를 구하시오.

(b) 이 시장이 완전경쟁이었을 경우 산출량 및 소비자잉여를 구하시오.

(c) 독점자의 이윤과 그때의 소비자잉여의 합을 경쟁시장일 때 얻는 소비자잉여의 크기와 비교하시오. 독점자의 자중손실을 구하시오.

해답

(a) 총비용이 주어져 있지 않으므로 총비용을 평균비용으로부터 구한다. 이때 이윤극대화 문제는

$$\pi(Q) = TR - TC = PQ - (AC)Q = (170Q - Q^2) - (50Q + Q^2)$$

이다. 이 식을 Q로 미분하면 $170 - 2Q = 50 + 2Q$를 얻는다. 이것은 바로

$$MR = MC$$

조건이다. 이로부터 $Q^0 = 30$을 얻는다. 이 값을 수요곡선에 대입하면 $P^0 = 140$을 얻는다. 이때 $\pi(30) = \pi^0 = 1,800$을 얻는다. 그림을 그려서 구해 보면 소비자잉여 $= (30)(30)/2 = 450$이다.

(b) 완전경쟁일 경우 개별기업은 가격수용자이다. 즉, P가 일정하게 주어진다. 이때 이윤극대화 문제는

$$\pi(Q) = TR - TC = PQ - (AC)Q = PQ - (50Q + Q^2)$$

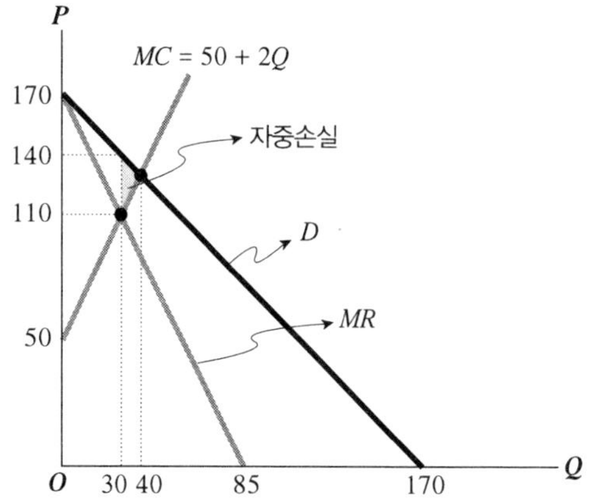

이다. 이 식을 Q로 미분하면 $P = 50 + 2Q$를 얻는다. 이것은 바로

$$P = MC$$

조건이다. 그런데 수요곡선으로부터 $P = 170 - Q$이다. 그러므로 위 식은 $170 - Q = 50 + 2Q$가 된다. 이로부터 $Q^* = 40$을 얻는다. 이때 그림을 그려서 구해보면 소비자잉여 = (40)(40)/2 = 800으로 구해진다.

(c) 'π^0 + 독점 하의 소비자잉여 = 2,250 > 경쟁 하의 소비자잉여 = 800' 이다. Harberger 삼각형의 밑변은 $Q^0 = 30$에서의 가격과 MC의 차이인 30이고, 높이는 경쟁과 독점의 산출량의 차이인 10이다. 따라서 자중손실 = (30)(10)/2 = 150을 얻는다.

02. 자연독점을 규제하고자 할 때 직면하는 문제점들에 대해 논하시오.

해답 (i) 우선 기업의 비용곡선에 대한 정확한 정보가 있어야 한다.

(ii) 효율을 달성하기 위해 한계비용가격정책을 시행할 경우 기업이 손실을 입게 되어 산업을 이탈하게 된다. 이 때문에 한계비용가격정책을 시행할 경우에는 생산을 공기업이 담당하게 한다. 그리고 이때 손실은 정부의 보조금으로 충당한다.

(iii) 평균가격정책을 채택하면 손실을 피할 수는 있으나 산출량이 효율적인 수준에 비해 너무 적어진다.

03. 정부가 소비자주권의 원리(principle of consumer sovereignty)를 침해하는 예를 들어 보시오.

해답 마약금지, 도박금지, 특정 장소에서의 흡연금지 등을 들 수 있다.

04. 최근 정부에서 공기업을 매각하고 있다. 이것을 공기업의 민영화(privatization)라고 한다. 이에 대한 찬반론에 대해 논의하시오.

해답

(1) **찬성론** :

(i) 경쟁에 의해 효율이 증진될 수 있다.

(ii) 민영화 이전 공기업의 적자를 정부보조금으로 보전했다면 보조금 재원 마련을 위한 조세 징수로 인해 다른 부문에 비효율이 발생했을 것이다. 민영화할 경우 평균비용가격정책으로 정상이윤을 보장함으로써 이러한 측면의 비효율 발생을 피할 수 있다.

(2) **반대론** :

(i) 공기업이 가지고 있는 분배기능을 상실할 우려가 있다. 예를 들어 민간기업이 단지 이윤만을 고려해 사업을 수행한다면 도서 및 산간벽지 주민의 전기 및 전화 서비스 이용료는 도시 주민에 비해 상당히 비싸질 것이다.

(ii) 자원배분의 비효율이 완전히 제거되지는 않는다.

(iii) 해당 산업의 생산 감소로 인해 고용이 감소할 수 있다.

05. 군대에서 자동차를 구매하는 행위와 탱크를 구매하는 행위의 차이는 무엇인가? 이러한 차이가 정부의 조달정책에 어떠한 영향을 미치는가?

해답 자동차의 구매자는 일반소비자들을 포함하여 상당히 많다. 그러나 탱크의 구매자는 군대뿐으로서 유일하다. 따라서 유일한 구매자인 군대의 관심이 없을 경우에는 탱크는 공급되지 않는다. 이것은, 자동차는 시장에서 구입되어야 하며 탱크는 계약을 통해 주문될 필요가 있음을 의미한다. 이 경우 정부가 첨단 탱크 개발 등 새로운 사업비용의 불확실성에 대한 위험을 분담하게 되므로 비용측면에서 비효율이 유발될 수도 있다.

06. 어떤 재화를 공적으로 공급할 것인가 아니면 사적으로 공급할 것인가를 결정할 때 고려해야 할 사항들을 말하시오.

해답 (i) **두 부문 간 생산요소의 가격차, 행정비용**—공공부문이 일률적으로 결정하는 것이 행정비용을 절감시키는 경우가 있다.

(ii) **선호의 다양성**—다양한 선호에 맞추기 위해서는 정부가 일률적으로 공급하는 것보다 사적 부문이 공급하는 것이 낫다.

(iii) **분배에 대한 고려**—상품평등주의(commodity egalitarianism)에 입각하여 교육, 의료 등은 공적으로 공급되는 것이 낫다. 한편 교육, 의료서비스의 경우와 같이 상품을 이용할 수 있는 가능성이 단지 개인의 소득에만 근거해서는 안 된다는 견해를 상품평등주의라고 한다.

[추가 문제]

07. 고정비용이 대단히 크고 한계비용은 아주 작은 산업을 생각해 보자.

(a) 시장에 맡겼을 경우 예상되는 결과에 대해 논의하시오.

(b) 이 기업의 주식을 정부가 모두 매입한다고 하자. 이때 예상되는 결과에 대해 논의하시오.

(c) 앞서 정부가 매입한 주식을 모두 매각한다고 하자. 이후 예상되는 결과에 대해 논의하시오.

해답

(a) 자연독점이 되어 비효율이 유발된다.

(b) 이 기업의 주식을 정부가 모두 매입하면 이 기업은 공기업이 된다. 공기업일 경우 한계비용가격정책으로 규제하며, 그 결과 교과서 4.2.1에 등장하는 그림에서 보듯이 자원배분의 효율이 달성된다. 이때 손실 보전을 위한 보조금 재원 마련을 위해 다른 부문에 조세를 부과하게 되며 이로 인해 비효율이 발생한다. 또한 해당 상품을 소비하지 않는 소비자들에게도 조세를 부과하게 되므로 공평 문제가 제기된다. 공기업 특성상 · 경영상의 비효율이 발생할 우려가 있다.

(c) 정부가 매입한 주식을 모두 매각하는 것은 기업을 민영화한다는 의미이다. 민영화한 후에는 평균비용가격정책으로 규제한다. 평균비용가격정책으로 규제할 경우 이윤이 0이 되며 손실이 발생하지 않는다. 따라서 보조금 재원 마련을 위한 조세를 부

과할 필요가 없게 되므로 조세부과에 따른 비효율은 발생하지 않는다. 그러나 평균비용가격정책으로 인해 가격이 평균비용과 같은 수준에서 정해질 경우 교과서 4.2.1 〈Box 4.1〉에 등장하는 그림에서 보듯이 자연독점의 특성상 산출량이 효율 수준에 미치지 못하게 된다. 그리고 그에 따라 자원이 비효율적으로 배분된다. 또한 민영화한 후 평균비용가격정책으로 규제할 경우 공기업일 때보다 상품가격은 상승하고 산출량이 감소하며 산출량 감소는 고용감소로 이어진다. 이 때문에 민영화는 정치적인 이슈가 되는 경우가 많다.

05
공공재와 선호시현

01. 어떤 아파트에 1,000가구의 주민이 살고 있다. 그런데 각 가구는 총 방범등의 개수에 관계없이 방범등을 추가로 하나 설치하는 데 1만원씩 낼 용의가 있다고 한다. 한편 방범등 공급의 비용함수는 $C(X) = 100{,}000X^2$라고 한다. 파레토효율 수준의 방범등 개수를 구하시오.

해답 공공재 공급의 효율조건은

$$\sum MRS = MRT$$

이다. 이제 사적재의 가격을 1로 놓자. 그러면 $\sum MRS = (1{,}000)(10{,}000)$, $MC(=MRT) = 200{,}000X$가 된다. 이것들을 위 식에 대입하면 $X = 50$을 얻는다.

02. 공원에 나무를 심기 위해 사람들에게 나무에 대한 수요를 물어보았다. 사람들 중 한 명을 A라 하고 나머지 사람들을 B라고 하자. 이때 그들이 말한 수요가 $q_A = 400 - P_A$, $q_B = 600 - P_B$라고 한다. 한편 나무의 시장공급곡선은 $Q = 100 + \frac{1}{2}P$이다.

(a) 이 수요가 진실된 수요라고 가정하자. 공원의 나무를 순수공공재라고 할 때 효율적인 나무의 수량을 구하시오.

(b) 이제 이 수요가 진실된 것인지를 알 수 없다고 하자. 이때 개인 A에 대한 클라크조세 스케줄을 구하시오.

(c) 이때 공공재 공급량은 어떻게 결정되는가? 클라크조세 수입은 얼마인가?

(d) 다른 사람들이 거짓을 말하더라도 자신은 진실되게 말하는 것이 최선이 되는가? 그 이유는 무엇인가?

(e) 이러한 조세가 효율적인가?

(f) 각 개인에게 그들이 받는 편익에 비례하여 조세가격을 부과한다고 할 때 각 개인의 조

세가격을 구하시오.

(g) 그들이 말한 수요가 진실된 수요라고 가정하자. 공원의 나무가 사적재 시장에서 공급될 때 공원의 나무 수량 및 각 개인의 수요량을 구하시오.

해답

(a) $q_A = 400 - p_A$ (1), $q_B = 600 - p_B$ (2), $Q_s = 100 + \frac{1}{2}p$ (3)이다.

공공재의 경우 같은 양만큼 공동으로 소비한다. 그러므로 공공재의 소비량을 Q라 하면

$$Q = q_A = q_B \tag{4}$$

이때 개인 A의 한계평가는

$$p_A = 400 - Q \tag{5}$$

개인 B의 한계평가는

$$p_B = 600 - Q \tag{6}$$

이다. 한편 총한계평가(수요곡선)는 각 개인의 한계평가를 합하여 구한다. 공공재는 공동으로 소비하기 때문에 주어진 수량에 대해 각 개인이 얻는 편익을 합해야 하기 때문이다. 이것을 수학적으로 구하면

$$p = p_A + p_B = 1{,}000 - 2Q \tag{7}$$

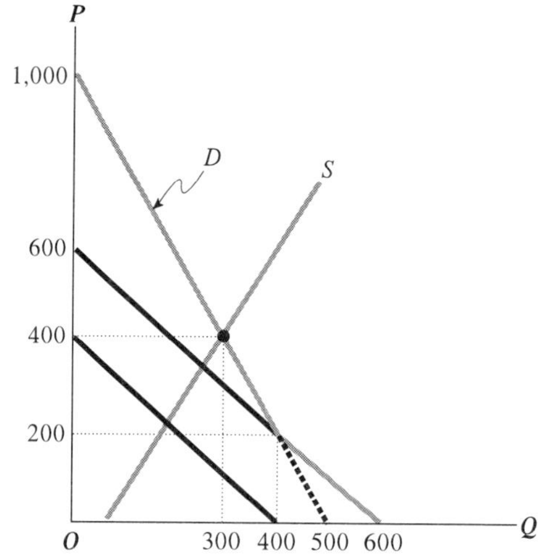

이 된다. 그래프상으로는 각 개인의 수요곡선을 수직으로 합한 것으로 나타난다. 이제 공공재의 균형수량을 구하려면 이 식과 공급곡선을 나타내는 (3)을 연립으로 풀어야 한다. 두 식에서 변수는 3개, 미지수는 2개이다. 그러므로 식 1개가 더 필요하다. 그런데 균형에서는

$$Q_s = Q \tag{8}$$

이 성립한다. 그러므로 (3), (7) 그리고 (8)로부터 $Q^* = 300$을 얻는다. 이때 공공재 1단위당 공급비용은 $p = 2(Q^* - 100) = 400$이다.

(b) 예를 들어 공공재 공급비용에 대한 개인 A의 분담몫이 50, 나머지 사람들의 분담몫이 350이라고 하자. 한편 이러한 분담몫은 임의로 정한 값이다. 이제 클라크조세 스케줄을 T라 하자. 그러면 클라크조세는 다른 사람들의 비용 분담몫의 합에서 다른 사람들의 수요의 합을 수직으로 빼준 것이므로

$$T = 350 - p_B = 350 - (600 - Q) = -250 + Q$$

가 된다.

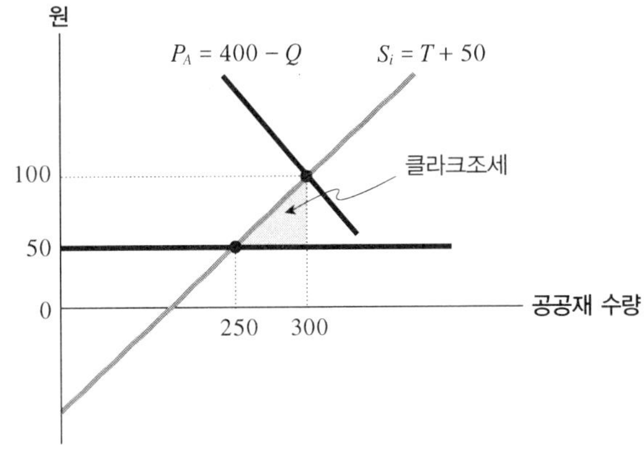

(c) 공공재의 총공급량에서는 '개인 A의 수요 = 개인 A의 한계비용'이 성립한다. 그런데 공공재 공급에 대한 개인 A의 한계비용은 클라크조세와 자신에게 분담된 비용의 합이므로

$$T + 50 = -250 + Q + 50 = -200 + Q$$

이다. 그런데 개인 A의 수요는 $400 - Q$이다. 따라서 총공급량에서는

$$400 - Q = T + 50$$

즉,

$$400 - Q = -200 + Q$$

가 성립한다. 이로부터 $Q = 300$을 얻는다. 이때 그림을 참조하면

$$조세수입 = 50 \times 50 \times \frac{1}{2} = 1{,}250$$

이 된다.

(d) 다른 사람들이 거짓을 말하더라도 자신은 진실되게 말하는 것이 자신에게 최선이 된다. 클라크조세 스케줄은 자신이 어떻게 말하는가와는 관계없이 정해진다. 아울러 정부는 사람들이 말한 것이 진실이든 아니든 사람들이 보고한 것에 근거해 공공재를 공급한다는 점에 주목하자. 이러한 상황에서 자신의 효용은 자신의 진실된 수요곡선에 반영되어 있으므로 진실을 말하는 것이 자신에게 이득이 된다.

(e) 클라크조세는 사뮤엘슨조건은 만족시키지만 자원배분 측면에서는 비효율적이다. 그 이유는 클라크조세를 거둘 경우 그에 상응하는 만큼의 사적재 소비가 줄어들기 때문이다. 나아가서 진실된 선호시현을 유도하기 위해 조세를 거두었지만, 이때 조세수입을 처분해야 하는 문제가 남기 때문이다. 이 조세를 다시 개인들에게 돌려준다면 이러한 상황을 알고 있는 개인으로서는 진실된 선호를 시현할 유인이 없어진다.

(f) 공공재 소비로부터 개인이 얻는 편익을 구하기 위해 (5)식과 (6)식에 균형수량을 대입한다. 그 결과

$$p_A^* = 400 - Q^* = 400 - 300 = 100,$$
$$p_B^* = 600 - Q^* = 600 - 300 = 300$$

을 얻는다. 공공재 한 단위 소비당 이러한 조세가격을 부과할 경우 각 개인은 300 단위의 공공재를 수요한다. 한편 단위당 공급비용은 비용함수인 (3)식으로부터 구한다. 즉,

$$p = 2(Q^* - 100) = 400$$

이 된다. 그러므로 단위당 조세의 합 $(100 + 300)$은 단위당 공급비용 400을 정확하게 충당한다.

이때 이 조세가격은 일종의 린달균형가격이다.

(g) 사적재 시장에서 각 개인은 가격수용자로 행동하며 동일한 가격에 직면한다. 그러므로 각 개인이 직면하는 가격을 p라 하면

$$p = p_A = p_B \tag{9}$$

가 성립한다. 이때 개인 A의 수요는

$$q_A = 400 - p \tag{10}$$

개인 B의 수요는

$$q_B = 600 - p \tag{11}$$

이다. 따라서 시장수요는 각 개인의 수요를 합하여 구한다. 수식적으로 구하면

$$Q_d = q_A + q_B = 1{,}000 - 2p \tag{12}$$

가 된다. 그래프상으로는 각 개인의 수요곡선을 수평으로 더한 것이 된다.

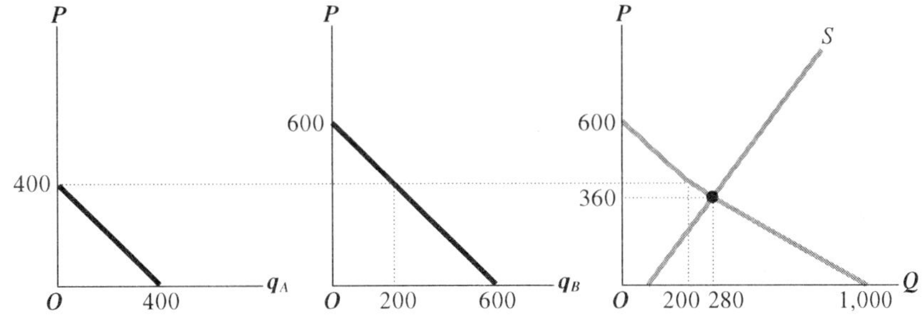

이때에도 균형식

$$Q = Q^s = Q^d$$

가 필요하다. 이 균형식과 공급과 수요를 나타내는 (3), (12)식으로부터 $p^* = 360$, $Q^* = 280$을 얻는다. 이때의 가격을 (10)식과 (11)식에 각각 대입하면 $q_A^* = 40$, $q_B^* = 240$을 얻는다. 한편 사적 시장에서의 공급량 280은 공공재라고 가정할 때의 효율적 공급량 300에 비해 적다. 바꾸어 말하면, 공공재가 사적재 시장의 원리에 따라 공급된다고 가정할 경우 공급 수량은 효율적인 수량에 미치지 못한다.

그 직관적인 이유를 살펴보자. 공공재는 공동으로 소비된다. 그러므로 각 개인의

공공재 소비는 상대방에게 편익을 제공한다. 사회적인 관점에서 볼 때에는 이러한 편익도 고려되어야 한다. 그러나 각 개인이 소비할 경우에는 이처럼 다른 사람에게 주는 편익은 고려하지 않는다. 그 결과 사회적인 측면에서 볼 때의 효율적인 수준에 비해서는 적게 공급된다.

03. 공공재 및 사적재가 각각 두 종류씩 있다고 할 때 각 재화의 효율적 공급량에 대해 논하시오.

해답 (i) 두 사적재의 경우, 두 재화 간 한계대체율이 모든 개인에게 같아야 한다.

(ii) 각 공공재의 경우, 공공재와 사적재 사이의 한계변환율이 각 개인들의 한계대체율의 합과 같아야 한다.

(iii) 두 공공재의 경우, 두 공공재 사이의 한계변환율이 각 공공재로부터 개인들이 얻는 한계효용들의 합의 비율과 같아야 한다. 즉,

$$MRT = \frac{\Sigma \text{공공재 1의 한계효용}}{\Sigma \text{공공재 2의 한계효용}}$$

이 성립해야 한다.

04. 순수공공재의 예를 들어 보시오. 비순수공공재의 예를 들어 보시오. 공적으로 공급되기도 하고 사적으로 공급되기도 하는 재화의 예를 들어 보시오.

해답 (i) **순수공공재** — 국방, 공중보건서비스

(ii) **비순수공공재** — 혼잡한 도로, 혼잡한 공원, 클럽재

(iii) **공적으로 공급되기도 하고 사적으로 공급되기도 하는 상품** — 교육, 연금보험, TV방송 등.

05. 소득수준 증가율 이상으로 수요가 증가하는 공공재의 예를 드시오. 이와 반대로 소득수준 증가율 이하로 수요가 증가하는 공공재의 예를 들어 보시오.

해답 (i) **소득증가율 이상으로 수요가 증가하는 공공재** — 환경정화, 고속철도, 고속도로, R&D

(ii) **소득증가율 이하로 수요가 증가하는 공공재** — 공중보건, 대중교통. 이것은 소득이 상승함에 따라 개인들이 사적 교통수단, 사적 위생대책을 강구하게 되어 이들 공공

재의 수요는 오히려 감소할 수도 있음을 의미한다.

06. 일반균형적 관점에서 공공재 공급의 효율조건과 사적재의 종합적 효율조건의 차이점을 제시하고 이러한 차이가 발생하는 이유를 말하시오.

해답 (i) 공공재 공급의 효율조건은 공공재와 사적재 사이의 각 개인들의 한계대체율의 합이 한계변환율과 같아야 한다는 것이다.

(ii) 사적재의 종합적 효율조건은 각 개인의 한계대체율이 서로 같아야 하며 이것이 또한 한계변환율과 같아야 한다는 것이다.

(iii) 이러한 차이가 생기는 이유는 공공재가 사적재와 달리 비배제성과 비경합성의 특성을 지니기 때문이다.

07. 공공재 G와 사적재 X의 생산가능경계선이 $X^2 + G^2 = 800$으로 주어졌다고 하자. 한편 경제 내에 모든 면에서 동일한 개인들이 100명 있는데 각 개인의 효용함수는 $U(X_i, G) = (X_i G)^{\frac{1}{2}}$라고 한다. 여기서 X_i는 개인 i의 사적재 수요량을 나타낸다.

(a) 각 개인이 무임승차자로 행동할 때 공공재의 생산량 및 그때 각 개인의 효용에 대해 논의하시오.

(b) 효율적인 공공재 및 사적재 산출량과 그때 각 개인의 효용을 구하시오.

(c) 이러한 결과를 얻기 위한 조세구조는 어떠해야 하는가?

해답

(a) 무임승차자로 행동할 경우 공공재의 공급량은 0이 된다. 즉, $G^* = 0$이 된다. 따라서 $U^* = 0$이 된다.

(b) 효율적인 공공재 공급을 위한 조건은 $\Sigma MRS = MRT$라는 점에 착안하자. 효용함수를 전미분하여 $MRS^i_{GX} = \frac{X_i}{G}$를 얻을 수 있다. 따라서

$$\Sigma MRS^i_{GX} = \Sigma \frac{X_i}{G} = \frac{X}{G}$$

이다. 한편 생산가능경계선을 전미분하여

$$MRT = -\frac{dX}{dG} = \frac{G}{X}$$

를 얻을 수 있다. 이 두 결과를 효율조건에 대입하면, $G^2 = X^2$을 얻는다. 이 결과를 생산가능경계선에 대입하여 풀면 $G^* = 20$, $X^* = 20$을 얻는다. 그런데 현재 똑같은

개인들이 100명 있으므로 $X_i^* = \frac{X^*}{100} = 0.2$이다. 이러한 X_i^*와 G^*의 값을 효용함수에 대입하면 $U^* = 2$가 된다.

(c) 각 개인이 공공재로부터 얻는 한계편익에 해당하는 만큼 조세를 걷는다. 이것은 바로 공공재에 대한 각 개인의 한계지불의향에 해당하는 금액이며, 한계대체율에 해당한다. 그러므로 조세가격과 X재의 시장가격의 비율이

$$MRS_{GX}^i = \frac{X_i^*}{G^*} = \frac{0.2}{20} = \frac{1}{100}$$

이 되도록 조세가격을 설정한다. 이때 이 금액을 각 개인에 대해 모두 합하면 공공재 공급에 드는 한계비용(이 경우 MRT)이 된다는 점에 주목하자.

08. 동일한 양의 공공편익과 사적 편익을 동시에 제공해 주는 재화를 공급하기 위해서는 재원을 어떻게 조달해야 하는가에 대해 논의하시오.

해답 해당 재화를 공급하는 데 드는 한계비용의 $\frac{1}{2}$은 소비자들이 스스로의 선택에 따라 부담하고, 한계비용의 $\frac{1}{2}$은 조세로 충당한다.

09. 우월전략균형은 반드시 내쉬균형인가? 또한 내쉬균형은 반드시 우월전략균형인가?

해답 (i) 참가자(player)는 상대가 어떤 전략을 사용하는가와 무관하게 우월전략을 사용하고자 한다. 따라서 모든 참가자들이 우월전략을 사용하고 있다면, 상대방의 전략이 주어진 상황에서 최적의 전략을 사용하는 셈이 된다. 그러므로 우월전략균형은 내쉬(Nash)균형이 된다.

(ii) 그러나 모든 내쉬균형이 우월전략균형이 되는 것은 아니다.

10. 두 개인 A, B는 공공재를 공급하는 것과 관련하여 각각 자신의 기여분 G_i에 대해 말한다고 하자. 이때 각 개인들의 기여분의 합이 공공재를 공급하는 데 드는 비용 C와 같거나 클 경우에는 공공재가 공급되며 또한 각 개인은 자신이 말한 기여분에 해당하는 조세를 내야 한다. 반면에 각 개인들의 기여분의 합이 C보다 작을 경우에는 공공재는 공급되지 않으며 아무도 조세를 내지 않아도 된다.

(a) 효율적인 균형의 특성에 대해 말하시오.

(b) 균형은 반드시 효율적인가?

해답 공공재를 함께 공급하는 것이 효율적이지만 아무도 혼자서는 공공재를 공급하려 하지 않는다고 가정하자.

(a) 효율적 균형은 $G_A + G_B = C$를 만족시키는 기여분들의 집합이다.

(b) 그렇지 않다. 비효율적인 균형도 많이 있을 수 있다. 예를 들면 $G_A + G_B = 0$은 비효율적 균형이다.

11. 공공재 공급과 관련하여 상대방이 내쉬전략을 사용하지 않더라도 나의 이득을 추구하려면 나는 반드시 내쉬전략을 사용해야 한다. 이 말을 평가하시오.

해답 반드시 그렇지는 않다. 내쉬균형전략은, 상대방도 내쉬균형전략을 사용하고 있을 경우에 한해 나에게 최선의 전략이 된다. 그러나 상대방이 내쉬전략을 사용하고 있지 않을 경우에는 자신에게 더 나은 전략이 있을 수 있다.

12. 개인 A와 B는 같은 사무실을 쓰고 있다. 개인 A의 효용함수는 $U_A = x^{\frac{1}{2}} y_A^{\frac{1}{2}}$이고 소득은 1,000이다. 개인 B의 효용함수는 $U_B = x^{\frac{1}{2}} y_B^{\frac{1}{2}}$이고 소득은 2,000이다. X재는 둘이 함께 감상할 수 있는 장식품이며 가격은 100이다. Y재는 식품으로 가격은 2이다.

(a) 린달균형 가격을 구하시오.

(b) 린달균형은 효율적이라는 것을 보이시오.

해답

(a) 이때 장식품은 공공재이다. 개인 A의 가격분담몫을 α라고 하자. 그러면 개인 A의 조세가격은 αp_x이고, 개인 B의 조세가격은 $(1-\alpha)p_x$가 된다. 개인 A의 효용극대화 조건은

$$MRS^A_{xy_A} = \frac{\alpha p_x}{p_y} \tag{1}$$

이고, 예산식은

$$\alpha p_x x + p_y y_A = I_A \tag{2}$$

이다. 그런데 효용함수로부터

$$MRS^A_{xy_A} = \frac{y_A}{x} \tag{3}$$

로 구해진다. (1)과 (3)에서 $\frac{\alpha p_x}{p_y} = \frac{y_A}{x}$ (4)이다. (2)와 (4)를 연립으로 풀면

$$x^* = \frac{1}{2}\frac{I_A}{\alpha p_x} = \frac{5}{\alpha} \tag{5}$$

$$y_A^* = \frac{1}{2}\frac{I_A}{p_y} = 250 \tag{6}$$

을 얻는다.

같은 방법으로 개인 B의 경우

$$x^* = \frac{1}{2}\frac{I_B}{(1-\alpha)p_x} = \frac{10}{1-\alpha} \tag{7}$$

$$y_B^* = \frac{1}{2}\frac{I_B}{p_y} = 500 \tag{8}$$

을 얻는다. 균형에서 공공재의 수요량은 같다. 그러므로 (5)와 (7)에서 린달균형가격은 $\alpha^* = \frac{1}{3}$로 구해진다. 이 과정에서 린달가격이 의사가격으로 작용하고 있다는 점에 주목하자.

(b) 공공재 공급의 효율조건은

$$MRS_{xy}^A + MRS_{xy}^B = MRT_{xy} \tag{9}$$

이다. 그런데

$$MRS_{xy_A}^A = \frac{\alpha p_x}{p_y} \tag{1}$$

$$MRS_{xy_B}^B = \frac{(1-\alpha)p_x}{p_y} \tag{10}$$

$$MRT_{xy} = \frac{p_x}{p_y} \tag{11}$$

이다. (1), (10), (11)을 (9)에 대입해 보면 (9)가 등식으로 만족되는 것을 알 수 있다. 그러므로 린달균형은 효율적이다.

13. A와 B는 서로 이웃에 살고 있다. 그런데 도로에서 각자의 집으로 가려면 어두운 골목길을 통과해야 한다. A의 효용함수는 $U_A(x, y_A) = x^{\frac{1}{2}} y_A^{\frac{1}{2}}$이고, B의 효용함수는 $U_B(x, y_B) = x^{\frac{1}{2}} y_B^{\frac{1}{2}}$이라고 한다. 여기서 x는 가로등의 수를 나타내고, y_A, y_B는 각자 자신이 소비하는 다른 상품의 수량을 나타낸다. A와 B는 각자 400만원을 소비할 수 있다고 하자. 가로등을 1개 설치하는 데에는 20만원이 든다. 상품 Y의 가격은 4만원이라고 하자.

(a) 서로 상대방이 가로등을 설치할 것을 기대한다고 하자. 이 경우 각 개인의 효용을 구하시오.

(b) 파레토효율적인 자원배분을 구하시오.

(c) 이상의 결과에 비추어 가로등과 같은 상품의 공급에 대하여 논의하시오.

해답

(a) 이 경우 각 개인은 무임승차자가 된다. 그 결과 가로등은 공급되지 않는다. 즉, $x^* = 0$이 된다. 그 결과 $U_A(x^*, y_A) = 0$, $U_B(x^*, y_B) = 0$이 된다. 즉, 각 개인이 누리는 효용은 0이 된다.

(b) $MRS_A = \frac{y_A}{x}$ (1), $MRS_B = \frac{y_B}{x}$ (2)이다. 그러므로

$$SMRS = MRS_A + MRS_B = \frac{y_A + y_B}{x} \tag{3}$$

으로 구해진다. 한편

$$MRT = \frac{MC_x}{MC_y} = \frac{MC_x}{p_y} = \frac{20}{4} \tag{4}$$

이다. 여기서 경쟁시장에서 이윤극대화 기업은 가격과 한계비용이 같아지는 곳에서 조업을 하므로 가격과 한계비용은 같아진다는 사실이 적용되었다. 이때 효율조건은

$$MRS_A + MRS_B = MRT \tag{5}$$

이다. 이제 (3)과 (4)를 (5)에 대입하면

$$y_A + y_B = 5x \tag{6}$$

을 얻는다. 그런데 개인들은 합계 800만원을 쓸 수 있다. 그러므로 사회적으로 볼 때 예산제약식은

$$20x + 4(y_A + y_B) = 800 \tag{7}$$

이 된다. (6)과 (7)로부터 $x^* = 20$, $y_A^* + y_B^* = 100$을 얻는다. 이 관계가 바로 파레토효율적 배분들을 나타낸다. 한편 파레토효율적 배분들은 최초부존배분과는 관계없이 정해진다는 것에 다시 한 번 주목하자.

(c) 공공재가 있을 경우 개인들은 무임승차하려고 한다. 그 결과 공공재는 효율적인 수

준만큼 공급되지 못한다. 그러므로 공공재는 정부가 공급해야 한다. 그러나 이 경우에도 정부는 개인의 선호를 모르므로 선호시현 문제에 직면한다. 그리하여 현실적으로 공공재는 공공선택 과정을 통해 공급된다. 그리고 그 비용은 조세로 충당한다.

14. '공공재의 효율적인 공급량은 유일하며, $\sum MRS = MRT$에서 효율적인 공급량이 공급될 수 있다.' 이 말을 평가하시오.

해답 (i) 공공재의 효율적인 공급량은 유일하지 않다. 소득분배에 따라 개인들의 한계대체율이 달라지며, 이에 대응하여 효율적인 공급량도 달라진다. 이러한 측면에서 공공재가 있을 경우에도 총효용가능경계선을 구할 수 있다.

(ii) 공공재가 있을 경우 효율조건이

$$\sum MRS = MRT$$

라는 사실은 증명되어 있다. 그러나 공공재가 있을 경우 개인들은 무임승차를 하려고 한다. 이 때문에 공공재는 시장에서 공급되지 못하며 정부가 공급하게 된다. 그러나 개인들이 진실된 선호를 나타내지 않기 때문에 정부가 개인들의 MRS를 알 수가 없다. 그리하여 정부는 공공선택(7장 참조) 과정을 통해 공공재를 공급하게 된다. 이때 대의민주정치에서는 다수결투표를 하게 되는데, 다수결투표의 경우 균형은 중위투표자균형이 된다. 그런데 일반적으로 중위투표자균형은 비효율적이다. 결국 공공재는 효율적으로 공급되지 못하는 경우가 더 일반적이다.

15. 경제 내에 개인 A와 개인 B가 있다고 하자. 사적재의 시장가격은 P_X이고, 공공재 1단위당 가격은 P_G라고 하자. 이러한 상태에서 개인 A에게 공공재 1단위당 그의 가격 분담 몫이 α라고 알려준다.

(a) 공공재 공급비용을 모두 충당하려면 개인 B의 조세가격은 얼마가 되어야 하는가?

(b) 위 문항 (a)의 값을 개인 B에게 알려준다고 하자. 그리고 각 개인들이 상대방도 비용을 분담한다는 사실을 알고 있다고 하자. 개인들이 자신의 선호를 드러낼 경우 효율이 달성된다는 것을 보이시오.

(c) 위 문항의 결과와 클라크조세의 결과를 비교 논의하시오.

(d) 현실에서 공공재가 공급되는 과정에 대해 말하고, 그 이유를 말하시오.

해답

(a) 개인 A의 조세가격이 αP_G이므로 공공재 공급비용을 모두 충당하려면 개인 B의 조세가격은 $(1-\alpha)P_G$가 되어야 한다.

(b) 교과서 본문의 5.5.2처럼 린달균형이 달성된다는 것을 보여주면 된다.

(c) (i) **린달균형** – 진실된 선호를 시현한다고 가정한다. 자원배분의 효율이 달성된다.

(ii) **클라크조세** – 진실된 선호를 시현한다고 가정하는 것이 아니라 클라크조세를 통해 진실된 선호시현을 유도한다. 클라크조세 수입 처분 때문에 자원배분의 효율이 달성되지 않는다. 예를 들어 클라크조세 수입을 되돌려 줄 경우 그것이 소득효과를 통해 공공재의 수요곡선을 이동시키기 때문이다.

(d) 정치과정을 통해 의회에서 공공재에 대한 예산이 책정되고, 그에 따라 정부가 공공재를 공급한다. 이처럼 공공재가 정치과정을 통해 공급되는 이유는 첫째, 개인들의 진실된 선호를 알 수 없어서 린달균형을 통한 효율 달성이 불가능하기 때문이다. 둘째, 현실적으로 볼 때 납세자들이 많아서 클라크조세를 시행하는 등 선호시현을 유도하려면 행정비용이 너무 많이 들기 때문이다.

16. A와 B는 서로 이웃에 살고 있다. 그런데 도로에서 각자의 집으로 가려면 어두운 골목길을 통과해야 한다. A의 효용함수는 $U_A(x, y_A) = x^{\frac{1}{2}} y_A^{\frac{1}{2}}$이고 B의 효용함수는 $U_B(x, y_B) = x^{\frac{1}{2}} y_B^{\frac{1}{2}}$이라고 한다. 여기서 x는 가로등의 수를 나타내고 y_A, y_B는 각자 자신이 소비하는 다른 상품의 수량을 나타낸다. A와 B는 각자 400만원을 소비할 수 있다고 하자. 가로등을 1개 설치하는 데에는 20만원이 든다. 상품 Y의 가격은 4만원이라고 하자.

(a) 개인 B가 가로등을 설치하는 데 기여하지 않을 것으로 생각하고 개인 A가 단독으로 가로등을 설치할 경우 개인 A의 효용을 구하시오.

(b) 위 문항 (a)의 결과가 주어진 상태에서 개인 B의 최적선택의 결과를 말하시오.

(c) 위 문항 (b)의 결과를 파레토효율의 관점에서 평가하시오.

(d) 파레토효율적인 자원배분을 구하시오.

해답 이때 가로등은 공공재이다.

(a) 개인 B가 가로등을 설치하지 않는 상황에서 개인 A가 자신마저도 가로등을 설치하지 않는다면 자신의 효용이 0이 될 것으로 생각한다. 그러므로 이러한 상황에서는 자신이 비용을 모두 부담하더라도 가로등을 설치할 것이다. 이때 개인 A의 효용극대화 문제는

$$\underset{x_1,\ y_A}{Max}\ U_A(x_1,\ y_A) = x_1^{\frac{1}{2}}\, y_A^{\frac{1}{2}}$$
$$s.t.\quad 20x_1 + 4y = 400$$

이 된다. X재는 공공재이므로 시장가격이 존재하지 않는다. 그러나 개인이 스스로 설치하려는 상황에서 볼 때에는 한 단위당 20만원이 든다. 이 값을 편의상 p_x라고 하자. 그러면 콥-더글라스로 주어져 있으므로 공식을 이용하여 $x_1^* = \frac{\alpha I}{p_x} = 10$, $y_A^* = \frac{\beta I}{p_y} = 50$을 얻는다. 이 경우 개인 A의 효용은 $U_A(x_1^*,\ y_A^*) = \sqrt{10 \cdot 50} = 10\sqrt{5}$가 된다.

이때 물론

$$MRS_A^* = \frac{MU_x}{MU_{y_A}} = \frac{y_A^*}{x_1^*} = \frac{50}{10} = 5,\ \frac{p_x}{p_y} = \frac{20}{4} = 5$$

로서 $MRS_{xy}^* = \frac{p_x}{p_y}$가 성립한다.

(b) 이때 개인 B가 완전한 무임승차자가 된다면 그는 비용 부담 없이 가로등의 효용을 누릴 것이므로 자신은 400만원을 모두 Y재 구입에만 지출할 수 있다. 그런데 $p_y = 4$이므로 $y_B^* = 100$이 된다. 이때 그는 가로등 $x_1^* = 10$으로부터의 편익도 누린다. 그러므로

$$MRS_B^* = \frac{y_B^*}{x_1^*} = \frac{100}{10} = 10 > 5 = \frac{p_x}{p_y}$$

가 된다. $MRS_B = 10$은 개인 B가 가로등 한 개를 더 얻기 위해 10단위의 Y재를 포기할 의향이 있다는 것을 말한다. 즉, 가로등의 한계편익이 Y재 10단위라는 것이다. $\frac{p_x}{p_y} = 5$는 가로등을 건설하는 데 20만원이 들고 다른 상품의 가격은 4만원이므로 가로등 1개를 건설하려면 5단위의 다른 상품을 포기하면 된다는 것을 말한다. 즉, 가로등의 한계비용은 Y재 5단위라는 것이다. 그러므로 앞 부등식은 가로등으로부터 얻는 한계편익이 한계비용보다 크다는 것을 의미한다. 그러므로 개인 B의 입장에서 볼 때 가로등을 더 건설하는 것이 낫다. 즉, 완전히 무임승차하는 것보다 공공재 공급에 일부나마 기여하는 것이 낫다. 이렇게 되는 이유는 공공재는 공동소비되기 때문이다.

이러한 상황을 고려할 때 개인 B의 입장에서 최적선택을 위해서는 $MRS_B = \frac{p_x}{p_y}$가 성립하도록 해야 한다. 이를 위해 추가로 더 건설해야 할 가로등의 수를 x_2라 하면, 가로등 건설에는 한 당위당 20만원이 들고 Y재의 가격은 4만원이므로 그로 인해 포기해야 하는 Y재의 수량은 $5x_2$이다. 그러므로 개인 B의 최적선택을 위해서는

$$(MRS_B =) \frac{100 - 5x_2}{10 + x_2} = 5 \left(= \frac{p_x}{p_y}\right)$$

가 성립해야 한다. 이로부터 $x_2^* = 5$를 얻는다.

(c) 이제 가로등은 총 $x = x_1^* + x_2^* = 15$개가 설치되었다. 이때 개인 A는 Y재를 50단위 소비하고 있는 상태이다. 그 결과

$$MRS_A = \frac{50}{x} = \frac{50}{15} < 5 = \frac{p_x}{p_y}$$

이다. 즉, 공공재로부터 얻는 한계편익보다 한계비용이 더 크다. 그러므로 개인 A는 가로등을 추가로 설치하려고 하지 않는다. 한편 앞 문항에서 개인 B의 경우 공공재를 추가로 공급하여 $MRS_B = 5$가 되었다. 그러므로 $SMRS = MRS_A + MRS_B = \frac{50}{15} + 5$ (1)이다.

한편 한계변환률은 한계비용의 비율과 같다. 즉, $MRT = \frac{MC_x}{MC_y}$ (2)이다. 그런데 문제에서 $MC_x = 20$ (3)으로 주어져 있다. 한편 경쟁시장에서 이윤극대화 기업은 가격과 한계비용이 같아지는 곳에서 조업을 한다. 그러므로 가격과 한계비용은 같아진다. 즉, $MC_y = p_y = 4$ (4)이다. 식 (3)과 식 (4)를 식 (2)에 대입하면 $MRT = 5$ (5)를 얻는다.

식 (1)과 식 (5)로부터

$$SMRS = MRS_A + MRS_B = \frac{50}{15} + 5 > 5 (= MRT)$$

가 된다. 이 결과는 현재 공공재로부터 얻는 사회적 한계편익이 한계비용보다 크다는 것을 말한다. 그러므로 파레토효율을 위해서는 가로등이 추가로 설치되어야 한다.

(d) 파레토효율 조건은

$$SMRS = MRS_A + MRS_B = MRT$$

인데

$$MRS_A + MRS_B = \frac{y_A + y_B}{x}$$

로 구해진다. 그런데 $MRT = 5$이므로 이것들을 효율조건에 대입하면

$$\frac{y_A + y_B}{x} = 5 \qquad (6)$$

를 얻는다.

그런데 개인들은 합계 800만원을 쓸 수 있다. 그러므로 사회적으로 볼 때 예산제약식은

$$20x + 4(y_A + y_B) = 800 \tag{7}$$

이 된다. 식 (6)과 식 (7)로부터 $x^* = 20$, $y_A^* + y_B^* = 100$을 얻는다. 이 관계가 바로 파레토효율적 배분들을 나타낸다.

17. 두 개인 A와 B가 거실을 공동으로 사용하고 있다고 하자. 각 개인이 책을 구입하여 거실의 서재에 꽂아 놓고 서로 상대방의 책도 자유롭게 볼 수 있다고 하자. 이 경우 개인 A의 효용함수는 $U_A = 40(x_A + x_B)^{\frac{1}{2}} - x_A$이고 개인 B의 효용함수는 $U_B = 20(x_A + x_B)^{\frac{1}{2}} - x_B$라고 하자. x_A는 개인 A가 구입한 책의 수량을 나타내고 x_B는 개인 B가 구입한 책의 수량을 나타낸다고 하자. 책의 가격은 1만원이고 효용은 만원 단위 금액으로 표현되도록 정규화하였다고 하자. 이러한 상황에서 각 개인이 서로 상대방이 구입하는 책의 수량을 주어진 것으로 보고 자신의 효용을 극대화한다고 하자.

(a) 균형수량을 구하시오.

(b) 파레토효율적인 수량을 구하시오.

(c) 앞의 두 문항에서 구한 수량을 비교하고 평가하시오.

해답

(a) 이때의 균형은 내쉬균형에 해당한다. 개인 A의 효용극대화 문제는

$$\underset{x_A}{Max}\ U_A = 40(x_A + x_B)^{\frac{1}{2}} - x_A$$

로 쓸 수 있다. 극대화의 일차필요조건은

$$\frac{\partial U_A}{\partial x_A} = 20(x_A + x_B)^{-\frac{1}{2}} - 1 = 0$$

이다. 이로부터 $x_A + x_B = 400$으로 구해진다. 따라서 개인 A의 최적대응함수는

$$x_A = 400 - x_B,\ x_B \le 400\text{일 때}$$
$$x_A = 0,\ x_B > 400\text{일 때}$$

로 구해진다.

같은 방법으로 개인 B의 최적대응함수는

$$x_B = 100 - x_A,\ x_A \le 100\text{일 때}$$

$$x_B = 0, x_A > 100 \text{일 때}$$

로 구해진다.

내쉬균형수량은 그림에서처럼 두 최적대응곡선이 만나는 (400, 0)이다. 개인 B가 개인 A에 비해 책으로부터 더 적은 효용을 얻으므로 균형에서 볼 때 개인 B는 무임승차하는 상태가 된다.

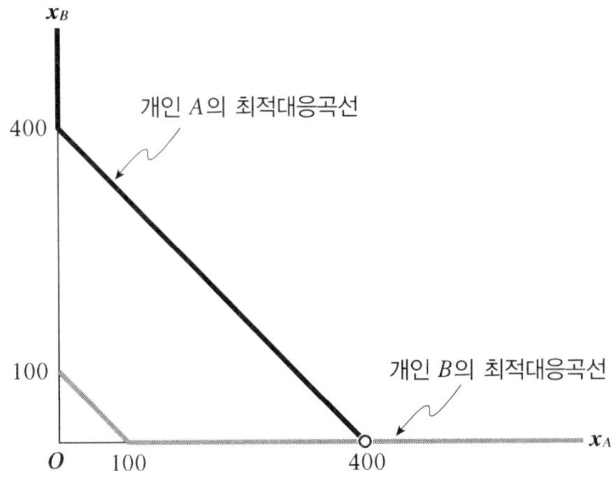

(b) 파레토효율은 두 개인의 순효용의 합이 극대화되는 상태에서 달성된다. 극대화 문제는

$$\underset{x_A,\ x_B}{Max}\ W = U_A + U_B = 40(x_A + x_B)^{\frac{1}{2}} - x_A + 20(x_A + x_B)^{\frac{1}{2}} - x_B$$

이다. 극대화의 일차필요조건은

$$\frac{\partial W}{\partial x_A} = 20(x_A + x_B)^{-\frac{1}{2}} - 1 + 10(x_A + x_B)^{-\frac{1}{2}} = 0$$
$$\frac{\partial W}{\partial x_B} = 20(x_A + x_B)^{-\frac{1}{2}} + 10(x_A + x_B)^{-\frac{1}{2}} - 1 = 0$$

이다. 이로부터

$$x_A + x_B = 900$$

으로 구해진다.

(c) 내쉬균형수량은 파레토효율 수량보다 적다. 그 이유는 각 개인의 책 구입은 상대방에게 극단적인 긍정적 외부효과를 유발하는데 효율 측면에서는 이러한 사회적 편익을 고려해야 함에도 불구하고 각 개인은 자신이 책을 구입할 때 이러한 사회적 편익을 고려하지 않기 때문이다. 한편 이 문제의 경우 책이 사실상 공공재로 기능하고 있다는 점에 주목하자.

06
외부효과 및 그 해결책

01. 하천의 상류에 있는 강철공장이 하천을 오염시켜 하천의 하류에 있는 맥주공장에게 외부비경제를 유발한다고 하자.

(a) 이때 강철시장과 맥주시장이 모두 경쟁적일 경우 각 기업의 산출량을 각각 그림에 나타내시오.

(b) 위 두 그림에 효율적 산출량을 각각 표시하시오.

해답

(a) 경쟁시장에서 강철공장은 공해의 사회적 비용을 고려하지 않을 것이므로 강철은 효율적 수량보다 많이 생산될 것이다. 한편 하천오염으로 인해 맥주의 생산비용이 상승하여 맥주는 효율적 수량보다 적게 생산될 것이다.

(b) 하천오염의 사회적 비용을 고려한 강철의 효율적 생산량 S_E는 시장기능에 의한 생산량 S_M보다는 적을 것이다. 만일 강철이 효율적 수준에서 생산된다면 하천오염이 감소할 것이며, 이는 맥주 생산비용을 하락시켜 맥주 산출량을 B_E로 증가시킬 것이다.

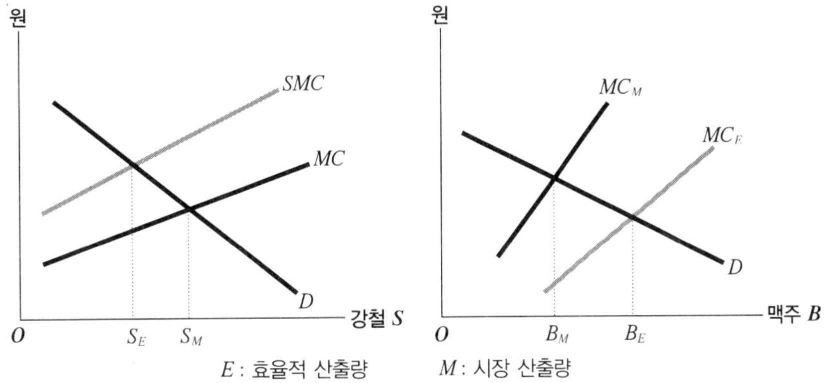

E : 효율적 산출량 M : 시장 산출량

02. 하천의 상류에 있는 강철공장의 이윤함수는 $\pi_S = 10S - \frac{1}{2}S^2$이다. 한편 강철공장은 하천을 오염시켜, 하천의 하류에 있는 맥주공장의 맥주 생산비용을 상승시킨다. 그 결과 하천의 하류에 있는 맥주공장의 이윤함수는 $\pi_B = 10B - \frac{1}{2}B^2 - \frac{1}{2}SB$로 나타난다.

(a) 각 기업의 경쟁균형 산출량 및 이윤을 구하시오. 또 두 기업의 이윤의 합을 구하시오.

(b) 두 기업을 합병했다고 하자. 이때 강철 및 맥주의 산출량과 이윤을 구하시오.

(c) 위 (a), (b)의 결과를 비교하고 그 이유를 설명하시오.

해답

(a) 강철과 맥주의 가격을 각각 10이라고 하자. 각 기업은 자신의 이윤을 극대화한다. 강철기업의 이윤극대화 문제는

$$\underset{S}{Max}\ \pi_S = 10S - \frac{1}{2}S^2$$

이다. 이윤극대화의 1차필요조건은

$$\frac{d\pi_S}{dS} = 10 - S = 0$$

이다. 이로부터 $S^* = 10$을 얻는다. 이것을 목적함수에 대입하면 $\pi_S^* = 50$을 얻는다. 한편 맥주기업의 이윤극대화 문제는

$$\underset{B}{Max}\ \pi_B = 10B - \frac{1}{2}B^2 - \frac{1}{2}SB$$

이다. 여기서 맥주기업은 강철 산출량을 그대로 받아들인다. 다만 맥주 산출량을 선택할 수 있을 뿐이다. 따라서 1차필요조건은

$$\frac{\partial\pi_B}{\partial B} = 10 - B - \frac{1}{2}S = 0$$

이다. 이로부터

$$B^* = 10 - \frac{1}{2}S^* = 10 - \frac{1}{2}10 = 5$$

이다. 이때 $S^* = 10$을 적용하였다. B^*와 S^*의 값을 목적함수에 대입하면 $\pi_B^* = \frac{25}{2}$를 얻는다. 따라서 두 기업의 이윤의 합은 $\pi^* = \pi_S^* + \pi_B^* = \frac{125}{2}$가 된다.

(b) 합병기업은 강철과 맥주의 산출량을 함께 통제할 수 있다. 그러므로 합병기업의 이윤극대화 문제는

$$\underset{S, B}{Max}\ \pi = (10S - \frac{1}{2}S^2) + (10B - \frac{1}{2}B^2 - \frac{1}{2}SB)$$

로 쓸 수 있다. 이로부터 1차필요조건은

$$\frac{\partial \pi}{\partial S} = 10 - S - \frac{1}{2}B = 0$$
$$\frac{\partial \pi}{\partial B} = 10 - B - \frac{1}{2}S = 0$$

이 된다. 이 두 식을 연립으로 풀면 $S^0 = B^0 = \frac{20}{3}$을 얻는다. 이 값을 목적함수에 대입하면 $\pi^0 = \frac{200}{3}$을 얻는다.

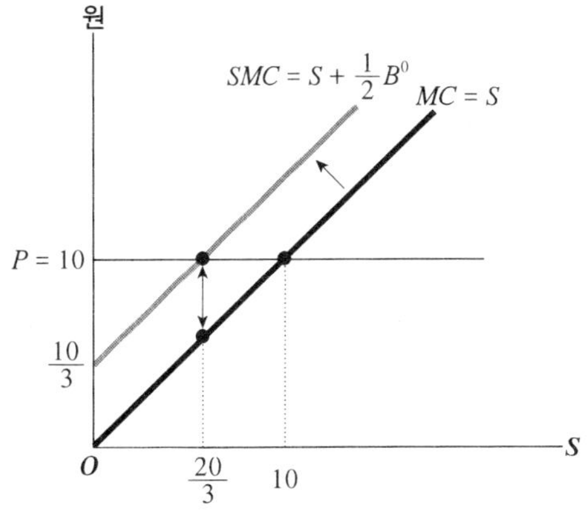

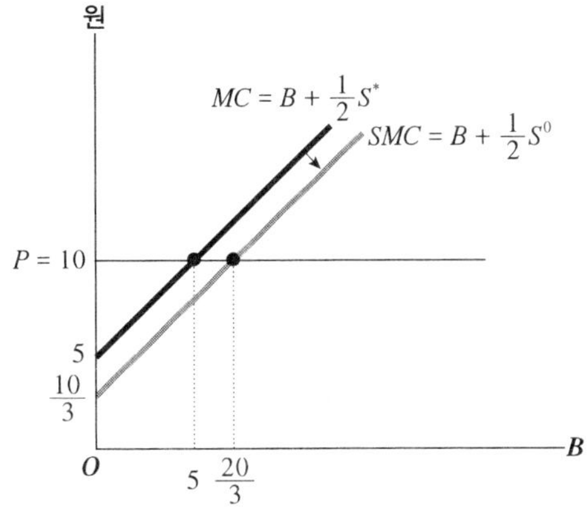

(c) 합병기업은 강철 생산이 맥주 생산에 미치는 외부비경제를 내부화하게 된다. 그 결과 강철 산출량은 감소하고 맥주 산출량은 증가하며, 이에 따라 이윤은 증가한다. 그리고 이 경우 자원이 효율적으로 배분된다.

03. 두 연못 A, B에서 20명이 낚시를 하고 있다. 연못 A에서 잡히는 총 물고기 수는 $F_A = 10L_A - L_A^2$, 연못 B의 경우는 $F_B = 6L_B$로 표시된다. 여기서 L_A, L_B는 각각 연못 A, B에서 물고기를 잡는 낚시꾼 수를 나타낸다.

(a) 낚시꾼들은 각 연못에서 잡히는 물고기의 1인당 평균 마릿수가 같아질 때까지 서로 이동한다. 그리하여 마침내 1인당 평균 마릿수가 서로 같아지면 더 이상 이동하지 않는다고 한다. 이 경우 각 연못의 낚시꾼 수와 그때 잡히는 물고기의 총 마릿수를 구하시오.

(b) 각 연못에서 잡히는 물고기의 총 마릿수의 합을 극대화하려 할 때 각 연못에서의 낚시꾼 수를 구하시오. 이때 총 몇 마리의 물고기가 잡히겠는가?

(c) 위 (b)의 결과가 저절로 얻어지지는 않는다고 하자. 이 결과를 얻기 위해 연못 A에서 낚시를 하려 할 경우 낚시허가권을 구입하도록 한다면 물고기 마릿수로 표시한 허가권의 가격은 얼마가 되겠는가? 허가권을 판매한 총수입은 얼마인가?

(d) 이상의 결과는 경쟁균형은 효율적이 아님을 의미하는가?

해답 $L_A + L_B = 20$, $F_A = 10L_A - L_A^2$, $F_B = 6L_B$로 주어져 있다.

(a) 각 연못에서 잡히는 평균 물고기 수가 같아지도록 한다. 즉,

$$\frac{F_A}{L_A} = \frac{F_B}{L_B}$$

가 성립하도록 한다. 이로부터 $10 - L_A = 6$을 얻는다. 그러므로 $L_A^0 = 4$로 구해진다. 따라서 $L_A + L_B = 20$으로부터 $L_B^0 = 16$을 얻는다. 이렇게 구한 값들을 생산함수에 대입하자. 그러면 $F^0 = F_A^0 + F_B^0 = 120$을 얻는다.

(b) 극대화 문제는

$$\begin{aligned} \underset{L_A,\, L_B}{Max} \quad & F = F_A(L_A) + F_B(L_B) \\ s.t. \quad & L_A + L_B = 20 \end{aligned}$$

으로 쓸 수 있다. 제약식을 목적함수에 대입하면 이 문제는

$$\underset{L_A}{Max} \;\; F = F_A + F_B = F_A(L_A) + F_B(20 - L_A)$$

로 다시 쓸 수 있다. 이때 극대화의 1차필요조건은

$$\frac{dF_A}{dL_A} + \frac{dF_B}{dL_B}\frac{dL_B}{dL_A} = 0,\; MP_A + MP_B(-1) = 0,\; \text{즉 } MP_A = MP_B$$

이다. 다시 말하면 효율을 달성하기 위해서는 각 연못에서의 한계생산물이 같아야

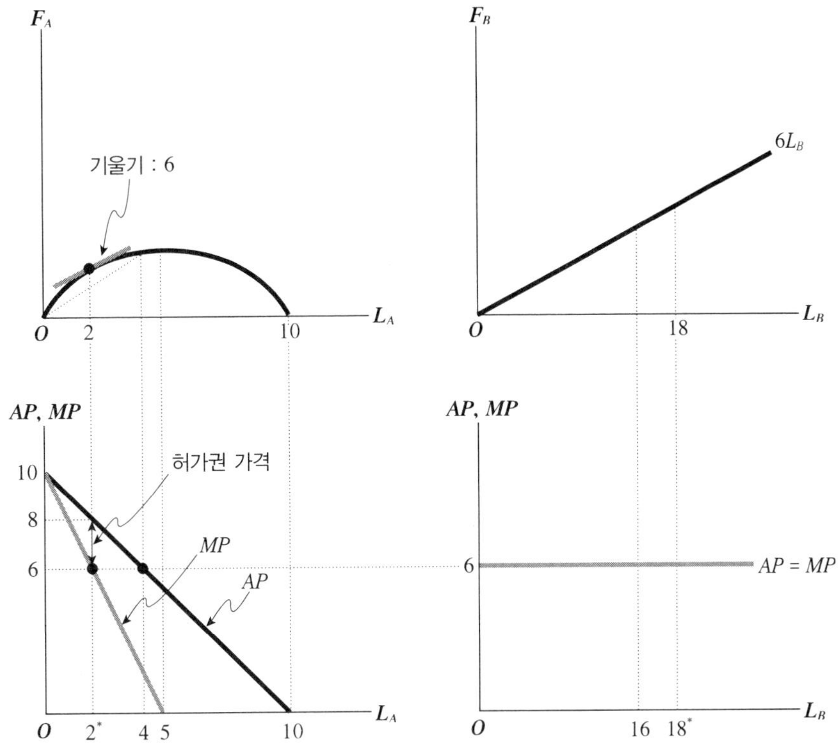

$AP = 10 - L_A$
$MP = 10 - 2L_A$

한계생산물이 같아지도록 배치한다.

한다. 이제 각 생산함수들을 미분하자. 그러면 $MP_A = 10 - 2L_A$, $MP_B = 6$을 얻는다. 이들을 앞의 식에 대입하면 $10 - 2L_A = 6$을 얻는다. 이로부터 $L_A^* = 2$가 된다. 한편 $L_A + L_B = 20$이다. 그러므로 $L_A^* = 2$를 여기에 대입하면 $L_B^* = 18$을 얻는다. 이 값들을 생산함수에 대입하면 $F^* = F_A^* + F_B^* = 124$가 된다.

(c) 허가권의 가격을 p라고 하면

$$\frac{F_A - pL_A}{L_A} = \frac{F_B}{L_B}$$

가 성립해야 한다. 즉,

$$AP_A - p = AP_B$$

가 성립해야 한다. 그러므로 균형은 $10 - L_A - p = 6$인 곳에서 달성된다. 여기서 $L_A = 2$로 유지하기를 원하므로 $p^* = 2$로 구해진다. 이 값은 물론

$$p^* = AP_A - AP_B$$

를 만족시키는 값이다. 이때

$$\text{낚시허가권 총판매수입} = (L_A)(p^*) = 2 \times 2 = 4$$

이다. 허가권 가격을 지불하고도 여전히 1인당 잡는 물고기 수량은 6이 된다. 이 경우 허가권 수입은 바로 효율증진으로 증가한 물고기 수량과 동일하다. 한편 이러한 사실은 조세수입과 위 (a), (b)에서의 물고기 수량의 차를 비교해 봄으로써 쉽게 확인된다.

(d) (a)의 결과는 진정한 의미의 경쟁균형을 의미하지는 않는다. 각 개인이 잡은 물고기를 자신이 가지는 것이 아니라 평균을 갖게 되기 때문이다. 그 결과 (a)에서는 한계원리가 무시되고 있으며, 이때 연못 A에 효율적인 수준 이상의 낚시꾼이 존재함으로써 이들이 다른 사람들에게 외부효과를 유발하고 있는 것이다.

04. 연못에서 낚시꾼들이 경쟁적으로 물고기를 잡고 있다고 하자. 물고기를 마리당 100원에 판매할 수 있다고 한다. 낚시에 드는 비용은 일주일에 한 명당 10,000원이라고 한다. 일주일에 잡히는 물고기의 총 마릿수는 $Q = 600L - L^2$으로 나타난다. 여기서 L은 낚시꾼의 총인원 수를 나타낸다. 따라서 낚시꾼 한 명당 잡는 물고기의 평균수량은 $q = \frac{Q}{L} = 600 - L$이다.[1]

(a) 경쟁의 경우 잡히는 물고기의 균형수량 및 낚시꾼의 균형인원 수를 구하시오.

(b) 정부가 연못을 국유화하여 총이윤을 극대화한다면 그때 잡히는 물고기의 총수량, 낚시꾼 인원 수를 각각 구하시오.

(c) 국유화를 하는 대신 낚시허가권을 발급하여 과도한 낚시를 제한함으로써 효율을 달성하려 한다고 하자. 이때 낚시허가권의 가격을 T라 하고 그 값을 구하시오.

해답 $p = 100$, 비용은 한 명당 10,000원으로 주어져 있다. 그리고 $Q = 600L - L^2$, $q = \frac{Q}{L} = 600 - L$이다.

(a) 낚시로부터 이윤을 얻는 한 낚시꾼들은 계속 유입될 것이다. 그리하여 이윤이 더 이상 존재하지 않는 수준에서 균형이 달성될 것이다. 즉, 개인 i의 이윤을 π_i라 할 때, 균형에서는 이윤이 0이어야 하므로

$$\pi_i = pq - 10{,}000 = 60{,}000 - 100L - 10{,}000 = 0$$

---

1. 이 문제는 공용지의 비극에 관한 것이다.

이 성립해야 한다. 이로부터 $L^*=500$을 얻는다. 그러므로 $q^*=600-500=100$이 된다. 즉, $Q^*=q^*L^*=100\times 500=50{,}000$이다. 이 경우 외부효과가 존재한다. 외부효과가 발생하는 이유는, 추가로 낚시꾼이 유입되면 그는 다른 모든 사람들의 낚시에 영향을 줄 것이기 때문이다.

(b) 이윤극대화 문제는

$$\underset{L}{Max} \quad \pi = pQ - 10{,}000L$$
$$s.t. \quad Q = 600L - L^2$$

이다. 제약식을 목적함수에 대입하면 이 문제는

$$\underset{L}{Max} \quad \pi = 100(600L - L^2) - 10{,}000L$$

로 다시 쓸 수 있다. 이로부터 이윤극대화의 1차필요조건은

$$\frac{d\pi}{dL} = (60{,}000 - 200L) - 10{,}000 = 0$$

이다. 이로부터 $L^*=250$, $Q^*=87{,}500$을 얻는다. 문항 (a)에서보다 낚시꾼의 수는 적어지고 물고기의 총수량은 증가하였다.

(c) 낚시허가권을 구입하고서도 이윤이 있는 한 낚시꾼들은 계속 유입될 것이다. 그리하여 마침내 낚시허가권을 구입하고서는 더 이상 이윤을 얻지 못하는 수준에서 균형이 이루어질 것이다. 따라서 균형에서는

$$\pi_i = pq - T - 10{,}000 = 100q - T - 10{,}000 = 60{,}000 - 100L - T - 10{,}000 = 0$$

이 성립해야 한다. 이때 $L=250$을 원하므로, $T^*=25{,}000$원이 되어야 한다. 한편 정부가 낚시허가권을 판매하는 대신 조세를 부과함으로써 효율을 달성할 수도 있다.

05. 하천의 상류에 있는 강철공장이 하천을 오염시켜 하천의 하류에 있는 맥주공장에게 외부비경제를 유발한다고 하자.

(a) 조세를 통해 효율적 산출량을 유도하려 한다. 이때 각 기업의 산출량을 그림으로 나타내시오. 이 경우 조세를 부과하기 이전에 비해 누가 이득을 보고 누가 손실을 보는가?

(b) 강철시장이 독점일 경우와 경쟁일 경우 조세의 크기를 비교하시오. 이 점을 고려하여 독점일 경우에도 사회적 비용이 사적 비용보다 클 때에는 조세를 부과하는 것이 반드시 문제를 개선시키는가에 대해 논의하시오.

해답

(a) 강철기업이 하천오염의 사회적 비용을 고려하도록 조세를 부과할 경우 강철은 효율적 수준에서 생산되며, 이 산출량은 시장기능에 의한 산출량보다는 적다. 한편 조세를 부과하여 강철 생산이 감소하면 이에 따라 하천오염이 감소한다. 하천오염 감소는 마침내 맥주 생산비용을 하락시켜 맥주 산출량을 증가시킨다. 강철기업의 주주나 소비자는 강철 가격이 오르기 때문에 그로 인해 피해를 입는다. 반면에 맥주기업의 주주나 소비자는 이득을 본다.

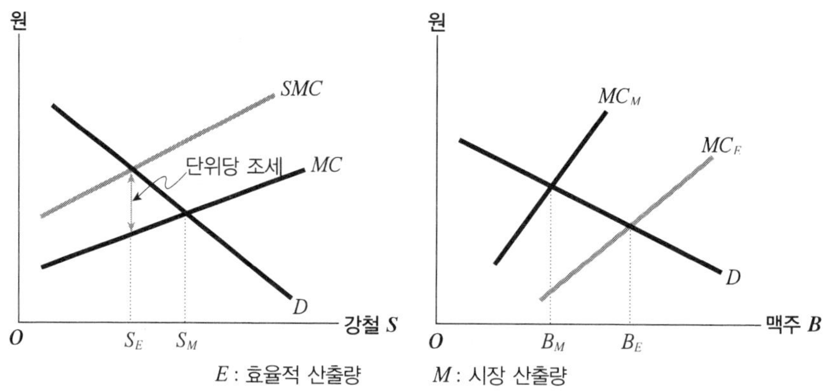

(b) 같은 비용인상 요인이 있을 경우 독점일 때에는 경쟁일 때보다 생산이 더 많이 감소한다. 따라서 사회적 비용을 고려하는 효율수준까지 산출량을 감소시키기 위한 조세는 경쟁일 때보다 독점일 때 더 적어진다. 또한 같은 이유로 사회적 비용이 사적 비용보다 크더라도 사회적 효율수준이 독점일 때의 생산수준과 같을 경우에는 조세를 부과할 필요가 없다. 이 경우 조세를 부과하면 산출량이 효율 산출량보다 오히려 적어진다. 결국 독점이면서 외부비경제가 존재할 경우에는, 사회적 효율수준이 독점기업이 생산하는 수준보다 낮을 경우에만 조세부과를 통해 효율을 달성할 수 있다.

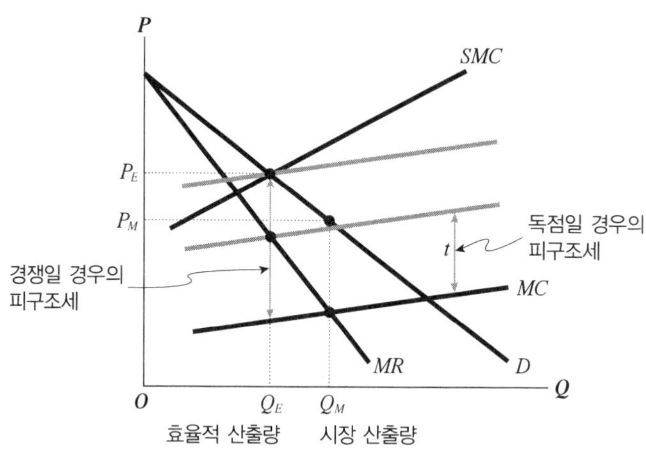

06. 앞의 (연습문제 2)와 같이, 하천의 상류에 있는 강철공장의 이윤함수는 $\pi_S = 10S - \frac{1}{2}S^2$이고, 하천의 하류에 있는 맥주공장의 이윤함수는 $\pi_B = 10B - \frac{1}{2}B^2 - \frac{1}{2}SB$라고 한다. 이때 두 기업의 합병이 불가능하다고 하자. 이러한 상황에서 파레토효율적 자원배분을 달성하기 위한 조세구조를 구하시오.

해답 강철과 맥주의 가격을 각각 10이라고 하자. 먼저 파레토효율적 배분을 알기 위해 합병기업의 문제를 풀어보자. 그런데 이 문제의 이윤함수는 앞 문제의 이윤함수와 동일하다. 그러므로 효율을 위해서는 조세를 부과함으로써 강철 생산을 10에서 $\frac{20}{3}$으로 감소시켜야 할 것이다. 강철 한 단위당 조세를 t라 하면, 강철기업의 이윤극대화 문제는

$$\underset{S}{Max} \quad \pi_S = 10S - \frac{1}{2}S^2 - tS$$

가 된다.

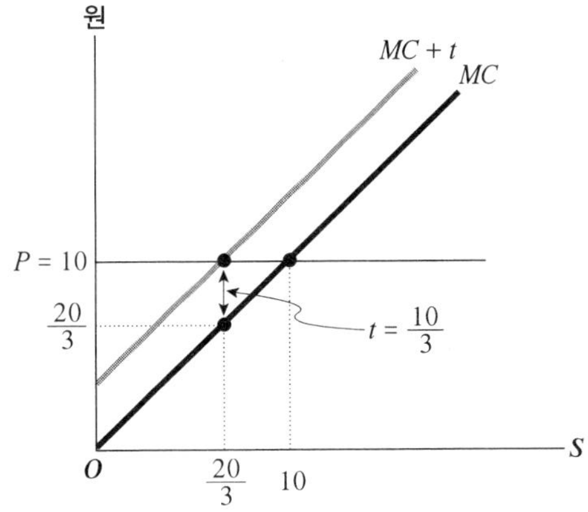

1차필요조건은

$$\frac{d\pi}{dS} = 10 - S - t = 0$$

이다. 여기서 $S = \frac{20}{3}$으로 만들려면, $t^* = \frac{10}{3}$으로 설정해야 한다. 이때 B의 산출량을 구해 보자. 맥주공장의 이윤극대화 1차필요조건은

$$\frac{\partial \pi_B}{\partial B} = 10 - B - \frac{1}{2}S = 0$$

이다. 이때 맥주기업은 강철 산출량을 통제할 수 없다는 점에 주목하자. 여기에 $S = \frac{20}{3}$을 대입하면

$$B = 10 - \frac{1}{2}\frac{20}{3} = \frac{20}{3}$$

으로 구해진다. 한편 이 수량은 바로 우리가 목표로 하는 수량과 일치한다.

07. 재산권을 설정하여 외부효과를 해결하려 할 때 직면하게 되는 문제는 무엇인가?

해답 가장 중요한 문제점은 재산권 설정 자체가 분배효과를 지닌다는 것이다.

08. 정보의 외부효과는 어떤 기업이나 개인의 정보가 다른 기업이나 개인들에게 편익을 제공하는 것을 말한다. 정보의 외부효과의 예를 들고 문제점 및 해결책에 대해 논의하시오.

해답 (i) 정보외부효과의 예로는 연구개발을 들 수 있다.

(ii) 연구개발의 결과에 무임승차하는 것이 쉬울 경우를 생각해 보자. 이 경우 외부경제를 유발할 수 있는 연구개발 자체의 공급이 감소한다는 문제점이 있다.

(iii) 그 해결책으로는 연구개발의 결과에 특허권을 부여하는 것을 생각해 볼 수 있다.

09. 외부효과와 관련하여 토지의 용도를 제한하는 것의 기능에 대해 논의하시오. 토지이용과 관련된 외부효과를 해결하기 위한 또 다른 해결책들의 예를 드시오.

해답 (i) 토지용도 제한의 기능은 외부비경제의 잠재적 피해자를 보호하는 것이다.

(ii) 다른 해결책으로는 가해자가 보상해 주는 것을 강제화하는 것이다. 이 경우 공해를 유발하는 공장은 자발적으로 비주거지역으로 이주할 것이다. 공해를 유발하는 공장에게 특정 지역의 재산권을 부여하는 것을 고려해 볼 수도 있다. 이 경우 주민들이 산업지역으로 이주할 유인이 감소한다.

10. 강의 상류에 강철공장이 있고 강의 하류에 맥주공장이 있다. 강철공장에서 나오는 폐수는 맥주를 생산하는 데 드는 비용을 증가시킨다고 한다. 한편 하천오염권이 거래되는 오염권 시장이 형성되는 것이 불가능한 상황이라고 한다. 이때 강철시장은 경쟁적이라고 하자.

(a) '하천이 전혀 오염되지 않는 것이 효율적이다' 라는 말을 평가하시오.

(b) '하천을 사용할 수 있는 권리가 강철공장에게 있으면 그 권리가 맥주공장에게 있는 경우보다 하천이 더 오염된다' 는 주장의 진위와 그 근거를 밝히시오.

(c) 하천사용권을 서로 가지려고 하는 이유는 무엇인가?

해답

(a) 그렇지 않다. 효율적 강철 산출량에 대응하는 만큼의 공해가 배출되는 것이 자원배

분 측면에서 효율적이다.

(b) 틀리다. 강철이 효율수준을 넘거나 아니면 못 미치거나 어느 경우이든 두 기업 모두에게 이득이 되는 협상의 여지가 있다. 코즈정리에 따르면 재산권이 확립되어 있으면 재산권이 누구에게 있든 협상에 의해 자원이 효율적으로 배분된다. 이 경우에는 재산권이 누구에게 있든 하천오염의 정도가 같다는 것이다.

(c) 하천을 사용할 수 있는 권리를 가지고 있는 쪽이 협상 때 상대로부터 보상금을 받을 수 있기 때문이다.

11. 각국이 모두 온실가스를 일정한 양만큼 줄이는 것이 효율적인가?

해답 효율적이지 않다. 그렇게 할 경우 어떤 나라는 온실가스를 줄이는 데 너무 많은 자원을 투입하게 된다. 그보다는 배출권이 거래되도록 하는 것이 낫다. 배출권이 거래되면 각국이 온실가스를 줄이는 데 드는 한계비용이 같아지는 곳에서 효율이 달성된다. 즉, 온실가스를 가장 적은 비용으로 줄일 수 있다.

12. 모든 나라들이 자신이 배출하는 온실가스를 줄이지 않으면 세계적으로 볼 때 온실가스를 줄이기가 어렵다. 이 말을 평가하시오.

해답 맞다. 예를 들어 어떤 나라는 온실가스를 줄이지 않아도 된다고 하자. 그러면 기업들이 그 나라로 옮겨갈 것이다. 그 결과 규제를 받는 나라에서 온실가스가 줄어드는 대신 규제를 받지 않는 나라에서는 이전보다 더 많은 온실가스가 나오게 된다.

13. 오염물질을 유발하는 갑, 을 두 기업이 있다고 하자. 갑과 을은 해마다 각각 200톤씩 오염물질을 유발한다. 오염물질을 1톤 줄이는 데 갑은 기술이 뛰어나서 10만원이 들고, 을은 기술이 낙후하여 100만원이 든다고 한다. 이제 정부가 오염물질 배출 총량을 100톤으로 줄이려고 한다.

(a) 기업이 오염물질을 줄이는 데 비용이 얼마나 드는지 정부가 모른다고 하자. 그리하여 각 기업에게 같은 양만큼만 배출하도록 요구한다고 하자. 이 경우 목표를 달성하는 데 드는 비용은 얼마인가?

(b) 이제 기업이 오염물질을 줄이는 데 비용이 얼마나 드는지 정부가 알고 있다고 하자. 이 경우 목표를 달성하는 데 드는 최소비용은 얼마인가?

(c) (a)와 (b)의 결과를 비교하라. 기업이 오염물질을 줄이는 데 드는 비용을 정부가 모른

다고 하자. 이 경우 어떻게 하면 (b)와 같은 결과를 얻을 수 있겠는가?

(d) 정부가 오염배출권을 경매로 팔지 않고 둘 중 어느 한 기업에게 무상으로 준다고 하자. 그 결과가 어떻게 달라지는가?

(e) 위 문항 (d)의 경우와 코즈정리를 비교 · 분석하시오.

해답

(a) 정부는 각 기업에게 50톤씩만 배출하도록 요구할 것이다. 그러므로 갑과 을은 각각 150톤씩 줄여야 한다. 이 경우 갑은 150×10이 들고, 을은 150×100이 든다. 그 결과 총 16,500만원이 든다.

(b) 가장 적은 비용으로 목표를 달성하려면 효율적인 기업에게 오염물질을 더 많이 줄이도록 요구해야 한다. 이 경우 갑에게는 오염물질을 모두 제거하도록 요구해야 한다. 그 다음 을에게 100톤을 줄이도록 요구한다. 그러면 결국 을만 100톤을 유발하게 되어 목표가 달성된다. 이 경우 갑에게서 발생하는 비용은 200×10이고, 을에게서 발생하는 비용은 100×100이다. 그리하여 총비용은 12,000만원이다.

(c) (i) (b)의 경우 비용이 더 적게 든다.

(ii) 정부가 100톤에 해당하는 오염배출권을 경매로 판매한다. 예를 들어 1장당 1톤을 배출할 수 있는 오염배출권 100장을 경매한다. 그러면 경매에서 기업 을이 오염배출권을 1장당 10만원 이상에 모두 사버릴 것이다. 한편 오염배출권 1장에 10만원 이상이면 갑은 하나도 사지 않는다. 자신이 스스로 오염물질을 1톤 줄이는 데 10만원밖에 들지 않기 때문이다. 결국 갑은 오염물질을 스스로 모두 줄이게 된다. 반면에 을은 오염배출권에 해당하는 100톤을 제외하고 나머지 100톤만 줄이게 된다. 이 결과는 바로 (b)의 결과와 같다.

(d) 정부가 어떤 기업에게 오염배출권을 무상으로 주든 오염물질과 관련하여서는 경제적 효율이 달성된다. 예를 들어 오염배출권을 모두 갑에게 주었다면 갑은 이것을 모두 을에게 팔 것이다. 오염배출권을 모두 을에게 주었다면 을은 자신이 사용할 것이다. 즉, 시장에서 거래가 허용될 경우 오염배출권을 누구에게 주더라도 최종적으로는 오염배출권에 더 높은 가치를 부여하는 쪽이 그것을 가지게 된다는 것이다. 한편 경매로 팔 경우에는 정부에 판매수입이 생긴다. 그런데 무상으로 줄 경우에는 이 수입이 없어진다. 이 때문에 정부가 다른 부문에서 그만큼 조세를 더 거둔다면 그 부문에서 그만큼 비효율이 늘어날 수 있다.

끝으로 무상으로 줄 경우 오염배출권을 무상으로 받은 기업은 富의 측면에서 그만큼 나아진다. 예를 들어 갑이 무상으로 받은 경우에는 을에게 팔아 돈을 벌 것이다. 또한 을이 받은 경우에는 자신이 사용하지만 정부로부터 오염배출권을 사지 않아도 되므로 그만큼 나아진다.

(e) (i) **공통점** : 재산권이 명확히 정의되어 있다고 하자. 그러면 코즈정리에서도 누가 재산권을 가지느냐에 관계없이 자원이 효율적으로 배분된다. 재산권만 확정되면 사실상 이처럼 외부효과는 해결된다.

(ii) **차이점** :

코즈정리 — 협상에 의해 외부효과가 해결된다. 그리고 당사자들의 최종적인 부의 배분이 협상력에 따라 달라진다. 협상에 너무 많은 비용이 들면 이 정리를 적용할 수 없다. 소득효과가 없어야 한다. 관련 당사자들이 너무 많으면 적용되기 어렵다.

오염배출권 거래 — 오염배출 한도만 정해 주면 그 다음부터는 근본적으로 시장기능을 통해 외부효과 문제가 해결된다. 당사자들의 최종적인 부의 배분이 배출권의 가격에 따라 달라진다. 협상에 드는 비용이나 소득효과를 우려하지 않아도 된다. 관련 당사자들이 많아도 시행할 수 있다.

14. 모든 기업에게 획일적으로 똑같은 양만큼 오염물질을 줄이도록 규제한다고 하자. 유인측면에서 이러한 제도를 피구조세나 오염배출권 거래제도와 비교하시오.

해답 규제를 할 경우 기업은 규제로 정해진 수량 이상으로 오염물질을 줄이려는 유인이 없다. 그러나 피구조세를 시행할 경우 오염물질을 줄이면 그만큼 조세를 덜 낸다. 그러므로 오염물질을 줄이기 위해 연구개발을 할 유인이 있다. 오염배출권 거래제도의 경우에도 똑같은 유인이 존재한다. 오염배출을 줄일 수 있으면 그만큼 오염배출권을 덜 사도 되므로 돈이 절약되기 때문이다.

15. 상품을 소비하는 사람들이 많아질수록 그 상품을 소비할 때 얻는 효용이 증가하는 경우 네트워크외부효과가 있다고 한다. 전화, 이메일, 팩시밀리 등이 이 경우에 해당한다. 이것은 소비의 외부효과의 특별한 유형이다. 이 점에 착안하여 다음과 같은 주장을 했다고 하자. '소비의 외부효과이므로 반드시 수요자에게 보조금을 지급해 주어야지 공급자에게 보조금을 지급해 주어서는 안 된다.' 이 주장을 평가하시오.

해답 이 주장은 틀리다. 수요자에게 보조금을 지급하든 공급자에게 보조금을 지급하든 그 경제적 효과는 같다. 그 원리는 조세귀착의 원리와 같다. 10장에서 자세히 배울 것이다.

16. 공해를 통제할 경우 불확실성과 관련된 문제에 대해 생각해 보자. 공해 감축으로부터 얻는 사회적 한계편익(social marginal benefit)은 체감한다고 하자. 이 경우 공해 감축에 대해 서로 다른 두 개의 사회적 한계편익곡선을 생각하자. 한편 공해 감축의 한계비용은 체증한다고 하자.

(a) 정부가 사회적 한계편익을 알고 난 후 공해 감축 수준을 규제한다고 하자. 이 경우 공해 감축 수준을 말하시오.

(b) 공해 한 단위당 일정한 금액으로 피구조세를 부과한다고 하자. 정부가 사회적 한계편익을 알고 난 후 피구조세를 부과할 경우 단위당 피구조세는 얼마인가?

(c) 이제 정부가 사회적 한계편익을 모르는 상태에서 공해 감축 수준을 규제한다고 하자. 이때 정부의 예상이 틀렸을 경우 발생하는 비효율을 말하시오. 정부가 비효율을 줄이려면 어떻게 해야 하는가?

(d) 이제 정부가 사회적 한계편익을 모르는 상태에서 피구조세를 부과한다고 하자. 이때 정부의 예상이 틀렸을 경우 발생하는 비효율을 말하시오. 정부가 비효율을 줄이려면 어떻게 해야 하는가?

해답

(a) 이 경우 불확실성이 없으므로 SMB_A일 경우에는 Q_A만큼 감축하도록 규제하고 SMB_B일 경우에는 Q_B만큼 감축하도록 규제한다. 공해 감축 수준은 규제한 양과 같아진다.

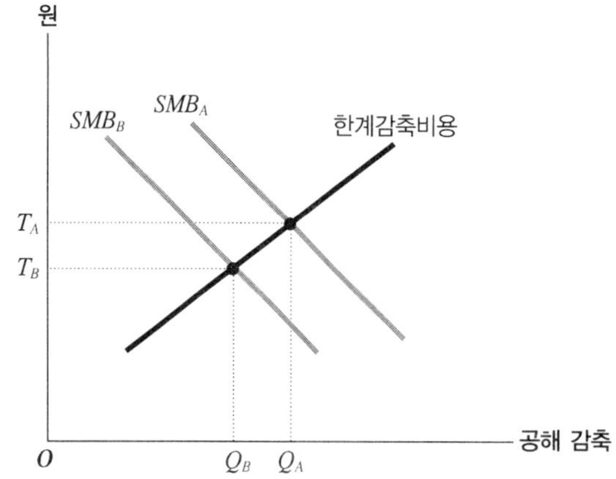

(b) 공해 한 단위당 일정한 금액의 피구조세를 부과할 경우 공해를 한 단위 추가로 감축시키면 피구조세에 해당하는 만큼 조세를 내지 않아도 된다. 즉, 이 경우 피구조세

는 기업이 공해를 감축시킬 때 그로부터 자신이 얻는 한계편익으로 작용한다. 그런데 이 경우는 불확실성이 없는 경우이다. 따라서 SMB_A일 경우에는 T_A만큼 부과하고 SMB_B일 경우에는 T_B만큼 부과하면 된다. 그러면 기업은 이러한 조세와 한계감축비용이 같아지는 수준만큼 공해를 감축한다. 이때 공해 감축 수준은 위 문항 (a)의 경우와 같아진다.

(c) 불확실성이 있는 경우이다. SMB_A가 진실된 것인데 SMB_B를 기준으로 하여 Q_B로 규제했을 경우 규제가 너무 느슨하여 A만큼의 비효율이 발생한다. 거꾸로 SMB_B가 진실된 것인데 SMB_A를 기준으로 하여 Q_A로 규제했을 경우 규제가 너무 엄격하여 B만큼의 비효율이 발생한다. 비효율을 줄이려면 Q_A와 Q_B 사이에서 규제해야 한다.

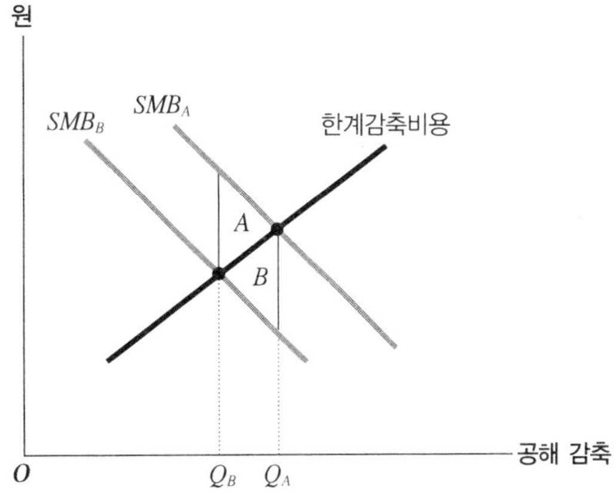

(d) SMB_A가 진실된 것인데 SMB_B를 기준으로 하여 T_B를 부과했을 경우 Q_B만큼 공해가 감축된다. 이때 조세가 너무 낮아 A만큼의 비효율이 발생한다. 거꾸로 SMB_B가 진실된 것인데 SMB_A를 기준으로 하여 T_A를 부과했을 경우 Q_A만큼 공해가 감축된다. 이때 조세가 너무 높아 B만큼의 비효율이 발생한다. 비효율을 줄이려면 T_A와 T_B 사

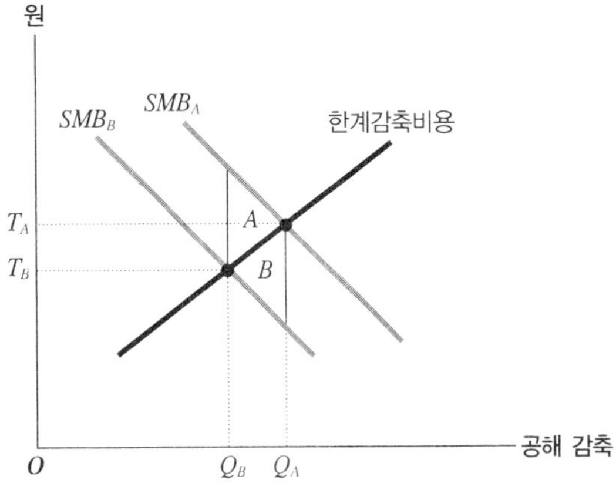

이의 조세를 부과해야 한다. 이렇게 볼 때 결과의 확실성을 제외하고는 규제와 피구조세 사이에 차이가 없다.

17. 공해 감축의 한계비용을 모른다고 하자. 그런데 공해 감축으로부터 얻는 사회적 한계편익이 클 경우 공해를 줄이는 데 드는 한계비용도 크다고 하자. 또한 공해 감축으로부터 얻는 사회적 한계편익이 작을 경우 공해를 줄이는 데 드는 한계비용도 작다고 하자.

(a) 한계비용곡선의 기울기가 아주 완만할 경우를 생각해 보자. 또한 한계비용을 모른다고 하자. 이러한 상황에서 규제를 하는 경우와 피구조세를 부과하는 경우를 비교하시오.

(b) 한계비용곡선의 기울기가 아주 급할 경우를 생각해 보자. 또한 이 경우 한계비용을 모른다고 하자. 이러한 상황에서 규제를 하는 경우와 피구조세를 부과하는 경우를 비교하시오.

해답

(a) 이 경우에는 규제가 선호된다.

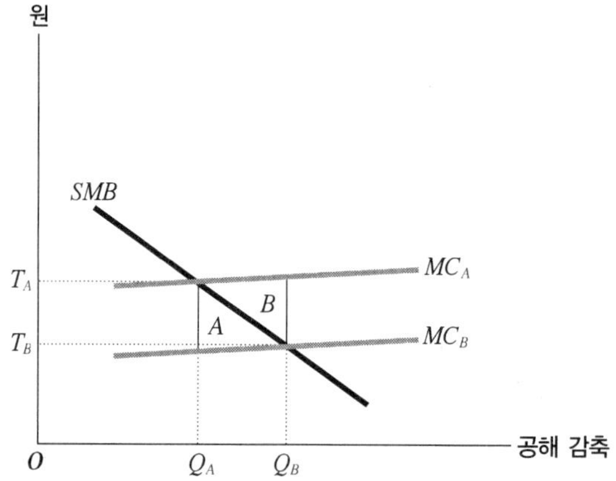

한계비용과 사회적 한계편익이 작은데 큰 것으로 예상하여 Q_A로 규제할 경우 A만큼의 비효율이 발생한다. 거꾸로 한계비용과 사회적 한계편익이 큰데 작은 것으로 예상하여 Q_B로 규제할 경우 B만큼의 비효율이 발생한다.

한편 한계비용과 사회적 한계편익이 작은데 큰 것으로 예상하여 T_A만큼의 조세를 부과할 경우 한계비용이 피구조세보다 항상 작아 공해를 완전히 감축시키려는 유인을 제공한다. 이때 피구조세는 기업이 공해를 감축시킬 때 그로부터 자신이 얻는 한계편익으로 작용한다는 점을 상기하라(연습문제 16 해답 참조). 이 결과는 비효율적이다. 거꾸로 한계비용과 사회적 한계편익이 큰데 작은 것으로 예상하여 T_B만큼의 조세를 부과할 경우 한계비용이 피구조세보다 항상 높아 공해를 전혀 줄이지 않게 된다. 이 결과도 비효율적이다.

(b) 이 경우에는 피구조세가 선호된다. 규제의 경우는 문항 (a)의 논리와 같다. 그 결과 각각 A와 B만큼의 비효율이 발생한다. 그러나 피구조세를 부과할 경우는 달라진다. 한계비용과 사회적 한계편익이 작은데 큰 것으로 예상하여 T_A만큼의 조세를 부과한다고 하자. 이 경우 기업은 피구조세와 자신의 한계비용(MC_B로 나타남)이 같아지는 수준만큼 공해를 감축한다. 그 결과 Q_D만큼 공해가 감축된다. 이때 D만큼의 비효율이 발생한다. 물론 이렇게 비효율이 발생하는 이유는 조세가 너무 높기 때문이다. 이때 규제를 할 경우의 비효율(A)보다 비효율이 작다는 점에 주목하라. 거꾸로 한계비용과 사회적 한계편익이 큰데 작은 것으로 예상하여 T_B만큼의 조세를 부과할 경우에는 Q_C만큼 공해가 감축된다. 이 경우 C만큼의 비효율이 발생한다. 그 이유는 물론 조세가 너무 낮기 때문이다. 이때에도 규제를 할 경우의 비효율(B)보다 비효율이 작다는 점에 주목하라.

결과적으로 보면 한계비용곡선의 기울기가 아주 급할 때에는 피구조세를 시행할 경우 규제의 경우보다 비효율이 더 작아진다. 즉, 어떻게 잘못 예상하든 같은 예상을 하고 규제를 시행할 경우보다 비효율이 작아진다는 것이다. 그러므로 한계비용곡선의 기울기가 아주 급할 경우에는 규제보다 피구조세가 선호된다.

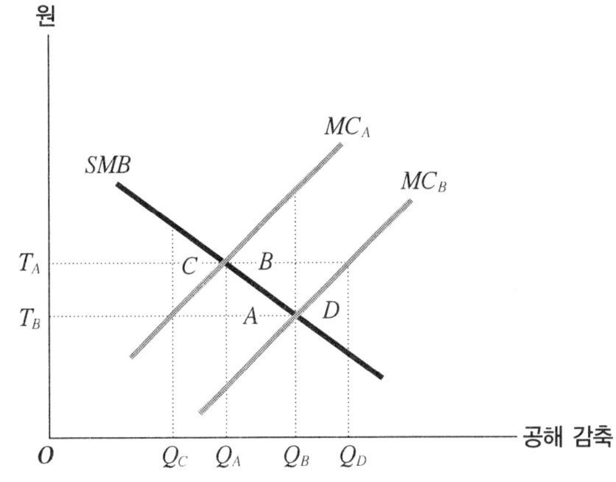

18. 공해를 유발하는 상품 생산을 줄일 경우 그에 상응하는 보조금을 지급한다고 하자.

(a) 이 경우 자원배분의 효율에 대해 말하시오.

(b) 이처럼 생산을 줄일 경우 보조금을 지급하면 기업의 한계비용은 늘어나지만 평균비용

은 줄어든다. 그 이유를 엄밀하게 보이시오. 이 경우 장기적으로 어떠한 현상이 일어나겠는가?

해답

(a) 공해를 유발하는 기업이 산출량을 증가시키려면 그에 상응하는 보조금을 포기해야 한다. 따라서 이러한 보조금은 기업의 기회비용에 포함된다. 이 경우 사적 한계비용은 한 단위당 지급해 주는 보조금만큼 올라간다. 그 결과 효율적인 수량을 생산하게 된다.

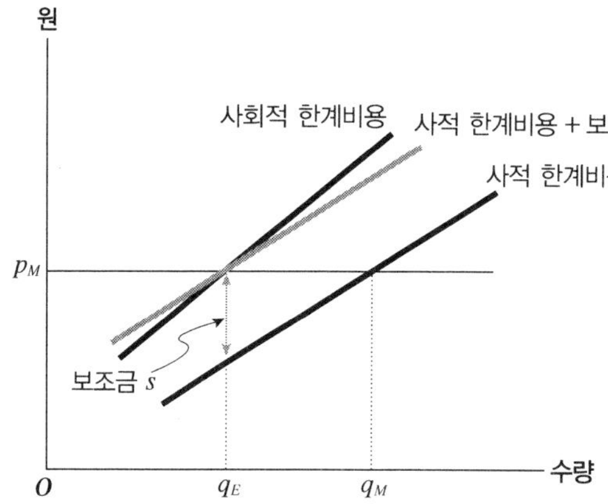

(b) 생산을 줄일 경우 한 단위당 s만큼의 보조금을 받는다고 하자. 그러면 개별기업은 $s(q_M - q)$만큼의 보조금을 받는다. 여기서 q_M은 보조금을 받기 이전의 산출량이다. 보조금을 받을 경우 q가 q_E와 같아질 때 이윤이 극대화된다. 한편 보조금을 받을 경우 사적 장기총비용은

$$LTC_s = LTC(q) - s(q_M - q) \tag{1}$$

이 된다. 여기서 하첨자 s는 보조금을 받은 상태를 나타낸다. 이 경우 사적 장기평균비용은

$$LAC_s = \frac{LTC(q) - s(q_M - q)}{q} = LAC(q) - s\left(\frac{q_M}{q} - 1\right) \tag{2}$$

로 구해진다. 한편 기업은 q_M보다 적게 생산한다. 즉, q는 q_M보다 적다. 그러므로 보조금을 받을 경우 장기평균비용은 줄어든다.

한편 보조금을 받을 경우 사적 장기한계비용은

$$LMC_s = \frac{d}{dq}[LTC(q) - s(q_M - q)] = LMC(q) + s \tag{3}$$

가 된다. 즉, 사적 장기한계비용은 늘어난다. 그 결과 단기적으로 볼 때 기업의 산출량은 줄어든다. 이것이 문항 (a)의 그림에 나타나 있다.

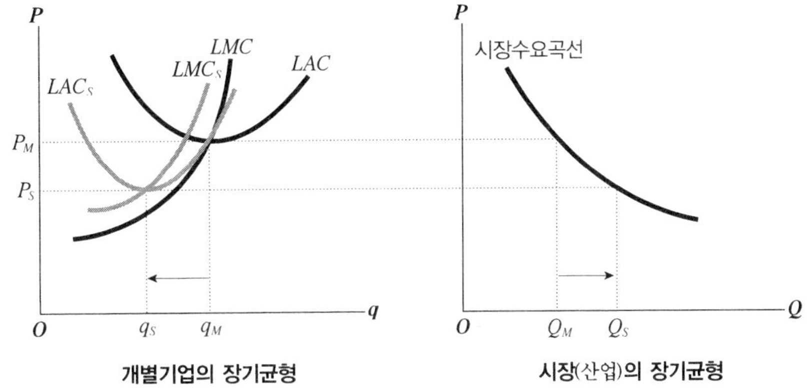

한편 장기평균비용이 떨어져 장기적으로 새로운 기업이 진입하게 된다(이때 경쟁시장의 경우 시장가격은 장기평균비용의 최하점에서 결정된다는 점을 상기하자). 그리하여 시장 전체의 산출량은 Q_M에서 Q_S로 오히려 증가한다. 그 결과 공해가 오히려 증가한다. 이러한 내용이 앞 그림에 나타나 있다. 한편 장기평균비용을 나타내는 식 (2)에서 볼 때 $q = q_M$일 경우 $LAC = LAC_s$가 성립한다. 그러므로 $q = q_M$일 경우 LAC_s와 LAC가 같아지도록 그려야 한다.

19. 공해문제를 해결하기 위하여 공해를 유발하는 기업으로 하여금 공해의 사회적 비용을 자신의 비용으로 인식하도록 기업에게 조세를 부과하려고 한다.

(a) 이러한 정책을 시행할 경우 그 조세는 누가 부담하게 될 것인지를 부분균형과 일반균형의 관점에서 각각 분석하시오.

(b) 이러한 정책이 경제의 효율에 미치는 영향을 일반균형과 부분균형의 관점에서 각각 분석하시오.

해답 환경세에 대한 질문이다.

(a) (i) 부분균형 차원에서 볼 때 이러한 조세는 수요자와 공급자가 나누어 부담하게 된다(10장 참조). 누구에게 더 많이 귀착되는가는 수요곡선과 공급곡선의 상대적인 탄력성에 따라 달라진다. 비탄력적인 측이 조세를 더 많이 부담하게 된다.

(ii) 일반균형의 차원에서 보려면 생산요소시장과 다른 상품시장까지 함께 고려해야 한다. 이 경우 조세가 그 상품을 생산하는 기업의 근로자에게 전가될 수도 있다는 사실에 주목해야 한다.

(b) (i) 부분균형 차원에서 볼 때 이러한 조세는 제1배당인 환경개선효과와 함께 제2배당인 조세수입을 가져다준다.

(ii) 그러나 일반균형 차원에서 보면 피구조세도 역시 조세라는 측면에서 비효율을 유발하게 된다. 환경세가 부과된 상품의 가격이 올라가면 실질임금률이 떨어지는데, 이러한 실질임금률의 하락이 이미 존재하던 노동시장의 비효율을 더 크게 만드는 것이다.

이처럼 비효율이 더 커지는 이유는 수입재활용효과보다 조세상호작용효과가 더 크기 때문이다. 조세상호작용효과가 더 큰 이유를 알아보자. 첫째, 환경세에 비해 임금소득세의 기반이 훨씬 크기 때문에 환경세 수입을 얻는 대신 그에 상응하여 임금소득세의 세율을 낮추어 준다고 하더라도 별로 낮추어 줄 수 없다. 둘째, 환경세를 부과하면 해당 상품의 소비가 감소하는 조세기반침식효과로 인해 환경세 수입이 많지 않다.

물론 이처럼 이중배당이 존재하지 않는다는 결과는 모형의 가정에 따라 달라질 수 있는데, 실증적인 분석결과는 이중배당이 존재하지 않는다는 사실을 뒷받침하고 있다. 한편 이처럼 이중배당이 존재하지 않는다면 피구조세는 한계환경피해보다 낮아야 한다.

20. 어떤 마을에 7명의 주민이 살고 있다고 하자. 이들에게는 소득을 올릴 수 있는 기회가 2가지 있다고 한다. 그중 하나는 일주일에 80만원의 임금을 지급해 주는 공장에서 일하는 것이다. 다른 하나는 마을에 있는 큰 호수에서 물고기를 잡아서 파는 것이다. 그런데 물고기를 잡을 때 일주일에 한 명당 올리는 평균수입은 호수에서 물고기를 잡는 인원 수에 따라 다음과 같은 관계를 보인다고 하자. 한편 이때 공장에서 일하는 데 드는 비용이나 물고기를 잡는 데 드는 비용은 무시하기로 하자.

인원 수	1	2	3	4	5	6	7
평균수입(단위 : 만원)	100	94	91	85	80	75	70

(a) 마을에 있는 사람들이 각자 독립적으로 의사결정을 내린다고 하자. 이 경우 몇 명이 물

고기를 잡게 되겠는가?

(b) 마을 주민들 중에서 대표를 뽑는다고 하자. 이 대표는 자신을 포함한 마을 주민 전체의 수입을 극대화한 다음 서로 똑같이 나누어 갖는 방안을 제시하였다. 이렇게 하려면 몇 명이 물고기를 잡는 데 투입되어야 하겠는가?

(c) 마을 주민들이 각자 독립적으로 의사결정을 내린다고 하자. 이때 위 문항 (b)와 같은 결과를 얻으려면 물고기를 잡을 때 요금을 징수해야 하는가 아니면 보조금을 주어야 하는가? 그 크기는 얼마인가?

해답

(a) 공장에서 일할 경우 80만원을 받는다고 하였다. 그러므로 개인적으로 볼 때 공장에서 일하는 대신 물고기를 잡을 경우 80만원을 포기해야 한다. 즉, 물고기를 잡는 데 드는 기회비용이 80만원이라는 것이다. 그러므로 한 명당 수입인 평균수입이 80만원이 되는 수준까지 사람들이 물고기를 잡을 것이다. 즉, 앞의 표에서 볼 때 5명의 주민이 물고기를 잡을 것이다.

이와는 달리 예를 들어 우연히 4명이 물고기를 잡게 되었다면 평균수입이 85만원이 되므로 주민들이 공장에서 일하는 대신 물고기를 잡으려고 할 것이다. 거꾸로 6명이 일하게 되었다면 평균수입이 75만원이 되었을 것이므로 누군가는 공장으로 이동할 것이다. 그리하여 결과적으로 평균수입이 80만원이 되는 수준에서 균형이 이루어진다.

(b) (i) 문항 (a)의 경우에는 물고기를 잡을 때의 평균수입이 임금과 같아지는 곳에서 균형이 이루어지고 있다. 그런데 이 경우에는 총수입이 극대화되지 못한다. 총수입을 극대화시키려면 한계수입이 임금과 같아지는 수준까지 물고기를 잡아야 한다. 말하자면 물고기를 잡을 때 추가로 얻는 수입(한계수입)이 공장에서 일할 때 버는 임금보다 높을 때에는 물고기를 더 잡는 것이 총수입을 더 많이 증가시킨다는 것이다. 그리하여 마침내 한계수입이 임금과 같아질 때 총수입이 극대화된다(이 문제의 경우에는 불연속적이므로 한계수입이 임금보다 큰 상태에서 총수입이 극대화된다).

(ii) 이러한 측면에서 한계수입을 구하기로 하자. 한계수입은 물고기를 잡는 데 추가로 한 명이 더 투입될 때 증가한 총수입이다. 그런데 앞의 표에는 평균수입이 알려져 있다. 그러므로 앞의 표를 이용하여 한계수입을 구하려면 먼저 총수입을 구해야 한다. 그 다음 총수입으로부터 한계수입을 구해야 한다. 한편 총수입은 평균수입에 인원 수를 곱하여 구한다. 여기서 한계수입은 한 명이 추가로 더 투입될 때 늘

어나는 총수입이다. 이렇게 구한 값들이 다음 표에 나타나 있다.

인원 수	1	2	3	4	5	6	7
평균수입	100	94	91	85	80	75	70
총수입	100	188	273	340	400	450	490
한계수입		88	85	67	60	50	40

예를 들어 2명에서 1명을 더 추가하면 총수입이 85 늘어난다. 그런데 이것은 공장에서 일할 때 받는 임금 80보다 많다. 그러므로 1명을 더 추가한다. 그러나 3명에서 4명으로 늘어날 경우에는 총수입은 67만큼만 늘어난다. 그런데 이 값은 공장에서 일할 때 받는 임금보다 적다. 그러므로 물고기 잡는 데에는 3명만 투입한다. 나머지 4명은 공장에서 일하고 각각 80의 임금을 받는다. 이 경우 총수입은 593[= 273 + 80 × 4]으로서 최대가 된다. 한편 문항 (a)에서처럼 평균수입이 임금과 같아질 때까지 물고기를 잡을 경우 5명이 물고기를 잡고 2명이 공장에서 일하게 되므로 마을의 총수입은 560[= 400 + 80 × 2 = 80 × 7]이 된다. 결과적으로 한계수입을 고려하여 의사결정을 할 경우 총수입이 33만큼 늘어나는 것을 알 수 있다.

(iii) 문항 (a)의 경우 총수입이 극대화되지 못하는 이유를 살펴보자. 물고기를 잡을 경우 자신의 행위는 다른 사람이 잡는 물고기의 수에 영향을 준다. 즉, 외부효과를 유발한다. 그런데 문항 (a)와 같은 경우에는 누구도 그러한 외부효과를 고려하지 않는다. 다만 자신의 이득만 생각한다. 그리하여 물고기를 잡는 데 효율수준보다 더 많은 인원이 투입된다. 말하자면 호수가 무료로 사용할 수 있는 공용 자원이기 때문에 너무 과다하게 사용되는 것이다. 이른바 공용지의 비극(tragedy of commons) 현상이 나타난 것이다. 이것이 바로 문항 (a)의 경우 총수입이 극대화되지 못하는 이유이다.

한편 문항 (a)의 경우에는 임금과 평균수입이 같아지는 수준까지 사람들이 물고기를 잡는다. 이때 비록 각자의 평균수입은 같아지지만 한계수입은 평균수입보다 작아진다는 점에 주목하자.

(c) (i) 마을 주민들이 각자 독자적으로 의사결정을 내릴 경우에는 물고기를 잡는 데 효율수준보다 더 많은 사람들이 몰리게 된다. 그러므로 요금을 부과해야 한다. 한편 요금을 부과하면 물고기를 잡는 사람의 수는 줄어든다. 그러므로 이때 요금을 무시한다면 표에서 보듯이 평균수입은 증가한다. 이때 다음과 같은 사실에 주목하자.

물고기를 잡을 경우 개인은 평균수입을 얻는데, 이 중에서 요금을 내고 난 후의 금액이 임금보다 높을 경우 개인은 공장에서 일하는 대신 물고기를 잡을 것이다. 그러므로 물고기를 잡을 때 평균수입이 임금보다 높을 경우에는 그 차액에 해당하는 금액을 요금으로 징수해야 한다. 그러면 물고기를 잡는 대신 공장에서 일할 것이다.

(ii) 한편 마을 전체의 수입을 극대화하려면 3명만 물고기를 잡아야 한다. 그런데 이처럼 3명이 물고기를 잡을 경우 앞의 표에서 볼 때 평균수입은 91이다. 그러므로 이 금액과 임금 80의 차액인 11보다 조금 적은 금액 예를 들어 10을 요금으로 징수한다. 그러면 3명만이 물고기를 잡게 된다.

(iii) 연속함수의 경우가 그림에 나타나 있다. 그림에서 효율적인 인원 수가 n^*이고 그때의 평균수입이 AP^*로 나타나 있다. 이때 효율을 달성하려면 한 명당 $(AP^* - w)$의 요금을 징수하게 된다.

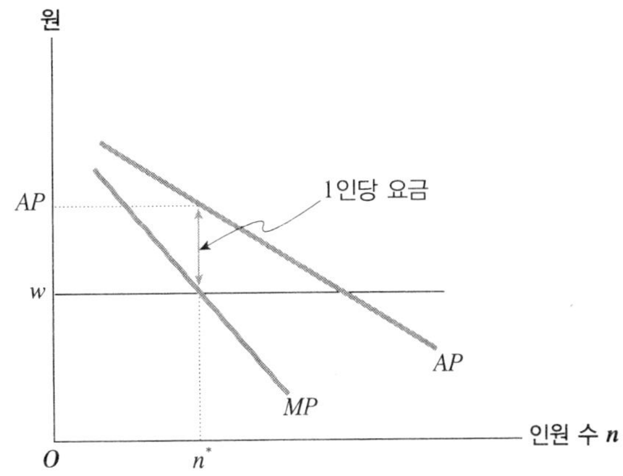

본 문제의 경우에는 불연속적이기 때문에 엄밀하게 말하면 요금이 11보다는 적고 5(= 85 − 80)보다는 많게 설정되어야 한다.

21. 강의 상류에는 강철을 생산하는 기업이 있고 하류에는 맥주를 생산하는 기업이 있다고 하자. 강철을 생산할 때 배출되는 공해는 바로 그만큼 맥주기업에게 피해를 준다고 가정하자. 강철시장은 경쟁적이며, 강철의 시장가격은 12라고 한다. 강철 생산의 사적한계비용은 $4 + \frac{1}{2}q$이다(편의상 고정비용은 없다고 가정하자). 그런데 강철을 생산할 때 배출되는 공해의 한계비용은 $2 + \frac{1}{4}q$라고 한다. q는 강철의 산출량이다.

(a) 강철기업이 공해의 사회적 비용을 무시하고 자신의 이윤을 극대화한다고 하자. 이 경우 강철 산출량은 얼마나 되는가? 이윤은 얼마인가?

(b) 이제 강철기업과 맥주기업이 서로 협상을 할 수 있다고 하자. 그리고 하천 사용에 대한 권리가 강철기업에게 있다고 하자. 이 경우 강철 산출량은 얼마나 될 것으로 예상되는가? 이때 재산권을 행사하여 얻을 수 있는 이득까지 포함할 때 강철기업의 이윤은 얼마인가?

(c) 강철기업과 맥주기업이 서로 협상을 할 수 있다고 하자. 그런데 하천 사용에 대한 권리가 맥주기업에게 있다고 하자. 이 경우 강철 산출량은 얼마나 될 것으로 예상되는가? 이때 재산권과 관련되는 금액까지 고려할 때 강철기업의 이윤은 얼마인가?

(d) 이제 협상하는 데에는 비용이 든다고 하자. 그리고 하천 사용에 대한 권리가 강철기업에게 있다고 하자. 이 경우 협상비용이 얼마 이상이면 위 문항 (a)와 산출량이 같아지는가?

해답

(a) (i) 이 경우 강철기업은 강철 생산에 드는 사적 한계비용(PMC)과 시장가격(p)이 같아지는 곳에서 산출량을 결정한다. 그런데 $PMC = 4 + \frac{1}{2}q$이고, $p = 12$이다. 그러므로

$$4 + \frac{1}{2}q = 12$$

로부터 $q^* = 16$을 얻는다.

(ii) 이때 고정비용이 없으므로 강철기업의 이윤은 그림에서 볼 때 $(A + B + C)$로 나타난다.

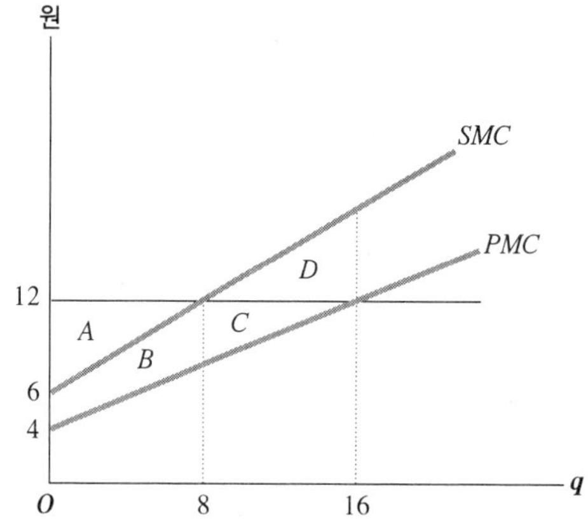

참고 '이윤 = 총수입 − 총비용'이다. 그런데 이 문제에서는 고정비용이 없으므로 총비용은 가변비용과 같다. 그런데 가변비용은 한계비용곡선 아래 부분의 면적으로 측정된다. 이 점을 고려하면 이윤은 총수입에서 한계비용곡선 아래의 면적을 뺀 값으로 구해진다.

(b) (i) 코즈정리에 따르면 강철 산출량은 효율적인 수준이 될 것이다. 먼저 효율적인 산출량을 구한 다음 강철기업이 이만큼 생산하게 되는 이유를 밝히기로 하자. 효율적인 산출량은 강철 생산에 드는 사회적 한계비용(SMC)과 시장가격이 같아지는 곳에서 결정된다. 그런데

$$SMC = PMC + \text{공해의 한계비용} = (4 + \frac{1}{2}q) + (2 + \frac{1}{4}q) = 6 + \frac{3}{4}q$$

이다. 그러므로 효율적 산출량을 q_E라고 하면

$$6 + \frac{3}{4}q = 12$$

로부터 $q_E = 8$로 구해진다.

이제 협상을 할 경우 강철기업이 이러한 산출량을 생산하게 되는 이유를 살펴보자. 산출량이 16에서 한 단위 줄어들 때마다 강철기업의 이윤은 ($p - PMC$)만큼 줄어든다(이때 PMC는 해당 산출량에서 평가한 값이다). 반면에 공해가 줄어들기 때문에 맥주기업에게는 공해의 한계비용($SMC - PMC$)에 해당하는 금액만큼의 피해가 줄어든다. 즉, 산출량이 줄어들 때마다 강철기업은 손해를 보는 반면 맥주기업은 이득을 본다. 그런데 맥주기업이 얻는 이득이 강철기업이 입는 손해보다 크다. 그러므로 맥주기업에게는 강철기업에게 보상을 해주더라도 강철기업으로 하여금 산출량을 줄이게 하는 것이 이득이다. 즉, 서로에게 이득이 되는 협상의 여지가 있다는 것이다. 이러한 상태는 8단위에 이르기까지 계속된다. 8단위에서 산출량이 더 줄어들 경우에는 강철기업이 입는 손해가 맥주기업이 얻는 이득보다 크다. 그 결과 맥주기업이 강철기업을 보상해 줄 여지가 없다. 이렇게 볼 때 강철기업은 8단위를 생산하게 된다.

(ii) 이처럼 강철기업이 산출량을 16단위에서 8단위로 줄이면 강철기업은 이윤이 C만큼 줄어드는 대신 C보다는 크고 ($C + D$)보다는 작은 보상금을 받게 된다. 그 결과 강철기업은 ($A + B + C$)보다는 크고 ($A + B + C + D$)보다는 작은 이윤을 누리게 된다. 물론 실제 이윤은 협상력에 따른 보상금의 크기에 따라 정해진다.

(c) (i) 이 경우에는 강철기업이 강철을 생산하려면 그로 인해 맥주기업이 입는 피해를 보상해야 하는 상황이다. 산출량이 0인 곳에서 생각해 보기로 하자. 강철기업이 강철을 추가로 한 단위 생산할 때 강철기업은 그에 상응하여 ($p - PMC$)만큼의 이윤을 얻는다. 이때 맥주기업은 공해의 한계비용($SMC - PMC$)만큼의 피해를 입는다. 그런데 이때 강철기업이 얻는 이윤이 맥주기업이 입는 피해보다 크다. 그러므로 강

철기업은 보상을 해주고라도 강철을 생산하려고 한다. 그리고 이러한 상황은 8단위에 이르기까지 계속된다. 8단위를 넘어서면 맥주기업이 입는 피해가 강철기업이 얻는 이윤보다 커져서 두 기업 모두에게 이득이 되는 협상이 존재하지 않는다. 그 결과 강철기업은 8단위를 생산하게 된다.

(ii) 이 경우 강철기업은 $(A + B)$만큼의 이윤을 얻어 B보다는 크고 $(A + B)$보다는 작은 금액을 보상하게 될 것이다. 그리하여 보상 후의 이윤은 0보다는 크고 A보다는 작아질 것이다. 물론 구체적인 보상금액은 협상력에 따라 달라진다.

(iii) 한편 문항 (b)와 문항 (c)의 결과로부터 재산권이 명확하게 규정되어 있으면 그 재산권이 누구에게 있든지 산출량은 8로서 효율적이 된다는 것을 알 수 있다. 물론 그에 따른 자원배분도 효율적이 된다.

(d) 재산권이 강철기업에게 있을 경우 강철 산출량이 16단위에서 8단위로 줄어드는 상태를 생각해 보면 된다. 이때 맥주기업이 얻는 이득은 $(C + D)$이다. 그런데 강철기업에게 적어도 C만큼은 보상해 주어야 한다. 따라서 협상하는 데 드는 비용이 D보다 크다면 협상은 이루어지지 않는다. 그리고 이 경우 강철은 문항 (a)에서처럼 16단위가 생산된다.

22. 현재 기업 A와 B는 각각 500단위의 오염을 배출하고 있다. 오염배출을 줄이는 데 드는 비용은 기업 A의 경우 $c(q_A) = 20 + \frac{1}{2}q_A^2$이고 기업 B의 경우 $c(q_B) = 10 + q_B^2$이다. 한편 오염저감으로부터 사회가 얻는 한계편익은 $SMB = \frac{2{,}000}{17} - \frac{2}{17}Q$이다. 여기서 q_A, q_B, Q는 각각 저감시킨 오염량이다.

(a) 사회의 효율적 저감량을 구하시오.

(b) 기업 A와 기업 B의 저감공급곡선을 각각 구하시오. 사회의 저감공급곡선을 구하시오.

(c) 수요-공급 원리에 따라 사회의 효율적 저감량을 구하시오.

(d) 각 기업의 효율적 저감량을 구하시오.

(e) 기업 A와 기업 B의 배출권수요를 각각 구하시오. 사회의 배출권수요를 구하시오.

(f) 사회의 배출권공급을 구하시오.

(g) 사회의 효율적 배출량을 구하시오.

(h) 각 기업의 효율적 배출량을 구하시오.

(i) 문항 (c), (d)와 문항 (g), (h)의 결과를 비교하시오.

(j) 정부는 효율적 저감량에 기초하여 이 기업들로 하여금 오염배출량을 같은 양만큼씩 줄

이도록 만들려고 한다. 배출권거래를 시행하는 경우 예상되는 결과를 말하시오. 기업에게 배출권을 모두 할당해 준다면 결과가 어떻게 달라지겠는가?

해답

(a) 사회의 효율적 저감량은 저감의 사회적 한계편익과 저감의 사회적 한계비용이 같아지는 곳, 즉 $SMB = SMC$인 곳에서 달성된다. 그런데 저감의 사회적 한계비용은 두 기업의 한계비용을 합한 것이다. 이 값을 구하려면 두 기업의 한계비용곡선을 수평으로 합해야 한다. 그런데 기업 A의 저감의 한계비용은 $MC_A = \frac{dc(q_A)}{dq_A} = q_A$이고 기업 B의 저감의 한계비용은 $MC_B = \frac{dc(q_B)}{dq_B} = 2q_B$이다. 한편 수평으로 합한다는 것은 공통의 MC에 대해 두 기업의 수량을 합하는 것이다. 공통의 MC에 대해서이므로 $MC_1 = MC_2 = MC$로 놓자. 그러면 $q_A = MC$, $q_B = \frac{1}{2}MC$이다. MC곡선들을 수평으로 합한다는 것은 이것들을 더하는 것이다. 즉, $Q = q_a + q_b = MC + \frac{1}{2}MC = \frac{3}{2}MC$이다. 이로부터 저감의 사회적 한계비용은 $SMC = \frac{2}{3}Q$가 된다. 사회의 효율적 저감량은 $SMB = SMC$, 즉 $\frac{2{,}000}{17} - \frac{2}{17}Q = \frac{2}{3}Q$로부터 $Q^* = 150$이 된다.

(b) 저감을 공급하려면 저감의 한계비용에 해당하는 금액을 받아야 한다. 그런데 $MC_A = q_A$이고 $MC_B = 2q_B$이다. 그러므로 저감의 가격을 p라고 하면 $p = MC_A$, $p = MC_B$로부터 기업 A와 B의 저감공급곡선은 각각 $q_A = p$, $q_B = \frac{1}{2}p$가 된다. 사회의 저감공급곡선은 각 기업의 저감공급곡선을 수평으로 합하여 구한다. 그러므로 $Q_S = q_A + q_B = p + \frac{1}{2}p = \frac{3}{2}p$가 된다. 물론 이것은 $SMC = \frac{2}{3}Q$로부터 구한 결과와 같다.

(c) 사회의 효율적 저감량은 사회의 저감수요곡선과 사회의 저감공급곡선이 교차하는 곳에서 달성된다. 문항 (b)에서 사회의 저감공급곡선은 $Q_S = \frac{3}{2}p$로 구해졌다. 한편 $SMB = \frac{2{,}000}{17} - \frac{2}{17}Q$인 곡선은 사회의 저감역수요곡선이다. 이로부터 사회의 저감수요곡선은 $Q_D = 1{,}000 - \frac{17}{2}p$이다. 균형은 $Q_D = Q_S$, 즉 $1{,}000 - \frac{17}{2}p = \frac{3}{2}p$에서 달성된다. 이로부터 균형가격과 사회의 효율적 저감량은 [그림 1(A)]처럼 $p^* = 100, Q^* = 150$이 된다. 물론 문항 (a)와 결과가 같다.

(d) 각 기업의 저감공급곡선 $q_A = p$, $q_B = \frac{1}{2}p$에 $p^* = 100$을 대입하면 각 기업의 효율적 저감량을 얻는다. 즉, $q_A^* = p^* = 100$, $q_B^* = \frac{1}{2}p^* = 50$이 된다. 이것이 [그림 1(B)]와 [그림 1(C)]에 나타나 있다.

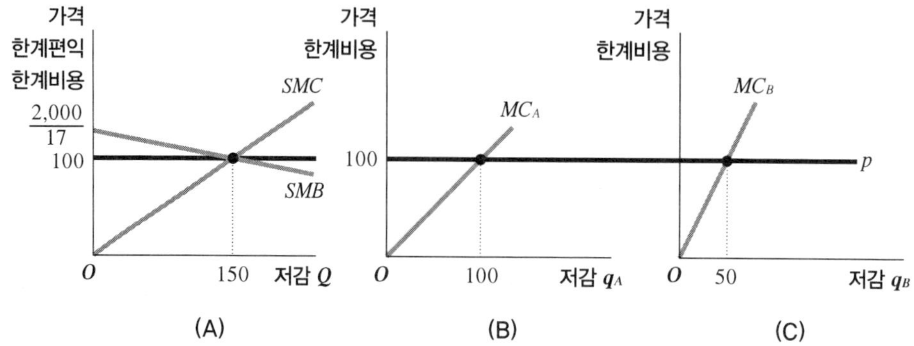

[그림 1]

(e) 현재배출에서 저감공급을 빼주면 배출(권)수요가 된다. 즉, 현재 자신이 배출하고 있는 수량에서 자신이 저감한 수량을 제외하면 나머지는 배출권을 구입해서 배출해야 한다는 것이다. 이것은 다음과 같이 해석할 수 있다. 저감의 한계비용은 추가로 1단위 더 저감할 경우 발생하는 비용이다. 이것을 배출측면에서 보면 추가로 1단위 더 배출할 경우 절약되는 비용이므로 배출의 한계편익이라고 볼 수 있다. 가로축에 저감량을 표시하고 세로축에 한계비용을 표시한 상태에서 저감량에 대해 한계비용으로 작용하는 곡선을 배출량에 대해 한계편익으로 작용하게 하는 방법은 [그림 2(B)]에서처럼 현재배출량을 나타내는 수직선에서 한계비용곡선을 수평으로 빼주는 것이다. 즉, 현재배출에서 한계비용, 즉 저감공급을 빼주면 배출의 한계편익을 얻는다. 그런데 배출의 한계편익곡선이 바로 배출의 역수요곡선이므로 현재배출에서 저감공급을 빼주면 배출권수요를 얻는다는 것이다.

기업 A의 경우 현재배출량이 500이고 저감공급이 $q_A = p$이다. 그러므로 배출권수요를 q_A^E라고 하면 가로축의 500에서 수직선으로 그려지는 현재배출량 $\bar{q} = 500$에서 저감공급 $q_A = p$을 수평으로 빼 줌으로써 $q_A^E = \bar{q} - q_A = 500 - p$로 구해진다.

한편 기업 B의 경우 현재배출량이 500이고 저감공급이 $q_B = \frac{1}{2}p$이므로 배출권수요를 q_B^E라고 하면 같은 원리로 $q_B^E = 500 - \frac{1}{2}p$가 된다. 그러므로 사회의 배출권수요를 Q_D^E라고 하면 각 기업의 배출권수요를 합하여 $Q_D^E = q_A^E + q_B^E = (500 - p) + (500 - \frac{1}{2}p) = 1{,}000 - \frac{3}{2}p$로 구해진다.

(f) 사회의 현재배출에서 사회의 저감수요를 빼주면 나머지가 사회의 배출(권)공급이다. 이것은 다음과 같이 해석할 수 있다. 저감의 사회적 한계편익은 추가로 1단위 더 저감할 경우 발생하는 사회적 편익이다. 이것을 배출측면에서 보면 추가로 1단

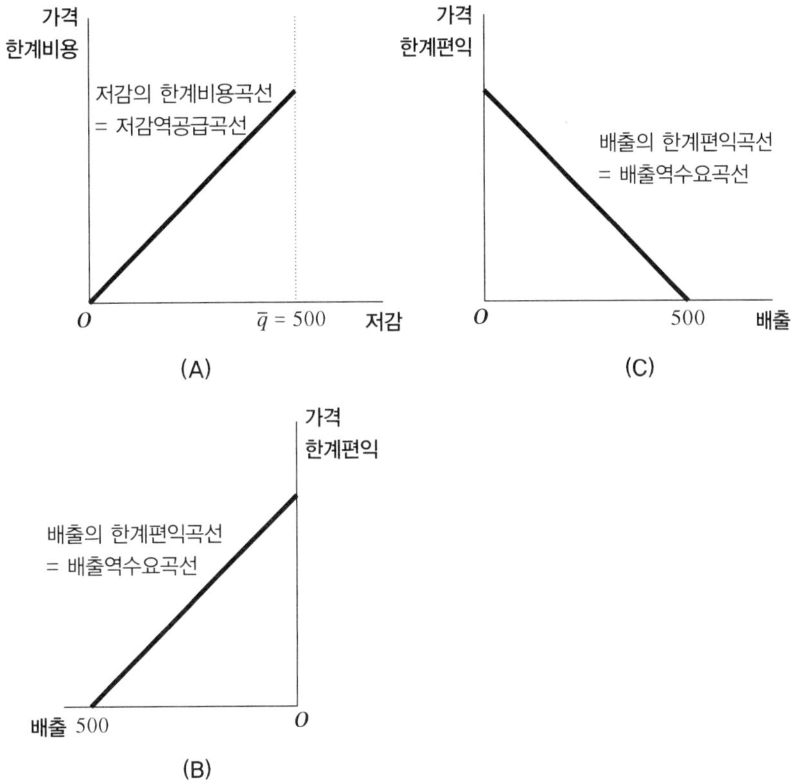

[그림 2]

위 더 배출할 경우 사회가 감수해야 하는 저감비용, 즉 사회적 비용이므로 배출의 사회적 한계비용이라고 볼 수 있다. 가로축에 저감량을 표시하고 세로축에 한계편익을 표시한 상태에서 저감량에 대해 사회적 한계편익으로 작용하는 곡선을 배출량에 대해 사회적 한계비용으로 작용하게 하는 방법은 [그림 2]와 같은 원리에 따라 현재배출량을 나타내는 수직선에서 사회적 한계편익곡선을 수평으로 빼주는 것이다. 즉, 사회의 현재배출에서 사회적 한계편익, 즉 사회의 저감수요를 빼주면 배출의 사회적 한계비용을 얻는다. 그런데 배출의 사회적 한계비용곡선이 바로 배출의 사회적 역공급곡선이므로 사회의 현재배출에서 사회의 저감수요를 빼주면 사회의 배출권공급을 얻는다는 것이다.

한계편익곡선이 (역)수요곡선인데 $SMB = \frac{2,000}{17} - \frac{2}{17}Q$이므로 사회의 저감수요는 $Q_D^R = 1,000 - \frac{17}{2}p$이다. 또한 사회의 현재배출량은 500 + 500 = 1,000이다. 그러므로 사회의 배출권공급을 Q_S^E라고 하면 가로축의 1,000에서 수직선으로 그려지는 사회의 현재배출량에서 사회의 저감수요를 수평으로 빼 줌으로 $Q_S^E = 1,000 -$

$Q_D^R = 1{,}000 - (1{,}000 - \frac{17}{2}p) = \frac{17}{2}p$로 구해진다.

(g) 배출권시장균형은 [그림 3(B)]처럼 사회의 배출권수요와 사회의 배출권공급이 일치하는 곳에서 달성된다. 그러므로 $Q_D^E = Q_S^E$, 즉 $1{,}000 - \frac{3}{2}p = \frac{17}{2}p$로부터 $p^* = 100$, $Q^* = 850$을 얻는다. [그림 3]은 저감과 배출의 '쌍대성'을 보여주고 있다. [그림 3(A)]는 [그림 1(A)]와 같다.

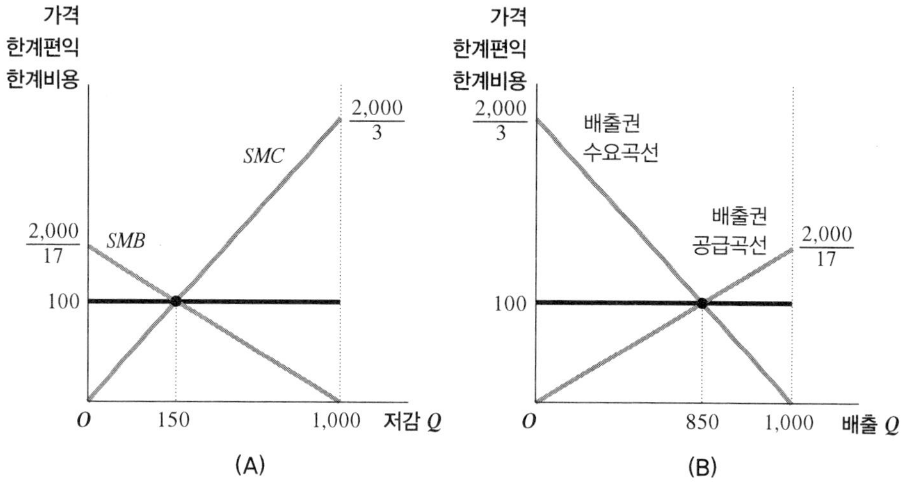

[그림 3]

(h) 각 기업의 배출권수요에 균형가격을 대입하면 각 기업의 효율적 배출량을 얻는다. 그러므로

$$q_A^* = q_A^E(100) = 500 - p^* = 500 - 100 = 400,\ q_B^* = q_B^E(100) = 500 - \frac{1}{2}p^* = 450$$

이 된다.

(i) 저감시장을 통해서 얻은 결과와 배출시장을 통해서 얻은 결과는 같다. 전자의 경우 저감량을 기준으로 후자의 경우 배출량을 기준으로 수치가 구해졌을 뿐이다. 저감시장과 배출시장의 관계에 비추어 볼 때 당연한 결과이다.

(j) 현재배출량 1,000단위이므로 여기서 효율적 저감량 150을 뺀 나머지 850의 배출권을 할당해야 한다. 그런데 기업 A에게는 100단위, 기업 B에게는 50단위가 효율적 저감량이므로 배출권을 어떻게 할당하든 기업 A는 400단위를 배출하고 기업 B는 450단위를 배출한다. 그 결과 같은 양인 75단위씩 배출량을 줄이라고 할 경우, 즉 425단위씩 배출을 허용할 경우 [그림 4(B)]와 [그림 4(C)]에서 보듯이 한계비용이 낮은 기업A는 25단위의 배출권을 판매하고 한계비용이 높은 기업 B는 25단위

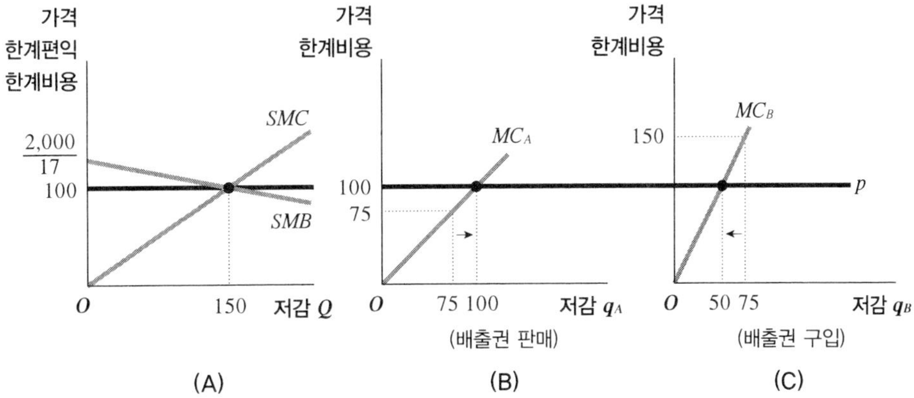

[그림 4]

의 배출권을 구입하게 된다.

또한 850단위의 배출권을 모두 기업 *A*에게 할당해 줄 경우에도 여전히 기업 *A*는 400단위를 배출하고 기업 *B*는 450단위를 배출한다. 다만 이 경우 기업 *A*가 450단위의 배출권을 기업 *B*에게 판매할 것이다.

배출권거래를 시행하면 최초 배출권 할당에 관계없이 배출권가격은 저감의 가격 $p^* = 100$과 같아진다. 그리고 균형에서는 이 값이 저감의 한계비용과 같아진다. 그 결과 배출량을 가장 적은 비용으로 줄일 수 있다. 즉, 효율이 달성된다. 다만 이 경우 배출권을 많이 할당받은 기업이 분배 측면에서는 나아진다.

23. 현재 기업 A와 B는 각각 500단위의 오염을 배출하고 있다. 정부는 이 기업들로 하여금 오염배출을 현재보다 각각 15%씩 줄이도록 만들려고 한다. 그 방법 중의 하나로 오염배출권의 거래를 허용한다고 하자. 오염배출을 줄이는 데 드는 비용은 기업 A의 경우 $c(q_A) = 20 + \frac{1}{2}q_A^2$이고, 기업 B의 경우 $c(q_B) = 10 + q_B^2$이다. 여기서 q_A와 q_B는 각각 저감시킨 오염량이다.

(a) 이 경우 균형에서 각 기업의 오염배출량은 얼마나 되는가? 균형에서 오염배출권의 가격은 얼마인가? 각 기업의 오염배출권 판매수입과 구입비용을 구하시오.

(b) 기업 A에게 360단위, 기업 B에게는 490단위의 오염배출량을 할당하였다. 이 경우 균형에서 각 기업의 오염배출량은 얼마나 되는가? 균형에서 오염배출권의 가격은 얼마인가? 각 기업의 오염배출권 판매수입과 구입비용을 구하시오.

(c) 위 두 문항의 결과를 비교하고 평가하시오.

해답

(a) 오염배출권 거래를 실시할 경우 배출을 줄이는 데 드는 한계비용이 배출권 가격보다 낮은 기업은 배출권을 팔고 그 대신 자신이 스스로 배출을 줄이게 된다. 이러한 상황은 스스로 배출을 줄임에 따라, 즉 오염을 많이 저감시킴에 따라 한계비용이 올라가서 마침내 한계비용이 배출권 가격과 같아질 때까지 계속된다. 한편 한계비용이 배출권 가격보다 높은 기업은 스스로 배출을 줄이는 대신 배출권을 산 다음 그에 상응하는 만큼 오염을 더 배출하게 된다. 이러한 상황은 배출을 늘림에 따라, 즉 오염을 적게 저감시킴에 따라 한계비용이 떨어져서 마침내 한계비용이 배출권 가격과 같아질 때까지 계속된다. 그 결과 균형에서는 각 기업의 한계비용이 배출권 가격과 같아진다. 그리고 이 결과는 파레토효율 상태이다. 두 기업이 어떻게 조정하더라도 함께 더 나아질 수 있는 여지가 없기 때문이다.

이제 균형을 찾기 위해 배출권의 가격을 p라고 해보자. 한편 기업 A의 한계비용은

$$MC_A = \frac{dc(q_A)}{dq_A} = q_A$$

이고, 기업 B의 한계비용은

$$MC_B = \frac{dc(q_B)}{dq_B} = 2q_B$$

이다. 앞의 논리에 따라 기업 A의 경우

$$p = MC_A, \text{즉 } p = q_A \tag{1}$$

이 될 때까지 오염을 저감시킨다. 기업 B의 경우

$$p = MC_B, \text{즉 } p = 2q_B \tag{2}$$

가 될 때까지 오염을 저감시킨다. 그런데 문제에서 각 기업은 오염을 15%씩 저감시켜야 한다고 하였다. 즉, 합계 $500 \times 15\% \times 2 = 150$을 저감시켜야 한다. 이것은

$$q_A + q_B = 150 \tag{3}$$

이 성립해야 한다는 것을 의미한다. (1)~(3)을 연립으로 풀면 $q_A = 100$, $q_B = 50$, $p = 100$을 얻는다.

한편 기업 A는 500단위의 15%인 75단위의 오염을 저감시켜야 한다. 그런데 그림에서 보듯이 균형에서는 100단위를 저감시키게 되므로 25단위의 배출권을 판매하

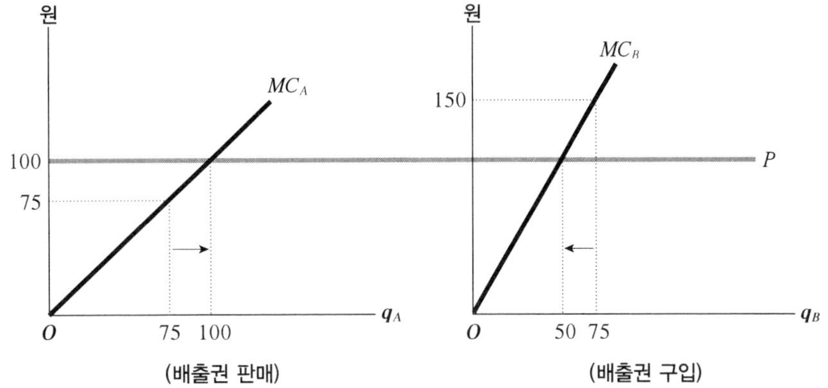

게 된다. 바꾸어 말하면, 425단위를 배출할 수 있는 권리를 할당받았는데 400단위만 배출하는 것이므로 25단위의 배출권을 판매하게 된다는 것이다. 한편 기업 B도 75단위를 저감시켜야 하는데 균형에서는 50단위만 저감시키게 되므로 25단위의 배출권을 구입하게 된다는 것을 알 수 있다. 결과적으로 볼 때 한계비용이 더 높은 기업이 배출권을 구입하게 된다는 사실을 알 수 있다.

이때 기업 A의 배출권 판매수입은 $p \times 25 = 100 \times 25 = 2{,}500$이 된다. 기업 B의 배출권 구입비용도 이와 같은 금액인 2,500이 된다.

(b) 최초에 각 기업이 500단위씩 오염을 배출하였다. 그런데 각각 360과 490으로 오염배출량을 줄이려면 저감시켜야 하는 오염은 150이다. 즉,

$$q_A + q_B = 150 \tag{3}$$

을 만족시켜야 한다. 오염저감기술에도 변화가 없으므로 (1)과 (2)도 만족시켜야 한다. 그러므로 (1)～(3)을 연립으로 풀면 위 문항과 같이 $q_A = 100$, $q_B = 50$, $p = 100$을 얻는다. 다만 위 문항과 달라지는 것은 처음에 기업 B가 할당량을 많이 배당받았기 때문에 기업 B가 기업 A에게 배출권을 팔게 된다는 것이다.

이 경우에도 기업 B는 50단위를 저감시키는 것이 효율적이므로 450단위를 배출하게 된다. 즉, 할당받은 490단위를 모두 배출하는 대신 그중에서 40단위만큼은 배출권으로 팔게 된다. 반면에 기업 A는 기업 B로부터 40단위의 배출권을 구입하여 총 400단위를 배출하게 된다. 배출권 판매수입과 구입비용은 각각 4,000이 된다.

(c) 배출권거래를 시행하면 최초 배출권 할당에 관계없이 배출권 가격은 앞 문제에서 구한 오염저감의 가격 $p^* = 100$과 같아진다. 그리고 균형에서는 이 값이 각 기업의 오염저감의 한계비용과 같아진다. 그 결과 배출량을 가장 적은 비용으로 줄일 수 있

다. 즉, 효율이 달성된다. 다만 배출량 할당에 따라 분배효과는 존재한다. 이 경우 배출권을 많이 할당받은 기업이 분배 측면에서는 나아진다.

24. 피구조세와 배출권거래제도를 비교하시오.

해답 (1) 배출권거래와 피구조세의 가장 큰 공통점은 유인효과를 통해 자원배분의 효율이 달성된다는 점이다.

(2) 모두 공해를 효율수준으로 감축시킨다.

(3) 두 제도 모두 시행하려면 공해의 사회적 비용을 알아야 한다. 이때 정보문제가 등장한다.

(4) 배출권거래에서는 실시 결과 공해가 얼마나 유발될 것인가가 확실하다.

(5) 배출권거래에서는 배출권을 누구에게 얼마나 할당하느냐가 분배문제를 낳는다.

(6) 피구조세에서는 실시 결과 공해가 얼마나 유발될 것인가가 불확실하다.

(7) 두 제도 모두 공해 유발 상품의 가격을 인상시킨다. 이것이 다른 부문에 비효율을 유발할 가능성이 있다. 먼저 가격 인상으로 상품 소비에 대체가 발생한다. 그 다음 공해 상품의 가격 상승은 실질임금률을 떨어뜨려 노동공급을 감소시킴으로써 노동시장의 왜곡을 악화시킨다. 그런데 배출권거래의 경우 조세수입이 없다. 그러나 피구조세의 경우 조세수입이 있기 때문에 이 조세수입으로 다른 부문의 세율을 낮추어 줌으로써 왜곡악화 정도를 줄여 줄 수 있다.

25. 대한전자가 소프트웨어를 팔려면 두 기업 A와 B에게 소프트웨어 1개당 각각 t_a, t_b의 로열티를 지불해야 한다. 소프트웨어에 대한 수요곡선은 $q = 600 - p$이다. 편의상 소프트웨어 생산비는 0이라고 하자. 두 기업 A와 B가 먼저 의사결정을 한다고 하자.

(a) 대한전자의 반응함수를 구하시오.

(b) 기업 A와 B는 t_a와 t_b를 각각 얼마로 설정하겠는가? 이때 각 기업이 설정하는 로열티는 상대 기업의 로열티 설정에는 영향을 주지 않는다고 하자.

(c) 대한전자가 두 기업 A와 B를 구입한다면 더 이상 로열티를 지불하지 않아도 된다. 이러한 상황에서 대한전자는 두 기업을 구입하기 위해 얼마를 지불할 의향이 있겠는가?

(d) 각 기업은 로열티를 받는 대신 기업을 매각할 의향이 있겠는가?

(e) 두 기업 중 어느 한 기업이 먼저 대한전자와 기업 매각 대신 로얄티를 받는 계약을 맺으

려고 할 유인이 있겠는가?

(f) 대한전자에게는 어느 방식이 가장 좋겠는가? 각 기업에게는 어떠한가?

(g) 효율성에 초점을 맞추어 분석 결과를 경제학적 측면에서 평가하시오.

해답

(a) 대한전자의 이윤극대화 문제는

$$\underset{q}{Max}\ \pi = pq - (t_a + t_b)q = (600 - q)q - (t_a + t_b)q$$

이다. 이윤극대화의 일차필요조건은

$$600 - 2q - (t_a + t_b) = 0$$

이다. 이로부터 반응함수는 $q = 300 - \frac{t_a + t_b}{2}$이다.

(b) 기업 A의 이윤(수입)극대화 문제는

$$\underset{t_a}{Max}\ \pi = t_a q$$
$$s.t.\ \ q = 300 - \frac{t_a + t_b}{2}$$

이다. 반응함수를 목적함수에 대입하여 다시 쓰면

$$\underset{t_a}{Max}\ \pi = t_a q = t_a(300 - \frac{t_a + t_b}{2})$$

이다. 이로부터 이윤극대화의 일차필요조건

$$300 - t_a - \frac{t_b}{2} = 0$$

을 얻는다. 같은 방법으로 기업 B의 이윤극대화의 일차필요조건

$$300 - t_b - \frac{t_a}{2} = 0$$

을 얻는다. 이 두 식을 연립으로 풀면 $t_a = t_b = 200$을 얻는다. 이 값들을 반응함수에 대입하면 $q = 100$을 얻는다.

이때 로열티 수입은

$$R_A = t_a(300 - \frac{t_a + t_b}{2}) = 20{,}000$$
$$R_B = t_b(300 - \frac{t_a + t_b}{2}) = 20{,}000$$

이 된다.

(c) (1) 대한전자가 기업을 구입하지 않고 로열티를 지불할 경우 얻는 이윤은

$$\pi_1 = pq - (t_a + t_b)q = (600 - q)q - (t_a + t_b)q$$

에 문항 (a)와 (b)에서 구한 $q = 100$, $t_a = t_b = 200$을 대입하면

$$\pi_1 = 10{,}000$$

으로 구해진다.

(2) 대한전자가 두 기업 A와 B를 구입한다면 더 이상 로열티를 지불할 필요가 없다. 그러므로 대한전자가 두 기업에게 합계 T_1을 지불하고 두 기업을 구입한다면 대한전자의 이윤극대화 문제는

$$\underset{q}{Max}\ \pi_2 = pq - T_1 = (600 - q)q - T_1$$

가 된다. 이윤극대화의 일차필요조건은

$$600 - 2q = 0$$

이다. 이로부터 $q = 300$을 얻는다. 이 값을 목적함수에 대입하면

$$\pi_2 = (600 - 300)300 - T_1 = 90{,}000 - T_1$$

이 된다. 그러므로

$$\pi_2 = 90{,}000 - T_1 > \pi_1 = 10{,}000$$

이면 대한전자는 두 기업을 구입할 의향이 있을 것이다. 즉, 대한전자는 두 기업을 구입하기 위해 $T_1 < 80{,}000$를 지불할 의향이 있다.

(d) 기업 A와 B 어느 기업도 특허권을 팔지 않을 경우 각 기업의 로열티 수입은 문항 (b)에서

$$R_A = t_a\left(300 - \frac{t_a + t_b}{2}\right) = 20{,}000$$
$$R_B = t_b\left(300 - \frac{t_a + t_b}{2}\right) = 20{,}000$$

으로 구해졌다. 그런데 이 두 값을 합해도 T에 훨씬 못 미치므로 각 기업은 로열티를 받는 대신 기업 자체를 매각할 의사가 있을 것이다.

(e) 대한전자가 어느 한 기업을 T_2에 구입하고 다른 한 기업에게는 로열티를 지급할 경우 대한전자의 이윤극대화 문제는

$$\underset{q}{Max}\ \pi_3 = pq - T_2 - tq = (600 - q)q - T_2 - tq$$

가 된다. 이윤극대화의 일차필요조건은

$$600 - 2q - t = 0$$

이다. 이로부터

$$q = 300 - \frac{t}{2}$$

를 얻는다.

로열티를 받는 기업의 이윤(수입)극대화 문제는

$$\underset{t}{Max}\ \pi = tq$$
$$s.t.\ \ q = 300 - \frac{t}{2}$$

이다. 반응함수를 목적함수에 대입하여 다시 쓰면

$$\underset{t}{Max}\ \pi = tq = t(300 - \frac{t}{2})$$

이다. 이로부터 이윤극대화의 일차필요조건

$$300 - t = 0$$

을 얻는다. 이로부터 $t = 300$을 얻는다. 이때 $t = 300$을 반응함수인 $q = 300 - \frac{t}{2}$에 대입하면 $q = 150$을 얻는다. 이 값들을 대한전자의 목적함수에 대입하면

$$\pi_3 = pq - T_2 - tq = (600 - q)q - T_2 - tq = 22{,}500 - T_2$$

를 얻는다.

한편 대한전자가 기업을 하나도 구입하지 않고 로열티를 지불할 경우의 이윤은 앞서 구한 $\pi_1 = 10{,}000$이다. 그러므로 대한전자가 두 기업 중에서 어느 한 기업만 구입하고 다른 기업에게는 로열티를 지불할 경우의 이윤인 π_3가 π_1보다 클 경우 대한전자는 어느 한 기업만 구입하고 나머지 기업에게는 로열티를 지불할 것이다. 이 경우 기업 구입을 위해 제시할 수 있는 T_2의 값은

$$\pi_3 = 22{,}500 - T_2 > \pi_1 = 10{,}000$$

으로부터 $T_2 < 12{,}500$이 된다. 한편 먼저 계약을 맺고 로열티를 받는 기업의 수입은

$$R = tq = t(300 - \frac{t}{2}) = 45{,}000$$

이다. 그런데

$$R = tq = t(300 - \frac{t}{2}) = 45{,}000 > 12{,}500 > T_2$$

이므로 두 기업 A와 B는 서로 먼저 로얄티계약을 맺으려 할 것이다.

(f) (1) 이윤의 크기를 비교하면

$$\pi_1 < \pi_3 < \pi_2$$

이다. 그러므로 대한전자에게는

(i) 두 기업을 모두 매입하는 것이 가장 좋다.

(ii) 그렇지 않다면 어느 한 기업이라도 매입하는 것이 좋다.

(iii) 기업을 하나도 매입하지 않고 두 기업에게 모두 로열티를 지불하는 것이 가장 나쁘다.

(2) 각 기업의 입장에서 볼 때 좋은 순위로 나열하면 다음과 같다.

(i) 대한전자와 먼저 계약을 맺을 경우 $R = 45{,}000$의 수입을 올릴 수 있으므로 가장 좋다.

(ii) 그 다음 두 기업이 모두 매각될 경우 매각대금 합계의 최대치는 $T < 80{,}000$이므로 두 기업이 매각대금을 서로 반씩 나누어 가질 경우 각 기업의 매각대금 수입이 $\frac{T}{2} < 40{,}000$이므로 좋다.

(iii) 서로 기업을 매각하지 않고 각각 로열티를 받을 경우 로열티 수입이 20,000이므로 그 다음 순위로 좋다.

(iv) 단독으로 매각되는 경우 $T_2 < 12{,}500$를 받게 되므로 가장 나쁘다.

(g) (1) 사회적으로 볼 때

(i) 대한전자가 두 기업을 모두 매입할 경우 대한전자의 이윤은 $\pi_2 = 90{,}000 - T_1$이고, 두 기업이 매각 대금으로 받은 금액을 합하면 T_1이 될 것이므로 두 금액을 합하면 [그림 (A)]처럼 $\pi_2 + T_1 = 90{,}000$이 된다. 이때 공급량은 $q = 300$이고 가격은 $p = 300$이다.

(ii) 어느 한 기업이 먼저 계약을 맺으면 대한전자의 이윤은 $\pi_3 = 22{,}500 - T_2$이고 먼저 계약을 맺은 기업의 로열티 수입은 $R = 45{,}000$이고 매각 대금을 받는 기업의 매각 수입은 T_2이다. 그러므로 이 금액들을 모두 합하면 [그림 (B)]처럼 $\pi_3 + R + T_2 = 67{,}500$이 된다. 이때 공급량은 $q = 150$이고 가격은 $p = 450$이다.

(iii) 두 기업 모두에게 로열티를 지불할 경우 대한전자의 이윤과 각 기업의 로열티 수입을 합하면 [그림 (C)]처럼 $\pi_1 + R_A + R_B = 10{,}000 + 20{,}000 + 20{,}000 = 50{,}000$이 된다. 이때 공급량은 $q = 100$이고 가격은 $p = 500$

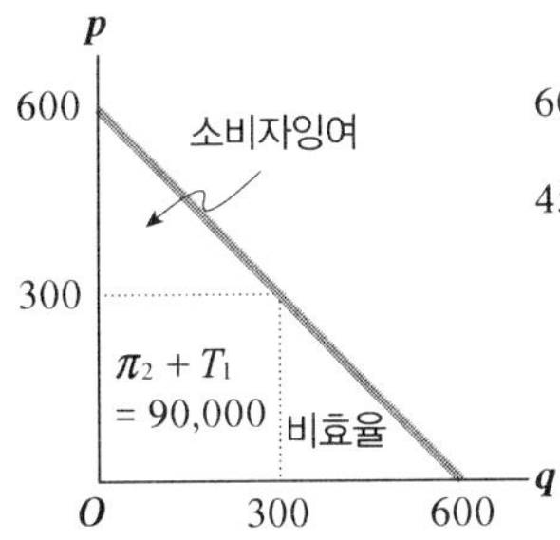

(A) 기업 매입

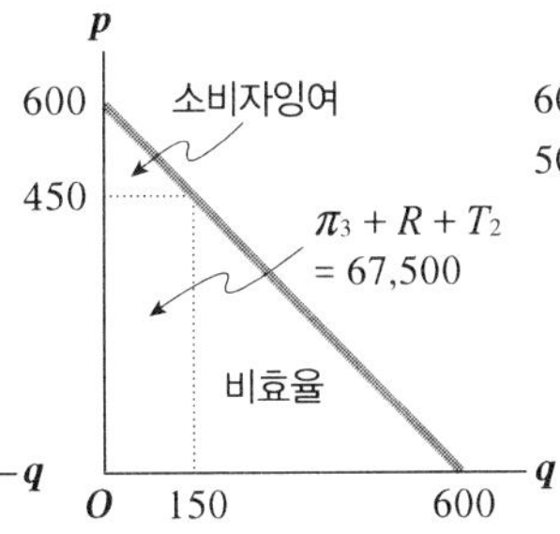

(B) 로열티 지급 + 기업 매입

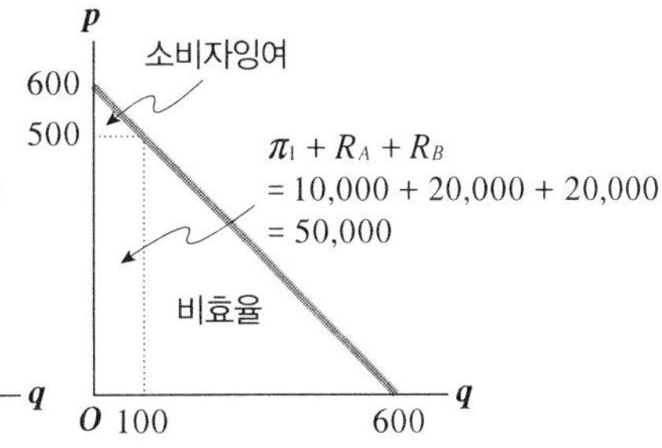

(C) 로열티 지급

이다.

(2) 주목할 것이 있다.

(i) 소프트웨어의 생산비용은 0이라는 점에 주목하자. 그 결과 수요곡선 아래의 면적은 기업의 이윤, 소비자잉여, 비효율로 나뉘어진다.

(ii) 기업의 이윤은 대한전자의 이윤과 기업 A와 B의 로열티 수입(또는 매각 수입)으로 구성된다.

(iii) 로열티와 관련하여 기업을 구입하는 대신 로열티를 소트프웨어 1개당 지급할 경우 소트프웨어 공급량이 가장 작아지며 따라서 비효율이 가장 커진다. 이 경우 소트프웨어 공급량이 작아지는 이유는 로열티를 소프트웨어 1개당 지불하는 것은 대한전자 입장에서 볼 때 한계비용을 발생시키는 것이기 때문이며 그로 인해 이윤극대화 수량이 감소하기 때문이다.

(iv) 공용지는 너무 많이 사용되어 비효율이 발생하는 데 반해 특허와 같은 비공유재는 너무 적게 사용되어 비효율이 발생한다. 그 결과 전자를 공용지의 비극(tragedy of commons)이라고 하고 이와 대조적으로 후자를 비공유재의 비극(tragedy of anticommons)이라고 한다.

(v) 대한전자가 두 기업 모두에게 로열티를 지급하는 방식보다 대한전자가 두 기업 모두를 매입하는 방식이 대한전자와 두 기업 모두를 더 낫게 할 수 있다. 즉, 기업 매입이 로열티지급보다 파레토개선된 결과를 낳을 수 있다.

07
공공선택

01. A, B, C 세 개의 정책대안과 7명의 투표자가 있을 경우를 이용하여 애로우의 '무관한 선택으로부터의 독립' 이라는 성질을 충족시키지 못하는 예를 고안해 보시오. 이로부터 애로우가 제시한 성질에 대해 어떠한 판단을 내릴 수 있는가?

해답 세 개의 정책대안이 모두 가능할 경우에는 A에 4명, B에 3명, C에 2명이 각각 찬성해 정책 A가 채택된다고 하자. 그런데 정책 C가 배제될 경우 만일 정책 C에 투표한 2명이 모두 정책 B에 투표한다면 4명의 찬성표를 얻는 정책 A 대신 5명의 찬성표를 얻는 정책 B가 선택된다. 이 예는 상당히 합리적임에도 불구하고 애로우(Arrow)의 '무관한 선택으로부터의 독립' 이라는 성질을 위반한다. 이로부터 애로우가 제시한 성질은 대단히 제한적이므로 애로우의 불가능성정리도 상당히 제한적일 것임을 짐작할 수 있다.

02. 세 명의 투표자가 3개의 안건에 대해 사회선호순서를 부여하려고 한다. 다음의 각 사회적 선택의 경우, 애로우가 제시한 성질 중 적어도 어느 하나를 위반하는 예를 제시하시오.

(a) 투표거래가 없는 다수결제도

(b) 투표거래가 있는 다수결제도

(c) 점수투표(또는 등급순위)투표

해답 본문의 〈표 7 - 1〉을 이용하자.

표 7-1 투표의 역설을 보여주는 선호도

	정책에 대한 선호도
갑	A ≻ B ≻ C
을	C ≻ A ≻ B
병	B ≻ C ≻ A

(a) 다수결제도 하에서는 $A \succ B$, $B \succ C$이지만, $A \succ C$가 되지 못하고 $C \succ A$가 된다. 이는 이행성을 위반하고 있다.

(b) 예를 들어 병이 A를 대단히 싫어한다고 하자. 그리하여 을이 만일 A 대신 B에게 투표해 준다면 자신은 B 대신 C에 투표하겠다고 거래를 했다고 하자. 이제 다수결제도 하에서는 $C \succ A$, $C \succ B$, $B \succ A$로서 $C \succ B \succ A$가 되는데, 이 결과는 비독재성 성질을 위반하고 있다. 왜냐하면 병만이 A보다 B를 선호하는데 최종 투표결과가 이러한 병의 선호에 의해 결정되었기 때문이다.

(c) 점수투표 하에서는 각 정책대안들이 모두 6표씩 얻을 것이므로 A, B, C가 모두 무차별할 것이다. 그러나 이러한 결과는 무관한 선택인 제4의 정책 D를 도입할 경우 뒤바뀔 수 있다.

03. 정부가 현행 서비스 및 보조금 지급 수준을 유지하면서도 외견상 재정지출이 감소한 것처럼 보이게 할 수 있는 방법을 제시하시오.

해답 정부가 보유자산을 매각함으로써 흑자재정인 것처럼 보이도록 한다.

04. 정부가 외견상 보이는 것보다 실제로는 지출을 더 증가시키고 싶을 때 사용할 수 있는 정책을 제시하시오.

해답 이 경우 추가지출은 조세지출의 형태를 취하도록 한다. 그리하여 통상적인 재정지출을 증가시키는 대신 조세수입을 감소시킨다.

05. 어떤 개인의 공공재에 대한 수요가 증가하였다. 이것이 공공재 공급의 효율수준에 미치는 영향은 어떠한가? 원래의 공공재 공급수준이 파레토효율적이었을 경우 이 개인이 중위투표자인지 아닌지가 효율성에 미치는 영향에 대해서 논의하시오.

해답 (i) 공공재의 효율적 공급수준을 증가시킨다.

(ii) 그러나 이 개인이 중위투표자가 아닐 경우에는 실제 공공재 공급수준에는 영향을 미치지 못한다. 그 결과 공공재는 효율적인 수량보다 적게 공급될 것이다. 물론 중위투표자일 경우에는 공공재 공급은 새로운 효율수준으로 증가할 것이다.

06. 공공재의 수요곡선이 $G = \frac{1}{P}Y$라고 하자. 여기서 Y는 소득, P는 조세가격이다.

(a) 공공재의 공급재원을 비례세로 충당한다면 소득수준에 따라 공공재에 대한 수요는 어떻게 달라지는가? 누진세일 경우는 어떠한가?

(b) 공공재의 공급재원을 단일세(uniform tax)로 충당하여 모든 개인들이 같은 조세가격에 직면한다고 하자. 이때 소득분포가 대칭적이라면 다수결투표의 균형은 파레토효율적임을 보이시오.

(c) 소득분포가 불평등하다면 공공재는 효율적인 수량보다 많이 공급되는가 아니면 적게 공급되는가?

해답

(a) (i) 비례세는 조세가격이 각 개인 i의 소득에 비례하여 결정된다는 것을 의미하므로 $P_i = kY_i$가 된다. 여기서 k는 비례상수이다. 이 식을 공공재의 수요곡선식에 대입하면

$$G_i = \frac{Y_i}{P_i} = \frac{Y_i}{kY_i} = \frac{1}{k}$$

이 성립한다. 이 식을 살펴보면 이러한 상황에서는 공공재의 수요는 소득수준과 무관하다는 사실을 알 수 있다.

(ii) 누진세일 경우에는 앞 식의 세 번째 변에서 Y_i가 서로 상쇄되어 없어지지 않고 소득이 증가할수록 분모가 커진다. 그러므로 누진세일 경우 소득수준이 증가할 때 공공재 수요는 감소한다.

(b) 다수결투표의 균형은 중위투표자가 가장 선호하는 수준으로 결정된다. 그런데 수요함수를 살펴볼 때, 중위투표자는

$$MRS_M = P_M = \frac{Y_M}{G_M} \text{ (사적재 가격은 1로 놓음)} \quad (1)$$

이 만족되는 수준에서 효용을 극대화할 것이다. 여기서 하첨자 M은 중위투표자를 나타낸다.

이제 단일세로서 단일의 조세가격 P를 P_M으로 정하되 공공재 공급의 한계비용을 정확하게 충당하도록, 즉

$$NP = NP_M = MC \quad (2)$$

가 성립하도록 설정한다고 하자. 여기서 N은 납세자 수를 나타낸다. 이때 한계대

체율의 합이 한계비용인 NP_M과 같아지면 공공재 공급은 효율적이 된다.

그런데 조세가격 P_i와 공공재 공급량 G_M에서 각 개인 i에게는

$$MRS_i = P_i = \frac{Y_i}{G_M} \tag{3}$$

이 성립한다. 따라서

$$\Sigma MRS_i = \Sigma \frac{Y_i}{G_M} = \frac{NY_A}{G_M} \tag{4}$$

가 성립한다. 여기서 하첨자 A는 평균소득자를 나타낸다.

소득분포가 대칭적일 경우에는 $Y_M = Y_A$ (5)가 성립한다. 따라서

$$\Sigma MRS_i = \frac{NY_M}{G_M} \tag{6}$$

이 성립한다. 그런데 (1)식에서 $P_M = \frac{Y_M}{G_M}$ (7)이므로 (7)식을 (6)식에 대입한 후 (2)식과 비교하면 효율조건인

$$\Sigma MRS_i = NP = MC \text{ (사적재 가격 = 1)} \tag{8}$$

이 성립함을 알 수 있다.

(c) 소득분포가 불공평할 경우에는 $Y_M < Y_A$ (9)가 성립한다. 이때 만일 공공재 공급비용이 단일세로 충당된다면

$$\Sigma MRS_i (= \frac{NY_A}{G_M}) > (NP = NP_M = \frac{NY_M}{G_M} =) MC \tag{10}$$

이 성립하므로, 공공재는 효율적인 수준보다 적게 공급될 것이다. 한편 부등호의 좌변에서는 (4)식이 사용되고 있으며, 공공재의 공급비용과 그 충당방법을 나타내는 우변에서는 (1)식과 (2)식이 사용되고 있다.

07. 공공재들 중에서 그에 대한 선호가 단일정점을 지니지 않을 가능성이 있는 것의 예를 드시오.

해답 도시의 대중교통수단을 예로 들 수 있다. 대중교통수단이 상당히 안락하고 편리할 경우에는 대중교통수단을 선호할 것이다. 그러나 대중교통수단이 불편하고 혼잡하다면 사람들은 그 대체수단으로 자신의 교통수단을 활용할 것이다. 이 경우 편리한 대중교통수단과 대중교통수단이 없는 상태의 두 곳에서 선호의 정점이 발생한다.

08. 중위소득자가 중위투표자가 되지 않는 경우의 예를 드시오.

해답 가치판단을 내포하는 문제의 경우 또는 소득수준에 따라 조세가격이 다른 경우를 예로 들 수 있다.

09. 중위투표자의 소득은 변화하지 않고 인구만 증가한 경우에는 공공재에 대한 수요가 변화하지 않을 것이다. 이 말을 평가하시오.

해답 옳지 않다. 인구증가에 따라 공공재 공급비용이 분담될 것이므로, 즉 조세가격이 떨어질 것이므로 공공재 수요량은 증가할 것이다.

10. '무관한 선택으로부터의 독립'이라는 성질을 위반하는 상황을 본문의 표들 중에서 찾아보시오.

해답 〈표 7－4〉에서 제3의 정책 C를 도입하면 그로 인해 정책 A와 B의 선호순서가 영향을 받는다. 이것은 등급순위투표가 '무관한 선택으로부터의 독립'의 성질을 위반하고 있음을 보여준다.

11. 개인 i의 효용함수가 준선형이어서 MRS_{GX}가 $\frac{k_i}{G}$라고 하자. 여기서 k는 상수, G는 공공재, X는 사적재를 나타낸다. 한편 각 개인은 똑같은 조세가격 $\frac{1}{n}$에 직면하며, 공공재 및 사적재의 소비량을 각각 그 재화에 지출한 금액으로 측정하고 있다.

(a) 효율적인 공공재의 공급량을 구하시오.

(b) 공공재의 공급이 다수결투표에 의해서 정해진다고 하자. 이때 공공재의 공급량을 구하시오.

(c) 위 문항 (a) 및 (b)의 결과를 비교하시오.

(d) 이제 모든 사람들의 효용함수가 같다고 하자. 즉, 각 개인에 대해 k의 값이 같다고 하자. 이 경우 중위투표자균형의 효율성 여부를 말하라.

해답

(a) 효율조건은 $\sum_i MRS_{GX}^i = MRT_{GX}$. 그런데 공공재 및 사적재의 소비량을 각 재화에 지출한 금액으로 측정하고 있으므로 $MRT = 1$이 된다. 따라서 효율조건은

$$\sum_i \frac{k_i}{G_e} = 1$$

이 된다. 즉,

$$G_e = \sum_i k_i$$

가 된다.

(b) 다수결투표에서는 공공재의 공급이 중위투표자 m이 가장 선호하는 수준으로 결정된다. 따라서 그 값을 구하면 된다. 효용극대화는 한계대체율과 가격비율이 같아지는 곳에서 이루어지므로 중위투표자의 효용극대화 조건은

$$\frac{k_m}{G} = \frac{1}{n}$$

이 된다. 그러므로 중위투표자가 가장 선호하는 공공재 공급량을 G_m이라 하면

$$G_m = nk_m$$

이 된다.

(c) $G_e \gtreqless G_m \leftrightarrow \frac{1}{n}\sum_i k_i \gtreqless k_m$이 성립한다. 이것은 평균소비자가 중위소비자보다 공공재에 더 높은(낮은) 가치를 부여할 경우 효율적인 공공재의 양은 중위투표자가 선호하는 양보다 커(작아)진다는 것을 의미한다. 물론 평균소비자가 중위소비자와 공공재에 같은 가치를 부여할 경우에는 효율적인 공공재의 양은 중위투표자가 선호하는 양과 같아진다.

(d) 이 경우 $\frac{1}{n}\sum_i k_i = k_m \leftrightarrow G_e = G_m$이 성립한다. 그러므로 중위투표자의 균형은 효율적이다.

12. 구청에서 공원을 조성하려고 한다. 공원의 크기를 Qha 단위로 나타내자. 이 구청의 관할구역 내에는 A, B, C 3가지 유형의 사람들이 있으며, 각 유형의 사람들이 2만 명씩 있다고 하자. 사람들이 개인적으로 공원으로부터 얻는 한계편익은 다음과 같다고 한다. 즉, A유형의 개인은 $(3{,}000 - 2Q)$원, B유형의 개인은 $(3{,}800 - 2Q)$원, C유형의 개인은 $(4{,}600 - 2Q)$원을 얻는다고 하자. 이때 A유형이 얻는 총편익은 $(3{,}000Q - Q^2)$원, B유형이 얻는 총편익은 $(3{,}800Q - Q^2)$원, C유형이 얻는 총편익은 $(4{,}600Q - Q^2)$원이다. 한편 공원을 조성하는 데 드는 한계비용은 $(2{,}000 + 8Q)$만원이라고 한다. 이 구청 관할구역 내에는 공원을 한 개만 만든다고 하자.

(a) 효율적인 공원의 규모를 구하고 그 결과를 그래프로 나타내시오.

(b) 공원의 규모를 어느 정도로 할 것인가를 다수결투표를 통하여 정하기로 했다고 하자. 투표하기 이전에 투표로 정해지는 결과에 대해 각 개인에게 1ha당 1,000원씩을 부담시키기로 통보했다고 하자. 이 경우 투표로 정해지는 공원의 규모를 말하시오.

(c) 공원의 규모를 위와 같이 다수결투표를 통하여 정하는 방법에 대하여 평가하시오.

(d) 이제 이 구청의 관할구역 내에 수영장들을 만든다고 하자. 한편 개인들은 자신의 유형과 상관없이 모두 수영을 즐긴다고 한다. 이 경우와 위와 같이 공원을 조성하는 경우를 비교 · 분석하시오.

해답

(a) $MB_A = 3{,}000 - 2Q$ $\quad MB_A^T = 2만(3{,}000 - 2Q)$

$MB_B = 3{,}800 - 2Q$ $\quad MB_B^T = 2만(3{,}800 - 2Q)$

$MB_C = 4{,}600 - 2Q$ $\quad MB_C^T = 2만(4{,}600 - 2Q)$

이다. 여기서 위첨자 T는 총합을 나타낸다.

한편 공공재는 공동으로 소비된다. 그러므로 공공재로부터 얻는 사회적 편익은 각 개인들이 얻는 편익을 합하여 구한다. 이것이 공공재의 수요를 나타낸다. 그러므로

$$
\begin{aligned}
수요\ p &= MB_A^T + MB_B^T + MB_C^T \\
&= 2만(3{,}000 - 2Q) + 2만(3{,}800 - 2Q) + 2만(4{,}600 - 2Q) \\
&= 2만(11{,}400 - 6Q)
\end{aligned}
$$

로 구해진다. 한편 공급 $MC = (2{,}000 + 8Q) \times 1만$이다. 그러므로 '수요 = 공급'으로부터

$$2만(11{,}400 - 6Q) = (2{,}000 + 8Q) \times 1만$$

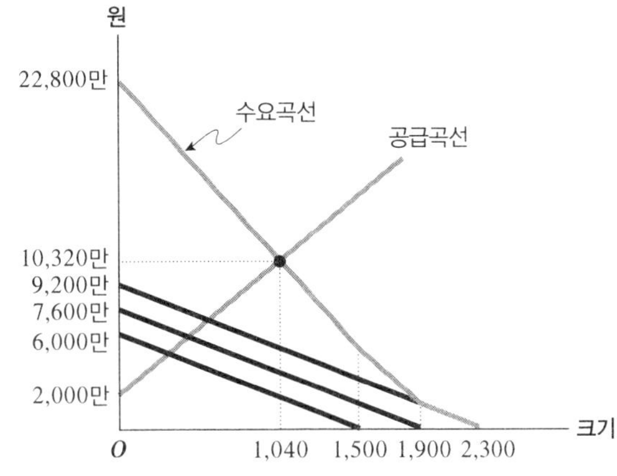

이 된다. 즉, $11{,}400 - 6Q = 1{,}000 + 4Q$, 즉 $Q^* = 1{,}040$이 된다.

(b) 각 개인들이 선호하는 규모는 다음과 같이 자신이 공원으로부터 얻는 한계편익과 자신이 부담해야 하는 한계비용이 같아지는 점에서 이루어진다. 그리하여

$$A : 3{,}000 - 2Q = 1{,}000 \quad Q_A^* = 1{,}000$$
$$B : 3{,}800 - 2Q = 1{,}000 \quad Q_B^* = 1{,}400$$
$$C : 4{,}600 - 2Q = 1{,}000 \quad Q_C^* = 1{,}800$$

과 같이 구해진다. 한편 이러한 각각의 규모는 각 개인의 총편익에서 각 개인이 부담해야 하는 비용인 $1{,}000Q$를 뺀 순편익을 극대화시키는 값이다. 한편

개인 A의 순편익은 $3{,}000Q - Q^2 - 1{,}000Q$,

개인 B의 순편익은 $3{,}800Q - Q^2 - 1{,}000Q$,

개인 C의 순편익은 $4{,}600Q - Q^2 - 1{,}000Q$

이다.

이제 Q_A^*, Q_B^*, Q_C^*를 대상으로 다수결투표를 해보자. 각 개인의 순편익은 단일정점을 지닌다. 또한 투표 대상 안건도 공원 규모 한 가지로서 일차원적이다. 그러므로 다수결투표의 균형이 존재한다.

(i) 먼저 Q_A^*와 Q_B^*를 대상으로 투표해 보자. 개인 A의 순편익은 Q_A^*에서 가장 커지므로 개인 A는 Q_A^*에 투표한다. 반면에 개인 B의 경우 Q_B^*에서 순편익이 가장 커지므로 Q_B^*에 투표한다. 개인 C의 경우 Q_A^*에서보다는 Q_B^*에서의 순편익이 더 크므로 Q_B^*에 투표한다. 결국 Q_B^*가 2 : 1로 채택된다.

(ii) 한편 Q_B^*와 Q_C^*에 대해 투표해 보면 개인 B의 순편익은 Q_B^*에서 가장 커지므로

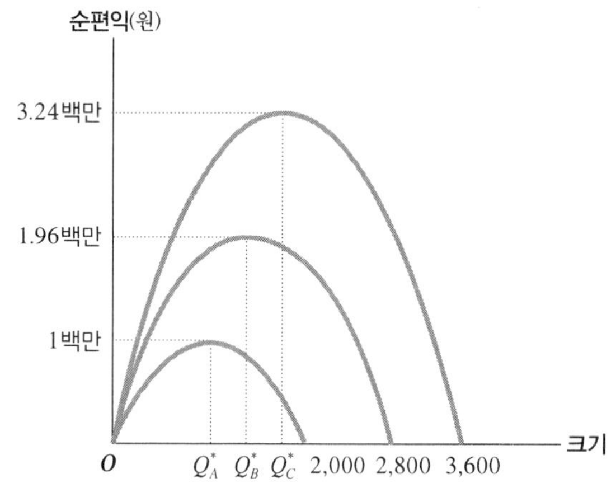

Q_B^*에 투표한다. 반면에 개인 C의 경우 Q_C^*에서 순편익이 가장 커지므로 Q_C^*에 투표한다. 개인 A의 경우 Q_C^*에서보다는 Q_B^*에서 순편익이 더 크므로 Q_B^*에 투표한다. 그 결과 Q_B^*가 2 : 1로 채택된다.

종합적으로 볼 때 어느 것을 상대로 하여 투표하든 Q_B^*가 2 : 1로 채택된다. 그러므로 다수결투표의 균형은 Q_B^*로 결정된다. 그런데 Q_B^*는 바로 중위투표자인 B가 가장 선호하는 수준이다. 즉, Q_B^*는 중위투표자균형이다.

(c) 이 문제의 경우 다수결투표로 정해지는 공원의 규모는 효율적인 규모보다 큰 것으로 나타나고 있다. 한편 다수결투표를 할 경우 균형이 존재하지 않을 수도 있다. 나아가서 균형이 존재하더라도 비효율적일 가능성이 더 높다.

여기에서는 균형이 존재하더라도 그 균형이 비효율적일 가능성이 높은 이유에 대해 검토해 보자. 공공재 공급의 효율조건은

'각 개인이 누리는 한계편익의 합 = 한계비용'

이라는 조건이 만족되어야 한다. 이 식의 양변을 인원 수로 나누어 보면

'1인당 평균편익 = 1인당 평균분담 (한계)비용'

이라는 결과를 얻는다. 그런데 중위투표자균형은 1인당 평균편익이 아니라 중위투표자가 얻는 중위편익에 의해 결정되고 있다. 이러한 이유 때문에 비효율적이라는 것이다.

직관적으로 말하자면 중위투표자균형은 중위투표자가 가장 좋아하는 수준이라는 것을 말해 줄 뿐이다. 그리하여 사람들 중 절반은 중위투표자보다 더 많은 지출을 원하고 절반은 더 적은 지출을 원한다는 것을 말해 줄 뿐이다. 그러나 얼마나 더 많이 원하고 얼마나 더 적게 원하는지는 말해 주지 못한다. 이 문제에서도 다수결투표를 할 경우 개인 A와 C의 선호는 반영되지 못하고 있다. 그런데 효율을 위해서는 이러한 사실이 반영되어야 한다.

(d) 24장의 (연습문제 10번)의 풀이 참조. 수영장은 특히 정체가 문제되므로 클럽재라고 볼 수 있다.

공원과 같은 공공재는 시장을 통해 효율적으로 공급될 수 없다. 그런데 수영장과 같은 클럽재는 시장을 통해 효율적으로 공급될 수 있다.

클럽재는 공동소비되지만 정체가 문제되는 상품이다. 이같은 측면에서 클럽재 공급의 효율조건은 두 가지이다.

(i) 먼저 공동으로 소비된다는 측면에서 공공재 공급의 효율조건을 만족시켜야 한다. 즉,

$$\sum MRS = MRT$$

라는 사뮤엘슨 조건을 만족시켜야 한다.

(ii) 그 다음 정체가 문제된다는 측면에서 회원들이 겪는 정체를 반영해 주어야 한다. 회원이 증가하면 정체로 인해 편익이 감소하는데, 이러한 편익 감소는 정체가 유발하는 비용이다. 한편 회원이 증가하면 1인당 분담비용이 줄어드는데, 이때 1인당 분담비용 감소는 편익으로 볼 수 있다. 그 결과 최적회원수에 대해서는 회원수 증가에 따른 '한계정체비용 = 한계편익'이 성립해야 한다.

그런데 이 조건은

'각 개인이 겪는 한계정체비용의 합 = 1인당 회비'

로 바꿔 쓸 수 있다. 한편 어떤 개인이 클럽의 회원으로 가입할 경우 정체로 인해 다른 사람들에게 불편을 주게 된다. 이른바 사회적 비용을 발생시키는 것이다. 이때 앞의 효율조건은 바로 그가 다른 사람들에게 끼치는 불편에 해당하는 금액만큼 그가 회비를 납부해야 한다는 것을 의미한다. 이러한 원리를 이용하면 클럽재는 시장에서 효율적으로 공급될 수 있다.

클럽재의 품질은 규모와 회원수에 따라 정해진다. 규모가 크면 효용은 높아지지만 분담비용(회비)도 올라간다. 회원수가 많으면 정체로 인해 효용은 줄어들지만 분담비용(회비)도 줄어든다. 결국 최적규모와 최적회원수가 존재하게 된다. 그리고 그에 상응하여 최적회비가 정해진다. 그런데 클럽들이 서로 경쟁할 경우 품질에 비해 높은 회비를 받는 클럽은 회원을 확보하지 못한다. 사람들이 다른 클럽을 선택할 것이기 때문이다. 최적회비보다 낮은 회비를 받을 경우 클럽 건설에 드는 비용을 충당하지 못한다. 결국 클럽들은 경쟁을 통해 최적의 규모로 최적의 회원을 확보하여 최적의 회비를 받게 된다(이 과정에서 개인들은 자신의 진실된 선호를 드러내게 된다). 즉, 시장에서 경쟁을 통해 효율이 달성되는 것이다.

한편 이러한 결과는 공공재인 공원의 경우와 대조된다. 공공재는 시장을 통해 공급될 경우 효율이 달성되지 못한다. 비배제성을 지니고 있어 진실된 선호를 드러내지 않기 때문이다.

08
비용편익분석

01. 20%의 확률로 100만원을, 그리고 80%의 확률로 50만원을 지급하는 증서가 있다고 하자. 위험회피자의 경우 이 증서와 현금 60만원 중 어느 것을 선택하겠는가?

해답 이 증서의 기대가치는 60만원(= 100 × 0.2 + 50 × 0.8)이다. 위험회피자의 경우 도박 자체보다는 도박의 기대치를 더 선호하므로 현금 60만원을 선택할 것이다.

02. 현재 90억원이 드는 투자사업이 있다. 이 사업으로부터 앞으로 3년 동안 매년 말에 40억원씩의 수익이 있으며, 4년 후 사업이 끝날 때 쓰레기 처리비용으로 10억원이 든다고 하자.

(a) 정부가 위험을 충분히 분산시킬 수 있다고 가정하고, 할인율이 10% 또는 20%일 때 각각 비용편익분석을 행하시오.

(b) 만일 정부가 위험을 충분히 분산시킬 수 없다면 위 (a)의 결과는 어떻게 달라지겠는가?

(c) 위 사업의 비용은 모든 사람들에게 똑같이 부담되며, 편익은 $\frac{3}{5}$이 고소득자들에게 귀착된다고 하자. 이때 분배목표를 고려하여 저소득자에 대한 분배가중치를 도입한다면 위 (a)의 결과는 어떻게 달라지겠는가? 역으로 편익의 $\frac{3}{5}$이 저소득자에게 귀착된다면 어떠한가?

이제 납세 전 시장이자율이 20%, 납세 후 시장이자율이 10%라고 하자.

(d) 재원이 민간소비를 희생시켜 조달된 것이라고 할 때 이 사업을 시행할 것인가를 말하시오. 민간투자를 희생시켜 재원을 조달하였다면 어떠한가?

(e) 민간소비를 희생시켜 재원의 $\frac{1}{2}$을 조달하고 또한 민간투자를 희생시켜 재원의 $\frac{1}{2}$을 조달했을 경우 사업을 시행할 것인가를 말하시오.

(f) 문제에서 주어진 사업의 수익이나 비용을 실질치로 가정하자. 이때 해마다 인플레이션율이 10%라고 하자. 이 경우 위 문제 (e)에 답하시오.

해답

(a) 10%의 경우 : $-90+\frac{40}{1.1}+\frac{40}{1.1^2}+\frac{40}{1.1^3}-\frac{10}{1.1^4}=2.8$

20%의 경우 : $-90+\frac{40}{1.2}+\frac{40}{1.2^2}+\frac{40}{1.2^3}-\frac{10}{1.2^4}=-10.6$

이로부터 비용편익분석에서 할인율이 10%일 경우 시행될 수 있는 사업도 할인율이 20%로 높아지면 시행될 수 없음을 알 수 있다.

(b) 이 경우 순편익에 대한 확실성 등가의 현재가치를 합한 값을 구해야 한다. 따라서 위험할인율의 크기에 따라 할인율이 10%일 경우에라도 사업이 시행되지 않는 경우가 발생할 수 있다.

(c) (i) **편익의 $\frac{3}{5}$이 고소득자에게 귀착되는 경우** : 분배가중치를 적용하지 않았을 경우에 얻는 순편익의 현재가치가 양(할인율이 10%인 경우)이더라도 저소득자에 대한 분배가중치가 커질수록 상대적으로 비용의 비중이 커지므로 사업을 시행할 가능성은 줄어든다.

(ii) **편익의 $\frac{3}{5}$이 저소득자에게 귀착되는 경우** : 분배가중치를 적용하지 않았을 경우에 얻는 순편익의 현재가치가 음(할인율이 20%인 경우)이더라도 분배가중치가 커질수록 상대적으로 비용의 비중이 작아지므로 사업이 시행될 가능성이 있다.

(d) 사회적 비용편익분석에서 시장이자율을 활용할 경우를 보자. 예를 들어 정부사업의 재원이 민간투자를 희생시키면서 조달된 것이라 할 때, 과세 여부와 관계없이 정부는 과세 전 수익률을 할인율로 사용해야 한다. 왜냐하면 사회적으로 볼 때, 생산된 생산물이 기업부문으로 흘러가느냐 아니면 정부부문으로 흘러가느냐는 문제가 되지 않으며, 다만 총생산물의 증가 및 이에 따른 납세 전 수익률만이 중요하기 때문이다.

이와는 달리 정부사업의 재원이 민간소비를 희생시키면서 조달된 것이라면 납세 후 수익률을 할인율로 사용해야 할 것이다. 왜냐하면 이 경우 재원을 조달하는 데 드는 기회비용은 민간소비의 기회비용, 즉 납세 후 수익률이기 때문이다[본문의 (주 7)].

(i) 민간소비를 희생시켜 재원을 조달했을 경우에는 할인율로 납세 후 시장이자율 10%를 사용한다. 이 경우 위 문항 (a)의 계산 결과 현재가치가 양이므로 시행이 가능하다.

(ii) 민간투자를 희생시켜 재원을 조달했을 경우에는 할인율로 납세 전 시장이자율을 사용해야 한다. 이 경우 문제 (a)의 계산 결과 현재가치가 음이므로 시행이 불가하다.

(e) [본문의 (주 7) 참조]

할인율로서 납세 전과 납세 후의 시장이자율들의 가중평균을 사용한다.

$$\frac{1}{2}(10\%) + \frac{1}{2}(20\%) = 15\%$$

이다. 따라서 15%를 할인율로 사용하여 비용편익분석을 시행하면,

$$-90 + \frac{40}{1.15} + \frac{40}{1.15^2} + \frac{40}{1.15^3} - \frac{10}{1.15^4} = -4.4$$

를 얻는다. 현재가치가 음이므로 시행이 불가하다.

(f) 이 경우 문제에서 주어진 수익과 비용을 실질치로 간주한다. 따라서 이 경우 현재가치를 구하기 위해서는 실질수익을 실질이자율로 할인하는 방법을 사용하는 것이 편리하다.

'실질이자율 = 0.15 − 0.1 = 0.05'

이다. 그러므로 현재가치는

$$-90 + \frac{40}{1.05} + \frac{40}{1.05^2} + \frac{40}{1.05^3} - \frac{10}{1.05^4} = 10.8$$

이다. 현재가치가 양의 값을 가지므로 시행이 가능하다.

03. 다음 각 사업의 경우 사회적 비용편익분석과 사적 비용편익분석의 차이를 말하시오.

(a) 철강산업

(b) 자동차의 안전성에 대한 규정 강화

(c) 직업훈련소 운영

(d) 공해산업

해답 사적 비용편익분석은 사회적인 관점에서는 고려해야 할 다음 사항들을 고려하지 않는다.

(a) 국가의 기간산업으로서 다른 산업에 파급되는 효과

(b) '안전성' 이라는 가치재의 소비

(c) 소득재분배효과

(d) 환경파괴

04. 연습문제 3.에서 사적 비용편익분석이 사회적 비용편익분석과 달라질 경우 사적 비용편익에서도 사회적 영향을 고려하도록 유도하는 방법에 대해 논의하시오.

해답 경우에 따라서는 입법조치나 규정 설정이 사적 의사결정자로 하여금 사회적 비용을 내부화하도록 유도할 수 있다.

(a), (c) 금융 및 세제상의 혜택을 부여한다.

(b) 자동차의 안전성 때문에 사고가 났을 때 제조회사가 배상의 책임을 지도록 규정을 설정한다.

(d) 환경을 파괴할 때 벌금을 부과한다.

05. 저율로 대학의 학자금을 융자해 주는 제도가 효율과 공평에 미치는 영향에 대해 논의하시오.

해답 (i) 개인적인 입장에서는 대학 이상의 교육을 받는 것은 위험을 포함하고 있는 사업으로 간주될 수 있다는 점을 고려해야 한다. 이때 저율로 학자금을 융자해 주는 제도는 일종의 위험분담기구로 볼 수 있다. 이 경우 위험회피가 개인의 선택에 미치는 영향을 무시한다면 학자금을 저율로 융자해 주는 것은 효율을 저해한다고 볼 수 있다.

(ii) 공평에 대한 판단은 누가 수혜자가 되느냐에 따라 달라진다.

06. 정부지출로부터 얻는 장기의 편익과 단기의 편익은 그 귀착이 서로 다를 수 있으며 또한 입법의도와도 크게 달라질 수 있다. 그 원인을 지적하시오.

해답 수요의 탄력성과 공급의 탄력성이 시간이 흐름에 따라 달라질 수 있기 때문이다(10장 참조). 나아가서 법을 제정하는 사람들이 이러한 사실을 간과하기 때문이다.

07. 민간투자를 증진시킬수 있는 정부지출의 예를 드시오.

해답 도로, 항만, 공항 등 사회간접자본에 대한 지출은 민간투자를 증진시킬 수 있다.

08. 민간투자를 위축시킬 가능성이 있는 정부지출의 예를 드시오.

해답 정부의 전매사업, 전기, 전화, 토지개발 등 각종 공기업을 통한 정부지출은 민간투자를 위축시킬 수 있다.

09. 민간소비를 증진시킬 수 있는 정부지출의 예를 드시오.

해답 국립공원 등 각종 관광지 개발은 민간소비를 증진시킬 수 있다.

10. 지하철을 건설하면 그 편익은 주로 누구에게 귀착되겠는가?

해답 지하철의 노선계획이 발표될 당시의 그 주변의 토지소유자에게 주로 귀착된다. 장래에 교통이 편리해지는 것에 대한 경제적 가치는 계획을 발표하는 당시의 토지가격에 자본화(capitalization)된다(10장 참조).

11. 보상수요곡선이 $Q = 100$이라고 하자. 공급조건이 변화하여 가격이 100원에서 200원으로 올랐다면 소비자잉여의 변화, 등가변화, 그리고 보상변화는 각각 얼마인가?

해답 수요량은 증가하지 않고 지출만 10,000원 증가하였으므로 소비자잉여는 10,000원 감소하였다. 이 경우 가격이 변화하기 이전과 이후에 수요량이 변화하지 않으므로 등가변화, 보상변화, 그리고 소비자잉여의 변화가 같다.

12. 정부가 공공사업을 수행하기 위해 생산요소를 구입해야 한다고 하자. 그런데 생산요소시장이 독점화되어 있다고 하자. 이때 다음의 각 경우 비용편익분석에서는 생산요소가격으로 어떠한 값을 사용해야 하겠는가?

(a) 정부사업에 사용되는 생산요소가 사용된 바로 그만큼 더 생산되는 경우
(b) 생산요소가 더 이상 생산되지 않을 경우
(c) 두 가지 반응이 함께 나타날 경우

해답

(a) 이때 생산요소의 사회적 기회비용은 생산요소를 추가로 생산하는 데 드는 자원의 가치로서 생산요소를 생산하는 데 드는 한계비용(생산요소의 공급가격)이 된다. 그러므로 이때에는 생산요소의 공급가격을 사용하는 것이 바람직하다.
(b) 이 경우 정부사업은 사적부문에서 사용될 생산요소를 사용하게 된다. 따라서 이때 생산요소의 가치는 수요자가 지불해야 하는 가격으로서 생산요소의 수요가격으로 측정하는 것이 바람직하다.
(c) 생산요소의 수요가격과 생산요소의 공급가격의 가중평균을 사용해야 한다.

13. 다음의 각 경우 사회적 비용편익분석과 사적 비용편익분석의 결과가 달라질 수도 있다. 그 이유는 무엇인가?

(a) 실업률이 높을 경우

(b) 자동차에 개별소비세가 부과될 경우

(c) 자동차의 수입에 관세가 부과될 경우

(d) 자동차산업에 새로 진입하는 것을 억제할 경우

(e) 아파트의 분양가를 올리는 것을 통제할 경우

해답

(a) 사회적 비용편익분석에 합당한 잠재적 임금률은 사적 비용편익분석에서 사용되는 시장임금률보다 낮다.

(b), (c), (d) 자동차의 시장가격은 잠재가격보다 높다. 즉, 자동차의 시장가격은 사회적 비용을 과장하고 있다.

(e) 아파트의 통제가격은 잠재가격보다 낮다.

14. 공공재 공급의 효율조건은 $\Sigma MRS = MRT$이다.

(a) 이 조건에 주목하여 공공재 공급의 효율성 여부에 대해 분석하시오.

(b) 이 조건에 주목하여 공공선택이론이 지니는 함축성과 내용에 대해 분석하시오.

(c) 이 조건에 주목하여 비용편익분석이론이 지니는 함축성과 내용에 대해 분석하시오.

해답

(a) 효율조건이 이렇다는 것은 증명되어 있다. 그러나 공공재의 경우 무임승차하려는 경향 때문에 시장에서 공급될 수 없다. 그 결과 공공재는 정부가 공급하게 되는데, 이때 정부는 개인들의 한계대체율을 알 수 없다. 따라서 현실적으로는 효율조건이 달성되지 않는 것이 더 일반적이다.

(b) 공공재는 선호시현 문제 때문에 공공선택 과정을 통해 정부가 공급하게 된다. 이때 공공선택이 어떻게 이루어지는가를 분석하는 것이 공공선택이론이다. 한편 대의민주주의에서는 다수결제도를 택하여 의사결정을 하게 되는데, 이때 다수결투표의 균형은 중위투표자균형이다. 그 결과 공공재도 중위투표자가 가장 선호하는 수준만큼 공급된다. 그런데 중위투표자균형은 일반적으로 비효율적이다.

(c) 정부가 공공재를 공급할 때 현실적으로 비용편익분석을 하게 된다. 이때 목표는 순편익을 극대화하는 것이다. 그런데 이 경우 여러 가지 문제가 제기된다. 이러한 내용을 다루는 것이 비용편익분석이론이다.

09
조세개론

01. '과세의 진실성'에 대해서 논의하시오.

해답 조세의 귀착과 효율비용을 공개하는 것을 말한다. 과세의 진실성을 확보하려 할 때 당면하는 문제는 조세의 귀착 및 효율비용을 파악하기가 어렵다는 점이다.[1] 그러나 과세의 진실성이 확보될 경우 조세가 특수이익과 영합될 때 그것이 얼마나 큰 대가를 치르는가를 알 수 있게 한다.

02. 고속도로를 건설하거나 보수하기 위해 재원을 마련하려고 휘발류에 과세한다고 하자. 이때 본문에서 지적한 바와 같이 수익자에게 조세를 부담시키므로 편익원리에 근거할 때 공평하다고 볼 수 있다. 장기적으로 볼 때 이러한 조세는 실제로 누가 부담하겠는가?

해답 10장에서 배우겠지만 조세의 실제 부담은 수요의 탄력성과 공급의 탄력성 중 어느 것이 더 큰가에 따라 달라진다. 그 결과 이러한 조세는 공급이 상대적으로 비탄력적인 산유국의 원유생산자에게 더 많이 귀착될 수도 있다.

---

1. 조세의 귀착이란 조세를 실질적으로 누가 부담하게 되는가를 일컫는데, 이에 대해서는 10장에서 자세히 다룰 것이다.

10
조세와 소득분배 : 조세의 귀착

01. 휘발유 소비를 줄이기 위해 1리터당 800원의 조세를 부과한다고 하자.

(a) 이 조세를 소비자에게 부과하는 경우와 생산자에게 부과하는 경우 그 결과가 어떻게 달라지는가?

(b) 수요곡선이 탄력적일 경우와 비탄력적일 경우 중에서 어느 경우에 소비가 더 많이 줄어드는가?

(c) 조세가 부과될 경우 소비자와 생산자의 후생은 각각 어떻게 되는가?

해답

(a) 소비자에게 부과하는 경우에는 수요곡선을 아래로 이동시키는 것으로 생각할 수 있다. 한편 생산자에게 부과하는 경우에는 공급곡선을 위로 이동시키는 것으로 생각할 수 있다. 그러나 어느 경우이든 수량은 같은 양만큼 줄어든다. 그리고 두 경우에 수요가격은 같다. 물론 공급가격도 같다. 결과적으로 볼 때 경제적 효과에는 차이가 없다.

다른 각도에서 보면 단위당 조세만 같으면 조세가 누구에게 부과되든 조세쐐기의 위치가 같기 때문에 그 경제적 효과는 같아진다.

(b)

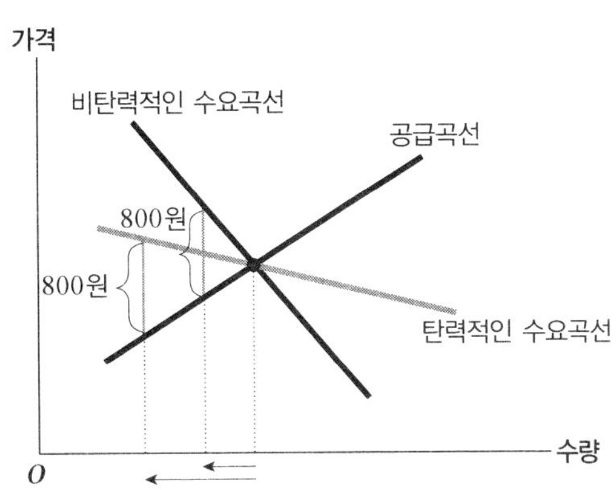

수요곡선이 탄력적일 경우 가격이 조금만 올라도 수요량이 크게 줄어든다. 그 결과 그림에서 보듯이 수요곡선이 탄력적일 경우 소비가 더 많이 줄어든다.

(c) 소비자들은 더 적은 수량을 더 높은 가격에 사게 되므로 후생이 감소한다. 그림에서 볼 때 소비자잉여가 $(A+B)$만큼 줄어든다. 생산자들은 더 적은 수량을 더 낮은 가격에 팔게 되므로 후생이 줄어든다. 이것은 생산자잉여가 $(C+D)$만큼 줄어드는 것으로 나타난다. 한편 휘발유업계에서 일하는 근로자들도 피해를 입는다. 예를 들어 산출량이 줄어서 일부 근로자가 해고되거나 임금이 삭감될 수 있다.

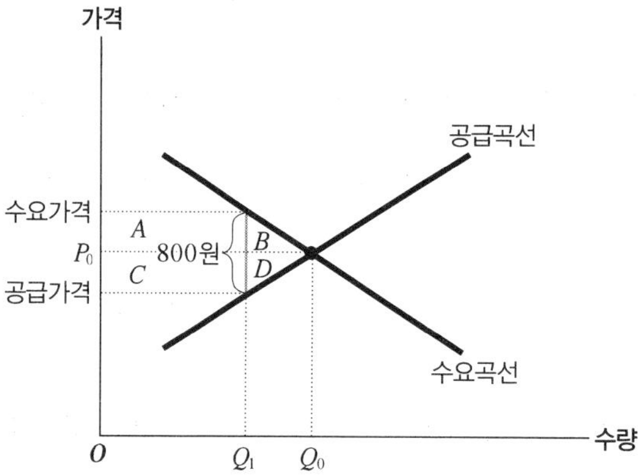

02. 예방주사를 맞는데 정부가 주사 1대당 1,000원을 보조금으로 지급한다고 하자.

(a) 이 보조금을 예방접종을 받는 사람에게 지급하는 경우와 공급자에게 지급하는 경우 그 결과가 어떻게 달라지는가?

(b) 예방접종을 받는 사람과 공급자의 후생은 각각 어떻게 되는가?

(c) 수요곡선이 탄력적일 경우와 비탄력적일 경우 중에서 어느 경우에 예방접종을 받는 사람들의 후생이 더 많이 증가하는가?

해답

(a) 예방접종을 받는 사람에게 지급하는 경우에는 수요곡선이 위로 이동하는 것으로 생각할 수 있다. 한편 공급자에게 지급하는 경우에는 공급곡선이 아래로 이동하는 것으로 생각할 수 있다. 그러나 어느 경우이든 수량은 똑같이 증가한다. 공급자가 받는 공급가격은 같은 값만큼 올라간다. 수요자가 지불하는 수요가격은 같은 값만큼 떨어진다.

다른 각도에서 보면 단위당 보조금만 같으면 보조금이 누구에게 지급되든 보조금 쐐기의 위치가 같기 때문에 그 경제적 효과는 같아진다.

(b) 예방접종을 받는 사람들은 더 낮은 가격에 더 많은 예방접종을 받게 된다. 그 결과 후생이 증가한다. 그림에서 볼 때 소비자잉여가 $(C+D)$만큼 증가한다. 한편 공급자는 더 높은 가격에 더 많은 양을 팔게 된다. 그 결과 후생이 증가한다. 생산자잉여가 $(A+B)$만큼 증가하는 것으로 나타난다.

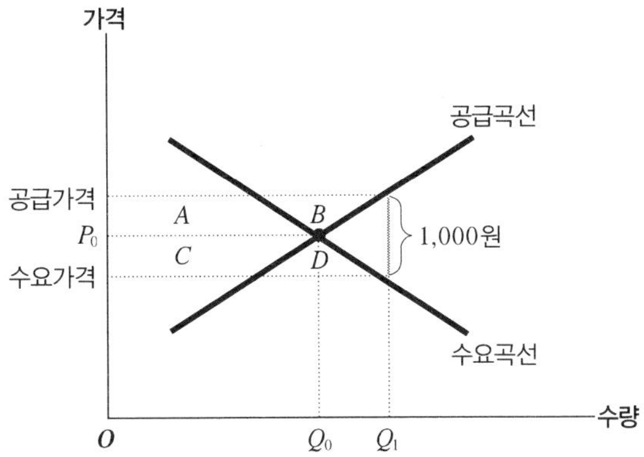

(c) 보조금을 지급할 경우 균형수량이 늘어난다. 한편 수요곡선이 비탄력적이라는 것은 가격변화에 수요량이 민감하게 반응하지 않는다는 것을 의미한다. 그러므로 수요곡선이 비탄력적일 경우 수량이 증가하려면 수요가격이 더 많이 떨어져야 한다. 그 결과 수요곡선이 비탄력적일 경우 예방접종을 받는 사람들의 후생이 더 많이 증가한다. 그림에서 비탄력적일 경우 소비자잉여가 더 많이 증가한다는 사실을 확인해 보라.

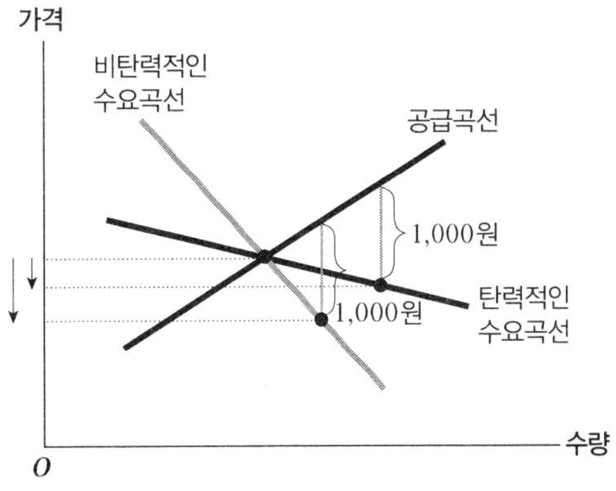

03. 어떤 재화의 수요곡선이 $Q=100-4P$, 공급곡선이 $Q=40+P$로 주어졌다고 하자.

(a) 균형가격 및 수량을 구하시오.

(b) 이제 재화 한 단위당 5원의 종량세가 부과되었다고 하자. 이때 균형수량, 수요가격, 그

리고 공급가격을 각각 구하시오.

(c) 위의 (b)에서 조세부담은 수요자와 공급자에게 각각 어떻게 배분되는가?

(d) 이제 수요곡선이 $Q = 64 - P$로 변했다고 하면 위 (b), (c)의 답은 어떻게 바뀌는가? 먼저 각각의 값이 변화하는 방향을 직관적으로 말한 후 그 값들을 구하시오. 이 결과로부터 무엇을 알 수 있는가?

해답 $Q_d = 100 - 4p$, $Q_s = 40 + p$이다.

(a) 균형에서는 수요량과 공급량이 같다. 그러므로

$$Q_d = Q_s$$

로부터

$$100 - 4p = 40 + p$$

이다. 이로부터 $p^0 = 12$, $Q^0 = 52$를 얻는다.

(b) $t = 5$의 종량세가 부과되었다. 조세가 부과될 경우 수요자가 지불하는 수요가격과 공급자가 순순히 받게 되는 공급가격 사이에는 단위당 조세만큼 차이가 난다. 그러므로

$$p_d - p_s = 5$$

가 성립한다.

한편 수요곡선과 공급곡선은

$$Q_d = 100 - 4p_d,\ Q_s = 40 + p_s$$

와 같이 주어졌다. 이때 수요자는 수요가격, 공급자는 공급가격에 근거하여 선택한다는 사실에 주목하자. 이렇게 볼 때 3개의 식에 미지수는 4개이므로 식이 한 개 더 필요하다. 이때 다음과 같은 균형조건식이 이용된다. 즉, 균형에서는

$$Q_d = Q_s$$

가 성립한다는 것이다. 이 4개의 식을 연립으로 풀면 $p_d^* = 13$, $p_s^* = 8$, $Q^* = Q_d^* = Q_s^* = 48$로 구해진다. 이러한 사실이 그림에 나타나 있다.

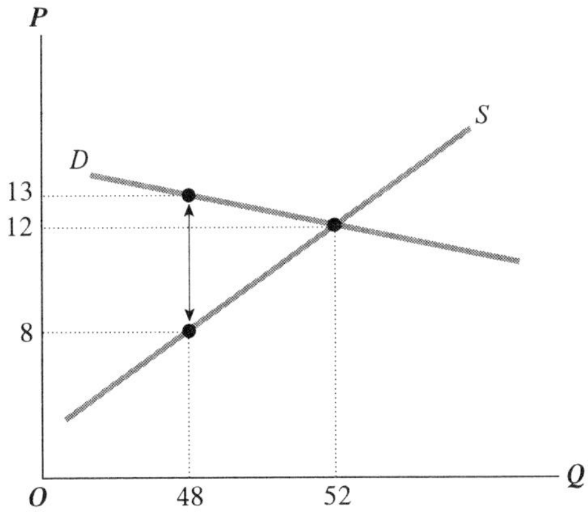

(c) 수요가격은 원래의 균형가격보다 1원 상승하였다. 즉, 수요자는 조세가 부과되기 이전에 비해 단위당 1원을 더 부담하게 되었다. 한편 공급가격은 원래의 균형가격보다 4원이 하락하였다. 즉, 공급자는 조세가 부과되기 이전에 비해 단위당 4원을 덜 받게 되었다. 결과적으로 공급자는 단위당 4원의 조세를 부담하게 되었다.

(d) (i) 수요곡선이 비탄력적이 되었다. 그러므로 (b)에서보다 수요가격은 더 많이 상승하는 반면 공급가격은 더 적게 하락할 것이다. 그리하여 (c)에서보다 수요자의 조세부담은 더 커지며 공급자의 조세부담은 더 작아질 것이다.

(ii) 이러한 사실은 다음과 같은 계산결과로부터 확인된다. 즉, 과세 전에는 $p_0 = 12$, $Q_0 = 52$로 구해진다. 그런데 과세 후에는 위에서와 동일한 계산방법을 통해 수요가격과 공급가격이 각각 $p_d^{**} = 14.5$, $p_s^{**} = 9.5$로 구해진다. 그리고 균형수량은 $Q^{**} = 49.5$로 구해진다. 그러므로 수요자의 부담과 공급자의 부담이 각각 단위당 2.5원이 된다. 그 결과 수요자의 단위당 부담은 1.5원 증가하였고, 반면에 공급자의 단위당 부담은 1.5원 감소하였다. 이러한 사실이 그림에 나타나 있다. 결과적으로 볼 때 상대적으로 비탄력적일수록 조세부담은 더 커진다는 것을 알 수 있다.

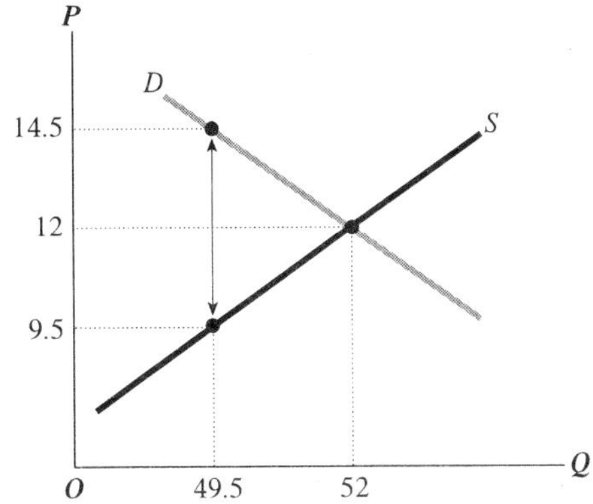

04. 수요곡선이 직선이라고 하자. 이때 일정한 한계비용을 지닌 독점자에게 1,000원의 종량세를 부과한다면 가격은 얼마나 상승하는가?

해답 가격은 조세의 $\frac{1}{2}$만큼 상승하므로 500원 상승한다. 교과서 본문의 [그림 10-11] 참조.

05. 독점자에게 조세를 부과하면 독점자는 이것을 모두 소비자에게 전가시킨다. 이 말을 평가하시오.

해답 틀리다. 독점자에게 조세를 부과하면 수요곡선과 한계비용곡선의 모양에 따라 가격이 조세보다 적게 상승할 수도 있고, 정확히 조세만큼 상승할 수도 있고, 또는 조세보다 많이 상승할 수도 있다. 따라서 조세가 소비자에게 전부 또는 그 이상 전가될 수도 있지만 그렇지 않을 수도 있다.

06. 시간이 흐름에 따라 공급곡선의 탄력성은 커질 것이다. 이러한 현상이 조세귀착에 대해 함축하고 있는 바는 무엇인가?

해답 조세는 상대적으로 비탄력적인 측에 더 많이 귀착된다. 그러므로 시간이 흐름에 따라 공급곡선의 탄력성이 커질 경우 상대적으로 수요자에게 조세가 더 많이 귀착될 것이다.

07. 경쟁시장에서 공급곡선이 완전비탄력적이고 수요곡선이 우하향할 경우 조세는 누구에게 귀착되는가? 보조금의 경우는 어떠한가?

해답 조세부과의 경우 수요가격은 변화가 없고 공급가격이 단위당 조세부과액만큼 하락하므로 조세가 전액 공급자에게 귀착된다. 한편 보조금의 경우 공급가격이 단위당 보조금 크기만큼 상승하므로 보조금이 전액 공급자에게 귀착된다. 여기서 보조금이 귀착된다는 말은 보조금의 혜택을 본다는 의미임에 주목하자.

한편 공급곡선이 완전탄력적일 경우에는 이상과 반대로 조세나 보조금이 모두 수요자에게 귀착된다.

08. 두 재화 X, Y가 완전대체재일 경우 재화 X에 조세가 부과된다면 그 부담은 누구에게 귀착되겠는가?

해답 두 재화가 완전대체재일 경우 어떤 한 재화의 가격이 현재 수준에서 상승하면 그 재화에 대한 수요가 모두 다른 재화에게로 옮겨간다. 따라서 각 재화에 대한 수요곡선은 완전탄력적이다. 이때 X재에 조세가 부과된다면 이러한 조세는 모두 X재의 공급자에게 귀착된다.

09. 어떤 재화의 국내시장은 완전경쟁의 상태에 있으며 국산품과 수입품은 완전대체재라고 한다. 이때 수입품에 관세를 부과할 경우 조세는 누구에게 귀착되겠는가?

해답 (i) 일반적으로 수입품의 공급곡선은 무한히 탄력적이라고 생각할 수 있다. 이 경우 수입품에 관세를 부과하면 수입품에 대한 소비자가격이 관세만큼 상승하여 관세는 전액 소비자에게 귀착된다.

(ii) 한편 소비자에게 수입품과 국산품은 완전대체재라고 가정하였으므로 국산품의 수요가 증가하여 국산품 생산자는 국산품을 국산품의 가격에 관세를 더한 가격에 판매할 수 있다. 그 결과 국산품 생산자는 관세만큼에 해당하는 뜻밖의 이윤을 얻게 된다.

10. 생수의 공급은 $S = 100$으로 고정되어 있고 수요곡선은 $D = 300 - P$라 하자. 이때 정부가 소비자에게 생수 단위당 20원의 조세를 부과하였다고 하자.

(a) 조세가 부과되기 이전과 이후의 수요가격과 균형수량을 각각 구하시오.

(b) 조세가 부과되기 이전과 이후의 공급가격을 각각 구하시오.

(c) 조세수입은 얼마인가?

해답

(a) 공급이 100으로 고정되어 있으므로 과세를 불문하고 수요가격은 시장청산가격 200이 되며, 공급량은 100이 된다.

(b) 공급자는 과세 전 200원을 받았으나, 과세 후에는 단위당 20원의 조세를 납부하므로 공급가격은 180원이 된다.

(c) 조세수입은 2,000원$(= 100 \times 20)$이 된다.

11. 독점자의 한계비용이 C로 일정하고 수요곡선이 $P = a - bQ$와 같이 직선으로 주어졌다고 하자. 이때 독점자에게 종량세 t가 부과될 경우 그것이 어떻게 귀착되는가를 수식을 통해 보이시오.

해답 종량세 t가 부과되면 독점자의 한계비용은 $C + t$가 된다. 독점자는

$$MR = MC$$

인 곳에서 이윤극대화를 한다. 이 점에 착안하여 수요곡선으로부터 MR을 구한 후 과세 후 한계비용과 같게 놓으면

$$a - 2bQ = C + t$$

가 된다. 이로부터

$$Q^* = \frac{a - C - t}{2b}$$

를 얻는다. Q^*를 수요곡선에 대입하면

$$P^* = \frac{C + t + a}{2}$$

를 얻는다. 이 결과를 $t = 0$일 경우와 비교해 보면, 가격은 종량세의 $\frac{1}{2}$만큼 오른다는 사실을 알 수 있다. 이것은 종량세의 $\frac{1}{2}$이 수요자에게 전가됨을 의미한다.

12. 수요가 완전비탄력적일 경우 조세의 귀착에 대해 논의하시오.

해답 수요가 완전비탄력적일 경우 조세가 부과되면 수요가격은 조세의 크기만큼 상승한다. 그 결과 조세가 전액 수요자에게 귀착된다.

13. 시장가격이 경직적이어서 새로운 균형으로 조정이 완전히 이루어지지 않는다고 한다. 이를 시장가격이 신축적이어서 새로운 균형으로 조정이 완전히 이루어질 때와 비교하여 다음의 각 경우 수요자와 공급자 각각의 후생이 어떻게 변하는가를 말하시오.

(a) 조세가 수요자에게 부과될 경우

(b) 조세가 공급자에게 부과될 경우

해답

(a) [그림 10 - 2]의 (B)를 참조하자. 조세가 수요자에게 부과될 경우 시장가격이 경직적일 때에는 신축적일 때에 비해 공급가격이 적게 하락한다. 따라서 시장가격이 경직적일 때에는 신축적일 때에 비해 공급자의 후생이 덜 줄어든다. 한편 수요가격은 공급가격에 조세를 더한 값으로 결정되므로 가격이 경직적일 때의 수요가격은 가격이 신축적일 때의 수요가격보다 높아진다. 따라서 조세가 수요자에게 부과될 경우 시장가격이 경직적일 때에는 신축적일 때에 비해 수요자의 후생이 더 많이 줄어

든다.

(b) [그림 10 - 2]의 (A)를 참조하자. 조세가 공급자에게 부과될 경우 시장가격이 경직적일 때에는 신축적일 때에 비해 수요가격이 적게 상승한다. 따라서 시장가격이 경직적일 때에는 신축적일 때에 비해 수요자의 후생이 덜 줄어든다. 한편 공급가격은 수요가격에서 조세를 차감한 값으로 결정되므로 가격이 경직적일 때의 공급가격은 가격이 신축적일 때의 공급가격보다 낮아진다. 따라서 조세가 공급자에게 부과될 경우 시장가격이 경직적일 때에는 신축적일 때에 비해 공급자의 후생이 더 많이 줄어든다.

14. 조세의 귀착에 영향을 미치는 요소들을 지적하시오.

해답 시장구조(경쟁, 독점 등), 수요 및 공급의 탄력성, 생산요소의 이동, 단기분석인가 장기분석인가의 여부, 부분균형분석인가 일반균형분석인가의 여부.

15. 어떤 사람이 옷을 사면서 옷에 붙어 있는 가격표를 보았더니 공장도 가격이 10만원이라고 적혀 있었다. 그런데 점원이 11만원을 받으며 1만원은 부가가치세라고 하였다. 물건을 살 때마다 이런 경험을 한 소비자는 자신의 경험을 근거로 부가가치세는 결국 모두 소비자의 부담으로 돌아온다고 불평하였다. 일반적인 경우 이 사람의 불평의 근거가 옳은가를 평가하시오. 유통마진은 무시하기로 하자.

해답 틀리다. 여기서의 공장도 가격은 공급가격이고 11만원은 수요가격으로 볼 수 있다. 누가 어느 만큼의 조세를 부담하는가를 알려면 조세가 부과되기 전의 시장균형가격을 알아야 한다. 그런데 문제에서 제시한 정보만으로는 이 가격을 알 수 없다. 일반적으로 볼 때 수요곡선이 완전히 비탄력적이거나 또는 공급곡선이 무한히 탄력적일 경우를 제외하고는 조세가 수요자에게 모두 귀착되지는 않는다.

16. 국가 간 자유로운 자본이동을 허용하는 소규모 국가를 생각해 보자. 이때 자본수익에 조세를 부과할 경우 그 귀착에 대해 논의하시오.

해답 (i) 이 경우 자본공급은 무한히 탄력적이다. 그 결과 그림에서 보듯이 조세는 모두 자본수요자에게 귀착된다. 이때 자본수요자가 자본공급자보다 소득이 낮다면 이러한 조세는 역진적이 될 가능성이 높다. 한편 자본수요자에게 귀착된 조세는 생산비용을 상승시켜 결국 재화의 수요가격을 상승시킬 수도 있다.

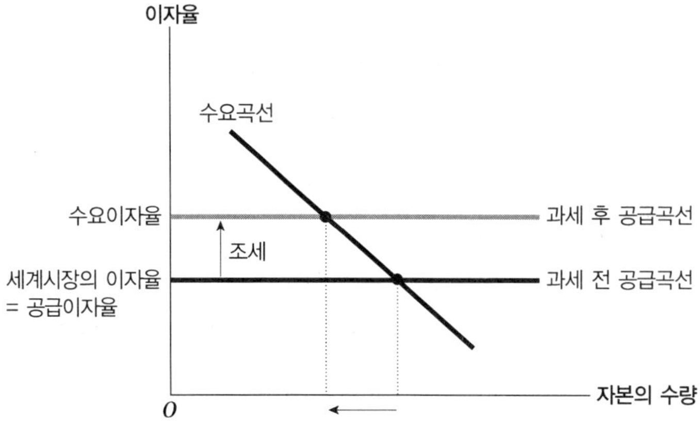

(ii) 한편 자본수익에 대한 과세는 본국의 납세 후 자본수익률을 하락시키므로 이 수익률이 세계시장의 자본수익률과 같아질 때까지 자본을 유출시킨다. 자본유출로 인해 본국의 자본이 희소해짐에 따라 자본노동비율이 하락하여 노동생산성이 하락한다. 이는 다시 임금률을 하락시킬 것이다. 한편 노동공급자들의 소득이 상대적으로 낮을 것이다. 그런데 조세가 그들에게 귀착되므로 이러한 조세는 소득분배를 악화시킬 우려가 있다.

17. 건물에 부과되는 재산세의 귀착에 대하여 논의하시오.

해답 (i) 장기적으로 볼 때 건물의 공급은 탄력적이다. 그러므로 장기적으로 볼 때 건물에 부과되는 재산세는 주로 건물 수요자에게 귀착된다.

(ii) 한편 건물의 수요자가 과세된 건물을 생산요소로 하여 상품을 생산한다고 하자. 그리고 이 상품에 대한 수요가 공급에 비해 상당히 비탄력적이라고 하자. 이 경우 건물의 수요자는 상품의 가격을 올려 재산세의 상당 부분을 상품 수요자에게 전가시킬 수 있다.

18. 소비자의 조세부담을 덜어주기 위해 휘발유세를 인하하려고 한다. 이러한 정책에 대하여 평가하시오.

해답 (i) 휘발유세의 인하가 소비자의 부담을 얼마나 덜어줄 것인가는 수요공급의 상대적인 탄력성에 달려 있다. 소비자의 수요가 상대적으로 비탄력적일 경우에만 휘발유세 인하의 혜택이 주로 소비자에게 돌아간다. 또한 상대적인 탄력성의 크기는 단기냐 장기냐에 따라 달라질 수 있다.

(ii) 이러한 휘발유세의 인하는 휘발유시장의 비효율을 감소시킨다. 이때 수요와 공급

이 탄력적일수록 비효율은 더 많이 줄어든다. 그러나 이러한 정책이 경제 전반의 효율을 증가시키는가는 다른 시장의 상황에 따라 달라질 수 있다. 여기에 차선이론이 적용될 수 있다.

[추가 문제]

19. 어느 경제신문에 실린 다음 기사를 읽고 답하시오.

'그동안 금융거래세에 대해 "고려 대상이 아니다" 며 발을 빼던 정부가 태도를 바꾼 이유는 외환시장의 쏠림현상을 더 이상 좌시할 수 없다는 판단에 따른 것이다. 지난 28일의 경우 외국인의 주식매도 자금이 일시에 몰리면서 이날 하루에만 환율이 19원 폭등하고, 다음날 그 여파로 11원이나 반등하는 등 널뛰기 장세가 이어지자 이번 기회에 시장 분위기를 안정시키겠다는 정부의 의지를 확실하게 보일 필요가 있다는 판단을 한 것으로 보인다. 나아가 기존 대책의 중심인 외환 3종 세트(외환 건전성 부담금, 선물환 포지션 한도 축소, 외국인 채권투자 과세)로는 대응에 한계가 있는 만큼 보다 근본적인 방안을 강구하겠다는 것이다.'

(a) 위 기사에서 거론된 제도를 시행할 경우 예상되는 긍정적인 경제적 효과에 대해 분석하시오.

(b) 위 기사에서 거론된 제도를 시행할 경우 예상되는 부정적인 경제적 효과에 대해 분석하시오.

해답

(a) 국제투기자본이 급격하게 유입되고 유출될 경우 금융위기가 발생할 가능성이 높아지는데 이를 방지하기 위한 방법 중의 하나가 경제신문 기사에서 다룬 금융거래세를 부과하는 것이다. 이러한 조세가 바로 토빈세이다.

토빈세를 부과할 경우 예상되는 긍정적인 경제적 효과는 다음과 같다.

(i) 모든 국가가 외환거래에 같은 조세를 부과하면 단기투기자본의 유출입이 억제되어 금융시장의 변동성이 완화된다.

(ii) 환율변동성을 줄여줄 것이기 때문에 그로 인해 수출입 활성화가 기대된다.

(iii) 조세수입이 증가하며 그에 따라 재정건전성이 증대되어 다른 부문의 세율을 낮춰 줄 수 있다.

(b) 토빈세를 부과할 경우 예상되는 부정적인 경제적 효과는 다음과 같다.

(i) 이러한 조세는 역진적이 될 가능성이 높다. 또한 물가를 상승시킬 가능성이 높다(이번 장 연습문제 16번 해답 참조).

(ii) 노동생산성을 떨어뜨려 소득분배를 악화시킬 우려가 있다(16번 해답 참조).

(iii) 초과부담을 유발한다.

(iv) 외국자본의 국내 신규투자를 감소시킨다. 그 결과 총수요가 감소하여 GDP가 감소할 우려가 있다.

(v) 자본축적이 감소하여 경제성장률이 하락할 우려가 있다.

(vi) 토빈세를 부과할 경우 금융거래가 위축될 수 있다는 점 때문에 토빈세 도입에 반대하는 국가들이 많다. 이러한 상황에서 특정 국가만 토빈세를 도입할 경우 그 국가의 자본시장이 위축될 우려가 있다.

11
조세와 효율 : 초과부담

01. 어떤 재화의 수요곡선이 $Q = 100 - 4P$, 공급곡선이 $Q = 40 + P$로 주어졌다고 하자. 여기서 소득효과가 없다고 가정하고

(a) 균형가격과 균형수량을 구하시오.

(b) 이제 재화 한 단위당 5원의 종량세가 부과되었다고 하자. 이때 균형수량, 수요가격, 그리고 공급가격을 각각 구하시오.

(c) 수요자의 초과부담과 공급자의 초과부담을 구하시오.

(d) 이제 수요곡선이 $Q = 64 - P$로 변했다고 하면 (c)의 답은 어떻게 바뀌는가?

(e) 위의 결과들로부터 무엇을 알 수 있는가?

해답

(a) 이 문제의 상황 설정은 10장의 (연습문제 3)과 동일하므로 필요할 때에는 그 문제의 풀이 결과를 활용하기로 하자. $P^0 = 12$, $Q^0 = 52$이다.

(b) $P_D^* = 13$, $P_S^* = 8$, $Q^* = 48$이다.

(c) (a), (b)의 정보로부터 (i) 수요자의 초과부담은 밑변 4, 높이 1인 직각삼각형의 면적에 해당하므로 2가 된다. (ii) 공급자의 초과부담은 밑변 4, 높이 4인 직각삼각형의 면적에 해당하므로 8이 된다.

(d) 과세 전에는 $P^0 = 12$, $Q^0 = 52$를 얻는다. 과세 후에는 $P_D^* = 14.5$, $P_S^* = 9.5$, $Q^* = 49.5$를 얻는다. 이상의 정보로부터 수요자 및 공급자의 초과부담은 같으며, 그 값은 각각 밑변 2.5, 높이 2.5인 직각삼각형의 면적에 해당하는 $\frac{25}{8}$가 됨을 알 수 있다.

(e) 공급곡선은 변화하지 않았다. 그러나 수요곡선이 비탄력적이 되어 수요자와 공급자의 초과부담의 합인 총초과부담의 크기가 작아졌다. 이러한 결과는 교과서의 식 (11.4)인

$$\text{초과부담} = \frac{1}{2}\frac{t^2}{P_0}\frac{Q_0}{(1/\eta_c)+(1/\varepsilon)}$$

를 만족시키고 있음을 알 수 있다.

02. 어떤 상품의 수요곡선이 $Q_d = 100 - 4p$, 공급곡선이 $Q_s = 40 + p$로 주어졌다고 하자.

(a) 균형가격과 균형수량을 구하시오.

(b) 이제 공급자에게 상품 한 단위당 5원의 종량보조금이 지급되었다고 하자. 이때 균형수량, 수요가격, 그리고 공급가격을 각각 구하시오.

(c) 위의 b.에서 보조금은 수요자와 공급자에게 각각 어떻게 배분되는가?

(d) 수요자 측면과 공급자 측면의 비효율을 각각 구하시오.

이제 수요곡선이 $Q_d = 64 - p$로 변했다고 하면

(e) 위 (b), (c)의 답은 어떻게 바뀌는가? 먼저 각 값이 변화하는 방향을 직관적으로 말한 후 그 값들을 구하시오. 이 결과로부터 무엇을 알 수 있는가?

(f) 위 (d)의 답은 어떻게 바뀌는가? 이 결과로부터 무엇을 알 수 있는가?

해답 $Q_d = 100 - 4p,\ Q_s = 40 + p$

(a) 균형에서는 수요량과 공급량이 같다. 그러므로 $Q_d = Q_s$로부터 $100 - 4p = 40 + p$이다. 이로부터 $p^0 = 12,\ Q^0 = 52$를 얻는다.

(b) $s = 5$의 종량보조금이 지급되었다. 보조금은 수요자와 공급자 중에서 누구에게 지급되든지 그 경제적 효과는 같다. 보조금이 지급될 경우 공급자도 나아지고 수요자도 나아진다. 이때 공급자가 받게 되는 공급가격이 수요자가 지불하는 수요가격보다 단위당 보조금만큼 높아진다. 그 결과 $p_s = p_d + 5$ (1)가 성립한다. 이제 수요곡선과 공급곡선은

$$Q_d = 100 - 4p_d \tag{2}$$

$$Q_s = 40 + p_s \tag{3}$$

와 같이 쓸 수 있다. 이때 수요자는 수요가격, 공급자는 공급가격에 근거하여 선택한다는 사실에 주목하자. 이렇게 볼 때 3개의 식에 미지수는 4개이므로 식이 한 개 더 필요하다. 이때 다음과 같은 균형조건식이 이용된다. 즉, 균형에서는

$$Q_d = Q_s \tag{4}$$

가 성립한다는 것이다. 이제 이 4개의 식을 연립으로 풀면 $p_d^* = 11$, $p_s^* = 16$, $Q^* = Q_d^* = Q_s^* = 56$으로 구해진다. 이러한 사실이 그림에 나타나 있다.

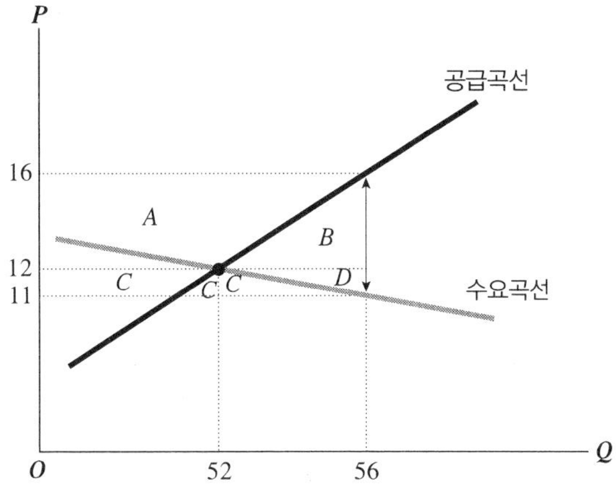

(c) 공급가격은 원래의 균형가격보다 4원 상승하였다. 즉, 공급자는 보조금이 지급되기 이전에 비해 단위당 4원을 더 받게 되었다. 한편 수요가격은 원래의 균형가격보다 1원이 하락하였다. 즉, 수요자는 보조금이 지급되기 이전에 비해 단위당 1원을 덜 내게 되었다. 결과적으로 공급자는 단위당 4원의 보조금을 받고 수요자는 단위당 1원의 보조금을 받게 되었다. 이로부터 상대적으로 비탄력적인 측에서 보조금을 더 많이 받게 된다는 것을 알 수 있다.

(d) (a), (b)의 정보로부터 수요자 측면의 비효율은 밑변이 4이고 높이가 1인 삼각형 D의 넓이로 구해진다. 공급자 측면의 비효율은 밑변이 4이고 높이가 4인 삼각형 B의 넓이로 구해진다. 수요자에게 지급된 보조금은 $C + D$인데 수요가격 하락으로 인해 소비자잉여가 C만큼만 증가하므로 수요자 측면의 비효율이 D이다. 공급자에게 지급된 보조금은 $A + B$인데 공급가격 상승으로 인해 생산자잉여가 A만큼만 증가하므로 공급자 측면의 비효율은 B이다. 즉,

$$\text{수요자 측면의 비효율} = (\frac{1}{2})(4)(1) = 2, \text{ 공급자 측면의 비효율} = (\frac{1}{2})(4)(4) = 8$$

로서 비효율의 전체 크기는 $2 + 8 = 10$이다.

(e) 수요곡선이 이전보다 비탄력적이 되었다. 그러므로 (b)에서보다 수요가격은 더 많이 하락하고 반면에 공급가격은 더 적게 상승할 것이다. 그리하여 (c)에서보다 수요자의 보조금 혜택은 더 커지며 공급자의 보조금 혜택은 더 작아질 것이다. 이러한 사실은 다음과 같은 계산 결과로부터 다시 한 번 확인된다. 즉, 보조금 지급 이전에는 $p_0 = 12$, $Q_0 = 52$로 구해진다. 그런데 보조금 지급 이후에는 위에서와 동일한 계산

방법을 통해 수요가격과 공급가격이 각각 $\hat{p}_d = 9.5$, $\hat{p}_s = 14.5$로 구해진다. 그리고 균형수량은 $\hat{Q} = 54.5$로 구해진다. 그러므로 수요자의 혜택과 공급자의 혜택이 각각 단위당 2.5원이 된다. 그 결과 수요자의 단위당 혜택은 1.5원 증가하였고 반면에 공급자의 단위당 혜택은 1.5원 감소하였다. 이러한 사실이 그림에 나타나 있다. 결과적으로 탄력성이 상대적으로 작아질수록 보조금의 혜택이 더 커진다는 것을 알 수 있다.

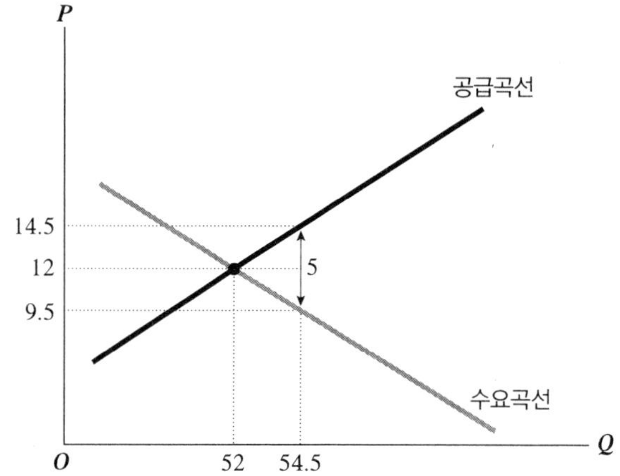

(f) 문항 (e)의 정보로부터 수요자 및 공급자 측면의 비효율은 $(\frac{1}{2})(2.5)(2.5) = \frac{25}{8}$로서 동일함을 알 수 있다. 비효율의 전체 크기는 $\frac{25}{8} \times 2 = \frac{25}{4}$이다. 공급곡선은 변화하지 않았지만 수요곡선은 이전에 비해 비탄력적이 되어 비효율이 이전보다 작아졌다.

03. 배추의 수요가 $Q_d = 4{,}000 - 50p$이고 공급이 $Q_s = -500 + 50p$라고 한다.

(a) 정부가 배추의 가격을 60으로 만들기 위해 배추를 구입해 준다고 한다. 즉, 배추를 수매해 준다고 한다. 이때 수매해 주어야 하는 수량과 수매대금을 구하시오. 이 결과를 그림으로 그린 다음 비효율의 크기를 표시하시오.

(b) 정부가 수매제도 대신 농민들에게 보조금을 지급하려고 한다. 이때 수매제도에서와 같은 수량이 공급되도록 하려면 보조금은 농산물 한 단위당 얼마이어야 하며 이때 비효율의 크기는 얼마인가?

(c) 수매제도와 보조금지급정책을 비교하시오.

해답

(a) 수매제도 이전 균형에서는 $Q_d = Q_s$가 성립한다. 그러므로 $4,000 - 50p = -500 + 50p$로부터 $p_0 = 45$, $Q_0 = 1,750$을 얻는다. 수매가격이 $p_g = 60$이므로 이것을 수요곡선과 공급곡선에 각각 대입하면 $Q_1 = 1,000$, $Q_2 = 2,500$을 얻는다. 그러므로 수매량은 $Q_2 - Q_1 = 1,500$이 된다. 따라서 수매대금은 $p_g(Q_2 - Q_1) = 60(2,500 - 1,000) = 90,000$이 된다.

이때 가격이 p_0에서 p_g로 오르기 때문에 소비자잉여는 $A+B$만큼 감소한다. 반면에 생산자잉여는 $A+B+C$만큼 증가한다. 그러므로 사회적으로 볼 때 잉여는 C만큼 증가한다. 그런데 이러한 결과를 얻기 위해 정부수매대금이 $B+C+E+F+G+H+I$만큼 지출되므로 비효율의 크기는 수매대금에서 잉여증가분을 빼준 $B+E+F+G+H+I$이다.

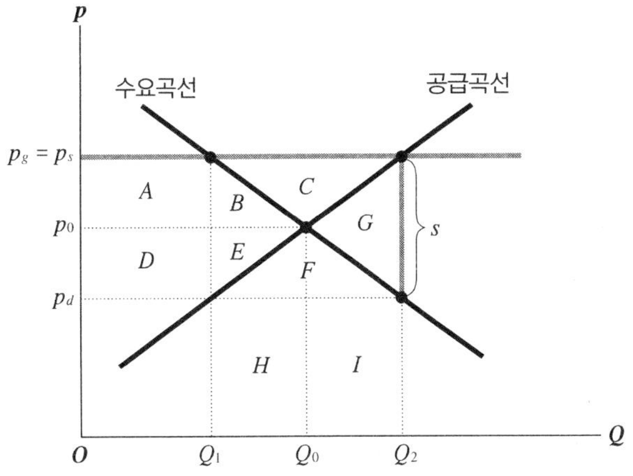

(b) 보조금을 지급하면 공급가격 p_s는 수요가격 p_d보다 한 단위당 보조금 s만큼 높아진다. 즉, $p_s = p_d + s$ (1)가 성립한다. 이때 수요자는 수요가격에 따라 선택하고 공급자는 공급가격에 따라 선택한다. 그러므로

$$Q_d = 4,000 - 50p_d \ (2), \quad Q_s = -500 + 50p_s \ (3)$$

가 성립한다. 한편 수매제도에서와 같은 수량이 공급되도록 한 단위당 보조금을 지급한다고 했으므로 이렇게 되도록 하려면 공급가격이 수매가격과 같아지도록 한 단위당 보조금을 정해야 한다. 즉, $p_s = p_g = 60$ (4)가 되도록 해야 한다. 그런데 균형에서는 $Q_d = Q_s$ (5)가 성립해야 한다. 이제 식 (1) ~ (5)를 살펴보면 미지수가 6개이고 식이 6개이다. 이로부터 $Q_d = Q_s = Q_2 = 2,500$을 얻는다. 예상한 대로 수매제도에서와 같은

수량이다. 그리고 $p_d = 30$, $s^* = 30$을 얻는다. 이때 정부보조금 총액은 $s^*Q_2 = 30 \times 2{,}500 = 75{,}000$이다.

보조금 지급으로 인해 공급가격이 상승하여 생산자잉여는 $A+B+C$만큼 증가한다. 또한 수요가격이 하락하여 소비자잉여는 $D+E+F$만큼 증가한다. 그런데 이러한 결과를 얻기 위해 정부보조금이 $A+B+C+D+E+F+G$만큼 지출되므로 비효율의 크기는 정부보조금에서 생산자잉여와 소비자잉여의 증가분을 빼준 G이다.

(c) 수매제도에 비해 보조금 지급의 경우 비효율이 작다. 그러나 수요와 공급이 대단히 비탄력적일 경우에는 보조금 지급을 통해 수매제도일 때와 같은 수량이 공급되도록 유도하려면 정부수매대금보다 훨씬 더 많은 정부보조금이 지출되어야 한다. 이러한 결과는 수요곡선과 공급곡선이 모두 비탄력적일 경우의 그림을 통해 확인할 수 있다. 직관적으로 볼 때 수요와 공급이 대단히 비탄력적일 경우 수량의 변화를 유도하려면 수요가격과 공급가격을 크게 변화시켜야 하기 때문이다.

04. 경쟁시장에서 공급곡선이 완전비탄력적이고 수요곡선이 우하향할 경우 조세의 초과부담은 어떠한가?

해답 과세가 산출량에 영향을 주지 않으므로 초과부담은 없다. 이는 교과서의 식 (11.4)에서도 알 수 있다.

05. 생수의 공급은 $S = 100$으로 고정되어 있고 수요곡선은 $D = 300 - P$라 하자. 이때 정부가 소비자에게 생수 한 단위당 20원의 조세를 부과하였다고 하자.

(a) 조세가 부과되기 이전과 이후의 소비자잉여를 각각 구하시오.
(b) 조세수입은 얼마인가?
(c) 조세가 부과되기 이전과 이후의 생산자잉여는 각각 얼마인가?
(d) 초과부담은 얼마인가?

해답 이 문제에 설정되어 있는 상황은 10장의 (연습문제 10)과 같다.

(a) (i) 공급이 100으로 고정되어 있으므로 과세를 불문하고 수요자가 지불해야 하는 수요가격은 시장청산가격인 200원이 되며, 공급량은 100이 된다. 따라서 과세 이전과 이후에 소비자잉여의 크기는 변화하지 않는다.

(ii) 과세 후 수요가격이 200원이 되는 이유를 보다 자세히 검토해 보자. 이를 위해

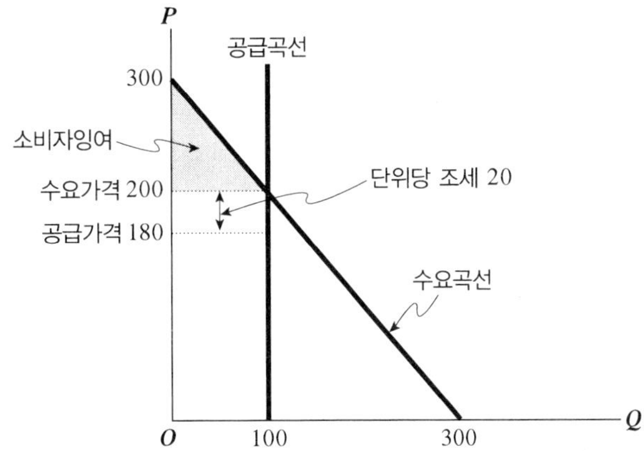

조세가 모두 소비자에게 전가되어 과세 후 가격이 220원으로 오를 수 있겠는가를 생각해 보자. 만일 가격이 220원으로 오르면 수요량이 줄어든다. 그러나 공급은 고정되어 있으므로 공급량은 그대로이다. 그 결과 초과공급 상태가 된다. 이러한 초과공급은 가격이 200원으로 떨어져서야 비로소 완전히 해소된다. 그러므로 과세 후 가격은 200원이 될 수밖에 없다. 다시 말하면 수요가격이 200원이 된다는 것이다.

(iii) 가격이 전혀 오르지 않으므로 조세는 결국 공급자가 모두 부담하게 된다.

(iv) 소비자잉여는 밑변 및 높이가 각각 100인 직각이등변삼각형의 면적으로 나타난다. 따라서 과세 이전과 이후의 소비자잉여는 5,000원이다.

(b) 과세 후에는 단위당 20원의 조세를 납부하며 거래량은 100이므로 조세수입은 2,000원(= 100 × 20)이 된다.

(c) 공급이 가격수준에 관계없이 일정하게 고정되어 있으므로 현 수준의 공급을 유도하기 위한 최소한의 비용은 0이다. 따라서 과세 전에는 판매수입(= 20,000 = 100 × 200) 전체가 생산자잉여이다. 한편 과세 후에는 단위당 20원의 조세를 납부해야 하므로 생산자잉여는 100 × (200 − 20) = 18,000원이 된다.

(d) 과세 전후 소비자잉여는 변화하지 않는다. 나아가서 생산자잉여가 조세수입만큼 줄어들므로 초과부담은 존재하지 않는다. 다시 말하면 생산자잉여가 줄어든 바로 그만큼 조세수입이 늘었기 때문에 경제 전체적으로 볼 때에는 손실이 없다는 것이다. 일반적으로 공급곡선이 수직이면 과세가 산출량에 영향을 주지 않으므로 초과부담이 존재하지 않는다.

06. 조세로 인한 소득효과와 대체효과가

(a) 서로 강화시키는 방향으로 작용하는 경우를 말하시오.
(b) 서로 상쇄시키는 방향으로 작용하는 경우를 말하시오.

해답

(a) 조세가 부과되면 상품의 가격이 상승하여 대체효과는 그 상품의 소비를 감소시키는 방향으로 작용한다. 한편 가격상승은 구매력을 감소시킨다. 이때 소득효과가 대체효과를 강화시키는 방향, 즉 소득효과가 그 상품의 소비를 감소시키는 방향으로 작용하려면 그 상품은 정상재이어야 한다.

(b) 조세가 부과되면 상품의 가격이 상승하여 대체효과는 소비감소로 나타난다. 그러므로 대체효과를 상쇄시키려면 소득효과는 소비를 증가시키는 방향으로 작용해야 한다.

(i) 가격상승으로 인해 구매력이 감소하였음에도 불구하고 소득효과가 소비를 증가시키는 방향으로 나타나려면 그 상품은 열등재이어야 한다.

(ii) 임금소득세(13장 참조)도 소득효과와 대체효과가 노동공급을 서로 상쇄시키는 방향으로 작용한다.

(iii) 이자소득세(15장 참조)도 소득효과와 대체효과가 저축을 서로 상쇄시키는 방향으로 작용한다.

07. 보조금의 경우에 대해 위 문제의 질문에 답하시오.

해답

(a) 보조금이 지급되면 상품의 가격이 하락하여 대체효과는 그 상품의 소비를 증가시키는 방향으로 작용한다. 한편 가격하락은 구매력을 증가시킨다. 이때 소득효과가 대체효과를 강화시키는 방향, 즉 소득효과가 그 상품의 소비를 증가시키는 방향으로 작용하려면 그 상품은 정상재이어야 한다.

(b) 보조금이 지급되면 상품의 가격이 하락하여 대체효과는 소비증가로 나타난다. 그러므로 대체효과를 상쇄시키려면 소득효과는 소비를 감소시키는 방향으로 작용해야 한다.

(i) 가격하락으로 인해 구매력이 증가하였음에도 불구하고 소득효과가 소비를 감소시키는 방향으로 나타나려면 그 상품은 열등재이어야 한다.

(ii) 임금보조금의 경우도 소득효과와 대체효과가 노동공급을 서로 상쇄시키는 방향으로 작용한다(21장 참조).

08. 똑같은 조세수입을 확보하는 종가세와 정액세가 개인의 효용에 미치는 영향을 비교하시오.

해답 교과서의 [그림 11-1]을 참고하자. 종가세와 똑같은 조세수입을 확보하는 정액세의 예산선은 E^*를 통과하며, 과세 전 예산선에 평행하게 그려진다. 이 경우 개인은 E^*에서 접하는 무차별곡선보다 더 위에 있는 무차별곡선 상의 점을 택할 수 있다. 그러므로 똑같은 조세수입을 확보하는 경우 정액세의 효용이 더 높아진다.

09. 보상수요곡선이 $Q = a - bP$로 주어지고 한계비용이 일정하다고 한다. 이때 종량세가 부과될 경우

(a) 초과부담을 구하시오.

(b) 초과부담의 조세수입에 대한 비율을 구하시오.

해답

(a) 보상수요곡선으로부터 보상수요곡선의 탄력성을 구하면

$$\eta_c = -\frac{dQ}{dP}\frac{P_0}{Q_0} = \frac{bP_0}{Q_0}$$

를 얻는다. 이것을 초과부담의 공식인

$$\text{초과부담} = \frac{1}{2}\eta_c \frac{t^2}{P_0} Q_0$$

에 대입하면, 초과부담 $= \frac{1}{2}bt^2$으로 구해진다.

(b) 문항 (a)에 있는 초과부담 공식의 양변을 종량세의 조세수입인 tQ_0로 나누어주면

$$\frac{\text{초과부담}}{\text{조세수입}} = \frac{1}{2}\eta_c \frac{t}{P_0}$$

를 얻는다. 이 식에 $\eta_c = \frac{bP_0}{Q_0}$를 대입하면

$$\frac{\text{초과부담}}{\text{조세수입}} = \frac{1}{2}\frac{bt}{Q_0}$$

로 구해진다.

10. 개인 A에게 두 재화 X, Y가 완전한 보완재라고 하자. 이 경우 재화 Y에 종가세가 부과되었다고 하자.

(a) 조세가 부과되기 이전에 선택한 점과 이후에 선택한 점을 그림으로 나타내시오.

(b) 조세 부과로 인한 대체효과에 대해 말하시오. 이때 보상수요곡선을 그리시오.

(c) 조세수입과 초과부담에 대해 말하시오.

(d) 이 경우에도 초과부담의 공식인 교과서의 식 (11.2)가 적용되는가?

해답

(a) 두 재화가 완전한 보완재이므로 무차별곡선은 L자형이다.

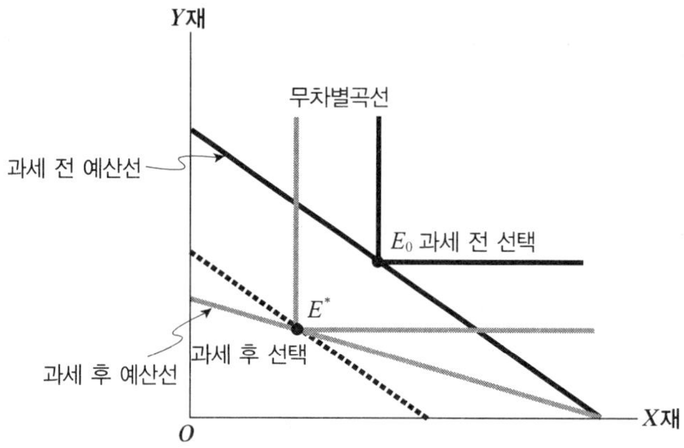

(b) 이 경우 대체효과는 존재하지 않는다. 주어진 효용에서 가격이 변하더라도 두 재화의 소비는 변하지 않는다. 따라서 보상수요곡선은 수직선이 된다.

(c) 조세수입은 등가변화와 일치한다. 따라서 초과부담은 존재하지 않는다. 바꾸어 말하면 같은 효용을 보장한다고 할 때 정액세의 조세수입이 종가세의 조세수입과 같다.

(d) 그렇다. 이 경우 보상수요곡선의 탄력성이 0이므로 교과서의 식 (11.2)인

$$\text{초과부담} = \frac{1}{2}\eta_c \tau^2 P_0 Q_0$$

를 이용해도 초과부담이 존재하지 않는다는 사실을 알 수 있다.

11. 다음의 각 경우 초과부담의 크기는 어떠하겠는가?

(a) 토지

(b) 다이아몬드

해답

(a) 공급이 완전비탄력적이므로 초과부담은 0이다. 이것은 일반적인 경우의 초과부담 공식인

$$\text{초과부담} = \frac{1}{2}\frac{t^2}{P_0}\frac{Q_0}{(1/\eta_c)+(1/\varepsilon)}$$ (여기서 ε은 공급곡선의 탄력성이다)

에서도 확인된다.

(b) 수요가 탄력적이므로 초과부담은 클 것이다. 이 경우도 공식을 통해 확인할 수 있다.

12. 초과부담의 공식을 상기해 보면 세율은 제곱의 형태로 들어 있다. 그런데 세율은 1보다 작으므로 세율을 제곱하면 그 결과는 더 작아진다. 이렇게 볼 때 세율 그 자체가 아니라 제곱의 형태로 초과부담의 공식에 포함되어 있다는 사실이 초과부담을 평가할 때 조세의 영향을 덜 중요하게 만드는 셈이 된다. 이 말을 평가하시오.

해답 틀리다. 예를 들어 서로 다른 두 세율 0.2, 0.4를 생각해 보자. 0.4는 0.2의 2배지만 0.4의 제곱은 0.2의 제곱의 4배가 된다.

13. 개인들의 조세부담은 정부의 조세수입과 같다. 이 말을 평가하시오.

해답 틀리다. 개인들의 조세부담은 정부의 조세수입보다 초과부담만큼 크다.

14. 일반적으로 개인들의 노동공급시간이 일정하게 주어진 경우에는 조세 부과가 초과부담을 유발하지 않는다. 그런데 이제 이 개인들이 자신의 주어진 노동시간을 총소득을 극대화하도록 두 부문에 할당한다고 하자. 이때 조세당국이 어떤 한 부문에만 조세를 부과할 경우 그 초과부담에 대해 논의하시오.

해답 과세 전에는 각 부문에서의 한계생산물가치, 즉 임금률이 같아지는 곳에서 균형이 달성된다. 이때의 임금률이 그림에는 원래의 임금률로 표시되어 있다. 반면에 과세 후에는 과세된 부문(비가사노동)의 공급임금률과 과세되지 않은 부문(가사노동)의 새로운 임금률이 같아지는 곳에서 균형이 달성된다. 왜냐하면 개인들은 각 부문에 할당한 노동으로부터 자신의 수중에 들어오는 시간당 임금(임금률)이 얼마인가에 관심을 가지기 때문이다. 이러한 내용이 그림에 나타나 있다.

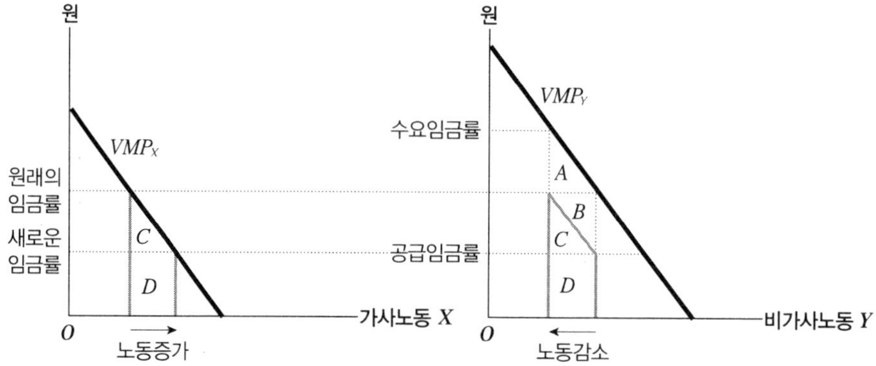

바꾸어 말하면 이것은 과세된 부문의 수요임금률이 과세되지 않은 부문의 새로운 임금률보다 높다는 것을 의미한다. 또한 한계생산물가치가 체감한다는 사실을 고려하면 이것은 과세되지 않은 부문에는 효율적인 수준보다 더 많은 노동이 할당되고, 반면에 과세된 부문에는 효율적인 수준보다 적은 노동이 할당된 것을 의미한다. 즉, 개인들이 자신의 주어진 노동시간을 두 부문에 할당하는데, 조세당국이 이 중 어떤 한 부문에만 조세를 부과할 경우 조세는 노동시간의 배분을 왜곡시켜 비효율을 유발하게 된다.

이때 과세된 부문에서 줄어든 노동만큼 과세되지 않은 부문의 노동이 늘어난다는 점에 주목하라. 또한 이때 조세의 초과부담은 두 부문을 통틀어 생산물의 가치가 얼마나 줄어들었는가로 측정할 수 있다. 그림에서 비가사부문에서 줄어든 $C+D$만큼 가사부문에서 $C+D$가 늘어났다($C+D$로 이루어진 두 사다리꼴은 합동이라는 점에 주목하라). 그러므로 전체적으로 볼 때 순수하게 줄어든 $A+B$가 초과부담이다.

15. 휴양지의 고급호텔과 자동차라는 두 종류의 상품 각각에 단위당 똑같은 조세가 부과되는 경우에 대해 생각해 보자. 조세가 부과되기 전 두 재화의 균형가격과 수량은 같다고 가정한다.

(a) 각 상품의 가격이 오르는 정도를 비교하시오.

(b) 주어진 조세수입을 확보하면서 효율을 적게 희생시키려면 어느 상품에 조세를 부과해야 하는가?

해답

(a) 자동차의 수요 및 공급은 모두 탄력적이다. 한편 휴양지의 고급호텔의 공급은 단기적으로는 고정되어 있으므로 비탄력적이다. 반면에 대체재가 많으므로 수요는 탄력적이다. 따라서 자동차의 가격이 호텔 가격보다 더 많이 상승할 것이다. 바꾸어 말해서 휴양지의 고급호텔에 조세가 부과되는 경우 조세는 거의 모두 공급자에게

귀착될 것이다.

(b) 초과부담은 탄력성의 크기에 비례한다. 따라서 일정한 조세수입을 올리려면 공급이 비탄력적인 휴양지의 고급호텔에 과세하는 것이 더 효율적이다.

16. 연극과 영화는 서로 대체재라고 하자. 그리고 연극과 영화를 생산하는 데 드는 한계비용은 각각 일정하며 현재에는 영화에만 조세가 부과되고 있다고 하자. 이제 연극에도 새로이 조세를 부과할 경우

(a) 연극에 조세를 부과하는 것이 영화에 대한 수요에 미치는 영향을 말하시오.

(b) 연극에 조세를 부과하는 것이 연극시장에 유발하는 초과부담을 말하시오.

(c) 연극에 조세를 부과하는 것이 영화시장에 유발하는 사회적 편익을 말하시오.

(d) 위 (b), (c)의 결과를 비교하고 이를 차선의 이론의 관점에서 해석하시오.

해답

(a) 연극의 수요가격이 올라 연극의 수요량은 감소하는 반면 영화의 수요는 증가한다. 그 결과 영화의 수요곡선은 오른쪽으로 이동하며, 수요량은 Q_2^*에서 Q_2'으로 증가한다.

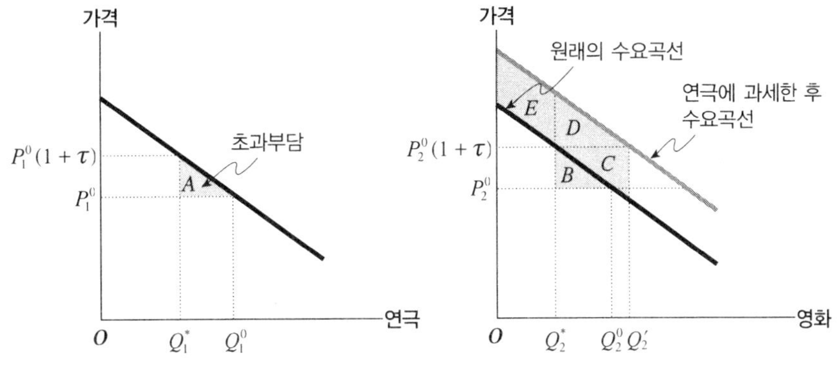

연극에 과세하기 전의 초과부담 : B

연극에 과세한 후 순사회적 편익의 증가 : $B+C+D+E$

(b) 면적 A.

(c) 영화의 수요량 증가분인 $(Q_2' - Q_2^*)$에 대해 사회적 편익이 사회적 비용을 초과하는 부분인 면적 $(B+C+D)$와 영화에 대한 수요가 증가함으로 인해 기존의 Q_2^*에 대해 증가한 사회적 편익인 면적 E이다.

(d) 만일 연극에 조세를 부과할 때 그로 인해 영화시장에 유발되는 사회적 편익의 합계인 면적 $(B+C+D+E)$가 연극시장 자체에 유발되는 초과부담인 면적 A를 초과

할 경우, 연극에 조세를 부과할 때 그로 인해 총초과부담이 오히려 줄어들 수도 있다. 이 결과는, 이미 왜곡이 존재할 경우 자체로는 왜곡을 유발하는 정책이 전체적인 관점에서 볼 때에는 오히려 비효율을 줄일 수도 있다는 측면에서 차선의 이론의 예가 될 수 있다.

17. 중동 전쟁이 일어나서 산유국들이 원유 공급을 제대로 할 수 없었다. 그 결과 원유가격이 올랐다고 하자. 이 경우 초과부담이 존재하는가?

해답 이 경우 초과부담이 존재하지 않는다. 이때의 가격변화는 조세 부과로 인해 생긴 것이 아니고 공급의 변화 때문에 생긴 것이기 때문이다. 그 결과 수요자와 공급자가 똑같은 가격에 직면하기 때문이다. 이 경우 가격이 보이지 않는 손의 기능을 수행하는 데 문제가 없다.

초과부담은 수요자와 공급자가 서로 다른 가격에 직면하여 가격이 그 본래의 기능을 수행할 수 없을 때 발생한다. 이때 가격의 본래 기능이란 수요자의 한계편익과 공급자의 한계비용이 같은 곳에서 균형이 달성되도록 하는 기능을 말한다.

18. 조세를 부과한 후 조세를 다시 환불해 주는 경우를 생각해 보자.

(a) 거두어들인 조세를 그대로 되돌려주는 경우 예산선을 그리시오. 소비자의 효용변화를 말하시오.

(b) 변화한 효용의 크기를 화폐단위로 평가할 때 어느 만큼이 되는지 그림에 나타내시오.

(c) 과세 전 상품묶음을 구입할 수 있을 만큼 보상해 주는 경우 예산선을 그리시오. 소비자의 효용변화를 말하시오.

해답

(a) (i) 휘발유에 조세를 부과하면 휘발유의 가격이 오르므로 예산선이 세로축 절편을 중심으로 시계방향으로 회전한다. 이것이 그림에 과세 후 예산선으로 나타나 있다.

(ii) 이때 납부한 세금은 '과세 후 선택' 으로부터 원래 예산선까지의 수직거리로 나타난다. 그 이유는 세금이 없었을 경우 '과세 후 선택한 점' 을 선택했다면 수직거리에 해당하는 만큼 다른 상품 구입에 더 지출할 수 있었을 것이기 때문이다.

(iii) 한편 이때 환불 후의 예산선에서 점선 부분은 포함되지 않는다. 그 이유를 살펴보자. 예를 들어 휘발유를 구입하면서 그에 상응하는 만큼의 조세를 납부했다고 하

자. 예를 들어 10만원의 조세를 납부했다고 하자. 이 경우 조세를 납부한 사람에게만 조세를 돌려준다는 점에 주목하자. 즉, 그는 이미 그 조세에 상응하는 만큼의 휘발유를 소비한 상태에서 조세를 돌려받게 된다. 그러므로 세금을 돌려받더라도 소비량을 되돌릴 수는 없다. 즉, 돌려받은 세금은 휘발유를 더 구입하는 데 쓰거나 다른 상품을 더 구입하는 데 사용할 수 있을 뿐이다. 그러므로 환불 후의 예산선에서 점선 부분은 포함되지 않는다. 한편 이미 납부한 조세를 환불해 주는 대신 예를 들어 누구에게나 무조건 10만원을 보상해 주는 경우와 비교해 보면 그 차이를 알 수 있을 것이다(이 경우에는 점선 부분이 포함된다).

(iv) 효용변화를 알기 위해 현시선호이론을 적용하자. 환불 후의 예산선상에 있는 점은 과세 전에도 선택할 수 있었다. 그런데 과세 전에 그 점들 중에서 어느 한 점을 택하지 않고 E점을 택했다. 이것은 E점이 환불 후의 예산선 상에 있는 점들보다 선호된다는 것을 의미한다. 이로부터 조세를 환불해 준다고 하더라도 소비자의 효용은 감소한다는 것을 알 수 있다. 이처럼 효용이 감소한다는 사실은 무차별곡선을 그려보아도 알 수 있다.

이처럼 효용이 감소하는 이유는 조세가 상대가격을 변화시켜 대체효과를 통해 비효율을 유발하기 때문이다.

(v) 한편 조세가 부과되면 소비자는 자신이 납부한 조세 이상의 부담, 즉 초과부담을 지게 된다. 이것은 바로 조세가 유발한 비효율을 화폐로 평가한 금액이다.

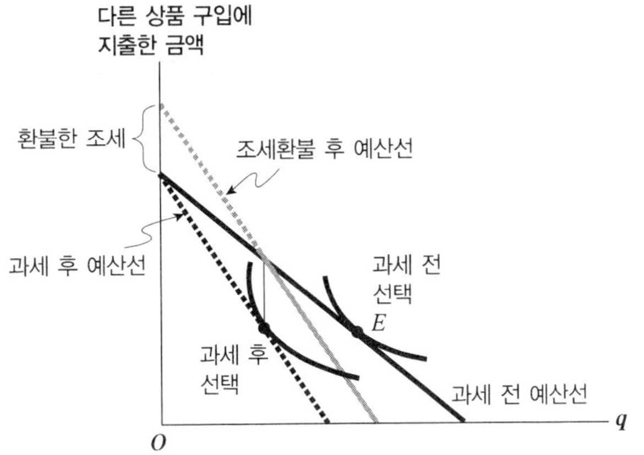

(b) 앞서 말했듯이 효용은 감소한다. 그 효용 감소에 해당하는 금액은 그림에서 보듯이 보상변화에서 조세수입을 뺀 금액으로 나타난다. 이 금액은 보상변화로 측정한 초과부담이다. 그림에는 편의상 무차별곡선을 하나만 그려 놓았다.

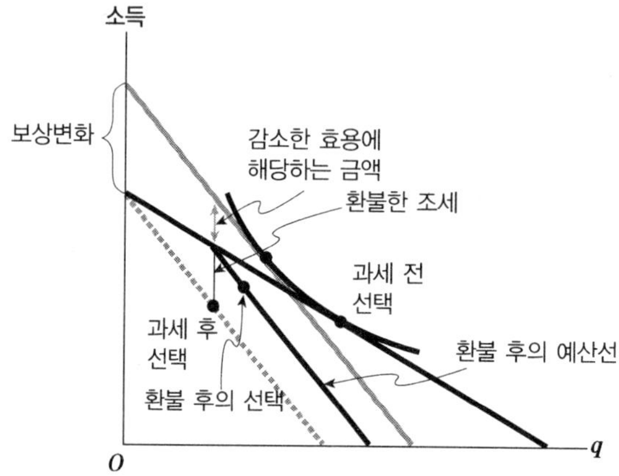

(c) 거두어들인 조세를 되돌려주는 경우와는 달리 이 경우에는 직선 전체가 예산선이 된다. 한편 보상을 받은 후에도 원래 선택했던 상품묶음을 선택하는 것이 가능하다. 그러므로 효용은 과세 전과 같거나 나아진다. 무차별곡선을 그려 확인해 보라. 효용이 같아지는 경우는 그림과는 달리 무차별곡선이 L자형일 경우이다.

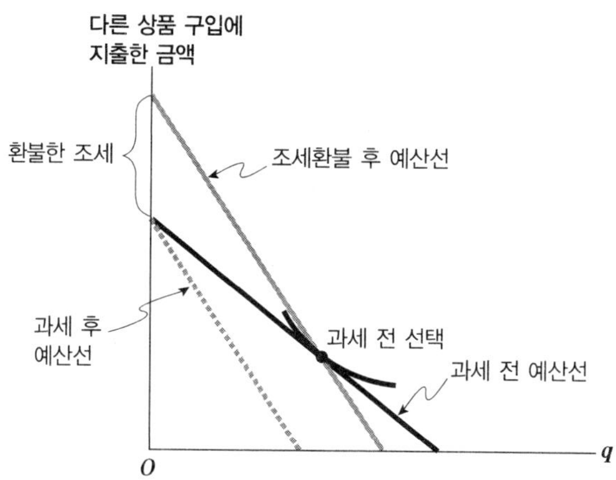

19. 본문의 〈표 11-1〉과 같은 상황에서 20원의 조세가 부과된다면 초과부담은 얼마인가? 80원의 조세가 부과된다면 초과부담은 얼마인가?

표 11-1 조세가 초과부담을 유발하는 예

	가격	지불의향	과세 전 소비자잉여	과세 후 가격	과세 후 소비자잉여	조세수입
첫 병	500	600	100	560	40	60
둘째 병	500	570	70	560	10	60
셋째 병	500	530	30	560	0(구입포기)	0
합계	–	–	200	–	50	120

해답 (i) 조세가 20원 부과될 경우 이 소비자는 3병을 마실 것이다. 즉, 20원의 조세는 이 개인의 선택에 영향을 주지 않는다. 따라서 초과부담을 유발하지 않는다.

(ii) 80원의 조세가 부과되면 이 개인은 음료수를 1병만 마신다. 그 결과 초과부담은 100(= 30 + 70)원이 된다.

20. 음료수 한 병에 500원이라고 하자. 그런데 어떤 소비자가 운동 후 갈증이 났다고 하자. 이러한 상황에서 그가 음료수 첫 한 병에 대해서는 540원을 지불할 의향이 있다고 하자. 두 번째 병에는 480원을 지불할 용의가 있으며, 세 번째 병에는 410원을 지불할 용의가 있다고 하자. 이러한 상황에서 음료수의 가격을 50원 할인해 주는 방법으로 보조금을 지급해 주었다고 하자. 그리고 공급이 무한히 탄력적이어서 이 보조금은 모두 소비자에게 귀착된다고 하자.

(a) 이 보조금이 비효율을 유발하고 있는가? 비효율을 유발하고 있다면 그 크기는 얼마인가?

(b) 비효율이 발생하고 있다면 그 이유는 무엇인가?

(c) 보조금이 100원 지불된다면 비효율은 어떠한가?

(d) 위 문항들의 답으로부터 유추해 볼 때 보조금은 어떠한 방법으로 지불되어야 한다고 생각하는가?

해답

(a) (i) 표를 참조해 가며 검토해 보자. 만일 보조금이 없다면 이 개인은 음료수를 한 병 마실 것이다. 그리하여 40원의 잉여를 누릴 것이다. 이제 보조금이 지급되면 음료수 한 병당 자신이 부담해야 하는 금액은 450원이 된다. 이 경우 이 개인은 두 병을 마실 것이다. 두 번째 병에 대해서 480원을 지불할 의향이 있는데 보조금 지급 후에는 자신의 부담이 450원밖에 되지 않기 때문이다. 세 번째 병은 여전히 마시지 않는다. 이 경우 그는 첫 번째 병에서 90원의 잉여, 두 번째 병에서 30원의 잉여를

	가격	지불의향	보조금 이전 소비자잉여	보조금 이후 가격	보조금 이후 소비자잉여	보조금 지출
첫 병	500	540	40	450	90	50
둘째 병	500	480	0	450	30	50
셋째 병	500	410	0	450	0(구입포기)	0
합계	–	–	40	–	120	100

누려서 총 120원의 잉여를 누리게 된다. 결국 보조금이 지급되면 그가 누리는 잉여는 40원에서 120원으로 80원만큼 늘어난다.

여기서 주목할 것이.있다. 보조금은 100원 지출되었는데 잉여는 80원만 늘어났다는 것이다. 20원이 사라져 버린 것이다. 이것이 바로 보조금이 유발한 비효율이다. 이 20원은 보조금이 없었다면 마시지 않았을 두 번째 병을 마셨기 때문에 발생한 것이다. 두 번째 병에 대해서는 원래 자신의 지불의향이 가격보다 20원만큼 적다. 그럼에도 불구하고 보조금을 받기 때문에 이 두 번째 병을 마시게 되었다. 바로 이 때문에 비효율이 발생한 것이다. 즉, 보조금이 지불되어 소비를 늘렸기 때문에 비효율이 발생했다는 것이다.

특히 보조금 지급 여부에 관계없이 소비하는 첫 번째 병은 비효율을 전혀 발생시키지 않는다. 이 점에 주목하면 비효율은 보조금으로 인해 선택을 바꾸기 때문에 발생한다는 사실이 더욱 명확해진다.

(ii) 보조금 지급 이전에는 40원의 잉여를 누렸으나 보조금 지급 이후에는 120원의 잉여를 누리고 있다. 그러므로 보조금이 지급된 것은 이 소비자에게 80원의 현금을 지급해 준 것과 같은 효과를 지닌다. 즉, 등가변화(equivalent variation)는 80원이다. 그런데 보조금은 총 100원이 지출되었다. 그러므로 비효율은 20원이다.

(b) 보조금이 지급될 경우 이처럼 비효율이 발생하는 이유는 무엇인가? 그것은 보조금이 지급될 경우 상품의 가격이 떨어지는데 이때 개인은 이러한 보조금을 더 받으려는 방향으로 자신의 선택을 조정하기 때문이다. 즉, 보조금이 지급되어 값이 떨어진 상품 소비를 늘리고 그 대신 다른 상품을 덜 소비하는 대체효과가 발생하기 때문이다.

이러한 논의에 비추어 볼 때 소비를 많이 늘릴수록 비효율이 커질 것이라는 점을 알 수 있다. 즉, 개인이 보조금에 민감하게 반응할수록 비효율이 커진다는 것이다.

(c) 보조금이 100원 지불된다면 보조금 지급 후 음료수 가격은 400원이 된다. 이 경우 소비자는 음료수를 세 병 모두 마실 것이다. 그 결과 비효율은 두 번째 병에서 20원, 세 번째 병에서 90원이 발생하여 총합 110원으로 커질 것이다.

(d) 비효율을 유발하지 않으려면 상대가격에 영향을 미치지 않는 방법으로 보조금을 지급해야 한다. 즉, 정액으로 보조금을 지급해야 한다. 다만 특정 상품 소비가 외부효과를 유발할 경우에는 상황이 달라진다. 이 경우에는 그 상품 소비를 증가시키기 위하여 가격을 할인해 주는 방법으로 보조금을 지급해 주는 방법이 정당화될 수 있다. 말하자면 가격할인을 통해 사회적 편익을 반영해 주는 것이다.

12
조세귀착 및 비효율 : 일반균형분석

01. 다른 직업으로 옮겨가는 것이 상당히 어려운 직종과 그렇지 않은 직종에 임금소득세가 부과될 경우 그 영향을 비교하시오.

해답 (i) 전직이 어려운 직종에서 노동공급은 비탄력적일 것이므로 이 부문에서의 임금소득세는 주로 노동공급자에게 귀착된다.

(ii) 반면에 전직이 쉬운 직종에서는 노동공급이 탄력적일 것이다. 이에 따라 이 부문의 임금소득세는 노동수요자 또는 해당 상품의 생산에 필요하지만 공급이 비탄력적인 노동 이외의 또 다른 생산요소 공급자에게 귀착될 가능성이 크다.

02. 법인부문의 자본소득에 조세를 부과했을 경우 이것이 비법인부문의 자본수익률에는 어떠한 영향을 미치겠는가?

해답 법인부문의 자본소득에 대한 과세는 법인부문의 자본수요를 감소시키며, 여기서 방출된 자본은 비법인부문으로 이동한다. 그 결과 비법인부문의 자본공급이 증가하여 이 부문의 자본수익률도 감소한다.

03. 일반균형모형에서 자본소유자와 노동공급자들의 선호가 서로 다르다고 하자. 이 경우 노동에 일반세가 부과될 때 그 귀착에 대해 말하시오.

해답 이 경우 노동공급자의 소득이 감소하므로 노동공급자가 선호하는 상품의 수요가 감소한다. 그 결과 자원이 다른 상품을 생산하는 곳으로 이동하며, 그 결과 노동공급자가 선호하는 상품을 생산하는 데 집약적으로 사용된 생산요소의 보수가 감소한다(선별상품세의 결과 참조). 예를 들어 노동공급자가 자본집약적 상품을 더 선호할 경우 노동에 대한 일반세의 일부가 자본에 귀착된다.

04. 생산요소가 산업부문 사이에서 서로 자유롭게 이동할 때에는 부분요소세의 귀착이 불분명했다. 이제 생산요소가 산업부문 사이에서 서로 이동할 수 없다고 하자. 이 경우 부분요소세의 귀착에 대해 말하시오.

해답 옷은 노동집약적, 자동차는 자본집약적으로 생산된다고 하자.

(i) 문제의 가정에 따르면 옷 산업의 노동이 자동차 산업으로 이동할 수 없다. 따라서 옷 산업의 노동자들은 옷 산업의 노동에 부과된 조세를 피할 수 없다. 이 때문에 조세는 옷 산업의 노동에 모두 귀착된다. 그 결과 옷 산업의 노동에 대한 보수가 정확히 조세만큼 감소한다. 즉, 옷 산업에서 노동의 공급임금률이 조세에 상응하는 만큼 떨어진다는 것이다. 그 결과 옷 산업의 노동공급자가 조세를 모두 부담하게 된다는 것이다.

(ii) 옷 산업의 노동공급자가 조세를 모두 부담하게 되므로 자동차 산업의 자본의 가격과 노동의 수요임금률도 변화하지 않으며 따라서 자동차의 가격도 변화하지 않는다. 더욱 주목할 것은 옷 산업의 노동공급자가 조세를 모두 부담하기 때문에 옷의 가격도 변화하지 않는다는 것이다.

(iii) 참고로 효율에 미치는 영향에 대해서 알아보자. 노동공급자가 어떻게 자신의 행위를 조정하든 조세 부담을 줄일 수는 없다. 따라서 조세 부담을 줄이기 위해 자신의 행위를 조정할 유인이 없다. 그러므로 이러한 조세는 효율에 영향을 미치지 않는다. 비효율은 경제주체가 자신의 조세 부담을 줄이는 방향으로 반응하기 때문에 발생하는 것이라는 점을 상기하자.

05. 자본량이 고정되어 있을 경우 자본에 부과된 일반요소세는 자본소유자에게 모두 귀착되었다. 이제 자본에 일반요소세가 부과될 경우 장기적으로 자본공급이 감소한다고 하자. 이 경우 조세의 귀착에 대해 말하시오.

해답 자본에 대한 일반요소세로 인해 자본공급이 감소할 경우 자본노동비율이 감소한다. 그 결과 노동생산성이 하락하여 임금률이 하락한다. 따라서 장기적으로는 자본에 부과된 일반요소세 때문에 노동공급자의 후생이 감소할 수도 있다.

06. Harberger가 상정한 2 × 2모형에서 그중 한 산업을 옷, 다른 산업을 자동차 산업이라고 하자.

(a) 노동집약적으로 생산되는 옷에 조세를 부과하였을 때 임금률은 어떻게 되는가? 노동공급자의 후생은? 자본공급자의 후생은?

(b) 노동집약적으로 생산되는 옷 생산에 종사하는 노동자들의 연금보험료를 인상했을 때 임금률은 어떻게 되는가? 노동공급자의 후생은? 자본공급자의 후생은?

해답 생산요소 공급자의 옷 구매력과 자동차 구매력이 모두 증가한 경우에만 후생이 증가했다고 판단할 수 있다. 이 점에 주목하면서 답해 보기로 하자.

(a) (i) 선별상품세의 경우 과세된 산업에 집약적으로 사용되는 생산요소의 가격이 하락한다. 그러므로 이 경우 임금률이 하락한다. 노동공급자의 후생은 반드시 감소한다.

(ii) 임금률이 하락하기 때문에 두 산업이 모두 이전보다 노동집약적이 된다. 그 결과 자본의 한계생산물이 증가한다. 그 결과 자본공급자의 경우 자동차에 대한 구매력은 높아진다. 그러나 옷의 가격이 오르기 때문에 자본공급자의 옷에 대한 구매력의 변화는 알 수 없다. 결국 자본공급자의 후생의 변화는 알 수 없다.

(b) 이러한 연금보험료의 인상은 부분요소세의 성격을 지닌다. 부분요소세가 노동집약적 산업의 노동에 과세되었기 때문에 산출효과와 요소대체효과가 모두 임금률을 떨어뜨리는 방향으로 작용한다. 그러므로 임금률이 떨어진다.

(i) 노동공급자의 옷 구매력과 자동차 구매력이 모두 감소한다. 그 결과 후생은 반드시 감소한다(특히 옷 생산이 조금 감소할 경우에는 옷 산업의 자본노동비율이 커져서 노동의 한계생산물은 증가하지만, 옷의 가격이 오르기 때문에 옷의 구매력은 감소한다는 점에 주목하자).

(ii) 자본공급자의 후생의 변화는 알 수 없다. 그 이유를 검토해 보자. 자동차 산업의 자본의 한계생산물은 증가한다. 그러나 옷 산업의 경우는 상황이 다르다. 옷 생산이 많이 감소할 경우에는 자본노동비율이 떨어져서 자본의 한계생산물이 증가하지만, 옷 생산이 조금 감소할 경우에는 자본노동비율이 올라가 자본의 한계생산물이 감소한다. 결과적으로 볼 때 자본의 한계생산물의 변화를 일률적으로 말하기 어렵다. 더욱이 과세 후 옷의 가격이 오르기 때문에 자본공급자의 옷 구매력의 변화를 알 수 없다. 이러한 이유 때문에 자본공급자의 후생의 변화는 알 수 없다는 것이다.

7. 자본이 법인세를 100% 이상 부담할 가능성이 높은 상황을 말하시오.

해답 법인세를 부과할 때 임금으로 지불한 금액은 정확하게 비용으로 공제된다. 그러나 자본에 대한 비용은 그 측정이 어렵기 때문에 정확하게 공제되지 못한다. 그 결과 법인세는 법인부문의 자본에 대한 과세의 성격을 지니는 경우가 많다. 이렇게 볼 때 다음과 같은 상황이 함께 발생할 경우 자본이 법인세를 100% 이상 부담할 가능성이 높아진다.

(i) **법인부문이 자본집약적이고 비법인부문이 노동집약적일 경우** — 먼저 간접적인 효과를 살펴보자. 법인부문의 자본에 과세되면 법인부문에서 생산되는 상품의 상대가격이 올라간다. 그 결과 법인부문에서 생산하는 상품의 산출량은 줄어들고 비법인부문에서 생산하는 상품의 산출량은 늘어난다. 이때 법인부문에서 노동과 함께 자본이 방출되는데, 자본집약적이기 때문에 자본이 상대적으로 더 많이 방출된다. 반면에 비법인부문은 노동집약적이기 때문에 상대적으로 노동의 수요량이 많다. 그 결과 자본의 가격이 떨어진다. 이러한 경향은 법인부문이 자본집약적일수록, 그리고 비법인부문이 노동집약적일수록 더 커진다.

그 다음 직접적인 효과를 살펴보자. 법인부문의 자본에 조세가 부과되면 법인부문에서 자본의 공급가격이 떨어진다. 즉, 자본의 수익성이 떨어진다. 그 결과 자본이 비법인부문으로 이동한다. 그 결과 비법인부문의 자본의 가격이 떨어진다. 이러한 현상은 법인부문의 자본의 공급가격이 비법인부문의 자본의 가격과 같아질 때까지 계속된다. 그런데 이처럼 자본의 가격이 떨어지는 정도는 법인부문이 자본집약적일수록 더 커진다.

(ii) **비법인부문의 대체탄력성이 작을 경우** — 대체탄력성이 작다는 것은 자본의 가격이 떨어지더라도 노동을 자본으로 대체하기가 어렵다는 것을 의미한다. 그러므로 비법인부문의 대체탄력성이 작을 경우에는 법인부문에서 자본이 방출되더라도 그에 상응하여 비법인부문에서 자본에 대한 수요가 많이 늘어나지 못한다. 이러한 현상은 자본의 가격이 더 많이 떨어지도록 만든다.

(iii) **비법인부문이 노동집약적이며 이 부문에서 생산하는 상품에 대한 수요의 탄력성이 작을 경우** — 간접적인 효과에 영향을 주는 또 다른 요소를 생각해 보자. 법인부문의 자본에 과세될 경우 법인부문에서 생산되는 상품의 상대가격이 상승한다. 이것은 소비에서 왜곡을 유발한다. 이때 법인부문에서 생산되는 상품의 산출량은 줄어들고 비법인부문에서 생산되는 상품의 산출량은 증가한다. 그러나 비법인부문에서 생산되는 상품에 대한 수요의 탄력성이 작을 경우에는 산출량이 별로 증가하지 않는다. 그리하여 법인부문에서 방출되는 자본을 비법인부문에서 흡수할 여력이 크게 증가하지 않는다. 그 결과 자본의 가격은 더욱 떨어진다.

08. 조세가 부과될 때 발생하는 비효율과 관련하여 다음 질문에 답하시오.

(a) 법인이 사용하고 있는 자본에는 과세하고 비법인이 사용하고 있는 자본에는 과세하지 않는다고 하자. 이때 경제의 비효율에 대해 말하시오.

(b) 자동차와 컴퓨터만 생산하고 있는 경제를 생각하자. 이 경우 자동차 소비에만 과세하고 컴퓨터 소비에는 과세하지 않는다고 하자. 이때 경제의 비효율에 대해 말하시오.

(c) 컴퓨터와 옷만 생산하고 있는 경제를 생각하자. 이 경우 컴퓨터 소비에만 보조금을 지급하고 옷 소비에는 보조금을 지급하지 않는다고 하자. 이때 경제의 비효율에 대해 말하시오.

(d) 같은 상품이지만 군납용에는 조세를 부과하지 않고 민간용에는 조세를 부과할 경우 경제의 비효율에 대해 말하시오. 이때 군납용과 민간용은 서로 다른 기업에서 생산한다고 하자.

(e) 자동차를 생산하며 동시에 자신의 공장에서 자동차를 사용하는 기업과 그렇지 않은 기업이 있을 경우 자동차에 조세가 부과될 때 경제의 비효율에 대해 말하시오.

해답

(a) 조세 때문에 법인부문에서 사용하는 자본과 비법인부문에서 사용하는 자본의 가격이 달라진다. 그 결과 두 부문에서 사용되는 생산요소들의 가격비율이 달라진다. 이에 따라 두 부문에서 기술적 한계대체율이 달라진다. 이에 따라 생산의 효율조건이 성립하지 않는다. 한편 법인부문에서는 조세가 부과되기 이전에 비해 노동을 더 집약적으로 사용하고, 비법인부문에서는 자본을 더 집약적으로 사용하게 된다.

한편 법인부문에서 생산하는 상품의 수요가격은 올라가고 공급가격은 떨어진다. 수요자는 수요가격을 기준으로 소비하고, 생산자는 공급가격을 기준으로 생산한다. 그 결과 법인부문에서 생산하는 상품과 비법인부문에서 생산하는 상품의 한계대체율은 커지고 한계변환율은 작아진다. 따라서 경제의 종합적 효율이 성립하지 않는다. 한편 상품 수요자는 모두 동일한 수요가격에 직면하므로 교환의 효율은 성립한다.

(b) 자동차의 수요가격은 올라가고 공급가격은 떨어진다. 수요자는 수요가격을 기준으로 소비하고, 생산자는 공급가격을 기준으로 생산한다. 그 결과 자동차와 컴퓨터의 한계대체율은 커지고 한계변환율은 작아진다. 따라서 경제의 종합적 효율이 성립하지 않는다. 생산요소에 조세가 부과된 것이 아니기 때문에 각 기업은 동일한 생산요소 가격에 직면한다. 그러므로 생산의 효율은 성립한다. 상품 수요자는 모두 동일한 수요가격에 직면하므로 교환의 효율은 성립한다.

(c) 컴퓨터의 수요가격은 내려가고 공급가격은 올라간다. 그 결과 컴퓨터와 옷의 한계대체율은 작아지고 한계변환율은 커진다. 따라서 경제의 종합적 효율이 성립하지 않는다. 생산요소에 조세가 부과된 것이 아니기 때문에 각 기업은 동일한 생산요소

가격에 직면한다. 그러므로 생산의 효율은 성립한다. 상품 수요자는 모두 동일한 수요가격에 직면하므로 교환의 효율은 성립한다.

(d) (e) 생산의 효율조건이 성립하지 않는다. 생산의 효율이 보장되려면 다음 두 조건이 만족되어야 한다. 즉,

(가) 임의의 두 개의 생산요소의 기술적 한계대체율은 모든 기업들 사이에서 같아야 한다.
(나) 임의의 두 개의 산출물 사이의 한계변환율이 모든 기업들 사이에서 같아야 한다.

그런데 이 문항들은 이 중에서 (나)에 해당하는 산출물에 관한 것이다. 경쟁시장에서는 한계변환율은 가격의 비율과 같아진다. 그러므로 위 조건 (나)가 성립하기 위해서는 같은 상품에 대해서는 모든 기업이 같은 가격에 직면해야 한다. 이 조건에 비추어 볼 때 같은 상품인데도 기업들이 서로 다른 가격에 직면한다면 생산의 효율성이 달성되지 않는다.

그 이유를 살펴보자. 기업들은 가격과 한계비용이 같아지는 곳에서 이윤을 극대화한다. 따라서 같은 상품인데도 기업들이 서로 다른 가격에 직면한다면 기업들은 같은 상품을 서로 다른 한계비용에 생산하게 된다. 이 경우 더 낮은 한계비용으로 생산할 수 있는 기업이 해당 상품을 더 많이 생산하는 방향으로 생산을 조정한다면, 경제 전체의 산출량이 증가한다. 결국 같은 상품인데도 기업들이 서로 다른 가격에 직면한다면 효율적이지 못하다는 것을 알 수 있다.

(i) 같은 산출물에 기업에 따라 서로 다른 상품세를 부과하는 경우 위의 조건 (나)를 위반한다. 문항 (d)와 같이 같은 상품이지만 군납용에는 조세를 부과하지 않고 민간용에는 조세를 부과할 경우 두 부문 사이에 왜곡을 유발하여 경제는 생산가능경계선 상에 놓이지 않는다.

(ii) 어떤 기업이 생산하면서 동시에 소비하는 상품에 과세하는 경우도 위의 조건 (나)를 위반한다. 어떤 기업이 자동차를 생산하면서 동시에 자신의 공장에서 자동차를 사용하고 있는데 조세가 부과되지 않을 경우, 이 기업이 직면하는 자동차의 가격은 이 기업으로부터 자동차를 구입해서 사용하는 다른 기업들이 직면하는 가격과 같다. 그러나 문항 (e)와 같이 상품세가 부과되면 이 기업이 직면하는 자동차의 가격은 다른 기업들이 직면하는 가격보다 낮게 된다. 결과적으로 이러한 경우의 상품세는 생산의 비효율을 초래한다.

(iii) 한편 문항 (d)와 문항 (e)의 경우 수요자들이 같은 상품에 대해 서로 다른 가격에 직면하므로 교환의 효율이 성립하지 않는다. 교환의 효율이 성립하지 않으므로

종합적 효율도 성립하지 않는다. 종합적 효율은 교환의 효율이 성립한 상태에서만 성립될 수 있다.

09. 콥-더글라스 효용함수와 레온티에프 생산함수를 가정하자. 경제가 자본집약적인 법인부문과 노동집약적인 비법인부문의 두 부문으로 구성되어 있으며 생산요소의 이동은 자유롭다고 가정하자. 이때 법인세를 부과할 경우 자본의 임대료율은 어떻게 되는가?

해답 법인세는 자본에 대한 과세의 성격을 지닌다. 이렇게 볼 때 문제와 같은 상황에서 법인세를 부과한다는 것은 자본에 대해 부분요소세를 부과하는 것과 같다. 부분요소세를 부과할 경우 산출효과와 요소대체효과가 발생한다.

산출효과의 경우 과세된 부문에 집약적으로 사용된 생산요소가 상대적으로 더 많이 방출되어 그 생산요소의 가격이 떨어지는 것으로 나타난다. 요소대체효과는 조세가 부과된 생산요소의 수요가격이 올라가서 그 생산요소를 다른 생산요소로 대체하여 사용하는 과정에서 조세가 부과된 생산요소의 가격이 떨어지는 것으로 나타난다. 그런데 레온티에프 생산함수의 경우 생산요소를 전혀 대체하여 사용할 수 없다. 그러므로 요소대체효과는 고려할 필요가 없다. 그러므로 이때에는 산출효과만을 고려해야 한다.

산출효과의 경우 법인부문에서 생산이 줄어들어 자본이 상대적으로 많이 방출된다. 그런데 비법인부문에서는 일정한 요소집약도에 따라 노동이 더 많이 사용된다. 이때 법인부문에서 방출된 자본의 일부는 비법인부문에서 고용되지 못한다. 말하자면 유휴자본이 되어 버린다. 이론적으로 볼 때 자본의 가격이 0으로 떨어진다고 볼 수 있다.

10. 노동집약적 산업 X와 자본집약적 산업 Y가 있다고 하자. 경제 전체에서 생산요소는 노동 L과 자본 K 두 가지이며, 총량은 고정되어 있다고 하자. 콥-더글라스 생산함수를 가정한다.

(a) 노동과 자본은 두 산업 사이에서 자유롭게 이동할 수 있다고 하자. 이때 두 생산요소에 같은 세율로 조세를 부과할 경우 조세귀착과 효율에 대해 말하시오.

(b) 노동과 자본은 두 산업 사이에서 자유롭게 이동할 수 있다고 하자. 이때 각 산업의 노동에 일정한 세율로 조세를 부과할 경우 조세귀착과 효율에 대하여 말하시오.

(c) 생산요소가 두 산업 사이에서 이동할 수 없다고 하자. 이때 X산업의 노동에 일정한 세율로 조세를 부과한다고 하자.

(i) X재의 가격과 Y재의 가격 변화에 대해 말하시오.

(ii) 이 경우 조세귀착과 효율에 대하여 말하시오.

해답

(a) (i) 일반상품세나 모든 요소에 대한 일반세는 소득세와 동일하다(소비자의 예산식을 이용하여 생각해 보라). 특히 요소공급이 일정할 때에는 재화나 요소의 상대가격에 영향을 미치지 않으므로 정액소득세와 동일하다. 이 경우 조세는 모두 요소공급자에게 귀착된다. 그 결과 상품들의 가격은 변하지 않는다. 그러므로 요소공급자들인 소비자가 어떤 상품을 구입하는가는 조세귀착과 무관하다.

(ii) 이러한 조세는 정액소득세와 같다고 하였다. 그러므로 과세 후에도 파레토효율조건이 성립하며, 자원배분도 영향을 받지 않는다.

(b) (i) 노동에 대한 일반세는 X부문 및 Y부문의 노동에 모두 과세하므로 두 부문 사이에서 노동이 어느 한 쪽으로 움직여 갈 유인이 없다. 나아가서 노동의 총량이 고정되어 있다고 가정하므로 조세는 전가되지 않고 노동공급자에게 모두 귀착된다. 이 경우에도 X와 Y의 가격은 변하지 않는다.

(ii) 상품의 가격들이 변하지 않으므로 교환의 효율이 성립한다. 노동의 수요가격이 변하지 않으므로 생산요소의 수요가격을 기준으로 두 산업의 기술적 한계대체율이 여전히 같아진다. 그 결과 생산의 효율이 성립한다. 상품들의 가격이 변하지 않았으므로 이들을 기준으로

$$MRS = MRT$$

가 성립하여 종합적 효율도 여전히 성립한다.

(c) (i) 문제의 가정에 따르면 X산업의 노동이 Y산업으로 이동할 수 없다. 따라서 X산업의 노동자들은 X산업의 노동에 부과된 조세를 피할 수 없다. 이 때문에 조세는 X산업의 노동에 모두 귀착된다. 그 결과 X산업의 노동에 대한 보수가 정확히 조세만큼 감소한다. 즉, X산업에서 노동의 공급임금률이 조세에 상응하는 만큼 떨어진다는 것이다. 그 결과 X산업의 노동공급자가 조세를 모두 부담하게 된다는 것이다.

이에 따라 Y산업의 자본과 노동의 가격은 변화하지 않으며, 따라서 Y재의 가격도 변화하지 않는다. 더욱 주목할 것은 X산업의 노동공급자가 조세를 모두 부담하기 때문에 X재의 가격도 변화하지 않는다는 것이다.

(ii) 효율에 미치는 영향에 대해서 알아보자. 노동공급자가 어떻게 자신의 행위를 조정하더라도 조세 부담을 줄일 수 없다. 따라서 조세 부담을 줄이기 위해 자신의 행위를 조정할 유인이 없다. 그러므로 이러한 조세는 효율에 영향을 미치지 않는다. 비효율은 경제주체가 자신의 조세 부담을 줄이는 방향으로 반응하기 때문에 발

생하는 것이라는 점을 상기하자.

구체적으로 볼 때, 상품의 가격도 변하지 않았고 생산요소들의 수요가격도 변하지 않았다. 따라서 교환의 효율조건, 생산의 효율조건, 그리고 종합적 효율조건이 그대로 성립한다.

11. '모든 상품에 똑같은 세율로 조세를 부과할 경우 이러한 조세는 비효율을 유발하지 않는다.' 이 말을 평가하시오.

해답 이러한 조세는 임금소득세와 동일하다. 이때 노동공급이 일정하다면 이러한 조세는 정액세가 된다. 그리하여 비효율을 유발하지 않는다.

그러나 현실적으로 노동공급은 가변적이다. 따라서 소득도 일정하지 않다. 그러므로 현실적으로 이러한 조세는 전형적인 임금소득세에 해당하며, 비효율을 유발한다.

13
임금소득세와 노동공급 및 초과부담

01. 여가가 열등재일 경우 노동공급곡선의 기울기에 대해서 논의하시오.

해답 임금률이 상승하면 대체효과는 항상 여가 소비를 감소시키는 것으로 나타난다. 즉, 노동공급을 증가시키는 것으로 나타난다. 한편 임금률이 상승할 경우 소득이 증가하는 효과가 있다. 그런데 이때 여가가 열등재일 경우 여가 소비가 줄어든다. 결국 여가가 열등재일 경우에는 대체효과뿐만 아니라 (총)소득효과도 여가 소비를 감소시키는 것으로 나타난다. 즉, 노동공급을 증가시키는 것으로 나타난다. 따라서 노동공급곡선의 기울기는 양이 된다.

02. [그림 13－2]는 비례적 임금소득세가 노동공급에 미치는 영향을 파악하기 위해 여가와 재화를 선택하는 모형을 이용하여 분석하고 있다. 동일한 내용을 노동과 재화를 선택하는 모형을 이용하여 분석해 보시오.

해답 비례적 임금소득세는 개인의 예산선을 시계방향으로 회전시킨다. 이때 소득효과와 대체효과는 서로 다른 방향으로 작용한다.

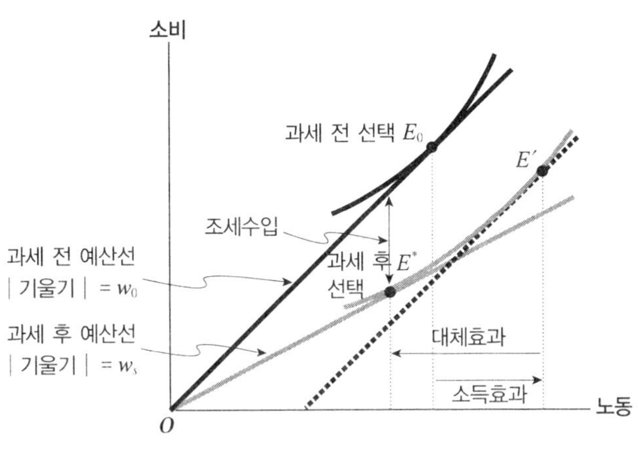

03. 한계소득세율이 개인의 노동공급에 미치는 영향과 평균소득세율이 개인의 노동공급에 미치는 영향을 비교하시오.

해답 (i) 한계소득세율은 노동공급에 대한 한계보수에 영향을 주므로 노동공급에 대한 한계적 의사결정에 영향을 준다. 참고로 이러한 이유 때문에 한계소득세율의 변화는 초과부담을 유발한다.

(ii) 반면에 평균소득세율은 주어진 한계소득세율에서 소득효과를 유발한다. 그리하여 여가가 정상재일 경우 주어진 한계소득세율에서 평균소득세율이 높을수록 소득감소에 따른 소득효과를 통해 여가가 감소한다. 즉, 노동공급이 증가한다. 참고로 평균소득세율의 변화 그 자체는 초과부담을 유발하지 않는다.

04. 다음의 각 경우 비례적 임금소득세가 노동공급에 미치는 영향을 말하시오.

(a) 소득효과가 대체효과를 압도하며 노동수요곡선은 완전탄력적일 경우

(b) 소득효과가 대체효과를 압도하며 노동수요곡선은 완전비탄력적일 경우

(c) 대체효과가 소득효과를 압도하며 수요곡선은 우하향할 경우

해답

(a) 이 경우 노동공급곡선은 후방굴절한다. 노동수요곡선이 아래로 평행이동하는 경우로 생각해 보면 노동공급이 증가하는 것을 알 수 있다. 이 경우 수요임금률은 변화하지 않고 공급임금률만 조세만큼 하락하여 조세는 노동공급자에게 100% 귀착된다. 교과서 10장 본문의 [그림 10－10] 참조.

(b) 이 경우 노동공급곡선은 후방굴절한다. 노동공급곡선이 위로 이동하는 경우로 생각해 보면 수요임금률이 조세만큼 상승하지만 노동수요 및 공급은 변화하지 않음을 알 수 있다. 이때 조세는 100% 노동수요자에게 전가된다. 바꾸어 말하면 노동수요는 조세부과에 관계없이 일정하므로 노동공급자들이 임금률을 결정하게 된다. 이때 노동공급자들은 노동공급에 대해 받고자 하는 임금률을 받을 수 있게 되고, 그 결과 조세는 노동수요자에게 전액 귀착된다.

(c) 이 경우는 노동공급곡선이 우상향하는 일반적인 경우이다. 그런데 노동수요곡선이 우하향하므로 일반적인 경우에 해당한다. 이 경우 비례적 임금소득세가 부과되면 노동공급은 감소한다.

05. 어떤 개인의 보상노동공급의 탄력성이 0.4라고 하자. 이 개인은 시간당 임금률 1만원에 연간 2,200시간 노동을 하며 한계소득세율 20%에 직면한다고 하자.

(a) 초과부담을 구하시오.

(b) 1만원의 조세를 거두기 위해 평균적으로 얼마의 초과부담을 감수해야 하는가?

해답

(a) '초과부담 = $\frac{1}{2}\varepsilon_c \tau^2 w_0 L_0$'의 공식에 해당 수치들을 대입하면

$$\text{초과부담} = (1/2)(0.4)(0.2)^2(1)(2,200) = 17.6(\text{만원})$$

이 된다.

(b) '$\frac{\text{초과부담}}{\text{조세수입}} = \frac{1}{2}\varepsilon_c \tau$'의 공식에 해당 수치들을 대입하면

$$\frac{\text{초과부담}}{\text{조세수입}} = (1/2)(0.4)(0.2) = 0.04$$

가 된다. 따라서 1만원의 조세를 거두기 위해서는 평균적으로 (10,000)(0.04) = 400(원)의 초과부담을 감수해야 한다.

06. 관찰이 불가능한 변수와 측정이 불가능한 변수의 예를 각각 드시오.

해답 (i) 관찰불능변수의 예—불로소득

(ii) 측정불능변수의 예—노동공급에 영향을 미칠 수도 있는 개인의 성격.

07. 어떤 개인의 시간당 임금률이 w, 총가용시간이 T라고 하자. 그런데 1,000만원까지는 τ_1, 그 다음 1,000만원까지는 τ_2, 그리고 2,000만원을 넘는 소득에 대해서는 τ_3의 소득세율이 적용된다고 한다. 이때 이 개인이 직면하는 예산선을 그리시오(이 책 14장 17번 필독).

해답

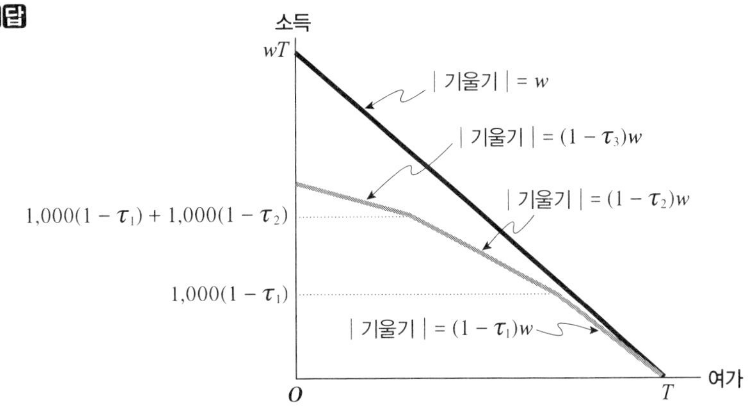

08. 정부가 임금소득세의 부담을 줄여주려고 한다.

(a) 임금소득세의 세율을 내릴 경우 노동공급은 어떻게 되는가?

(b) 비과세 소득의 한도액을 올려줄 경우 노동공급은 어떻게 되는가?

해답

(a) 세율을 내릴 경우 (공급)임금률이 올라간다. 그 결과 납세 후 소득이 증가한다. 그러므로 여가가 정상재일 경우 소득효과는 여가 소비를 늘리는 방향으로 작용한다. 한편 임금률이 올라갈 경우 예산선의 기울기가 급해진다. 즉, 여가의 상대가격이 비싸진다. 그 결과 대체효과는 여가 소비를 줄이는 방향으로 작용한다. 종합적으로 볼 때 대체효과와 소득효과가 서로 반대방향으로 작용하므로 노동공급이 증가하는지 감소하는지 말할 수 없다(그림 참조).

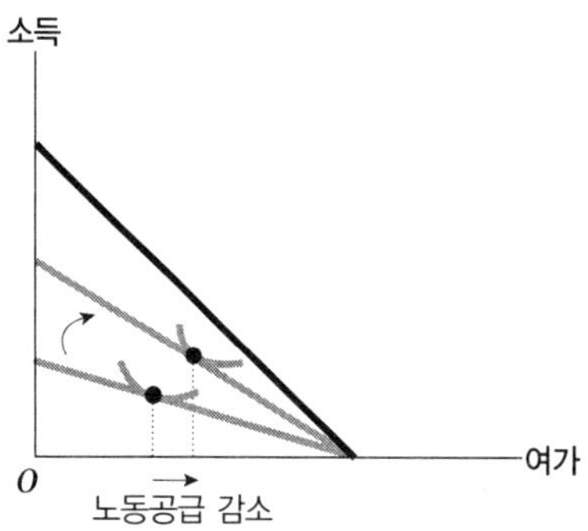

소득효과가 더 클 경우

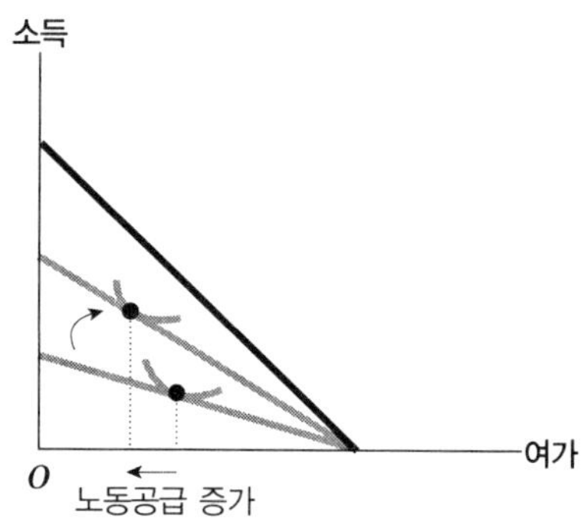

대체효과가 더 클 경우

(b) 조세가 부과되지 않는 소득이 증가하는 것은 상대가격 변화 없이 소득이 증가한 것과 같은 효과를 갖는다. 그 결과 소득효과만 발생한다. 즉, 소득증가로 인해 여가가 정상재일 경우 여가 소비가 증가한다. 따라서 노동공급은 감소한다.

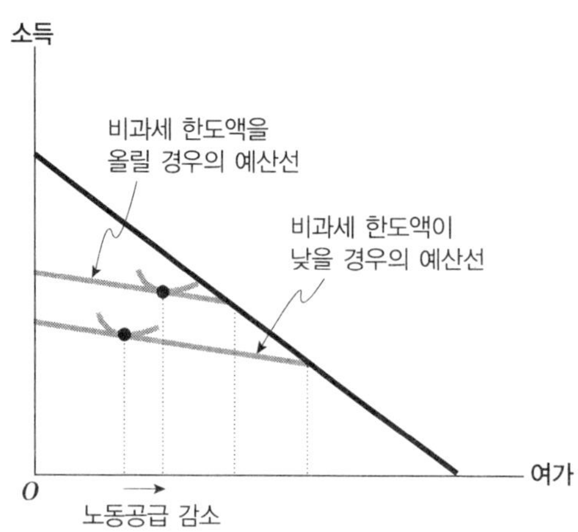

14
최적과세론

01. 노동공급의 탄력성이 서로 다른 두 집단이 있다고 하자. 한편 두 집단 사이의 소득분배는 공평하다고 가정하자. 이때 최적과세의 관점에서 본다면 어떻게 과세해야 할까? 이러한 과세방법이 맞벌이 부부에 어떻게 과세할 것인가와 관련하여 함축하고 있는 바를 말하시오.

해답 (i) 두 집단 사이의 소득분배는 공평하므로, 이 경우 최적과세의 관점에서 효율을 적게 희생시키려면 노동공급의 탄력성이 큰 집단에 상대적으로 낮은 세율로 과세하여야 한다.

(ii) 이것은 맞벌이 가정에서 부인의 노동공급이 남편에 비해 더 탄력적이라고 가정할 때 부인의 소득에 더 낮은 세율로 과세해야 함을 암시한다.

02. 램지조세가 소득재분배에 역행하지 않을 경우는 어떠한 경우일까?

해답 소득수준에 관계없이 모든 사람이 모든 상품을 같은 비율로 소비하고 있는 경우에는 램지조세가 소득재분배에 역행하지 않는다.

03. 남편과 부인의 노동공급시간은 서로 관계가 없다고 하자. 또한 부인의 노동공급은 남편의 노동공급에 비해 탄력적이라고 하자. 이 경우 일정한 조세수입을 확보하려 한다면 효율적인 조세방법은 무엇인가?

해답 역탄력성법칙에 따라 탄력성이 큰 부인의 소득에는 상대적으로 저율로 과세하고, 탄력성이 작은 남편의 소득에는 상대적으로 고율로 과세한다.

04. 사회후생함수가 각 개인들의 효용을 합한 것으로 정의된다고 하자. 또한 각 개인의 효용함수는 동일하며 소득에 의해서만 영향을 받는다고 하자. 한편 각 개인의 소득은 일정하게 주

어졌다고 하자. 이때 일정한 조세수입을 올리면서 사회후생을 극대화하는 조세구조의 특성을 말하시오.

해답 이 경우 사회후생을 극대화하려면 각 개인들의 소득의 한계효용이 같아야 한다. 그런데 각 개인들의 효용함수가 동일하므로 각 개인들의 소득의 한계효용이 같아지기 위해서는 각 개인들의 납세 후 소득이 같아야 한다. 따라서 조세구조는 납세 후 소득이 가능한 한 같아지도록 고안되어야 한다.

05. 공리주의 사회후생함수를 가정하자. 이때에도 일반균형효과를 감안하면 역진적인 조세구조가 바람직한 경우가 있을 수 있다. 이에 대해 논의하시오.

해답 고임금소득자가 저임금소득자에 비해 노동공급탄력성이 크고, 저임금소득자들과 함께 일하는 고임금소득자의 노동공급이 증가함에 따라 저임금소득자의 생산성이 증가한다고 하자. 이러한 경우 역진적 소득세가 바람직할 수도 있다. 이 경우 역진적 소득세는 능력있는 고임금소득자의 노동공급을 증가시키고 이것은 다시 저임금소득자의 생산성을 향상시킴으로써 효율도 증진되고 소득분배도 개선될 수 있다.

06. 이자소득세는 차별적 상품세로 간주될 수 있다. 그 이유를 설명하시오.

해답 이자지급액을 과세대상 소득에서 공제해 주는 이자소득세는 현재소비의 상대가격을 하락시킨다(15장 참조). 이 점에 비추어 보면 이자소득세는 현재소비보다는 미래소비에 더 높은 세율을 적용하는 차별적 상품세로 간주될 수 있다.

07. 비례적 임금소득세와 누진적 선형소득세가 똑같은 조세수입을 확보할 경우

(a) 누진적 선형소득세보다 비례적 임금소득세에서 효용이 더 높음을 보여라.
(b) 누진적 선형소득세보다 비례적 임금소득세에서 노동공급이 더 많음을 보여라.

해답

(a) 누진적 선형소득세의 예산선을 그려보자. 누진적 선형소득세는

$$T = -S + \tau M$$

과 같이 나타난다. 이 식을 잘 살펴보면 누진적 선형소득세는 먼저 소득에 τ의 세율로 조세를 부과한 다음 다시 보조금 S를 지급하는 것임을 알 수 있다.

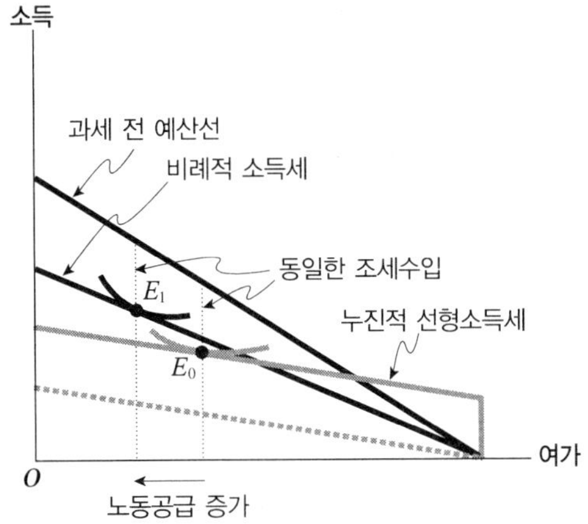

그림에서 τ의 세율이 적용된 경우의 예산선은 점선으로 나타나 있다. 그 다음 이 예산선이 보조금 S만큼 위로 평행이동된 것이 바로 누진적 선형소득세의 예산선이다.

이때 선택된 점을 E_0라고 하자. 그런데 E_0를 통과하도록 세율이 정해진 비례적 소득세가 실시될 경우 선택되는 점에서는 누진적 소득세에서보다 조세수입뿐만 아니라 효용도 높아진다. 따라서 E_0에서와 똑같은 조세수입을 얻게 해주는 비례적 소득세의 예산선은 그림에서 보듯이 E_0보다 위에 있는 점을 통과해야 한다.

이러한 비례적 소득세의 예산선이 그림에 그려져 있다. 조세수입이 같을 경우 비례적 소득세에서는 누진적 선형소득세에서보다 세율이 낮다는 것을 알 수 있다. 또한 E_1점에서는 E_0에서보다 효용도 높다는 것을 알 수 있다.

(b) E_1과 E_0를 비교해 보면 조세수입이 같을 경우 비례적 소득세에서는 누진적 선형소득세에서보다 노동공급이 더 많다는 것을 알 수 있다. 그 이유를 살펴보자. 납세액이 같으므로 소득효과는 같다. 그런데 비례적 소득세의 경우 세율이 더 낮기 때문에 여가 소비에 대한 기회비용은 더 높다. 그러므로 대체효과를 비교해 보면 비례적 소득세의 경우 누진적 선형소득세에 비해 여가 소비를 더 적게 하는 것으로 나타난다. 즉, 노동공급이 더 큰 것으로 나타난다.

08. 면세한계소득이 800만원이라고 하자. 이 경우 800만원을 초과하는 소득에 대해서는 20%의 정률로 과세하는 소득세에 대해서 생각해 보자.

(a) 소득이 2,000만원일 경우 평균세율을 구하시오.
(b) 소득이 3,000만원일 경우 평균세율을 구하시오.

(c) 이상의 결과에 근거하여 이러한 조세가 누진적인가를 말하시오.

해답

(a) 과세표준 = (2,000 − 800) = 1,200이다. 산출세액 = 1,200 × 0.2 = 240이다. 따라서

$$평균세율 = \frac{240}{2,000} \times 100 = 12\%$$

로 구해진다.

(b) (a)와 같은 방법을 이용하면 평균세율은 14.7%로 구해진다.

(c) 이 경우 소득이 증가함에 따라 평균세율이 증가한다. 통상적으로, 소득이 증가함에 따라 평균세율이 증가하는 조세를 누진세라고 정의한다. 이러한 정의에 따르면, 앞 문항과 같은 예로부터 추론할 때 일정 수준 이상의 소득에 대해서 정률로 과세하는 소득세는 누진세라고 할 수 있다.

09. 최적조세와 관련하여

(a) 램지(Ramsey)가 주장한 최적상품세의 핵심적인 내용은 무엇인가? 그 원리에 따라 과세했을 경우 우려되는 점은 무엇인가?

(b) 멀리즈(Mirrlees)가 주장한 최적소득세의 핵심적 내용은 무엇인가? 기여한 바는 무엇인가? 이러한 조세에 대한 비판을 소개하시오.

해답

(a) (i) **내용** — 최적상품세는 공평은 고려하지 않고 효율만 고려한 상품세이다. 상품세로서 효율을 극대화하려면 보상수요의 탄력성이 작은 상품에는 높은 세율을 적용하고 보상수요의 탄력성이 큰 상품에는 낮은 세율을 적용하여야 한다.

(ii) **우려되는 점** — 보상수요의 탄력성이 작은 상품은 보통 필수품인 경우가 많은데 필수품에 고율로 과세하면 상대적으로 저소득자의 조세부담이 많아진다. 그 결과 소득분배가 악화될 우려가 있다.

(b) (i) **내용** — 효율뿐만 아니라 공평까지 고려한 사회후생을 극대화하는 조세구조이다.

(ii) **기여도**

- 최적조세에 공평까지 고려하여 분석한 점.
- 최적과세에 대한 관심을 고취시킨 점.
- 최적소득세가 선형에 가깝다는 사실을 제시하여 준 점.

- 이 점과 함께 비선형소득세를 시행할 때 드는 행정비용을 감안할 경우 선형소득세의 유용성이 부각된다는 점을 지적한 점.

(iii) **비판의 내용**

- 최저소득자의 최적한계세율이 0이라는 주장은 현실의 소득재분배제도와 배치됨.
- 1차접근법에 머물러 노동시장에 참여하지 않은 사람들이 있다는 사실을 고려하지 못했음.
- 순수규범이론으로서 사회 · 정치적 제도를 무시하고 있다.
- 시행에 드는 비용상의 문제, 정치가나 관료들의 속성과 관련한 문제, 시간불일치성(time inconsistency) 문제

10. 개인의 소득세가 다음과 같이 정해진다고 하자. 즉, 소득의 10%에서 60,000원을 뺀 금액으로 정해진다고 하자.

(a) 한계세율은 얼마인가?

(b) 소득이 얼마일 때까지 정부로부터 보조금을 받겠는가?

(c) 보조금을 받게 되는 사람의 노동공급의 크기를 이러한 제도가 시행되기 이전의 경우와 비교하시오.

(d) 이제 소득의 20%에서 60,000원을 빼준 값으로 소득세가 정해진다고 하자. 이 제도를 원래 제도와 비교하라.

해답

(a) 예를 들어 소득이 추가로 1만원 증가하면 그의 조세가 추가로 1,000원 증가하므로 한계세율은 0.1이다.

(b) 부의 소득세이므로

$$T = \tau Y - S$$

에서 살펴보자. 여기서 T가 음이었다가(즉, 보조금을 받다가) 처음 0이 되는 Y의 값을 구하는 문제이다. 그러므로 $0.1Y - 60,000 = 0$으로부터 $Y = 600,000$원으로 구해진다.

(c) 대체효과를 살펴보자. 조세로 인해 임금률이 하락하였다. 이것은 여가의 기회비용 하락을 의미하며, 따라서 여가의 소비가 증가한다. 보조금 수령으로 인해 소득이 증

가하며, 따라서 소득효과도 여가 소비를 증가시키는 방향으로 나타난다. 종합해 볼 때, 대체효과와 소득효과가 모두 여가 소비를 증가시키므로 노동공급은 감소한다.

(d) 20%로 할 경우 소득은 더 균등하게 분포된다. 그러나 한계세율이 20%로 올라가기 때문에 노동공급과 관련한 왜곡이 그만큼 커진다.

11. 옷과 자동차 두 가지 상품이 있을 때 조세가 부과될 경우 효율에 미치는 영향에 대해 분석하기로 하자.

(a) 소득이 일정하다고 가정하자. 이때 옷에만 과세할 경우 효율에 대해 분석하시오.

(b) 소득이 일정하다고 하자. 이때 옷과 자동차에 같은 세율로 조세를 부과한다고 하자. 이때 효율에 대해 분석하시오.

(c) 노동공급의 크기에 따라 소득이 변하는 경우를 생각해 보자. 이 경우 옷에만 과세하는 경우 효율에 대해 분석하시오.

(d) 노동공급의 크기에 따라 소득이 변하는 경우를 생각해 보자. 이때 옷과 자동차에 같은 세율로 조세를 부과한다고 하자. 이때 효율에 대해 분석하시오.

해답

(a) 소득이 일정하더라도 옷에만 과세할 경우 옷의 상대가격이 올라간다. 이때 소비자는 조세부담을 줄일 목적으로 옷의 소비를 줄이고 그 대신 자동차 소비로 대체한다. 이러한 대체효과에 의해 비효율이 유발된다.

(b) 이러한 조세는 상품들의 상대가격을 변화시키지 않고 다만 소득을 줄이는 효과를 지닌다. 그런데 현재 소득이 일정하므로 이러한 조세는 정액세와 같다. 따라서 비효율을 유발하지 않는다.

(c) 노동공급이 가변적일 때 옷에만 과세하면 옷과 자동차, 옷과 여가 사이의 상대가격을 각각 변화시킨다. 그 결과 비효율이 유발된다. 자동차와 여가 사이의 상대가격은 변하지 않는다.

(d) 옷과 자동차에 같은 세율로 조세를 부과하는 일반상품세는 임금소득세와 같다. 그런데 소득이 변한다고 했으므로 이러한 조세는 비효율을 유발한다. 구체적으로 볼 때 옷과 여가, 자동차와 여가 사이의 상대가격을 변화시켜 비효율을 유발한다. 옷과 자동차 사이의 상대가격은 변하지 않는다.

12. 소득세율이 다음과 같이 정해져 있다고 하자.

1천만원 이하 8%

1천만원 초과 ~ 4천만원 이하 17%

4천만원 초과 ~ 8천만원 이하 25%

8천만원 초과 32%

이때 다음 질문에 답하시오.

(a) 위의 세율에서 17%를 20%로 인상한다고 하자. 이때 이러한 정책이 각 구간에 속하는 개인들의 납세액에 미치는 영향과 비효율에 대하여 분석하시오.

(b) 위의 세율에서 '1천만원 초과 ~ 4천만원 이하'의 구간에 놓이는 사람들의 수가 가장 많다고 한다. 이 경우 그 구간의 세율을 17%에서 20%로 인상하는 정책이 지니는 함축성을 선형소득세 옹호론과 관련하여 논의하시오.

해답

(a) (i) 1천만원 이하 소득자들의 납세액은 변하지 않는다. 다른 구간에 속하는 사람들의 납세액은 증가한다. 예를 들어 5천만원 소득자의 경우 1천만원 초과 4천만원 이하의 소득에 대해 17%의 조세를 납부했었는데 이제 20%의 조세를 납부해야 한다.
(ii) 비효율은 자신의 소득이 세율이 인상된 구간에 속하는 사람들에게만 발생한다. 비효율의 크기에 영향을 주는 것은 평균세율이 아니라 한계세율이기 때문이다. 예를 들어 5,000만원 소득자의 경우 평균세율은 증가하지만 자신의 한계세율은 변하지 않았다. 따라서 이러한 세율변화는 그의 선택을 왜곡시키지 않는다. 예를 들어 그가 1만원을 더 번다면 그의 조세부담액은 세율변화에 관계없이 2,500원만 증가하므로 세율변화가 그의 선택을 왜곡시키지 않는다는 것이다.

(b) 이같은 세율 인상은 4천만원 이상의 소득자들에게 비효율을 유발하지 않으면서 그들에게서 조세를 더 거둘 수 있다. 이같은 세율 인상은 1천만원 ~ 4천만원 해당 구간의 사람들에게 비효율을 유발시키는데, 이 구간에 속하는 사람들의 수가 많기 때문에 비효율의 합이 커진다.
이러한 논의로부터 중산층의 한계세율을 높이면 고소득층에게 초과부담을 유발하지 않으면서 고소득층으로부터 더 많은 조세를 거둘 수 있을 것으로 생각된다. 그러나 중산층의 세율을 높이면 그 영역에 속한 사람들이 많기 때문에 초과부담의 합계가 커진다. 이러한 측면을 고려하면 최적소득세는 선형에 가까워질 것으로 생각된다.

13. 최적상품세와 최적소득세의 분석방법과 결과의 공통점과 차이점을 말하시오.

해답 (i) **공통점**—비대칭정보 하의 유인기구로서의 성격을 지닌다.

(ii) **차이점**—최적상품세는 효율만을 고려한다. 반면에 최적소득세는 효율과 공평을 모두 고려한다.

14. 사회후생함수가 개인들의 효용의 함수라고 하자. 여가는 정상재이며 개인들의 노동공급곡선은 후방굴절하지 않는다고 한다. 이때 정부가 일정한 조세수입을 거두면서 사회후생을 극대화하는 조세를 찾고자 한다.

(a) 한계세율이 일정한 조세를 대상으로 생각해 보자. 이 경우 사회후생을 극대화시키는 조세의 형태를 말하시오.

(b) 이 조세의 성격을 말하시오.

(c) 이러한 조세가 개인의 노동공급에 미치는 영향에 대하여 말하시오.

해답

(a) 한계세율이 일정한 조세는 선형소득세이다. 그러므로 이 문제는 선형소득세 중에서 사회후생을 극대화하는 소득세에 대해 묻는 것이다. 다시 말하면 최적선형소득세에 대해 묻는 것이다. 소득을 Y, 소득세를 $T(Y)$, 한계세율을 τ라고 하자. 그러면 최적선형소득세는

$$T(Y) = -S + \tau Y$$

와 같은 구조에서 $s > 0, \tau > 0, 0 < \tau < \frac{1}{1+\lambda}$이라는 것이 증명되어 있다. 여기서 λ는 모든 개인들의 노동공급탄력성들 중에서 가장 작은 값이다.

(b) 이러한 조세는 누진적 선형소득세로서 부의 소득세에 해당한다. 즉, 일정한 세율로 조세를 부과한 다음 일정한 보조금을 지급하는 형태이다. 이 경우 소득이 증가함에 따라 보조금의 액수가 줄어드는 특성을 지닌다. 이러한 부의 소득세는 각종 소득재분배제도의 이론적 기초가 된다.

(c) 보조금을 받는 사람의 경우를 생각해 보자. 소득이 증가했으므로 소득효과는 여가 소비를 증가시키는 것으로 나타난다. 한편 조세가 부과되어 시간당 임금률이 $1-\tau$로 떨어졌다. 즉, 여가 소비의 기회비용이 감소했다. 따라서 대체효과도 여가 소비

를 증가시키는 것으로 나타난다. 결국 소득효과와 대체효과가 모두 여가 소비를 증가시키는 것으로 나타나므로 노동공급은 감소한다.

15. 최적과세이론에서 최적소득세 구조를 구하는 것과 본인-대리인 문제에서 최적유인보수를 구하는 것에 대해 생각해 보자.

(a) 각 경우 극대화 문제에서의 목적함수와 선택변수 등과 관련하여 그 성격을 말하시오.

(b) 유사점과 차이점을 말하시오.

해답

(a) (i) 먼저 본인-대리인 문제는

$$\underset{\text{산출량}}{Max} \ \text{기대이윤}$$
$$s.t. \ \text{유인양립제약}$$
$$\text{참가제약}$$

과 같은 형태로 쓸 수 있다. 이때 대리인은 기대효용을 극대화하도록 행동한다. 그러나 본인은 대리인의 이러한 행위를 관찰할 수 없다(비대칭정보). 그런데 대리인의 행위는 본인의 기대이윤에 영향을 준다.

선택변수는 유인보수이다. 대리인의 행동은 관찰할 수 없으므로 그 대신 관찰할 수 있는 산출량을 기초로 유인보수를 고안한다.

(ii) Mirrlees가 최적조세를 고안할 때의 아이디어는 다음과 같다.

(1) 각 개인의 능력은 다르다. (2) 임금률은 능력에 따라 결정된다. 그런데 개인의 능력을 알 수 없다. 그 결과 임금률도 알 수 없다. 따라서 노동공급도 알 수 없다(노동공급을 알 수 있다면 정액세를 부과할 것이다). 다만 소득만 관찰 가능하다. 이러한 상황에서 최적과세문제는

$$\underset{\text{소득세구조}}{Max} \ SWF$$
$$s.t. \ \text{효용극대화의 1차조건 - 유인양립제약}$$
$$\text{참가제약(최근의 연구로서-노동시장 참여 여부를 말한다)}$$
$$\text{조세수입}$$

과 같이 쓸 수 있다. 여기서 개인은 효용을 극대화하도록 노동공급을 한다. 그러나 정부는 개인의 노동공급을 관찰할 수 없다(비대칭정보). 그런데 그들의 노동공급은

정부의 사회후생에 영향을 준다.

선택변수는 조세구조이다. 노동공급은 관찰이 불가능하므로 그 대신 관찰 가능한 소득을 기초로 조세구조를 고안한다.

(b) (i) **유사점**—비대칭정보 아래에서 유인기구를 고안하는 문제이다. 본인-대리인 문제에서는 불확실성 때문에 행위와 산출량이 일대일로 대응하지 않는다. 최적과세에서는 불확실성은 고려하지 않지만 개인들의 노동공급량과 그들의 소득이 일대일로 대응하지 않기 때문에 비대칭정보 문제가 제기된다.

(ii) **차이점**—본인-대리인 문제에서는 유인제공과 위험분담을 동시에 고려한다. 이때 유인제공과 위험분담은 상충관계를 지닌다. 최적과세는 효율과 공평을 동시에 고려한다. 이때 효율과 공평은 상충관계를 지닌다. 최적과세는 불확실성을 고려하지 않는다.

16. 최적소득세 이론에 대해 검토해 보자.

(a) 현실적으로 각 개인에게 정액세를 부과할 수 없는 이유가 무엇인가? 최적소득세를 고안할 때에 이 점과 관련하여 직면하는 문제는 무엇인가?

(b) 최적소득세와 관련하여 시드(Seade)의 분석에 따르면 임금률이 가장 낮은 사람의 최적한계세율은 0이다. 이러한 결과를 현실의 소득이전제도와 관련하여 논의하시오.

(c) 멀리즈(Mirrlees)의 분석에 따르면 최적소득세 아래에서는 임금률이 높은 사람이 임금률이 낮은 사람보다 임금소득도 높다. 현실적으로 조세제도를 수립해야 하는 측면에서 이 결과를 평가하시오.

해답

(a) (i) 정부가 개인의 임금률이나 노동공급 시간을 관찰할 수 없다는 것이 모든 조세의 출발점이다. 소득을 관찰할 수 있는 상황에서 이 둘 중의 어느 하나를 관찰할 수 있다면 정액세가 가능해지기 때문이다.

조세를 실시하여 개인이 자신의 행위를 변화시키더라도 자신의 조세부담이 변화하지 않아야만 정액세가 된다. 이렇게 되기 위해서는 개인의 부존소득에 과세해야 한다. 그런데 부존소득을 알려면 임금률이나 노동시간을 알아야 한다. 그러나 이것들은 조세당국에게 관찰되지 않는다. 바로 이 때문에 정액세를 실시할 수 없다는 것이다.

(ii) 한편 조세당국에게는 오로지 소득만 관찰된다(소득조차도 관찰하기 어려운 경우

가 많다). 그리하여 정부는 관찰 가능한 소득에 근거하여 과세할 수밖에 없는데 이 때문에 비대칭정보 문제에 직면한다. 이러한 상황에서 정부는 조세제도를 통하여 조세수입을 올리면서 동시에 개인으로 하여금 사회후생을 극대화하는 수준의 노동공급을 하도록 유도하게 된다(한편 임금률이나 노동공급 중 어느 하나가 관찰되면 여가시간이 관찰된다. 이 경우에는 여가를 포함하여 모든 상품에 동일한 세율로 종가세를 부과할 경우 정액소득세가 된다).

(b) NIT, EITC, 임금보조금제도와 배치된다. NIT에서는 임금률이 가장 낮은 사람의 한계세율이 양이다. EITC와 임금보조금제도에서는 임금률이 가장 낮은 사람의 한계세율이 음이다.

(c) 멀리스의 경우 각 개인의 임금률이 다르다고 가정하고 있다. 이러한 상황에서 임금률이 높을수록 임금소득도 높다는 결과를 얻고 있다. 이러한 결과는 임금소득이 가장 낮은 사람을 제외하고는 모든 사람이 노동공급을 하고 있다는 것을 의미한다(물론 임금소득이 가장 낮은 사람도 노동공급을 하는 경우를 배제할 수 없다). 이와 함께 한계세율은 음이 아니라는 사실은 개인들로 하여금 노동시장에 참여하도록 유도하는 제도에 대한 논의를 봉쇄하는 셈이 된다.

현실적으로 볼 때 임금률이 낮은 사람들 중에는 임금률이 다른 사람보다 조금 높더라도 노동시장에 참여하지 않는 사람들이 상당히 많다. 그러므로 이들을 노동시장에 참여하도록 유도하는 재분배정책이 필요하다. 예를 들면 임금보조금제도, EITC 등이 이에 해당된다.

[추가 문제]

17. 갑, 을, 병 3명으로 구성된 경제를 생각해 보자. 이 중에서 병의 소득이 가장 높다고 하자. 이때 과세표준 1,000만원까지는 10%, 그 다음 1,000만원까지는 20%, 2,000만원을 초과하는 소득에 대해서는 30%의 세율을 적용한다고 하자. 병의 과세표준은 2,500만원이다.

(a) 병의 평균세율은 얼마인가?

(b) 병의 한계세율은 얼마인가?

(c) 정부가 현재와 똑같은 조세수입을 확보한다는 조건 하에 사회후생을 더 높이려고 한다. 이때 1명의 세율을 조정하여 이 목표를 달성하려면 세율을 어떻게 조정해야 하는가?

(d) 위 문항 (c)의 결과가 사회후생을 극대화하는 조세의 한계세율의 변화에 대해 함축하는 바가 무엇인지 설명하시오.

해답

(a) $(1{,}000 \times 0.1 + 1{,}000 \times 0.2 + 500 \times 0.3) \div 2{,}500 = 18(\%)$

(b) 병이 추가로 버는 소득에 대해서는 30%의 세율을 적용받는다. 그러므로 한계세율은 30%이다. 그가 추가로 소득을 더 올릴 것인가라는 선택에 왜곡을 유발하는 것은 바로 이 한계세율이다.

(c) 병이 현재보다 더 버는 금액에 대해서는 한계세율을 0으로 한다. 이 경우 경제 전체의 조세 수입은 변하지 않지만, 교과서의 [그림 14-3]* 에서 보는 바와 같이 그의 효용이 증가하므로 사회후생이 증가한다. 한 걸음 더 나아가서 그의 한계세율을 0보다는 높지만 30%보다는 낮출 경우(교과서 [그림 14-4] 참조) 그의 효용이 증가하면서 조세수입이 증가한다. 이 조세수입을 다른 사람들에게 재분배하면 모든 사람이 나아지므로 사회후생이 증가한다.

(d) 사회후생을 극대화하는 소득세의 한계세율은 계속 증가하는 것이 아니라 어느 수준을 넘어서면 감소한다.

* 『공공경제학』 6판 401쪽 [그림 14-3] 및 관련 본문에 오류가 있다. $2{,}000(1-\tau_2)$은 본 해답집 13장 7번의 그림에서처럼 $1{,}000(1-\tau_1)+1{,}000(1-\tau_2)$로 고쳐 써야 한다. 『미시경제학 연습』 5판(율곡출판사) 89쪽 그림 및 관련 본문도 이처럼 고쳐 써야 한다.

15
소득세와 저축 및 초과부담

01. 두 기간 평생주기모형에서

(a) 이자율의 변화 및 부존소득의 변화는 각각 예산선을 어떻게 변화시키는가?

(b) 조세를 부과하여 이자율이 하락할 경우 차입자의 효용은 증가하는가 아니면 감소하는가?

(c) 세율을 내려서 이자율이 오를 경우 대출자의 효용은 증가하는가 아니면 감소하는가?

(d) 이자율이 떨어진 후에도 대출자가 계속 대출자로 남을 경우 그의 효용은 증가하는가 아니면 감소하는가? 그가 차입자로 전환할 경우에는 어떠한가?

(e) 이자율이 오른 후에도 차입자가 계속 차입자로 남을 경우 그의 효용은 증가하는가 아니면 감소하는가? 그가 대출자로 전환할 경우에는 어떠한가? 이러한 결과에 비추어 국내에서 생산되고 있지만 일부 수입되고 있는 대체재인 수입품의 국제가격이 상승할 경우 이것이 국내후생에 미치는 영향에 대해 논의하시오.

해답

(a) 예산선의 기울기는 $-(1+r)$이므로 이자율이 상승함에 따라 예산선의 기울기는 급해진다. 부존소득이 증가할 경우 예산선의 기울기는 변화하지 않고 부존소득의 현재가치와 미래가치만 증가하므로 예산선은 바깥쪽으로 평행이동한다.

(b) 차입자의 경우, 이자율 하락 후에는 원래 선택했던 상품묶음이 여전히 선택 가능하다. 그럼에도 불구하고 원래 선택 가능하지 않았던 원래의 예산선 밖의 새로운 상품묶음을 택하게 된다. 이때 단조성을 가정하면 이것은 효용수준이 높아짐을 의미한다.

(c) 위 (b)의 풀이에서와 같은 논리로 효용수준이 높아진다.

(d) 먼저 예산선을 그려보자. 그 다음 현시선호이론을 적용해 보자.

(i) 이자율 하락 이후에도 대출자가 계속 대출자로 남는다는 것은 소비자가 원래의 이자율 하에서도 선택 가능했지만 선택하지 않았던 B와 같은 상품묶음을 선택한다는 것을 의미한다. 이때 이 상품묶음 B는 원래 선택 가능했는데 선택하지 않았다는 점에 주목하자. 그러므로 현시선호이론의 약공리에 따르면 소비자는 이 상품묶음 B보다 원래 선택했던 상품묶음 A를 선호한다는 것을 알 수 있다. 그런데 새로운 이자율 하에서 상품묶음 B를 선택하였으므로 효용수준은 하락한 것이다.

(ii) 현시선호이론은 두 상품묶음이 모두 선택 가능할 때 비로소 적용할 수 있다는 점에 주목하자. 이 점을 염두에 두고 먼저 원래 이자율의 관점에서 검토해 보자. 차입자로 전환한다는 것은 원래의 이자율 하에서는 선택할 수 없었던 C와 같은 상품묶음을 선택한다는 것을 의미한다. 그러므로 원래 선택한 상품묶음 A와 새로 선택한 상품묶음 C 중에서 어느 것을 더 좋아하는지 알 수 없다. 이제 새로운 이자율의 관점에서 검토해 보자. 그에게는 원래 선택했던 상품묶음 A는 하락한 새로운 이자율 하에서는 선택이 불가능하다. 따라서 이자율 하락 후 차입자로 전환하여 새로이 선택한 상품묶음 C와 원래 선택한 상품묶음 A 중에서 어느 것을 더 좋아하는지 알 수 없다. 이상의 내용을 종합해 볼 때 소비자의 효용수준의 변화는 알 수 없다. 현시선호이론은 두 상품묶음이 모두 선택 가능할 때 비로소 적용할 수 있다는 점에 다시 한 번 주목하자.

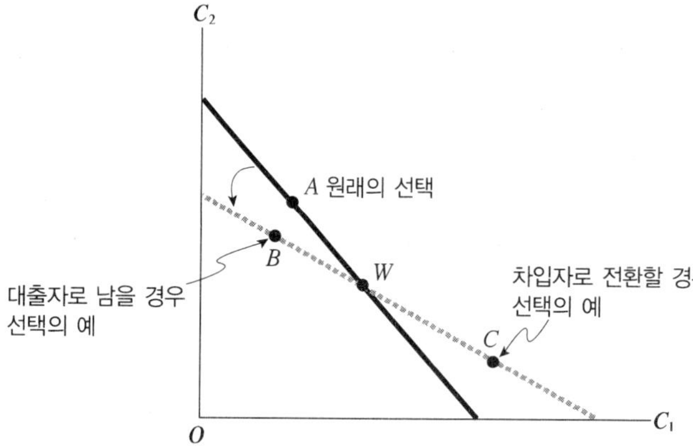

(e) (i) 위 (d)의 풀이에서와 같은 논리로 차입자로 계속 남을 경우 효용수준은 반드시 하락한다.

(ii) 반면에 대출자로 전환할 경우에는 효용수준의 변화를 알 수 없다.

(iii) 수입품의 가격이 올랐는데도 불구하고 계속 수입자로 남을 경우에는 후생이 반드시 감소한다. 그러나 가격이 계속 상승하여 오히려 수출자로 전환할 경우에는 후

생이 오히려 증가할 수도 있다.

02. 조세가 저축에 미치는 영향을 두 기간 평생주기모형을 이용하여 분석할 때 그 한계점들을 지적하시오.

해답 두 기간 평생주기모형은 다음과 같은 사항들을 고려하지 못한다.

(1) 노동공급을 통한 소득의 변화가능성

(2) 인플레이션

(3) 불확실성

(4) 현실에서 서로 다른 소득에 서로 다른 세율이 적용된다는 사실

(5) 정부가 조세수입의 상당 부분을 저축할 경우 사적 저축이 감소하더라도 국가의 총 저축은 증가할 수도 있다는 가능성

(6) 개인이 근시안적일 수도 있다는 가능성

(7) 개인에 따라서는 차입에 제한을 받을 수도 있다는 현실

03. 차입자와 대출자가 같은 세율의 적용을 받을 경우 이자지급액을 소득공제해 주는 이자소득세의 조세수입은 어떠한가?

해답 이러한 조세는 대출자로부터 거두어들인 조세수입으로 차입자에게 같은 액수의 보조금을 지급하게 되므로 조세수입은 0이 된다.

04. 차입자가 대출자에 비해 더 높은 세율의 적용을 받는 상태에서 이자지급액을 소득공제해 주는 이자소득세가 부과될 경우 그 조세수입에 대해 논의하시오.

해답 이 경우 대출자로부터 거두어들인 조세수입보다 차입자에게 지급한 보조금이 더 많다. 그 결과 조세수입은 음이 된다.

05. 저축공급곡선이 우상향하며 대출자와 차입자가 같은 세율의 적용을 받는 경우를 가정하자. 이때 이자지급액을 소득공제해 주는 이자소득세가 대부자금의 수량과 이자율에 미치는 영향을 말하시오.

해답 (i) 이자지급액을 소득공제해 주는 이자소득세에서 이자에 대한 과세는 저축을 감소시키고, 이자지급액 소득공제는 차입자들의 차입을 증가시킨다. 그러므로 시장 전체적

으로 볼 때 과세 후 시장이자율은 상승한다.

(ii) 그러나 균형대부자금의 수량과 납세 후 순이자율은 변하지 않는다.

(iii) 차입자들은 과세 전과 비교하여 더 많은 이자를 내지만 그만큼 보조금을 받기 때문에 서로 상쇄된다.

(iv) 반면에 대출자들은 과세 전과 비교하여 더 많은 이자를 받지만 그만큼 조세를 내야 하기 때문에 서로 상쇄된다.

06. 이자율이 변하더라도 저축이 변하지 않는다면 이자소득세는 왜곡을 유발하지 않는다. 이 말을 평가하시오.

해답 틀리다. 저축공급에는 소득효과와 대체효과가 서로 상쇄되어 나타난다. 따라서 저축에 변화가 없다는 것이 현재소비와 미래소비 사이에 대체가 일어나지 않는다는 것을 의미하지는 않는다. 일반적으로 현재소비와 미래소비는 서로 대체가 가능하며, 이 경우 이자소득세는 대체효과를 통해 왜곡을 유발하게 된다.

07. 이자소득세를 부과하는 것이 타당한가를 최적과세의 관점에서 논의하시오.

해답 소득수준이 높을수록 저축 및 이자수입이 많다고 하자. 한편 이자소득세는 현재소비의 상대가격을 하락시킨다. 이러한 점들을 고려할 때 저축이 이자율에 비탄력적(가격비탄력적)이라면 이자소득세는 효율을 크게 손상시키지 않고 공평을 증진시킬 수 있을 것이다. 그러므로 이 경우에는 이자소득세가 최적조세의 관점에서 바람직하다고 볼 수 있다.

08. 이자소득세의 세율을 내릴 때 그것이 개인의 저축에 미치는 영향을 논의하시오. 개인의 효용함수가 U = min[현재소비, 미래소비]로 표시될 경우에는 어떠한가?

해답 이자소득세의 세율인하는 납세 후 이자율을 인상시킨다. 이자율 상승은 현재소비의 상대가격 상승을 의미한다. 이때 저축의 증감은 대체효과와 소득효과의 상대적 크기에 따라 달라진다.

(i) 상대가격이 올라갈 때 그로 인해 현재소비가 줄어드는 대체효과가 현재소비를 증가시키는 소득효과를 압도할 경우에는 저축이 증가한다. 그러나 소득효과가 대체효과를 압도할 경우에는 저축이 감소한다.

(ii) 개인의 효용함수가 U = min[현재소비, 미래소비]로 표현될 경우에는 대체효과는

없고 오로지 소득효과만 존재한다. 따라서 현재소비가 증가한다. 그 결과 저축이 감소한다.

09. 자본시장이 불완전할 경우 이자소득세가 저축에 미치는 영향은 어떻게 달라지는가?

해답 자본시장이 불완전할 경우에는 보통 수요이자율이 공급이자율보다 높게 되어 조세가 부과되지 않더라도 이미 예산선이 부존점에서 꺾어지는 형태를 취한다. 이 경우 무차별곡선이 부존점에서 접할 가능성이 높아진다. 따라서 자본시장이 불완전할수록 개인이 이자소득세의 영향을 받을 가능성은 적어진다. 그 결과 자본시장이 불완전할수록 시장 전체적으로 볼 때 이자소득세의 영향을 받는 사람들의 수가 적어진다. 따라서 자본시장이 불완전할수록 이자소득세가 저축에 미치는 영향은 적어진다.

10. 개인이 돈을 빌려주고 받은 이자소득에는 이자소득세를 부과하고 돈을 빌린 후 이자로 갚은 금액은 소득에서 공제해 준다고 하자.

(a) 차입이자율이 대출이자율보다 높을 경우 예산선의 변화를 나타내시오. 이자로 갚은 금액을 공제해 줄 때 적용되는 세율은 이자소득세의 세율과 같다고 하자.

(b) '대출자들이 차입자들보다 소득이 더 높아서 더 높은 세율의 적용을 받는다고 하자. 이때 조세제도는 차입에 과세하는 셈이 된다.' 이 말을 평가하시오.

해답

(a)

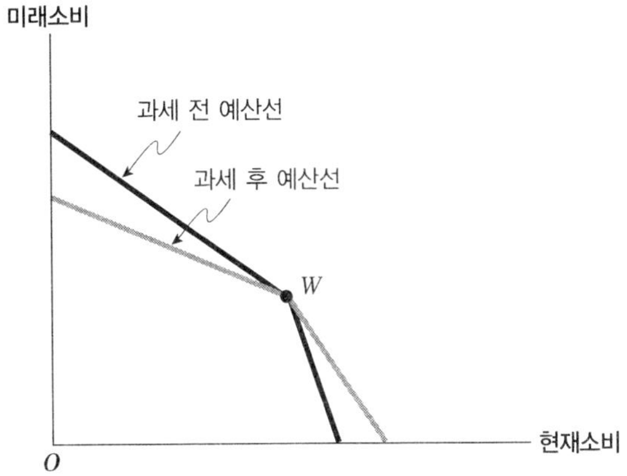

(b) 맞다. 그림에서 공급곡선의 회전율이 더 크다는 점에 주목하라. 그 결과 과세 전에 비해 수요이자율은 오르고 공급이자율은 내렸다. 이자로 갚은 금액을 소득에서 공

제해 주었지만 수요이자율이 올라가 결과적으로는 차입에도 과세한 셈이 되었다. 차입자들이 더 높은 세율을 적용받았다면 그러한 조세는 보조금을 지급한 셈이 되었을 것이다. 그림을 그려 확인해 보시오.

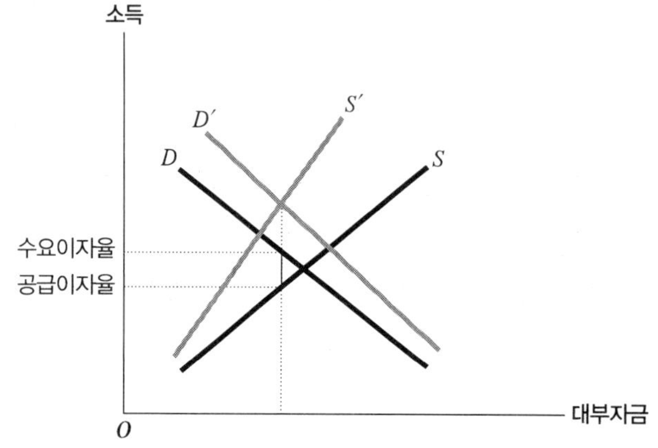

11. 처음에 이자소득세만 부과되고 있었다고 하자. 이제 개인의 효용을 그대로 유지시켜 주면서 이자소득세를 폐지하고 그 대신 임금소득세(또는 소비에 대한 조세)를 부과한다고 하자.

(a) 저축은 증가하는가 아니면 감소하는가?

(b) 조세수입은 증가하는가 아니면 감소하는가?

해답

(a) 그림에서 보듯이 저축은 증가한다. 이러한 결과가 나타나는 이유는 대체효과 때문이다. 즉, 이자소득세는 현재소비의 상대가격을 낮춘다. 그 결과 대체효과가 현재소비를 늘리는 방향, 즉 저축을 감소시키는 방향으로 작용한다. 그러나 임금소득세

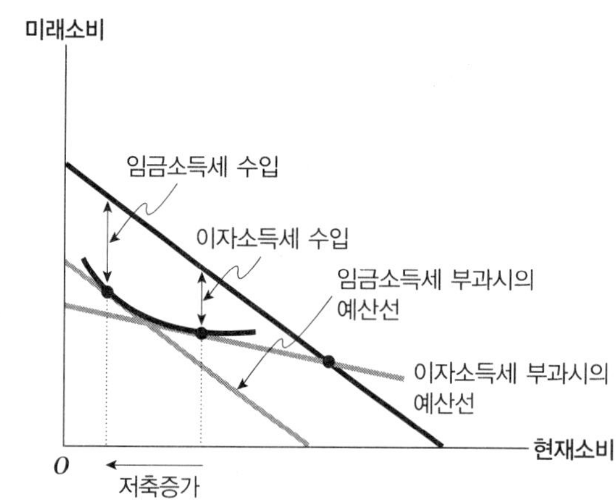

는 이러한 대체효과를 유발하지 않는다. 이 때문에 이자소득세를 폐지하고 임금소득세를 부과하면 저축이 증가한다.

(b) 그림에서 보듯이 조세수입이 증가한다. 이러한 결과가 나타나는 이유도 대체효과 때문이다. 즉, 이자소득세가 부과될 경우 조세수입이 줄어드는 방향으로 선택을 한다. 즉, 대체효과가 발생한다. 그러나 임금소득세가 부과될 경우에는 이러한 대체효과가 발생하지 않는다.

12. 이자로 갚은 금액을 소득에서 공제해 줄 경우 비효율이 발생한다. 이때 두 기간 모형을 이용하여 비효율의 크기가 그림 상에서 어떻게 나타나는가를 보이시오.

해답 이자로 갚은 금액을 소득에서 공제해 줄 경우 효용은 등가변화만큼 증가한다. 그림에는 등가변화를 미래가치로 나타내었다(현재가치로 나타내려면 가로축을 기준으로 측정하면 된다). 한편 그때 소요되는 보조금은 등가변화보다 크다. 그 차액이 바로 미래가치로 표시한 비효율의 크기이다.

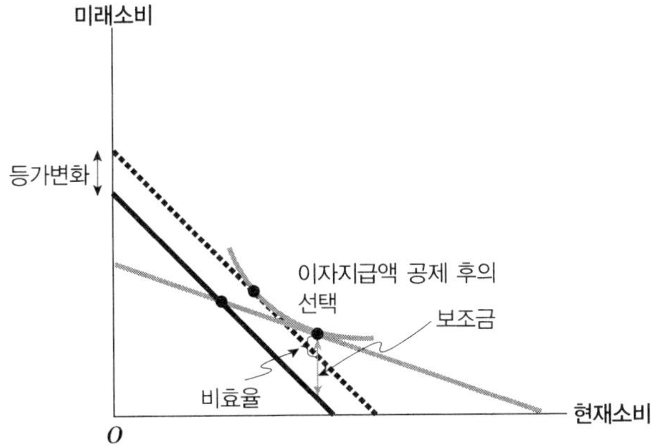

16
자본소득세와 위험수용

01. 수익률은 0이지만 완전히 안전한 자산의 예를 드시오.

해답 인플레이션이 없을 경우의 화폐를 그 예로 들 수 있다.

02. 손실을 완전히 상쇄해 주는 조세제도에서 세율이 20%라고 하자. 이때 개인이 어떤 위험자산에 투자하여 100만원의 이득을 얻을 확률이 50%, 50만원의 손실을 입을 확률이 50%라고 한다.

(a) 100만원의 이득을 얻을 경우 납세 후 이득은 얼마인가?

(b) 50만원의 손실을 입을 경우 납세 후 순손실은 얼마인가?

(c) 더 이상의 계산을 하지 말고 위의 결과를 이용하여 손실을 완전히 상쇄해 주는 조세를 도입하는 것이 위험수용에 미치는 영향에 대해 직관적으로 말하시오.

보다 일반적으로 위험자산과 수익률이 0인 안전자산 사이의 자산선택에 직면하고 있다고 하자.

(d) 이때 손실을 완전히 상쇄해 주는 자본소득세가 위험자산의 투자에 미치는 영향을 말하시오.

(e) 이 경우 손실을 전혀 상쇄시켜 주지 않는 조세는 위험수용을 감소시킨다. 이 말을 평가하시오.

해답

(a) 납세 후 이득은 100 (1 − 0.2) = 80(만원)이다.

(b) 완전손실상쇄제도에서는 손실이 발생할 경우 과세대상소득에서 손실 50만원을 전액 공제해 주므로 이로 인한 조세절감액은 (50)(0.2) = 10만원이다. 그러므로 납

세 후 순손실은 40만원이다. 또는 간단히 50(1 − 0.2) = 40만원이다.

(c) 조세의 도입은 수익(이득 + 손실)의 평균과 분산을 모두 감소시켰다. 그런데 이 중에서 평균의 감소는 위험자산을 덜 매력적으로 만들고, 분산의 감소는 위험자산을 더 매력적으로 만든다. 만일 후자의 영향이 전자의 영향을 압도한다면 완전손실상쇄 조세제도의 도입은 개인의 위험수용을 증가시킨다.

(d) 이러한 조세의 도입은 위험의 가격을 변화시키지 않으면서 예산선의 길이만 짧게 해준다. 예산선은 짧아졌지만 조세가 개인의 선호를 변화시키는 것은 아니다. 그러므로 짧아진 예산선에서 개인의 선택점은 변하지 않는다. 예산선의 길이가 짧아진 점을 고려할 때, 이것은 개인이 과세 전보다 더 많은 위험을 수용한다는 것을 의미한다. 정부가 수익에 과세하지만 손실을 입을 경우 대칭적으로 보조금을 지급해 주기 때문에 위험수용을 증가시키는 것이다. 이때 정부는 위험자산 투자에 대한 동반자로서 일종의 보험기능을 수행하고 있다고 볼 수 있다.

(e) 손실상쇄가 없는 조세가 부과되면 과세 전에 비해 똑같은 위험을 감수하더라도 평균수익이 적게 증가한다. 그런데 이것은 바로 조세가 부과되면 위험의 가격이 떨어진다는 것을 의미한다.

■ **대체효과**—조세가 없을 경우에 비해 위험수용이 덜 매력적이 된다.

■ **부의 효과**—위험의 가격이 떨어지면 부가 줄어든다. 이때 위험수용의 증가 여부는 위험에 대한 개인의 태도에 따라 달라진다. 절대적 위험회피가 감소하는 일반적인 경우를 가정하면 부의 효과는 위험수용을 감소시키는 방향으로 작용한다.

절대적 위험회피가 증가하더라도 부의 효과가 대체효과를 압도하지 않는 한 종합적으로 볼 때 위험수용이 줄어들게 된다.

03. 어떤 위험회피자가 위험자산과 안전자산에 투자하려고 한다. 그런데 위험자산의 경우 '좋은 상황'이 발생하면 높은 수익을 내지만 '나쁜 상황'이 발생하면 손실을 입는다고 하자. 안전자산의 경우 어느 상황이 발생하든 수익이 0이라고 한다. 그런데 처음에 이 사람이 최적선택을 한 결과 안전자산과 위험자산에 반반씩 투자하게 되었다고 한다.

(a) 가로축에 나쁜 상황에서의 소비를 나타내고 세로축에 좋은 상황에서의 소비를 나타내기로 하자. 이때 위와 같은 상태를 나타내 보시오.

(b) 이제 50%의 세율로 과세한다고 하자. 이때 손실은 공제해 주기로 한다. 그리하여 예를 들어 10만원 손실을 입을 경우 순손실은 5만원이 된다. 이 경우 예산선을 그린 다음

자산선택을 나타내시오. 그리고 이 결과를 설명하시오.

(c) 50%의 세율로 과세하되 손실은 공제해 주지 않는다고 하자. 이 경우 예산선을 그린 다음 자산선택에 대해 설명하시오.

해답

(a) 모두 안전자산에만 투자할 경우 어느 상황이 발생하든 수익은 없다. 그 결과 상황 조건부 상품묶음은 확실성선 상에 놓인다. 모두 위험자산에 투자할 경우 좋은 상황이 발생하면 높은 수익을 내지만 나쁜 상황이 발생하면 손실을 입으므로 점 R로 나타낼 수 있다. 위험자산에 투자하는 비율이 높을수록 점 R에 가까워진다. 처음에 안전자산과 위험자산에 반반씩 투자했다는 것은 점 E가 예산선의 중점에 놓인다는 것을 의미한다.

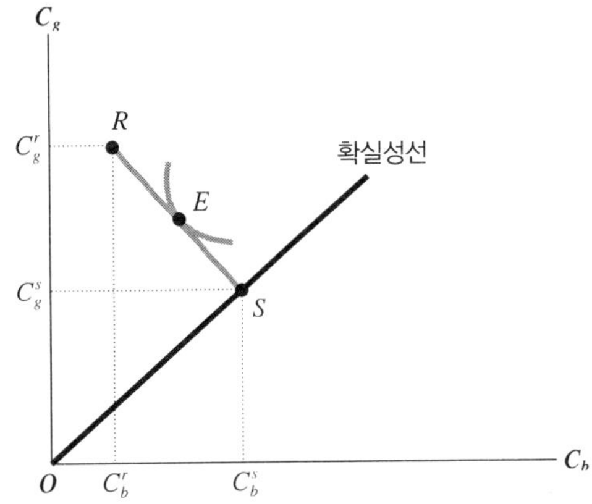

(b) 안전자산의 수익은 0이므로 조세가 부과되더라도 점 S는 변하지 않는다. 위험자산에 투자할 경우를 생각해 보자. 수익에 조세가 부과되므로 순수익은 조세가 없을 경우에 얻던 수익의 절반으로 줄어든다. 한편 손실은 전액 공제해 주므로 순손실도

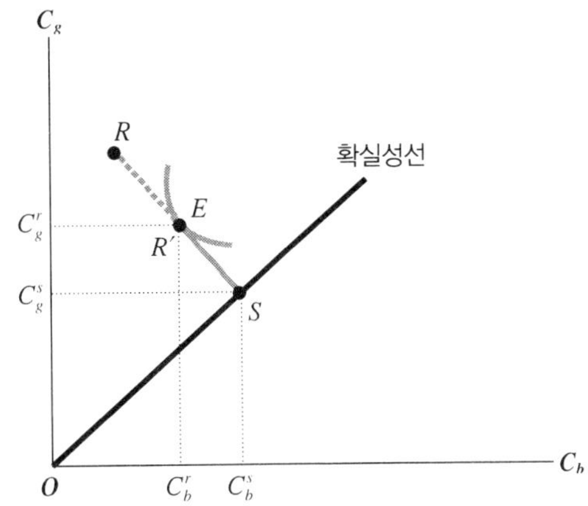

절반으로 줄어든다. 그 결과 점 R은 예산선의 중점으로 이동한다. 이 점이 R'으로 나타나 있다. 물론 점 R'은 예산선의 중점이므로 점 E와 같은 점이다.

예산선의 기울기가 변화하지 않은 사실에 주목하자. 그 결과 조세가 부과된 이후에도 개인의 최적선택은 점 R에서 이루어진다. 이때 개인은 모두 위험자산에만 투자하게 된다. 이렇게 되는 이유는 정부가 수익뿐만 아니라 위험도 분담하기 때문이다. 그 결과 개인의 위험 수용이 증가한 것이다.

(c) 손실이 공제되지 않을 경우 수익은 절반으로 줄어들지만 손실은 그대로이다. 그 결과 점 R은 R''으로 이동한다. 이때 좋은 상황에서의 소비는 줄어든다. 나쁜 상황에서의 소비는 대체효과와 소득효과에 따라 달라진다. 예산선의 기울기가 완만해진 것은 C_b의 가격이 떨어진 것을 의미한다. 즉, C_b의 소비를 이전과 같은 양만큼 줄이더라도 C_g의 소비를 이전보다 적은 양만큼밖에 늘리지 못한다는 것이다.

(i) 이때 대체효과는 C_b의 소비를 늘리는 방향으로 작용한다.

(ii) 소득효과에 주목하자. 일반적인 경우 가격이 떨어지면 실질소득이 늘어난다. 이 경우에는 실질소득이 줄어들었다(실질소득이 줄어든 것은 소득효과 때문이다). 이때 소득효과는 C_b가 정상재인가 열등재인가에 따라 달라진다. 이 외에도 예산선의 길이가 짧아진 점도 고려해야 한다.

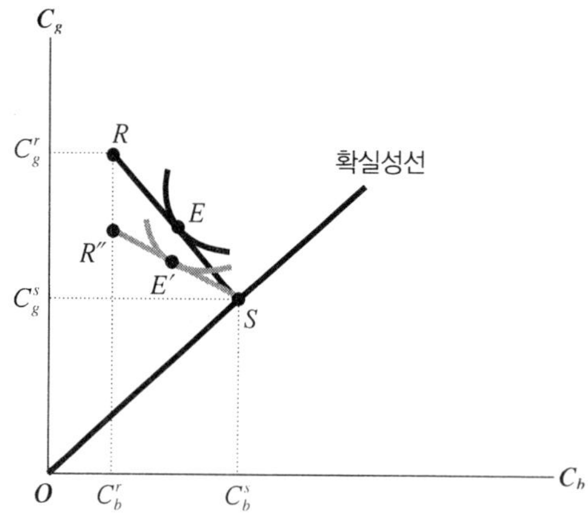

17
법인세와 투자 및 재무구조

01. 법인세가 투자에 미치는 영향에 관하여 다음 질문에 답하시오.

(a) 순수경제적 이윤에 과세할 수 있을 경우 그 영향은 어떠한가? 현실적으로 순수경제적 이윤에 과세하기 어려운 이유는 무엇인가?

(b) 자유감가상각을 시행할 경우 그 영향은 어떠한가? 현실적으로 자유감가상각을 시행하기 어려운 이유는 무엇인가?

(c) 이자비용을 공제하지 않으며 진실된 경제적 감가상각을 인정해 줄 경우 그 영향은 어떠한가? 이 방안이 현실적으로 어려운 이유는 무엇인가?

(d) 이자비용을 완전공제하며 초기에 많은 감가상각을 허용하고 시간이 흐를수록 감가상각률을 낮추는 방법으로 가속감가상각을 인정하는 경우 그 영향은 어떠한가? 이 방안이 현실적으로 어려운 이유는 무엇인가?

(e) 이자비용을 완전공제하며 가속감가상각을 해주는 상황에서 법인세율이 인하될 경우 그 영향은 어떠한가?

해답

(a) (i) 순수한 경제적 이윤에 과세하는 조세는 이른바 이윤세가 되는데, 이러한 법인세는 투자에 영향을 미치지 않는다.

(ii) 자본의 사용자비용을 측정하기 어렵기 때문이다.

(b) (i) 투자에 대해 중립적이다.

(ii) 암묵적으로 완전손실상쇄를 가정하고 있으나 현실적으로 완전손실상쇄가 이루어지기는 어려우며 또한 손실을 완전히 상쇄하려면 기업들의 손실이 큰 해에는 조세수입이 음이 될 가능성이 있기 때문이다.

(c) (i) 이 경우 이윤극대화의 조건은

$$(1-\tau_c)P\frac{\partial F}{\partial K}=qi+q\delta(1-\tau_c)$$

로 바뀌며, 이때 실효납세 후 자본비용

$$C_e=\frac{qi+q\delta(1-\tau_c)}{1-\tau_c}$$

가 과세 전 자본비용 $C=q(i+\delta)$보다 커지므로 투자수준이 이윤을 극대화하는 투자수준보다 낮아질 것이다. 즉, 법인세는 자본재를 구입하는 데 든 자금의 기회비용인 이자비용에 과세하게 되어 실효납세 후 자본비용을 증가시키므로 투자수준을 낮출 것이다.

(ii) 진실된 경제적 감가상각을 관찰할 수 없기 때문에 이 방안의 시행은 현실적으로 어렵다.

(d) (i) 이러한 감가상각에서도 진실된 경제적 감가상각에서와 총조세절감액은 동일하다. 그러나 납세시점이 다르기 때문에 진실된 경제적 감가상각이 인정되는 경우보다 조세절감액의 현재가치가 증가한다. 그 결과 실효납세 후 자본비용(C_e)이 감소한다. 즉,

$$C_e=\frac{q(i+\delta)-\tau_c iq-\tau_c\hat{\delta}q}{1-\tau_c}$$

가 되는데, 여기서 $\delta < \hat{\delta}$이므로 C_e가 과세 전 자본의 사용자비용보다 작아진다. 이 경우 투자수준이 이윤을 극대화하는 투자수준보다 높아진다.

(ii) 주식, 회사채, 사내유보 등 여러 경로로 자금을 조달하기 때문에 정확한 이자비용을 알 수 없기 때문에 이 방안의 시행은 현실적으로 어렵다.

(e) 위 (d)의 상황에서 법인세율이 인하될 경우 가속감가상각으로 인한 조세의 편익이 감소하게 되어 실효납세 후 자본비용이 증가한다($\frac{\partial C_e}{\partial \tau_c}=\frac{(\delta-\hat{\delta})q}{(1-\tau_c)^2}<0$). 그 결과 투자가 오히려 감소한다.

02. 투자공제와 투자세액공제가 자본의 사용자비용에 미치는 영향을 비교하시오. 투자세액공제는 세율의 영향을 받는가? 투자공제 및 감가상각공제는 어떠한가?

해답 (i) 기술적인 차이만 있을 뿐 투자공제는 투자세액공제와 자본의 사용자비용에 똑같은 영향을 미친다. 예를 들어 법인세율이 30%일 경우 20%의 투자공제는 6%(= 0.3 × 0.2)의 투자세액공제와 같은 효과를 갖는다.

(ii) 투자세액공제는 세액에서 공제해 주기 때문에 투자세액공제로 인한 조세절감액은

법인세율과 무관하게 결정된다.

(iii) 투자공제와 감가상각공제는 과세대상소득에서 공제해 준다. 따라서 투자공제와 감가상각공제로 인한 조세절감액은 법인세율에 따라 달라진다.

03. 외부경제를 유발하는 강철산업을 발전시키기 위한 조치로서 가속감가상각을 허용해 주는 정책이 타당한가?

해답 (i) 비현실적인 가속감가상각을 통해 특정 산업을 보조하는 것은 비효율적인 방법이다.

(ii) 외부효과를 유발하는 등의 이유로 특정 산업을 보조하기 위해서는 해당 산업에 직접 보조금을 지급하는 것이 보다 효율적이다.

04. 강철산업에 대한 투자를 증진시키기 위한 정책을 제시하시오.

해답 (i) 강철산업에 투자를 직접 증진시키기 위해서는 강철산업의 장비구입에 투자세액공제를 적용하는 정책을 생각할 수 있다.

(ii) 그러나 일반적인 저축증대정책은 반드시 투자를 증가시키지는 않는다.

(iii) 또한 일반적인 투자증대정책도 투자증대보다는 단지 이자율만 변화시킬 수도 있다. 경우에 따라 기존 기업을 인수하는 등 비투자재원으로 사용될 수도 있다.

05. 10%의 투자세액공제가 적용된다고 하자. 이때 구입가격이 1억원인 기계에 대해 감가상각을 공제해 주기 이전에 그 실효가격은 얼마가 되는가?

해답 $(1-0.1)(1)=9$(천만원)가 된다.

06. 어떤 기업이 처음에는 사내유보자금으로 투자했다고 한다. 그런데 현재에는 한계투자자금을 모두 회사채 발행을 통해 조달한다고 한다. 이러한 상황에서 감가상각을 무시한다면 법인세가 투자에 어떠한 영향을 미치겠는가?

해답 법인세는 회사채를 발행하고 지급하는 이자비용을 모두 비용으로 간주하여 공제해 준다. 그러므로 이 경우 감가상각을 무시하면 법인세는 투자에 중립적이 된다.

07. 기업이 기계를 1년 동안 빌려 쓴다고 하자. 기계의 가격을 q라고 하자. 감가상각률을 δ, 이자율을 i라고 하자. 이 기업은 이 기계를 빌리기 위해 드는 자금 중 α의 비중만큼만 차입했다고 하자. 감가상각으로 인정해 주는 정도를 β라고 하자. β가 1보다 크면 가속감가상각을 인정해 주는 것이다. 한편 투자세액공제율은 k이고 법인세율은 τ라고 한다.

(a) 납세 후 자본의 사용자비용을 구하시오.

(b) 투자에 대해 중립적인 경우의 예를 하나 드시오.

(c) '법인세율을 내릴 경우 투자가 오히려 줄어들 수도 있다.' 위의 (a)에서 구한 결과를 이용하여 이 말을 평가하시오.

해답

(a) 투자세액공제로 인해 자본재의 가격이 $(1-k)q$로 떨어진 것과 같은 효과가 나타난다. 이 경우 이자비용은 $\alpha iq(1-k)$만큼 공제받는다. 감가상각공제는 $\beta\delta q(1-k)$만큼 인정받는다. 이 때문에 절감되는 조세는 각각 $\tau\alpha iq(1-k)$와 $\tau\beta\delta q(1-k)$이다. 그러므로 납세 후 자본의 사용자비용은

$$\hat{C} = (i+\delta)q(1-k) - \tau(\alpha i + \beta\delta)q(1-k)$$

가 된다.

(b) 납세 후에는 자본의 한계생산물가치가 과세 전에 비해 $(1-\tau)$배로 줄어든다. 그러므로 법인세가 투자에 대해 중립적이 되려면 자본의 사용자비용도 같은 비율로 줄어들어야 한다. 그중 하나의 예는

$$k = 0,\ \alpha = 1,\ \beta = 1$$

인 경우이다. 즉, 투자세액공제가 없고 모두 차입에 의존하는데 진실된 경제적 감가상각만 인정되는 경우이다. 물론 이 경우 이자비용은 모두 비용으로 간주되어 공제된다는 점에 주목하라. 이 밖에도 k, α, β의 값을 적절히 조절하여 납세 후 자본의 사용자비용이

$$\hat{C} = (1-\tau)(i+\delta)q$$

가 되도록 만들어 주면 법인세가 투자에 중립적이 된다.

(c) 법인세율을 내릴 경우 납세 후 자본의 한계생산물가치가 커진다. 그런데 법인세율을 내릴 때 경우에 따라 납세 후 자본의 한계생산물가치가 커지는 것보다 납세 후

자본의 사용자비용이 더 커질 수도 있다. 이 경우에는 법인세율을 내릴 때 투자가 오히려 줄어든다. 예를 들어 위와 같은 상황에서 β의 값이 아주 클 경우를 생각해 보자. 즉, 대단히 큰 가속감가상각을 해준다고 하자. 이 경우 법인세율을 낮추면 법인세로 인한 조세절감액이 작아진다. 즉, $\tau(\alpha i+\beta\delta)q(1-k)$의 값이 작아진다. 그 결과 납세 후 자본의 사용자비용인

$$\hat{C}=(i+\delta)q(1-k)-\tau(\alpha i+\beta\delta)q(1-k)$$

의 값이 커진다. 이 값이 납세 후 자본의 한계생산물가치보다 커질 경우 투자가 오히려 줄어든다.

[추가 문제]

08. 다음 문항들에 대해 답하시오.

(a) 정부가 임시투자세액공제를 폐지한다고 하자. 이러한 정책이 투자에 미치는 영향을 말하시오.

(b) 투자에 영향을 주지 않도록 조세정책을 입안하려고 한다. 이때 핵심적인 사항은 무엇인가? 그 가능성에 대해 논의하시오.

해답

(a) 자본재의 실효가격을 올려서 자본의 사용자비용을 높임으로써 해당 부문의 투자 감소를 유발할 우려가 있다.

(b) 핵심적인 사항은 자본비용이 100% 공제되도록 해야 한다는 것이다. 이를 위해서는 진실된 경제적 감가상각을 해주고 이자비용을 완전공제해 주어야 한다. 그러나 현실적으로 진실된 경제적 감가상각은 관찰되지 않는다. 또한 이자비용은 회사채 발행, 주식발행, 사내유보 등으로 조달한 자금의 기회비용들의 가중평균인데 이 값을 파악하는 것도 불가능하다.

한편 투자금액의 전부를 일시에 감가상각해 주는 자유감가상각을 실시하는 경우에도 법인세가 투자에 영향을 주지 않는다. 그러나 기업들의 손실이 클 때 자유감가상각을 실시할 경우 조세수입이 음이 될 가능성이 있다.

18
개인소득세

01. 의료비지출이 전액 소득공제될 경우 이것이 의료서비스의 수요곡선에 미치는 영향을 말하시오. 의료서비스에 대한 수요의 가격탄력성이 0.5라고 하자. 이때 소득세의 한계세율이 20%인 개인의 경우 의료서비스 수요량은 얼마나 증가하겠는가?

해답 (i) 소득공제를 해줄 경우 1원을 지출하는 것은 소비자에게는 실제 $(1-\tau)$원의 부담이 된다. 여기서 τ는 한계소득세율을 나타낸다. 바꾸어 말하면, 소득공제가 있을 경우 $\frac{P}{1-\tau}$원의 지출은 소비자에게 실제 P원의 부담이 된다. 따라서 소득공제 이전 P원에서의 수요량은 소득공제 이후에는 $\frac{P}{1-\tau}$에서의 수요량과 같다. 따라서 수요곡선은 $\frac{1}{1-\tau}$의 비율만큼 위로 회전한다.

(ii) 한편 이 경우 가격의 하락률은 τ로 나타나므로 수요의 가격탄력성이 0.5라면 수요량은 $0.5\tau = (0.5)(20\%) = 10\%$ 증가한다.

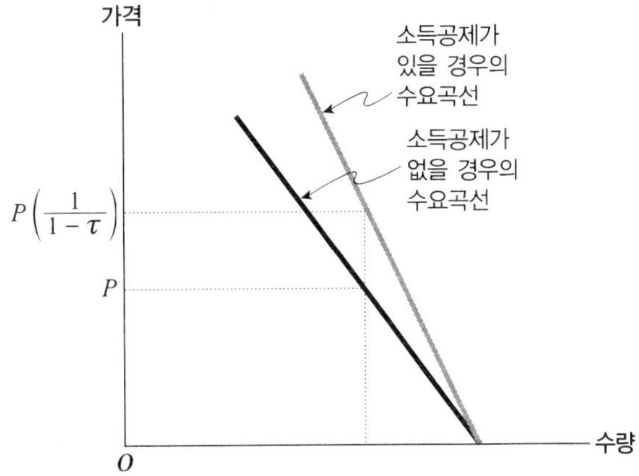

02. 다음 지출을 소득공제해 주는 것에 대한 타당성 및 예상되는 결과에 대해 논의하시오.

(a) 교육비

(b) 이사비용

(c) 사업상 식사비의 전액

해답

(a) (i) 현 직업을 유지하기 위한 교육비는 직업유지를 위한 불가피한 지출이므로 소득공제가 타당하다. 더 나은 직업선택을 위한 교육비는 자의적인 것이므로 효율의 관점에서 과세하여야 한다. 과세할 경우 자신이 스스로 최적의 교육투자를 할 것이다.
(ii) 요구되는 교육이 임의적일 경우 지출이 너무 많아질 가능성이 있다.

(b) (i) 파견근무, 새로운 직업선택 등의 경우에는 통상 근무지 근처에서 생활해야 하므로 소득공제가 타당하다.
(ii) 자신이 필요한 비용을 청구할 수 있는 제도에서는 왜곡을 유발할 가능성이 있다.

(c) (i) 비싼 음식을 선택하는가 그렇지 않은가의 문제가 있으므로 일정 한도까지만 소득공제해 주는 것이 타당하다.
(ii) 지역에 따라 음식값에 차이가 있을 수 있으므로 공평에 위배될 가능성이 있다.

03. 한계세율이 증가하는 조세제도에서 부부의 소득을 합산하여 과세하는 경우와 분리하여 과세하는 경우를 효율과 공평의 관점에서 비교하시오.

해답 (i) 합산하여 과세하는 경우 부부 중 누가 번 것이든 한계소득은 더 높은 세율의 적용을 받는다. 그런데 노동공급이 탄력적이라면 한계세율이 높을수록 왜곡이 커지므로 합산하여 과세할 경우 비효율이 커질 것이다.
(ii) 반면에 부부의 소득이 같다는 것이 동일한 상황에 있다는 것을 의미한다면 합산하여 과세하는 것이 더 공평하다고 볼 수 있다.

04. 기혼여성의 납세 후 임금률에 대한 노동공급은 상당히 탄력적이고 기혼남성의 경우는 그렇지 않다고 하자. 한편 노동공급곡선은 우상향한다고 하자. 이때 기혼여성의 소득에 대한 세율은 인하하고 기혼남성의 소득에 대한 세율은 인상한다고 하자. 이러한 정책이 조세수입과 소득분배에 미치는 영향에 대해 논의하시오.

해답 조세수입은 원래의 과세베이스와 노동공급의 탄력성에 따라 달라질 것이다. 기혼여성은 기혼남성이 노동공급을 감소시키는 것보다 노동공급을 더 많이 증가시킬 것이다. 이때 기혼남성의 수입이 기혼여성의 수입보다 많다면 가계수입의 증감은 알 수 없다. 한편 기혼남성과 미혼남성의 납세 후 임금률과 노동공급탄력성이 같다면 국민소득 중 더 많은 부분이 결혼한 부부들에게 돌아갈 것이다.

05. 현재 시행되고 있는 조세제도의 규정과는 관계없이 다음의 지출에 대해 소득공제 또는 세액공제 중 어느 것이 타당한가를 논하시오.

(a) 의료비

(b) 기부금

해답

(a) 의료비지출은 임의적 지출이 아니라는 점에서 담세능력 감소를 고려해 줄 수 있는 소득공제가 타당하다.

(b) 세액공제는 특정 지출에 대한 보상의 성격을 지니고 있다. 기부행위는 장려되어야 할 임의적 행위이므로 세액공제가 적합하다.

06. 현재의 우리나라와 같이 개인단위로 과세하고 있는 경우를 생각해 보자. 이제 소득세를 가족단위로 변경시킬 경우 이것이 부인들의 노동공급에 미치는 영향에 대해 논의하시오.

해답 한계세율이 계속 증가하는 제도에서는 개인단위에서 가족단위로 전환할 경우 맞벌이 가정의 한계노동공급에 대한 한계세율이 상승한다. 그리고 이러한 한계세율의 상승은 소득의 원천이 부인이든 남편이든 관계없이 적용된다. 이때 부인의 노동공급이 탄력적이고 또한 남편에 비해 부수적이라면 한계세율을 올릴 경우 기혼여성의 노동공급이 줄어들 것이다.

07. 포괄적 소득의 개념을 도입할 경우 그것은 특정 자산의 시장가격에 영향을 미칠 것이다. 이에 대해 논의하시오.

해답 (i) 현행의 소득세에서 세제상 상대적으로 유리하게 취급받았던 자산의 가격은 상대적으로 하락할 것이다. 그 예로는 수익이 주로 자본이득이나 부수적인 편익의 형태로 지급되는 자산을 들 수 있다.

(ii) 반면에 현행의 소득세 제도에서 상대적으로 불리하게 취급받았던 자산의 가격은

상승할 것이다. 그 예로는 수익이 주로 배당의 형태로 지급되는 자산을 들 수 있다.

08. 상금이나 복권당첨금에는 과세하면서 복권구입비는 소득공제해 주지 않고 있다. 공평의 관점에서 이를 평가하시오.

해답 (i) 과세베이스에는 모든 소득이 포함되어야 한다는 관점에 비추어 상금이나 복권당첨금에는 과세하고 복권구입비는 소득공제해 주어야 할 것이다.

(ii) 또한 복권당첨금에는 과세하면서 구입비는 소득공제해 주지 않는 것은 복권을 구입하는 행위에 왜곡을 유발할 것이다.

09. 다음의 각 경우 연간소득기준 제도가 효율적인가, 그리고 공평한가를 평생소득의 관점에서 평가하시오.

(a) 현행과 같이 소득수준이 상승함에 따라 세율이 높아지는 경우

(b) 정률소득세의 경우

해답

(a) 연간소득기준 방식에서는 소득수준이 높은 해와 그렇지 않은 해의 소득을 평균하여 과세베이스를 정하지 않는다. 그 결과 소득증가에 따라 한계세율이 높아지는 소득세일 경우 소득의 기복이 있는 사람이 세제상 불리하게 취급된다. 이것은 평생소득을 기준으로 보면 수평적으로 불공평하다고 볼 수 있다. 또한 연간소득기준 제도는 소득의 기복이 있는 직업을 선택하는 것을 기피하게 하는 비효율을 유발한다.

(b) 이때에는 모든 소득이 동일한 세율의 적용을 받으므로 소득의 기복이 세제상 불리하게 취급되지 않는다. 그리하여 평생소득의 관점에 비추어 볼 때 수평적으로 공평하며, 소득의 기복이 있는 직업을 기피하게 하는 비효율도 유발하지 않는다.

10. 통근비용을 소득공제하지 않는 경우에 대해 효율과 공평의 관점에서 논의하시오.

해답 (i) 효율의 관점에서는 통근에 효율적인 수준의 지출을 하도록 소득공제를 허용하지 않아야 한다.

(ii) 그러나 공평의 관점에서는 통근비용은 소득을 얻기 위한 정당한 사업성 경비이므로 소득공제되어야 한다. 그러나 사업상의 통근비용인지의 여부를 관찰하기가 쉽지 않다는 문제점이 있다. 이때 지나치게 먼 지역에서의 통근이나 사치스러운 통근을 방지

하기 위해 통근비용 중 소득공제해 주는 상한선을 설정해 놓아야 할 것이다.

11. 어떤 과세단위를 선택하는가가 문제되지 않는 조세제도를 말하시오.

해답 정률조세의 경우 어떤 과세단위를 선택하는가가 문제되지 않는다. 정률조세에서는 소득을 특정인 누구에게 배분하든지 세제상 이득을 볼 수 없다.

12. 본문에서 언급하지 않은 것으로서 공평의 관점에서 가족단위과세를 옹호할 수 있는 근거를 제시하시오.

해답 개인단위과세보다 이자, 배당 등 불로소득을 더 공평하게 취급할 수 있다.

13. 다음의 조세조항을 설치한 의도에 대해 말하시오.

(a) 의료비소득공제

(b) 기부금소득공제

(c) 보험료소득공제

해답

(a) 담세능력을 고려한다. 즉, 공평을 고려한다.

(b) 공공재 공급에 대한 유인을 제공한다.

(c) 보험구입에 대한 유인을 제공한다.

14. 개인이 현재 M원을 가지고 현재소비 C_1과 미래소비 C_2에 배분하려 한다. 시장이자율은 r이라 하자.

(a) 원래의 균형과 현재의 저축을 그림으로 나타내시오.

(b) 개인이 저축을 목적으로 채권을 구입한 이후에 이자율이 하락했다고 하자(채권의 액면수익률은 정해져 있으며, 시장이자율의 하락은 채권가격의 상승을 의미한다). 이때 예산선의 변화와 새로운 균형을 그림으로 나타내시오.

이제 조세당국이 자본이득의 가치에 근거하여 소득세를 부과하려 한다고 하자. 이때 자본이득을 측정하는 기준과 관련된 다음 문항들에 답하시오.

(c) 발생을 기준으로 한 자본이득을 C_1단위로 측정하여 그림에 표시하시오.

(d) 구입한 채권 중 실제 C_1을 더 구입하려고 현금화한 부분만을 포함하는 자본이득, 즉 실현을 기준으로 한 자본이득을 표시하시오.

(e) 이자율이 떨어졌을 때 그로 인해 효용이 얼마나 증가했는가를 원래의 가격을 기준으로 C_1단위로 측정하여 나타내시오.

(f) 위의 각각의 측정치들의 크기를 비교하고 현행 제도와 같이 실현을 기준으로 하는 과세베이스가 타당한가에 대해 논하시오.

해답

(a) 현재저축 = $M - C_1^*$

(b) 〈그림 참조〉

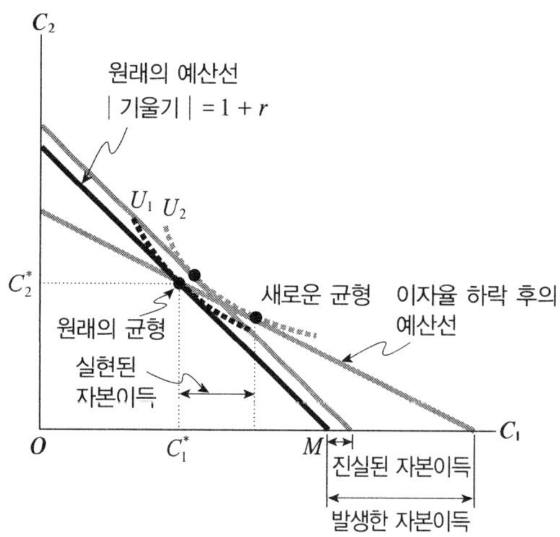

(c) 채권을 구입한 후 이자율이 떨어질 경우 예산선은 원래의 균형을 중심으로 시계 반대방향으로 회전한다. 이때 U_1에서 U_2로 효용이 증가한 것은 이미 구입한 채권에서 자본이득이 생겼기 때문이다. 이러한 자본이득을 발생을 기준으로 측정한다면 이때의 자본이득[이것은 헤이그-사이먼즈(Haig-Simons)의 소득정의이다]은 현재소비 C_1을 소비할 수 있는 능력이 얼마나 증가했는가에 의해 측정된다.

(d) 이것은 효용을 극대화하는 과정에서 새로운 현재소비를 선택하기 위해 매각해야 하는 채권의 현재가치에 해당한다.

(e) 이것은 사실상 등가변화로서 진실된 자본이득(true capital gain)이라고 할 수 있다.

(f) 일반적으로

'발생한 자본이득 > 실현된 자본이득 > 진실된 자본이득'

의 관계가 성립한다. 따라서 현행 세제에서와 같이 실현된 자본이득에 과세하는 제도는 발생한 모든 자본이득에 과세하는 제도보다 적절하다. 그러나 현행 제도는 C_2의 소비에 대한 영향(이 경우 C_2의 소비감소)을 무시하고 있다는 측면에서 여전히 어느 정도 과도한 과세의 성격을 지니고 있다고 볼 수 있다.

15. 물가가 오른 이후에도 이전과 같은 상품묶음을 구입할 수 있도록 소득을 보상해 줄 경우 소비자의 후생은 어떠한가?

해답 보상을 받은 후에도 원래 선택했던 상품묶음을 선택하는 것이 가능하다. 그러므로 효용은 과세 전과 같거나 나아진다. 무차별곡선을 그려 확인해 보라. 효용이 같아지는 경우는 그림과는 달리 무차별곡선이 L자형일 경우이다.

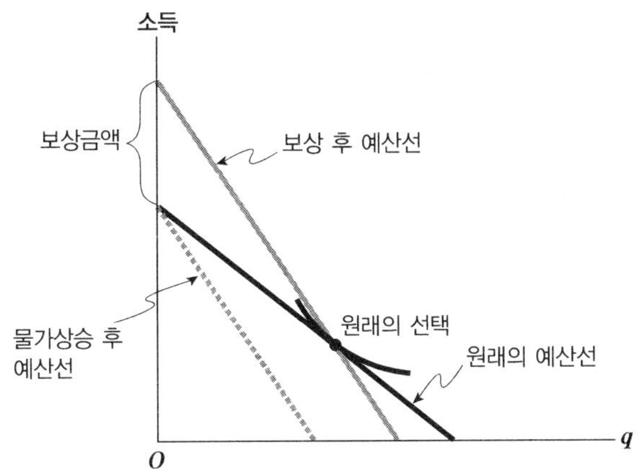

16. 어떤 개인이 25%의 한계세율을 적용받고 있다고 하자. 명목이자율이 12%, 기대인플레이션율이 8%라고 한다.

(a) 납세 후 실질이자율은 얼마인가?

(b) 기대인플레이션율이 12%로 상승하고 명목이자율도 똑같이 4%포인트 상승하여 16%가 되었다고 한다. 이때 납세 후 실질이자율은 얼마인가?

해답

(a) 일반적으로 명목이자율 i에 과세되므로, 납세 후 실질이자율 r을 구하려면 납세 후 명목이자율에서 기대인플레이션율 π를 빼주면 된다. 이를 공식화하면

$$r = (1 - \tau)i - \pi$$

가 된다. 그러므로 $r = (1 - 0.25)(12) - 8 = 1(\%)$가 된다.

(b) $r = (1 - 0.25)(16) - 12 = 0(\%)$가 된다. 어느 경우이든 과세 전 실질이자율은 4%이다. 그런데 납세 후 실질이자율은 달라졌다. 이로부터 과세 전 실질이자율이 같더라도 납세 후 실질이자율은 달라질 수 있다는 것을 알 수 있다. 조세는 실질이자율이 아닌 명목이자율에 부과되기 때문이다.

17. 정부채권으로부터 얻는 이자소득에는 과세하지 않는다고 하자.

(a) 이로부터 혜택을 보게 되는 계층은 누구인가?

(b) 정부의 채권에 투자하는 사람들에게 투자자금을 대출해 주고, 그 이자를 갚은 금액은 소득공제해 준다면 이자율은 어떻게 변화하겠는가?

해답

(a) 정부채권으로부터 얻는 이자소득을 면세해 주는 조치는 채권수요를 증대시켜 결과적으로 채권의 가격을 상승시킬 것이다. 그 결과 새로운 투자자는 이득을 보지 못하고 그 혜택은 주로 기존의 채권보유자에게 돌아갈 것이다.

(b) 이자지급액에 대해 소득공제가 적용되므로 차입비용은 $r(1-\tau)$가 된다. 그리고 위와 같은 조치는 채권수요를 증가시켜 채권가격을 상승시킴으로써 채권수익률(이자율)을 마침내 납세 후 차입이자율과 같아질 때까지 하락시킬 것이다.

18. 건물에는 과세하지 말고 토지에만 과세해야 한다는 주장을 평가하시오.

해답 (i) 동일한 가치의 재산이라 하더라도 건물의 형태가 아닌 토지의 형태로 보유한 사람들만 세금을 내게 되므로 수평적으로 공평하지 않다.

(ii) 그러나 토지에 대한 과세는 비효율을 유발하지는 않는다. 왜냐하면 조세가 토지가격에 자본화되어 토지의 수요가격은 과세 전후를 통해 변화하지 않을 것이기 때문이다. 그 결과 과세로 인해 토지의 가격이 건물에 비해 상대적으로 더 비싸지지는 않을 것이다.

19. 유산세가 소득분배를 더 불균등하게 할 수 있는 가능성에 대해 논의하시오.

해답 유산세가 저축을 감소시킬 경우 이는 자본축적을 저해할 것이다. 이것은 다시 노동의 한계생산물을 감소시켜 경우에 따라 노동의 분배몫을 감소시킬 수도 있다. 자본소득이 노동소득보다 더 불평등하게 분포되어 있다면 이러한 결과는 소득분배를 더 악화시킬 것이다.

20. 사람들이 특히 재산세를 싫어하는 이유를 제시하시오.

해답 (i) 재산의 가치를 평가하는 데 임의성이 많기 때문이다.

(ii) 원천징수가 아니고 납세자가 직접 납부하므로 재산세를 인식하기가 쉽기 때문이다.

(iii) 소득이 없는 사람이 재산을 소유하고 있을 경우 유동성이 부족하게 되는 유동성 문제에 직면하기 때문이다.

(iv) 싫어하는 이유라고 볼 수는 없지만, 싫어하는 것처럼 나타나는 이유로서, 지방세이므로 국세에 비해 항변하기가 쉽다는 점을 들 수 있다.

21. 부동산 가격의 안정을 위해 다음과 같은 정책을 취하려고 한다. 각 정책에 대해 평가하시오.

(a) 양도소득세의 세율을 올린다.

(b) 재산세의 과세표준을 실제 시세에 근접하도록 수시로 조정하고 세율 또한 높인다.

해답

(a) 양도소득세는 발생이 아닌 실현된 소득에 과세한다는 측면에서는 긍정적이다. 그러나 동결효과를 유발한다. 그 결과 교환의 비효율을 유발한다.

(b) 재산세의 과세표준을 실제 시세에 근접하도록 수시로 조정할 경우 소득의 발생에 과세될 우려가 있다. 이 경우 재산을 처분하지 않아 소득이 증가하지 않았음에도 불구하고 조세를 납부해야 하는 상황 때문에 납세자들이 유동성 문제에 직면할 수 있다.

두 제도 모두 근본적인 문제점을 지니고 있다. 즉, 공급이 완전히 비탄력이지 않는 한 새로운 균형에서는 주택가격이 상승한 결과로 나타난다는 것이다.

[추가 문제]

22. 소득세의 세율이 다음 표와 같다고 하자.

종합소득과세표준	세율
1,200만원 이하	과세표준의 100분의 6
1,200만원 초과 ~ 4,600만원 이하	72만원 + (1,200만원을 초과하는 금액의 100분의 15)
4,600만원 초과 ~ 8,800만원 이하	582만원 + (4,600만원을 초과하는 금액의 100분의 24)
8,800만원 초과 ~ 3억원 이하	1,590만원 + (8,800만원을 초과하는 금액의 100분의 35)
3억원 초과	9,010만원 + (3억원을 초과하는 금액의 100분의 38)

이러한 상태에서 기존에 시행하던 소득공제를 15%의 세액공제로 전환하는 정책에 대해서 다음 질문에 답하시오.

(a) 조세수입의 증감 여부에 대해 말하고 그 이유를 설명하시오.

(b) 소득공제와 세액공제를 공평성 측면에서 비교하시오.

(c) 소득공제와 세액공제를 자원배분의 효율성 측면에서 비교하시오.

해답

(a) (i) 소득공제를 15%의 세액공제로 전환할 경우 조세수입 증감 여부는 납세자들의 소득분포와 생활패턴에 따른 공제규모를 알아야 알 수 있다. 그러나 현재 우리나라의 구조라면 조세수입이 증가할 것이다. 그 이유는 세액공제율을 15%로 하는 경우 한계세율이 15% 이하이었던 납세자들의 조세부담은 감소하지만 한계세율이 15% 이상이었던 납세자들의 조세부담이 증가하는데 현실적으로 한계세율이 15% 이상인 납세자들의 납세 비중이 크기 때문이다.

(ii) 한계세율이 15% 이하이었던 납세자들의 조세부담이 감소하는 이유는 소득공제와는 달리 세액공제의 경우 소득수준에 관계없이 15%의 공제가 적용되어 해당 납세자들의 조세절감액이 증가하기 때문이다. 예를 들어 소득공제를 시행할 경우 1,200만원 이하 소득자는 6%의 공제율이 적용되었으나 세액공제로 전환하면 15%의 공제율이 적용되기 때문이다.

(iii) 반대로 한계세율이 15% 이상이었던 납세자들의 조세부담이 증가하는 이유는 소득공제와는 달리 세액공제의 경우 소득수준에 관계없이 15%의 공제가 적용되어 해당 납세자들의 조세절감액이 감소하기 때문이다. 예를 들어 소득공제를 시행할 경우 3억원 초과 소득자는 38%의 공제율이 적용되었으나 세액공제로 전환하면 15%의 공제율이 적용되기 때문이다.

(b) 세액공제에서는 소득수준에 관계없이 해당 지출에 대해 동일한 율을 적용해 주므로 조세감면효과가 대상자의 소득수준과 무관하다. 소득공제는 과세대상 소득에서 일정금액을 빼주는 것이므로 누진세일 경우 조세감면효과가 대상자의 소득수준이 높을수록 크게 나타난다. 이 점에 비추어 소득공제가 세액공제에 비해 불공평하다는 주장이 제기될 수 있다. 반면에 담세능력을 정확히 측정하기 위하여 소득공제를 실시하는 것은 불공평한 것이 아니라 오히려 공평하다고 주장할 수도 있다. 고소득자이더라도 담세능력이 감소한다면 담세능력이 증가할 때 조세가 증가하는 것과 같은 정도의 조세감면을 받아야 한다는 논리이다.

그런데 통계자료에 따르면 현실적으로 고소득자는 소득공제의 혜택을 많이 보고 있지만 소득이 낮은 사람은 소득공제의 혜택을 많이 보지 못하고 있다. 예를 들어 의료비, 교육비, 기부금 공제 등으로 인한 조세절감액의 상당 부분이 소득상위계층에게 돌아가고 있다.

(c) (i) **소득공제와 왜곡**

소득공제를 실시할 경우 해당 상품의 실효상대가격이 떨어져서 대체효과를 통해 왜곡이 유발된다. 즉 자원이 비효율적으로 배분된다. 또한 이때 누진세일 경우 왜곡의 정도는 소득수준이 높을수록 더 커진다. 한편 소득수준이 높을수록 개인이 직면하는 해당 상품의 실효상대가격이 더 많이 떨어진다. 그 결과 동일한 상품에 대해 개인마다 소득수준에 따라 서로 다른 실효상대가격에 직면하게 되어 교환의 파레토효율조건이 만족되지 않는다.

(ii) **세액공제와 왜곡**

세액공제를 실시할 경우 해당 상품의 실효상대가격이 떨어져서 대체효과를 통해 왜곡이 유발되는 점은 소득공제의 경우와 같다. 그러나 소득공제와는 달리 실효상대가격이 각 개인의 소득수준과 관계없이 동일하다. 따라서 교환의 파레토효율조건을 만족시킨다. 이처럼 세액공제는 소득공제와는 달리 교환의 파레토효율조건을 만족시킨다는 점에서 소득공제보다 더 효율적이라는 주장이 제기될 수 있다. 그러나 차선이론에 의하면, 이미 왜곡이 존재하는 한 세액공제가 소득공제보다 한 가지 왜곡을 덜 유발시킨다고 해서 더 효율적이라고 단정할 수는 없다.

19
법인세

01. 법인세의 세율이 개인소득세의 최고세율보다 많이 높을 경우 예상되는 문제점에 대해 논의하시오.

해답 법인을 설립할 것인가에 대한 의사결정은 위험분산, 자금조달비용 등 순수한 경제적 기준에 근거하여 이루어져야 한다. 그러나 법인세율이 개인소득세율보다 크게 높을 경우에는 법인을 설립할 것인가에 대한 의사결정이 왜곡될 것이다. 왜냐하면 이러한 상황에서는 법인소득이 아닌 개인소득으로 취급받기를 선호할 수도 있기 때문이다.

02. 정액이윤세(lump sum profit tax)도 이윤극대화 산출량에 영향을 주는가? 비례적 이윤세의 경우는 어떤가? 종량세의 경우는 어떤가?

해답 조세가 없을 경우 : $\pi_0 = TR(Q) - TC(Q)$, 이윤극대화의 1차조건 $MR = MC$.

정액이윤세 T : $\pi_1 = TR(Q) - TC(Q) - T$, 이윤극대화의 1차조건 $MR = MC$.

비례적 이윤세 : $\pi_2 = (1 - \tau)(TR - TC)$, 이윤극대화의 1차조건 $MR = MC$.

종량세 : $\pi_3 = TR(Q) - TC(Q) - tQ$, 이윤극대화의 1차조건 $MR = MC + t$.

(i) 이상에서 볼 때 정액이윤세 및 비례적 이윤세는 이윤극대화의 1차조건을 변화시키지 않으므로 산출량에 영향을 주지 않는다.

(ii) 반면에 종량세는 한계비용을 상승시킴으로써 이윤극대화의 1차조건을 변화시킨다. 이 경우 이윤을 극대화하는 산출량은 감소할 것이다.

03. 법인세의 귀착에 대해 견해가 서로 다른 이유를 제시하시오.

해답 (i) 법인세가 이윤에 대한 과세, 자본에 대한 과세, 또는 자본가정신에 대한 과세라고 보는 것처럼 법인세의 성격에 대한 견해차이 때문에 법인세의 귀착에 대해 견해가 다를 수 있다.

(ii) 경쟁 여부, 생산요소의 공급탄력성의 크기, 또는 가속감가상각 및 투자세액공제의 효과와 같은 경제의 특성에 대한 견해차이 때문에 법인세의 귀착에 대해 견해가 다를 수 있다.

04. 법인세에서 손실뿐만 아니라 손실에 대한 이자까지 이월시켜 상쇄해 주자는 제안에 대해 논평하시오.

해답 (i) 이 경우 기업이 이월되는 손실의 현재가치에 근거하여 손실이 처리되는 시점을 결정할 수 있다는 장점이 있다. 그리하여 이자율이 적절할 경우에는 손실이 처리되는 시점을 선택하는 것과 관련된 왜곡이 덜 유발될 것이다.

(ii) 반면에 기업마다 직면하고 있는 이자율이 다른 현실을 감안할 때, 적정 이자율을 선택하는 것이 무엇보다 중요해진다. 예를 들어 이때 적용하는 이자율이 기업 자신이 직면하고 있는 이자율보다 많이 높을 경우 그러한 기업은 가능한 한 손실이 처리되는 시점을 초기에 잡으려 할 것이다.

05. 6,000만원짜리 기계가 있다. 이 기계의 가치는 1년 후 4,000만원, 2년 후 3,000만원, 3년 후 2,000만원, 4년 후 1,000만원, 5년 후에는 가치가 전혀 없다고 하자. 이자율은 10%이고 법인세율은 30%라고 한다.

(a) 진실된 경제적 감가상각의 현재가치를 구하시오.

(b) 세제상 3년의 직선감가상각이 허용되고 있다고 할 때 직선감가상각의 현재가치를 구하시오.

(c) 앞의 (a) 및 (b)의 각 경우 해마다 절약되는 조세를 단순히 합하면 얼마가 되는가? 절약된 조세의 현재가치는 어떠한가?

해답

(a) $2{,}000 + \frac{1{,}000}{1+0.1} + \frac{1{,}000}{(1+0.1)^2} + \frac{1{,}000}{(1+0.1)^3} + \frac{1{,}000}{(1+0.1)^4} = 5{,}169$(만원)이 된다.

(b) $6{,}000/3 + \frac{6{,}000/3}{1+0.1} + \frac{6{,}000/3}{(1+0.1)^2} = 5{,}471$(만원)이다. 위 (a)의 경우와 비교해 보면 3년의 직선감가상각의 현재가치가 진실된 경제적 감가상각의 현재가치보다 크다는 것을 알 수 있다. 일반적으로 단기간의 직선감가상각공제가 진실된 경제적 감가상각공제보다 기업에게 유리하다.

(c) (i) 두 경우 모두 총 6,000만원이 공제되므로 절감되는 조세의 단순합은 (6,000)(0.3) = 1,800(만원)이 된다.

(ii) 그러나 총조세절감액의 현재가치는

진실된 경제적 감가상각의 경우 : (5,169)(0.3) = 1,551(만원)
직선감가상각의 경우 : (5,471)(0.3) = 1,641(만원)

이 된다. 물론 총조세절감액의 현재가치는 위와는 달리 해마다 절감되는 조세의 현재가치를 구한 다음 이들을 합하여 얻을 수도 있다.

06. 법인세를 부과했는데도 납세 후 수익률이 오히려 증가할 수 있겠는가?

해답 감가상각방법, 투자세액공제 등 특별조항의 성격에 따라 납세 후 실효한계세율이 음수가 되어 법인세를 부과한 후 납세 후 수익률이 오히려 증가할 수도 있다.

07. 높은 이윤을 얻고 있는 기업에 면세혜택을 준다고 하자. 이러한 혜택이 공평한가, 그리고 효율적인가에 대해 논의하시오.

해답 (i) 공평성에는 어긋난다.

(ii) 그러나 이러한 혜택이 기업에게 예상 밖으로 비효율적인 투자를 유발하지만 않는다면 효율에는 영향을 미치지 않을 것이다. 왜냐하면 이윤에 대한 과세는 기업의 의사결정에 영향을 주지 않기 때문이다.

08. 본문에서 완전통합은 초과부담을 완화시킬 수 있다는 주장이 있다고 하였다. 초과부담을 완화시키는 예들을 들어보시오.

해답 (i) 법인부문과 비법인부문 사이의 자원배분의 비효율성 제거

(ii) 통합으로 인해 자본수익에 대한 세율이 낮아질 경우 저축에 대한 의사결정을 할 때 생기는 비효율 완화

(iii) 배당소득세를 피하기 위한 과다한 사내유보 보유 및 이로 인해 투자자금을 자본시장에서 조달하지 않기 때문에 발생하는 비효율 제거

(iv) 채권을 발행하여 자본을 조달하는 경향을 완화시켜 파산의 가능성을 줄여 줌

20
소비에 대한 조세

01. 모든 소비세는 역진적이다. 이를 평가하시오.

해답 이 말은 오류이다. 소비세 중에서도 개인지출세는 인세로서 개인의 상황을 고려할 수 있도록 고안될 수 있다. 이로써 보통의 소비세의 특성인 역진성을 피할 수 있다.

02. 본문에서 담배나 주류에 대한 선별판매세는 역진적인 성격을 띠고 있다고 하였다. 이 재화들이 다음과 같은 상황에서 생산될 경우 역진성의 정도는 어떠하겠는가?

(a) 경쟁산업에서 생산되며 공급이 비탄력적일 때

(b) 수요곡선이 직선이며 독점자에 의해 일정한 한계비용으로 생산될 경우

(c) 수요곡선의 탄력성이 일정하며 독점자에 의해 일정한 한계비용으로 생산될 경우

해답

(a) 조세가 소비자에게 전혀 귀착되지 않는다.

(b) 조세의 $\frac{1}{2}$은 소비자에게 귀착되고, $\frac{1}{2}$은 독점자에게 귀착된다(10장 참조).

(c) 이 경우 부과된 조세보다 가격이 더 많이 상승하므로 역진성이 심화된다(10장 참조).

03. 비례적 소비세와 동등한 조세들을 열거하시오.

해답 (i) 모든 소비재에 대한 일반판매세

(ii) 저축을 과세베이스에서 공제해 주는 비례적 소득세

(iii) 비례적 임금소득세

이 중 (ii)가 행정비용이 가장 많이 들 것이다.

04. 개인지출세가 도입되면 그것은 특정 자산의 시장가격에 영향을 줄 수도 있을 것이다. 이에 대해 논의하시오.

해답 (i) 개인지출세에서는 저축은 과세베이스에서 제외된다. 따라서 높은 수익을 창출하는 자산에 대한 수요를 개인소득세에서보다 상대적으로 증가시켜 이러한 자산의 가격을 상승시킬 것이다.

(ii) 나아가서 배당을 지급하는 금융자산의 가격이 상대적으로 상승할 가능성이 높다. 왜냐하면 개인소득세에서는 배당은 자본이득에 비해 상대적으로 불리하게 취급받았기 때문이다.

05. 현행 소득세제도의 특성 중 개인지출세의 특성과 유사한 부분을 지적하시오.

해답 (i) 연금의 형태로 저축되는 소득은 비과세되는 점

(ii) 실현되지 않은 자본이득에는 과세하지 않는 점

(iii) 소유자가 사망할 때에는 실현된 자본이득에도 과세하지 않는 점

(iv) 가속감가상각이 과세베이스를 감축시켜 주는 점

06. 개인지출세가 공평하려면 유산에도 과세해야 한다. 이 말을 평가하시오.

해답 (i) 수평적 공평의 차원에서 유산이라는 지출에 대해서도 과세돼야 한다.

(ii) 보다 일반적인 관점에서 상속은 상속받는 사람 입장에서는 불로소득이므로 그것이 불공평하다고 간주될 경우에는 유산에 과세해야 한다.

07. 개인의 소비지출에 과세하는 조세제도를 생각해 보자. 그러나 부가가치세와는 달리 개인의 상황을 고려하여 인적공제나 각종 공제를 허용한다.

(a) 개인의 소득에 과세하는 조세와 효율성 측면에서 비교하시오.

(b) 개인의 소득에 과세하는 조세와 공평성 측면에서 비교하시오.

(c) 개인의 소득에 과세하는 조세와 효율 및 공평 이외의 여러 가지 다른 측면에서 비교하시오.

해답

(a) (i) 개인소득세는 이자에 과세함으로써 현재소비와 미래소비 사이에 왜곡을 유발한다. 저축을 감소시킨다.

(ii) 개인지출세

- 현재소비와 미래소비 사이에 왜곡을 유발하지 않는다. 그러나 소비와 여가 사이의 선택에 왜곡을 유발한다는 측면에서 효율성 판단에 주의해야 한다(차선이론을 생각해 보시오).
- 저축이 과세에서 제외되므로 자본축적에 기여한다.
- 법인세가 폐지되므로 법인세 부과에 따른 비효율이 제거된다. 그 결과 투자가 증가할 수 있고 법인의 자금조달에 효율성이 제고될 수 있다.

(b) (i) 소득세의 경우 평생소득의 현재가치가 같더라도 저축하는 사람이 차입하는 사람에 비해 더 많은 조세를 납부하게 된다. 이러한 측면에서 소득세는 불공평하다고 할 수 있다.

(ii) 개인지출세는 평생예산제약식의 관점에서 공평하다. 즉, 평생소득의 현재가 가치가 같은 사람은 자신의 선택에 관계없이 동일한 조세를 납부한다.

(c) (i) 개인지출세를 시행할 경우 법인세와 소득세가 폐지된다. 따라서 감가상각, 자본이득 평가, 인플레이션 등 과세표준을 평가하는 데 따르는 여러 가지 어려움이 없어진다. 이러한 측면에서 개인지출세는 효율, 공평의 측면뿐만 아니라 행정적으로 단순하다는 점이 부각되고 있다.

(ii) 물론 개인지출세에 대한 비판도 있다. 특히 개인지출세로 이행할 때의 문제점이 제기된다. 말하자면 저축이 많은 사람은 소득세제도에서 이미 소득세를 납부했는데, 개인지출세로 이행할 경우 그 저축금액을 소비할 때 또 다시 소비세를 납부하게 된다. 결과적으로 이중과세가 되는 셈이다.

21
소득재분배

01. 공적부조를 받으려면 소득이 어느 일정 기준 이하여야 한다고 정하였다. 공적부조가 현금으로 이루어질 경우 개인의 예산선이 어떻게 변하는가를 그리시오.

해답 (i) 예산선 중 기준소득 이하의 부분은 보조금 액수만큼 위로 평행이동하며, 기준소득 이상의 부분은 변화하지 않는다.

(ii) 한편 이 경우 보조금을 주기 이전과 이후에 소득의 역전현상이 발생한다.

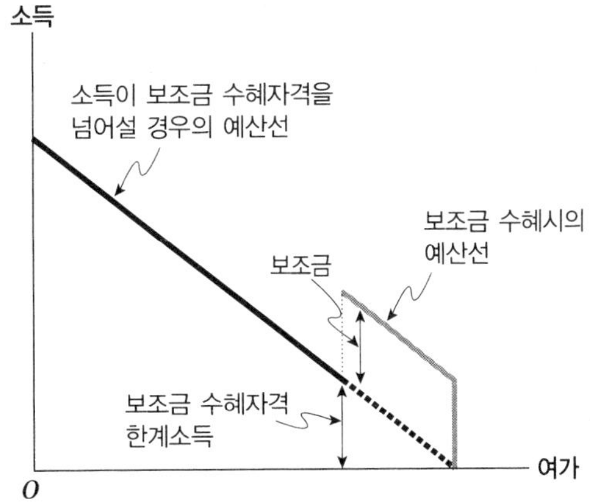

02. 노동수요곡선이 $L = -50w + 200$, 노동공급곡선이 $L = 50w$로 각각 주어졌다고 하자.

(a) 균형임금률과 균형고용량을 구하시오.

(b) 이제 피고용자 한 명당 고용자에게 보조금을 지급함으로써 균형임금률을 3으로 인상시키려고 한다. 이때 균형고용량 및 수요임금률의 크기를 구하시오. 또한 노동 한 단위당 보조금의 크기 및 보조금의 지급총액을 구하시오.

(c) 보조금을 주는 대신 최저임금률을 3으로 정할 경우 고용량을 구하고 그 결과를 보조금의 경우와 비교하시오.

해답 $L_d = -50w + 200$, $L_s = 50w$로 주어져 있다.

(a) $L_d = L_s$로부터 $w^0 = 2$, $L^0 = 100$으로 구해진다.

(b) 보조금을 지급하면 공급임금률은 수요임금률보다 단위당 보조금만큼 높아진다. 그리고 수요자는 수요임금률에 따라 행동하고, 공급자는 공급임금률에 따라 행동한다. 그러므로

$$L_d = -50w_d + 200,\ L_s = 50w_s$$

가 성립한다. 여기서

$$w_d = w_s - s$$

이고, $w_s = 3$이다.

한편 균형에서는

$$L_d = L_s$$

이다. 미지수가 5개이고, 식이 5개이다. 이상의 관계로부터 $L^* = 150$, $w_d^* = 1$, $s^* = 2$를 얻는다. 이때 보조금 총액 $= 150 \times 2 = 300$을 얻는다.

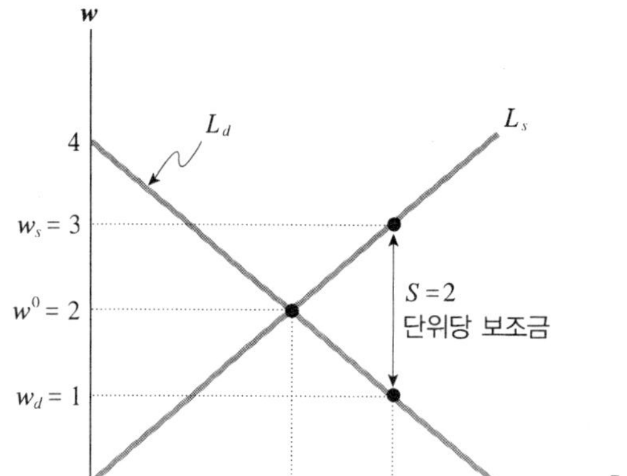

(c) 최저임금률을 $\underline{w}$라 하자. 이 경우

$$L_d = -50\underline{w} + 200,\ L_s = 50\underline{w}$$

이다. $\underline{w} = 3$을 두 식에 각각 대입하면 $L_d^* = 50$, $L_s^* = 150$을 얻는다. 노동공급량이 노동수요량보다 100단위나 더 많다. 그 결과 보조금의 경우와는 달리 노동 100단위의 실업이 발생한다.

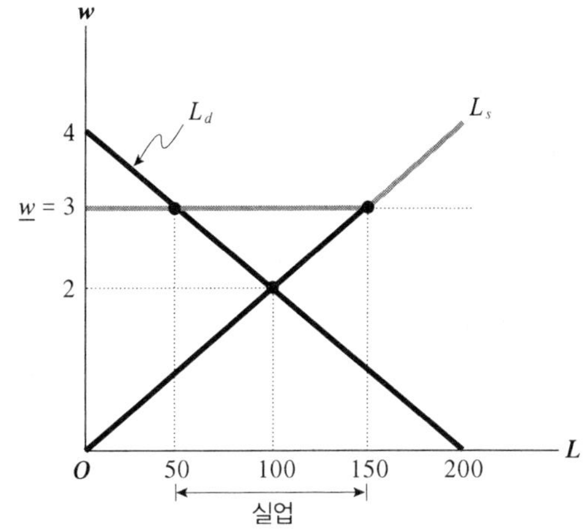

03. 소득이 증가함에 따라 보조금이 감소하는 경우 예산선의 변화를 그리시오. 이때 노동공급은 증가하는가 아니면 감소하는가? 보조금을 정액으로 지급하면서 이 경우와 똑같은 효용을 보장하려고 한다. 두 경우 보조금의 크기를 비교하시오.

해답

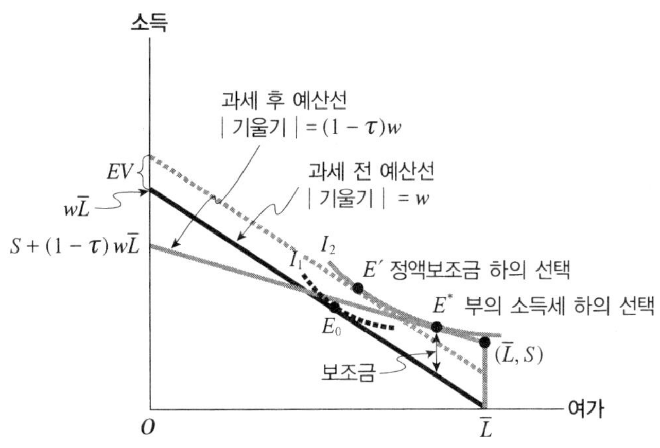

(i) 이 경우 예산선은 그림과 같은 負의 소득세의 예산선과 동일하다. 부의 소득세는 누구에게나 기본 보조금이 지급된 다음 소득이 증가함에 따라 이 보조금이 일정한 비율로 줄어드는 조세를 말한다. 이 경우 노동공급은 감소한다.

그 이유를 살펴보자. 먼저 임금률이 떨어진다(세율을 τ라고 하면 임금률이 w에서 $(1-\tau)w$로 떨어진다). 즉, 여가 소비의 기회비용이 작아진다. 그 결과 대체효과는 여가 소비를 증가시키는 방향으로 작용한다. 즉, 노동공급을 감소시키는 방향으로 작용한다. 한편 부의 소득세를 적용받는 사람의 경우 보조금을 받아 소득이 증가하게 된다.

그리하여 소득효과도 여가 소비를 증가시키는 방향으로 작용한다. 즉, 노동공급을 감소시키는 방향으로 작용한다. 결과적으로 대체효과뿐만 아니라 소득효과도 노동공급을 감소시키는 방향으로 작용한다.

(ii) 부의 소득세와 동일한 효용수준을 보장하는 정액보조금의 예산선은 과세 전 예산선에 평행하면서 E'에서 무차별곡선 I_2에 접하는 직선이다. 이때 지급되어야 할 정액보조금(EV)은 부의 소득세가 실시될 때 지급되는 보조금보다 적다.

이러한 결과가 나타나는 이유를 살펴보자. 부의 소득세가 부과될 경우에는 보조금을 더 많이 받으려는 방향으로 개인이 자신의 선택을 바꾼다. 이것이 바로 대체효과로 나타나며 비효율을 유발하게 된다. 그러나 보조금을 정액으로 지급할 경우에는 개인이 자신의 선택을 어떻게 바꾸더라도 자신이 받는 보조금의 크기에 영향을 줄 수 없다. 이 때문에 정액보조금은 개인의 선택을 왜곡시키지 않는다. 그 결과 비효율도 발생하지 않는다. 따라서 동일한 효용을 보장하려 할 경우 정액으로 지급할 때 보조금이 더 적게 든다.

04. 특히 어린이들의 복지를 겨냥하는 복지제도라면 어떠한 형태를 취해야 할 것인가?

해답 (i) 일반적으로 어린이들은 가정에서 의사결정권이 약하다. 그러므로 보조금이 부모의 영향을 받지 않고 사용되려면 현물보조가 바람직하다.

(ii) 바람직한 예로는 결식아동을 위한 학교무상급식제도, 무료예방접종, 무상초등교육 등을 들 수 있다.

05. 미래세대의 후생을 배려하기 위한 목적으로 세대 간 후생에 영향을 미치는 정부정책의 예를 드시오.

해답 (i) 하천 및 환경오염 방지정책

(ii) 교육에 대한 투자

(iii) 천연자원 소비절약정책

06. 개인 A의 시간당 임금률이 1,000원이라고 하자. 이 개인에게는 매달 6만원의 보조금을 지급해 주는 사회보장제도가 적용된다고 하자. 그런데 이러한 사회보장제도의 보조금은 개인의 수입이 1원 늘어날 때마다 20전씩 줄어든다고 한다.

(a) 개인 A의 예산선을 그리시오.

(b) 개인 A가 노동을 공급하는 경우와 그렇지 않은 경우를 위 그림에 각각 그리시오.

해답

(a) 부의 소득세이다.

$$T = -S + \tau w L$$

에서 $S = 60{,}000$, $\tau = 0.2$, $w = 1{,}000$인 경우이다. 조세가 부과되기 전에는 예산선의 기울기가 w이다. 그런데 한계세율이 τ이므로 조세가 부과된 이후에는 그 기울기가 $(1-\tau)w$가 된다. 그러므로 조세가 부과된 후의 예산선을 그리려면 먼저 그 기울기가 $(1-\tau)w$가 되도록 그린다. 그 다음 이 예산선을 S만큼 위로 평행이동시킨다. 그러면 그림과 같은 예산선을 얻는다.

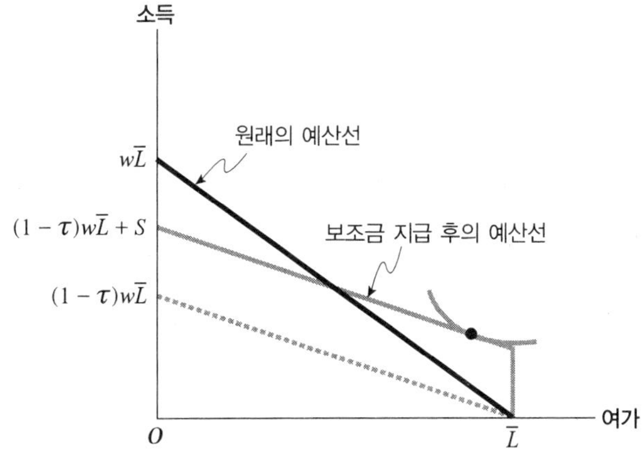

(b) 위 그림은 노동을 공급하는 경우를 보여주고 있다. 만일 무차별곡선이 예산집합의 오른쪽 위 꼭지점에서 접한다면 이것은 노동을 공급하지 않는 경우에 해당된다.

07. 외환위기로 실업자가 많이 발생하고 소득수준이 전반적으로 하락하였다. 이와 관련하여 사회안전망의 구축이 보다 절실해졌다. 이와 관련하여 고용보험과 공공근로사업이 각각 효용을 극대화하는 개인의 노동공급에 미치는 영향을 비교하시오. 이때 노동의 질은 어떠한가? 이러한 제도가 경제의 전반적인 임금률 수준에 미치는 영향은 어떠한가? 이러한 제도가 재정부담에 미치는 영향을 비교하시오.

해답 (i) **노동공급**—공공근로사업 대상자의 경우 임금률이 낮을 것임을 감안할 때 하루 8시간의 노동을 공급할 것으로 생각된다. 고용보험은 노동공급 감소를 유발한다. 잦은 실업 상태를 유지하게 되는 도덕적 해이를 유발할 가능성이 높다. 일자리 찾기를 소홀히 하는 도덕적 해이를 유발한다. 또한 실업을 당할 경우 보험료를 지급받으므로 일자리에서 최선을 다하지 않는 도덕적 해이를 유발할 수 있다.

(ii) **노동의 질**—보수가 성과에 따라 지급되지 않으므로 도덕적 해이로 인해 최선을 다하지 않을 것으로 예상된다. 그 결과 노동의 질은 나빠질 것으로 생각된다.

(iii) **임금률에 미치는 영향**—유보임금률이 높아지기 때문에 임금률이 상승할 것으로 예상된다. 고용보험료는 일종의 조세이므로 공급임금률이 감소할 수 있다. 그 크기는 노동공급의 탄력성에 따라 달라진다.

(iv) **재정부담**—고용보험은 보험의 재정이 건전할 경우 재정에 직접적인 부담이 되지는 않는다. 공공근로사업은 재정에 부담이 된다.

08. 부의 소득세에서 기본 보조금을 올리는 대신 세율을 높인다고 하자.

(a) 이때 저소득자의 노동공급이 증가하겠는가 또는 감소하겠는가?

(b) 소득이 높은 사람은 어떠한가?

해답 예산선을 그려 보라. 새로운 예산선은 보조금이 많아진 형태에서 기울기가 완만해진다. 그리하여 원래의 예산선과 한 점에서 만난다. 이 교차점에 대응하는 소득을 I_0라고 하자.

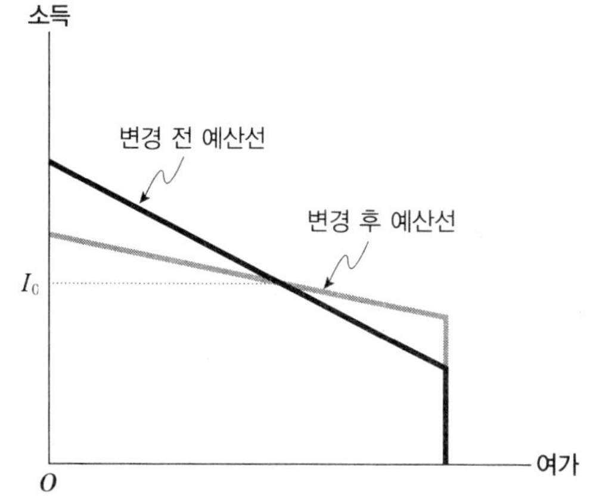

(a) 소득이 I_0보다 적은 사람의 경우를 생각해 보자. 보조금이 많아져서 소득이 증가하였다. 이 때문에 소득효과는 여가 소비를 증가시키는 방향으로 작용한다. 즉, 노동공급을 줄이는 방향으로 작용한다. 한편 세율이 높아져 납세 후 순임금률이 낮아졌다. 이 때문에 대체효과도 여가 소비를 증가시키는 방향으로 작용한다. 즉, 노동공

급을 줄이는 방향으로 작용한다. 결과적으로 저소득자는 노동공급을 줄인다.

(b) 소득이 I_0보다 많은 사람의 경우를 생각해 보자. 이 사람은 새로운 조세로 인해 납세 후 순소득이 줄어들었다. 그리하여 소득효과는 여가 소비를 줄이는 방향으로 작용한다. 즉, 노동공급을 늘리는 방향으로 작용한다. 한편 한계세율이 높아져서 납세 후 순임금률이 낮아진 것은 소득이 높은 사람에게도 동일하게 적용된다. 그리하여 대체효과는 저소득자의 경우와 같이 노동공급을 줄이는 방향으로 작용한다. 결과적으로 노동공급이 증가하는지 감소하는지는 소득효과와 대체효과 중 어느 것이 더 큰가에 따라 달라진다.

09. 국민기초생활보장제도에서는 소득을 산정하여 그 소득이 최저생계비 이하일 경우 생계비를 지원하여 기초생활을 보장하고 있다. 예를 들어 2002년의 경우 1인 가구에 대해 약 34만 5천원을 보장해 주었다. 그런데 이 제도는 근로 유인을 저해시킬 것이 우려된다. 이와 관련하여 근로소득을 산정할 때 근로활동을 통해 얻은 소득의 20%를 공제해 주는 문제에 대해 생각해 보자.

(a) 근로활동을 통해 얻은 소득의 20%를 공제해 줄 경우의 노동공급과 국민기초생활보장제도가 시행되기 이전의 노동공급을 비교하시오.

(b) '근로활동을 통해 얻은 소득의 20%를 공제해 줄 경우에는 그렇지 않을 경우에 비해 정부의 예산이 더 많이 들 것이다' 라는 주장을 평가하시오.

해답

(a) (i) 근로소득을 공제해 주지 않을 경우 국민기초생활보장제도는 최저소득보장제도와 같다. 이 경우 근로소득이 늘어나더라도 자신의 소득은 늘어나지 않는다. 그러므로 이 경우 암묵적 한계세율은 100%이다. 따라서 노동공급량은 0이 된다.

(ii) 한편 근로소득의 일정 비율을 공제해 줄 경우 실질적으로는 부의 소득세와 같아진다. 근로소득의 20%를 공제해 줄 경우를 생각해 보자. 이때 수급자가 추가로 1만원의 근로소득을 올릴 경우 그의 소득은 1만원의 20%인 2,000원이 증가한다(국민기초생활보장제도에서 근로소득을 공제해 준다는 말은 이러한 의미로 사용되고 있다. 이 경우 보조금이 8,000원 줄어드는 셈이다). 이렇게 볼 때 근로소득의 20%를 공제해 줄 경우 한계세율은 80%가 된다. 이 경우 임금률이 낮아진 셈이기 때문에 대체효과와 소득효과를 적용해야 한다.

i) 소득효과를 살펴보자. 보통의 경우 임금률이 낮아지면 소득이 줄어든다. 그

러나 이 경우에는 정부로부터 생계비를 보조받기 때문에 제도 시행 이전에 비해 소득이 늘어난다. 따라서 여가가 정상재일 경우 소득효과는 점 *a*에서 점 *b*로의 움직임에 대응하여 여가 소비를 늘리는 것으로 나타난다. 즉, 소득효과는 노동공급을 줄이는 것으로 나타난다.

ii) 대체효과를 살펴보자. 임금률이 낮아졌다는 것은 여가의 기회비용이 작아졌다는 것을 뜻한다. 따라서 대체효과는 점 *b*에서 점 *c*로의 움직임에 대응하여 여가의 소비를 늘리는 방향으로 작용한다. 즉, 노동공급을 줄이는 방향으로 작용한다.

iii) 결국 소득효과와 대체효과 모두 여가 소비를 줄이는 방향으로 작용하므로 제도 시행 이전에 비해 노동공급이 줄어든다.

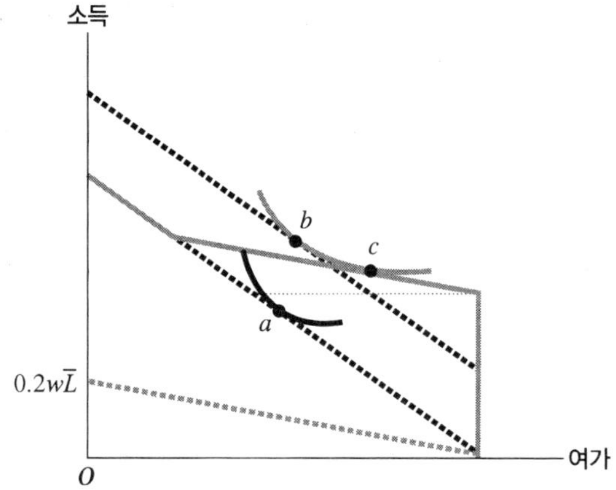

(b) 3가지 유형의 개인이 있을 수 있다.

(i) 근로소득을 공제해 주든지 아니든지 어느 경우에도 노동공급을 하지 않고 보조금을 받는 경우. 이때 정부의 생계비 보조금 지출은 변하지 않는다.

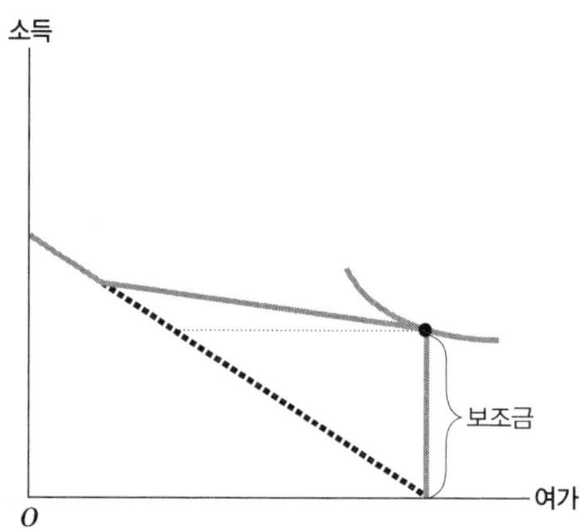

(ii) 소득공제를 해주지 않을 때에는 d점에서처럼 노동공급을 하지 않다가 소득공제를 해줄 때에는 e점에서처럼 노동공급을 하여 정부로부터 받는 보조금이 줄어드는 경우. 이때 정부의 생계비 보조금 지출은 오히려 줄어든다.

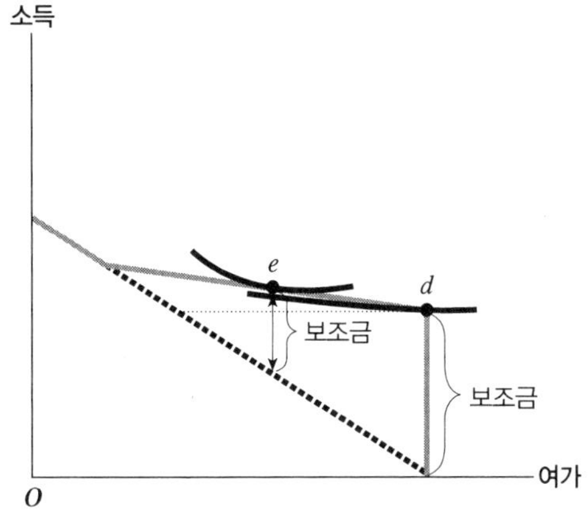

(iii) f점에서처럼 보조금을 받지 않던 사람이 g점에서처럼 노동공급을 줄이고 보조금을 받는 경우. 이때 정부지출이 늘어난다. 결과적으로 볼 때 정부의 생계비 보조금 지출 규모가 늘어나는가는 어떤 유형의 사람들이 많은가에 따라 달라진다.

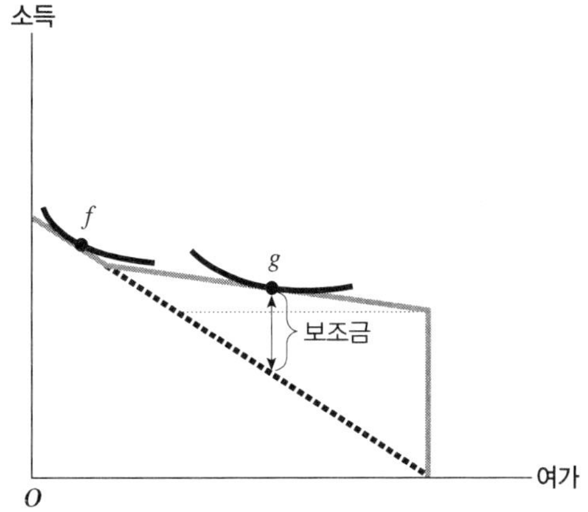

10. 국민기초생활보장제도는 노동공급을 저해할 수 있다는 문제점을 지니고 있다. 이 점에 비추어 다음과 같은 제안을 한다고 하자. 먼저 근로소득을 그 크기에 따라 4구간으로 구분한다. 1구간에서는 근로소득이 증가함에 따라 근로소득의 일정한 비율로 보조금을 지급한다. 2구간에서는 보조금을 일정한 수준으로 유지한다. 3구간에서는 소득이 증가함에 따라 일정한 비율로 보조금을 줄여나간다. 마지막 4구간에서는 보조금을 지급하지 않는다. 한편 이와는 별도로 3구간의 중간 이후부터는 일정한 한계세율로 소득세를 부과한다고 하자.

(a) 이러한 제안에 따를 경우 이 개인이 직면하는 예산선을 그리시오.

(b) 각 구간에서 이 제도가 이 개인에게 작용하는 노동공급 유인에 대해서 말하시오. 이때 같은 구간이라도 세부 구간으로 구분할 필요가 있으면 구분해서 답하라.

(c) 이러한 제안을 실제로 정책으로 채택할 경우 고려해야 할 사항들에 대해서 논의하시오.

해답

(a) 단계적으로 살펴보자. 먼저 소득세가 없을 경우의 예산선은 다음과 같다.

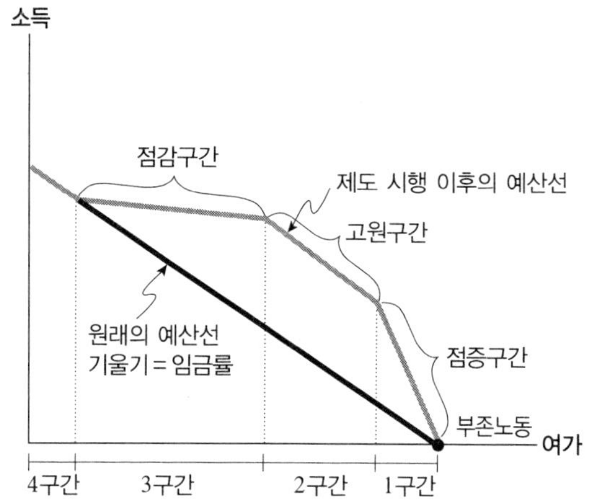

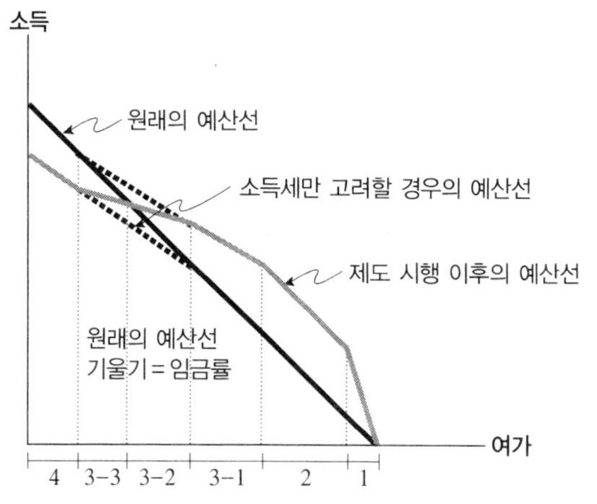

(i) 소득세가 부과될 경우 3구간과 4구간에서는 다음과 같은 변화가 발생한다. 즉, 3구간을 다시 3개의 세부구간으로 나눌 수 있으며, 또한 4구간에서는 소득세가 부과된다.

(ii) 3구간에 있는 세부구간을 살펴보면 다음과 같다. 먼저 3-1구간은 소득세가 부과되고 있지 않은 구간이다. 3-2구간은 소득세가 부과되고 있으나 보조금이 소득

세보다 많은 구간이다. 끝으로 3-3구간은 보조금보다 소득세가 많은 구간이다.

(iii) 한편 3-2구간과 3-3구간의 한계세율은 보조금이 줄어드는 비율과 소득세의 세율을 합한 값으로 정해진다.

(b) (i) 1구간에서는 임금률이 높아진다. 그리하여 임금보조금의 원리가 적용된다. 그 결과 대체효과는 노동공급을 증가시키는 방향으로 작용한다. 그러나 보조금 때문에 소득이 증가하므로 소득효과는 노동공급을 감소시키는 방향으로 작용한다. 그 결과 1구간에서는 대체효과와 소득효과가 서로 다른 방향으로 작용한다. 저소득자가 이 곳에서 선택을 할 경우 대체효과가 소득효과보다 커서 그의 노동공급이 늘어날 가능성이 높다.

(ii) 2구간에서는 임금률이 제도 시행 이전과 같다. 그 결과 제도 시행이 대체효과에는 영향을 주지 않는다. 그러나 보조금을 받기 때문에 그로 인한 소득효과는 노동공급을 감소시키는 방향으로 작용한다.

(iii) 3구간을 살펴보자. 3-1구간에서는 부의 소득세 원리가 적용된다. 즉, 소득이 증가함에 따라 보조금이 줄어든다. 이것은 이 구간에서 개인의 임금률을 낮추는 것과 같은 효과를 나타낸다. 그리하여 대체효과는 노동공급을 감소시키는 방향으로 작용한다. 한편 이 구간에서도 여전히 보조금은 받으므로 제도 시행 이전에 비해 소득은 많아진다. 그 결과 소득효과도 노동공급을 감소시키는 방향으로 작용한다. 특히 이 구간에서는 대체효과와 소득효과가 모두 노동공급을 감소시키는 방향으로 작용한다는 점에 주목하자.

(iv) 3-2구간에서도 부의 소득세 원리가 적용된다. 다만 소득세의 영향으로 임금률이 더욱 낮아진다. 그리하여 노동공급을 감소시키는 대체효과가 더욱 크게 작용한다. 한편 여전히 보조금이 소득세를 초과하기 때문에 제도의 순효과는 소득을 늘려주는 것으로 나타난다. 그리하여 소득효과는 노동공급을 줄이는 방향으로 나타난다. 결국 대체효과와 소득효과가 모두 노동공급을 감소시키는 방향으로 작용한다.

(v) 3-3구간의 경우 대체효과에 대해서는 3-2구간과 같은 원리가 작용한다. 그러나 이 구간에서는 소득세가 보조금을 초과하기 때문에 제도의 순효과는 소득을 줄여주는 것으로 나타난다. 이 경우 소득효과는 노동공급을 늘리는 것으로 나타난다. 그리하여 노동공급은 대체효과와 소득효과의 크기에 따라 달라진다.

(vi) 4구간에서는 소득세만 부과한 것과 같은 효과가 나타난다. 즉, 임금률이 낮아져 대체효과는 노동공급을 줄이는 것으로 나타나고, 소득이 줄어들어 소득효과는

노동공급을 늘리는 것으로 나타난다는 것이다.

(c) (i) 국민기초생활보장제도를 실시할 경우에 드는 예산과 같은 예산을 투입하여 정책목표를 달성할 수 있는가를 생각해 본다.

(ii) 보조금 지급은 점감구간에서 있는 사람들에게 노동공급을 줄이는 유인으로 작용한다. 그런데 점감구간에 있는 사람들이 점증구간에 있는 사람들보다 생산성이 높은 사람들이다. 그러므로 점증구간, 평탄구간, 점감구간을 각각 어느 곳에 설정하느냐가 매우 중요하다.

(iii) 노동공급 능력이 없는 사람에게는 보탬이 되지 않는다.

(iv) 국민기초생활보장제도에서는 모든 사람들이 최저생계를 보장받는다. 그러나 이 제도만으로는 최저생계를 유지하지 못하는 사람들이 나타날 가능성이 있다. 그러므로 이 제도를 시행하려면 현물보조를 통해 최저생계를 보장해 준 다음에 시행하는 것이 바람직하다.

[추가 문제]

11. 공적부조를 받으려면 소득이 어느 일정기준 이하여야 한다고 정하려고 한다.

(a) 공적부조가 현금으로 이루어질 경우 개인의 예산선이 어떻게 변하는가? 이러한 제도의 문제점은 무엇인가?

(b) 앞 문항에서 지적된 문제점을 보완하려고 한다. 이때 예상되는 문제점은 무엇인가?

(c) 앞에서 지적된 문제점들을 보완하기 위한 제도에 대해 설명하시오.

해답

(a) 이번 장의 (연습문제 01)과 같은 문제이다.

(b) 소득의 역전현상이 발생하는 것을 막으려면 부의 소득세를 실시해야 한다. 부의 소득세를 실시할 경우 제도 실시 이후 받은 보조금을 포함하더라도, 제도 실시 이전에 소득이 더 높았던 사람의 소득이 그보다 소득이 낮았던 사람의 소득보다 여전히 더 높다. 즉, 소득의 역전현상이 발생하지 않는다. 그런데 부의 소득세를 실시할 경우의 문제점은 대체효과와 소득효과가 모두 노동공급을 감소시키는 방향으로 작용하여 결과적으로 노동공급이 감소한다는 것이다.

(c) 소득의 역전현상도 방지하고 노동공급이 줄어드는 것도 방지하려면 임금보조금제도를 실시해야 한다. 임금보조금제도의 원리를 현실적으로 적용한 것이 근로장려

세제이다.

(i) 근로장려세제의 점증구간에 임금보조금제도의 원리가 적용되고 있다. 점증구간에서 대체효과는 노동공급을 증가시키는 방향으로 작용한다. 그러나 보조금 때문에 소득효과는 노동공급을 감소시키는 방향으로 작용한다. 점증구간에서는 이처럼 대체효과와 소득효과가 서로 다른 방향으로 작용하지만 저소득자가 이 곳에서 선택을 할 경우 대체효과가 소득효과보다 커서 그의 노동공급이 늘어날 가능성이 높다.

(ii) 평탄구간에서는 임금률이 제도 시행 이전과 같기 때문에 근로장려세제 시행이 대체효과에는 영향을 주지 않는다. 그러나 보조금을 받기 때문에 그로 인한 소득효과는 노동공급을 감소시키는 방향으로 작용한다. 종합적으로 볼 때 저소득자가 이 구간에서 선택할 경우 노동공급이 감소한다.

(iii) 점감구간에서는 부의 소득세 원리가 작용한다. 즉, 대체효과와 소득효과가 모두 노동공급을 감소시키는 방향으로 작용한다. 그런데 점감구간에 있는 사람들이 점증구간에 있는 사람들보다 생산성이 높은 사람들이다. 그러므로 점증구간, 고원구간, 점감구간을 각각 어느 곳에 설정하느냐가 매우 중요하다. 또한 근로장려세제는 노동공급 능력이 없는 사람에게는 전혀 보탬이 되지 않는다는 점을 고려해야 한다.

22
연금보험

01. 국민연금에서 노령연금은 어떠한 유형의 시장실패와 관련되는가?

해답 (i) 자신의 수명이 길 것이라고 생각하는 사람만 보험을 구입하게 되는 역선택이 발생한다.

(ii) 또한 개인들은 자발적으로는 가치재로서의 노령연금을 적게 구입하게 되는 시장실패와 관련된다.

02. 국민연금에서 유족연금은 어떠한 유형의 시장실패와 관련되는가? 정부가 개입하지 않고 이 문제를 해결할 수 있는 대안 및 그 장점에 대해 논의하시오.

해답 (i) 시장에 맡길 경우 가치재가 공급되지 않을 수도 있다.

(ii) 대안으로서는 준보험형식의 유족연금 대신 일반적인 공적부조나 사회복지서비스 제도를 통해 보조하는 것을 생각할 수 있다. 이 대안의 장점은 저소득층에게 선별적으로 유족연금을 제공할 수 있으므로 비용이 적게 들 것이라는 점이다.

03. 국민연금 중에서 장애자연금과 관련하여 문제 2의 질문에 답하시오.

해답 (i) 직업상 위험이 높은 업종의 근로자만 보험을 구입하는 역선택이 발생한다. 시장에 맡길 경우 가치재가 공급되지 않을 수도 있다.

(ii) 대안으로서는 기업이 장애자보험을 제공하며 기업 자신도 이로 인한 파산에 대비하여 보험을 구입하는 것이다. 이 대안의 장점은 기업 자신이 직업의 위험 정도를 더 잘 알고 있을 것이므로 사고비용을 내부화할 수 있음은 물론 안전조치를 더욱 철저히 강구할 것이라는 점이다.

04. 국민연금은 어떤 위험에 보험을 제공하는가?

해답 (i) 노령시의 빈곤

(ii) 생활능력 없이 유족이 될 가능성

(iii) 장애위험

05. 국민연금이 해당 사건이 발생할 확률에 어떤 영향을 미칠 수 있는가?

해답 (i) 유족이 될 가능성은 외생적으로 결정되므로 이 가능성에는 영향을 미치지 않을 것이다.

(ii) 장애연금은 그 영향이 크지는 않으나 그 연금이 없을 때보다는 위험성이 있는 직업을 선택할 유인을 제공한다.

(iii) 개인이 저축을 줄였기 때문에 미래에 연금보험이 폐지된다면 더 큰 빈곤의 위험에 직면할 가능성이 증가한다.

06. 국민연금이 개인의 저축에 영향을 미칠 수 있는 요인에 대해 논의하시오.

해답 (i) 자산대체효과를 들 수 있다. 노령연금이나 유족연금이 개인의 저축을 대체하는 기능은 개인의 저축을 감소시키는 요인으로 작용한다.

(ii) 은퇴효과를 들 수 있다. 국민연금이 조기은퇴를 유도할 경우 이것은 개인이 조기은퇴에 대비하여 저축을 더 많이 하도록 하는 요인으로 작용한다.

07. 이자소득세가 은퇴에 미치는 영향에 대해 논의하시오.

해답 (i) 이자소득세는 저축으로부터 얻는 이자소득을 감소시키므로 소득효과는 여가의 소비를 감소시키고 그 대신 은퇴를 연장시킬 것이다.

(ii) 또한 이자소득세는 현재소비의 상대가격을 하락시켜 이로 인한 대체효과를 통해 젊은 시기의 저축을 감소(현재소비 증가)시키고 그 대신 은퇴를 연장하여 나중에 저축하려는 유인을 제공한다.

(iii) 종합적으로 볼 때 은퇴를 연장시키고자 하는 유인을 제공한다고 볼 수 있다.

08. 국민연금에서 다음의 변화가 효율과 공평에 미치는 영향에 대해 논의하시오.

(a) 노령연금을 받을 수 있는 연령을 연장시키는 경우

(b) 은퇴를 연장한 사람에게 연금을 올려줌으로써 은퇴연령과 무관하게 똑같은 현재가치의 연금을 보장해 주는 경우

(c) 60세 이상의 근로자에게 보험료 면제

해답

(a) (i) 60세에 은퇴할 유인을 감소시킴과 동시에 노령연금 지급을 향후 몇 년 동안 연기함으로써 효율을 증진시킨다.

(ii) 60세에 수혜자격이 있었던 기존 수혜자와의 공평성 문제가 제기된다.

(iii) 만일 능력이 있는 개인이 조기은퇴하게 되는 것을 우려한다면 재직자에 대해 노령연금을 삭감하여 지급하는 규정을 없애는 것을 생각할 수 있다. 그러나 이 경우 연금지급액이 너무 많아져서 연금재정의 안정성 문제가 제기된다.

(b) (i) 은퇴시기를 효율적으로 선택할 수 있게 함으로써 효율을 증진시킨다.

(ii) 그러나 이러한 제도의 변화는 건강상 불가피하게 60세에 은퇴하는 개인에게 지급되는 연금을 감소시킬 수 있으므로 공평성 문제가 제기된다.

(c) (i) 60세 이상 근로자에 대한 수요임금률이 상대적으로 낮아지므로 노동수요자의 고용선택을 왜곡시킬 가능성이 있다.

(ii) 아울러 공평성 문제가 제기된다.

(iii) 국민연금에 이미 자신들의 몫을 납부한 점을 고려하여 추가로 버는 소득에 대해 보험료를 부과하지 않으려면 연금을 지급할 때 추가로 낸 보험료를 반영해 주는 대안을 생각할 수 있다.

09. 연금에 조세를 부과하는 것이 타당한가에 대해 논의하시오.

해답 국민연금의 연금은 일종의 보험금의 성격을 지니고 있다. 포괄적 소득의 정의에 입각하여 보험료는 소득공제해 주고 연금에는 과세하는 것이 타당하다.

10. 국민연금에서 재분배기능보다 보험기능을 더 강조할 때에는 그 재원을 일반조세수입보다는 보험료로 조달하는 것이 더 낫다는 주장의 근거를 제시하시오.

해답 (i) 보험료와 연금을 연계시키기가 쉽다.

(ii) 연금보험의 근본 취지를 손상시킬지도 모르는 정치적 영향력을 배제하기가 쉽다.

11. 정부가 사회적 위험을 세대 간에 재분배하는 데 사용할 수 있는 정책을 제시하시오.

해답 예를 들면 전쟁과 같은 사회적 위험에 직면하여 채권을 발행함으로써 그 원리금의 상환 부담을 미래세대에게 넘기는 정책이 이에 해당한다.

12. 국민연금이 재정적 위기에 처했다고 하자. 정부가 채권을 발행해 연금보험에 재정적으로 지원하려 할 때 예상되는 문제점은 무엇인가?

해답 (i) 국민연금의 재원조달은 적립방식에 의하고 있다. 적립방식은 자신들의 은퇴에 대비하여 자신들이 스스로 기금을 적립하는 방식이다. 이 점에 비추어 현재의 재정적 부담을 채권발행을 통해 미래세대에게로 이전시키려는 정책은 비판을 받을 것이다.

(ii) 나아가서 채권발행(채권공급)에 따른 이자율 상승(채권가격 하락)은 여러 가지 거시경제적 영향을 미치게 된다[채권가격과 이자율(채권수익률)의 움직임은 상호 반대방향이다].

13. 국민연금에서 적립된 기금의 일부를 정부가 빌려서 재정적자를 축소시키는 데에 사용했다고 하자. 이러한 조치가 자본축적을 저해하는가에 대해 논의하시오.

해답 정부의 차입이 정부의 소비지출로 사용되지만 않는다면 자본축적을 저해시키지 않는다. 예를 들어 정부의 재정적자를 감소시키는 데 사용된다면 이는 자본축적을 감소시키지 않는다. 왜냐하면 국가의 총저축은 공적 저축과 사적 저축을 합한 것인데, 재정적자를 줄이는 것은 공적 저축을 증가시키는 것이기 때문이다. 바꾸어 말해서 연금기금을 이용해 재정적자를 줄였기 때문에, 그렇지 않았으면 재정적자를 줄이는 데 사용되었을 그만큼의 민간재원이 자유로이 민간부문의 투자에 사용될 수 있기 때문이다.

14. 국민연금을 전체 국민을 대상으로 확대 실시하고 있다.

(a) 확대하여 실시하는 것의 장점은 무엇인가? 이때 직면하는 어려움은 무엇인가?

(b) 제도적인 변화가 없는 한 장기적으로 볼 때 국민연금의 보험료율은 오를 수밖에 없다. 그 이유는 무엇인가?

(c) 보험료율을 높이는 대신 취할 수 있는 정책들은 무엇인가?

(d) 적립방식과 부과방식의 장 · 단점을 비교하시오.

해답

(a) (i) **장점** :

- 전 국민에게 연금보험을 제공하는 점
- 사회안전망의 확충
- 신규 가입자가 수혜자가 되기 이전까지는 적립금이 증가하여 연금 재정이 안정화되는 점(신규 가입자들이 본격적인 수혜자가 되기 시작하면 현재와 같은 상황에 직면함)

(ii) **어려움** : 자영업자가 신고한 소득이 실제 소득과 같은지를 파악하기 어려움

(iii) **생각해 보기** :

- 자영업자들의 연금을 분리하여 실시하는 방안
- 자동차보험과 같이 이원화하는 방안, 즉 최저수준의 보험은 의무적으로 가입하고 저축의 성격을 지니는 소득비례 부분은 희망자에 한해 가입하는 방안

(b) (i) 평균수명의 연장으로 인한 연금 증가

(ii) 출생률과 경제성장률의 저하로 인해 보험료 수입이 줄어들 것으로 예상됨

(c) (i) 노령연금을 받을 수 있는 연령을 연장시킴

(ii) 고소득자의 연금에 과세

(iii) 연금 삭감

(iv) 방만한 기금운영 방식에서 탈피하여 기금운영의 효율성 제고

(v) 저부담 고급여에서 적정 부담 적정 급여의 체계로 전환

(d) (i) **적립방식** :

- 적정 보험료율을 정하려면 경제성장률이나 이자율 등 각종 경제지표와 인구통계에 대한 장기적인 전망이 정확해야 한다.
- 국가의 총저축은 큰 영향을 받지 않는다.
- 원하지 않는 세대 간 소득재분배의 문제가 발생하지 않는다.

(ii) **부과방식** :

- 적정 보험료율을 산정하기가 상대적으로 쉽다.
- 국가의 총저축이 감소
- 원하지 않는 세대 간 소득재분배가 발생할 우려

(iii) 노동공급에 대한 영향은 두 제도 사이에 큰 차이가 없다.

15. 연금보험을 민영화하자는 견해가 있다. 실제로 몇 나라에서는 연금보험의 일부 또는 전부를 민영화하였다. 이에 대한 찬성론과 반대론을 말해 보시오.

해답 (i) **찬성론** : 자금을 더 효율적으로 운용할 것이다.

(ii) **반대론** : i) 민영화할 경우 연금보험에 소득재분배 기능을 포함시키지 못한다.

ii) 정부가 재정의 안정성을 보장해 줄 수 없다.

[추가 문제]

16. 아래 두 제도와 관련하여 다음 문항에 대해 답하시오.

(제도 1) 각 연령그룹이 자신들의 보험료로 자신들의 연금재원을 마련한다.

(제도 2) 근로자들이 보험료를 납부하고 이를 은퇴자들에게 연금으로 지급한다.

(a) 미래의 사회경제적 상황에 대한 예측이 상대적으로 더 중요한 것은 어느 제도의 경우인가? 그 이유를 말하시오.

(b) 국가의 총저축에 상대적으로 더 큰 영향을 주는 제도는 어느 것인가? 그 이유를 말하시오.

(c) 우리나라는 어느 제도를 채택하고 있는가?

(d) 각 제도가 세대 간 소득재분배에 미치는 영향에 대해 말하시오. 이와 관련된 문제점은 무엇인가?

해답

제도 1은 적립방식이고 제도 2는 부과방식이다.

(a) 제도 1, 즉 적립방식이다. 먼 미래의 은퇴 시점에 지출될 연금의 재원을 마련하기 위해서는 이자율, 출생률, 평균수명, 인구증가율, 경제성장률 등 여러 가지 인구통계적 · 경제적 변수들의 장기적인 변화를 정확하게 예측해야 하기 때문이다.

(b) 제도 2, 즉 부과방식이다.

(i) 제도 1(적립방식)의 경우 사적 저축은 줄어들지만 그에 상응하는 만큼 공적 저축이 증가한다. 그 결과 완전적립방식이 아니더라도 국가의 총저축은 크게 변화하지 않는다.

(ii) 제도 2(부과방식)의 경우 보험료만큼 사적저축이 감소하는데, 그 보험료가 적립되는 것이 아니라 은퇴자들이 받아서 소비에 지출한다. 결과적으로 사적 저축은

감소하는데 공적 저축이 증가하지 않는다. 따라서 국가의 총저축이 감소한다.

(c) 우리나라는 제도 1, 즉 적립방식을 채택하고 있다.

(d) (i) 적립방식은 이론상으로는 세대 간 소득재분배에 영향을 주지 않는다. 그러나 평균수명이 예상보다 늘어날 경우 공적보험인 이상, 다음 세대의 보험료를 현재 세대가 사용할 수밖에 없으므로 예상하지 못한 세대 간 소득재분배가 발생할 수 있다.

(ii) 부과방식에서는 세대 간 소득이 재분배된다. 과거 미국의 경우 인구증가율과 경제성장률이 높았기 때문에 근로세대로부터 은퇴세대에게로 소득이 재분배되어 왔다. 그러나 현재에는 과거에 비해 평균수명이 증가하고 인구증가율과 경제성장률은 낮아졌기 때문에 앞으로는 상황이 달라질 수도 있다.

23
의료보험

01. 의료서비스를 구입하는 경우와 내구소비재를 구입하는 경우 사이에 유사점과 차이점을 말하시오.

해답 (i) **유사점** : 다른 사람들이 의료서비스나 내구소비재를 구입하는 목적이 자신의 경우와 완전히 같지는 않을 것이다. 그러나 이 경우에도 다른 사람들의 경험으로부터 정보를 얻는다. 의료서비스나 내구소비재 구입 자체가 자주 있는 일이 아니므로 시행착오에 의한 판단은 큰 도움이 되지 못할 것이기 때문이다.

(ii) **차이점** : 내구소비재는 의료서비스보다는 표준화되어 있다. 내구소비재는 사전품질검사, 사후보증 및 수리가 보장되지만 의료서비스는 그렇지 못하다.

02. 의료보험재정의 특성에 대해 말하시오.

해답 (i) 국민연금과 비교해 보면 의료보험재정의 특성이 두드러지게 드러난다. 그 주요한 특성 중의 하나는 국민연금과 달리 보험료가 적립되는 방식이 아니라는 점이다. 먼 미래의 은퇴기간에 대비하는 것이 아니라 진료와 치료 때마다 발생하는 지출에 대해 보험금이 지급되어야 하기 때문이다. 이처럼 재정운영방식이 적립방식은 아니지만 그렇다고 부과방식도 아니다. 부과방식은 근로세대들이 은퇴세대를 부양하는 구조이지만 의료보험은 모든 세대가 함께 보험료를 내고 함께 보장받는 구조이기 때문이다.

(ii) 이와 관련하여 의료보험재정 안정을 위한 필수적인 사항은 자기세대의 미래보장을 위해서라도 소득수준 향상, 인구고령화, 평균수명연장 등에 따른 의료비증가에 대비하여 어느 정도 적립해 나가야 한다는 것이다.

(iii) 한편 국민연금재정운영과 비교할 때 의료보험재정운영에는 다행스러운 측면과 아쉬운 측면이 있다. 다행스러운 측면은 국민연금의 경우 수십 년 후 미래를 예상해서 현

재 보험료율을 정해야 하는 어려움이 있지만 의료보험의 보험료율은 그때그때 조정할 수 있다는 것이다. 아쉬운 측면은 평균수명연장, 은퇴연령단축, 경제성장률 하락 등이 의료보험과 국민연금 양측에 모두 재정압박 요인으로 작용하지만, 의료보험의 경우에는 국민연금과는 달리 정책적인 조정 수단이 많지 않다는 것이다. 예를 들어 국민연금의 경우에는 연금수급연령을 연장하거나 연금수급액에 과세할 수 있지만 의료보험은 성격상 그렇게 할 수 없다.

03. 의료시장실패를 치유할 수 있는 방안에 대해 논의하시오.

해답 (i) **외부효과** : 예방접종, 연구개발 등은 외부경제를 유발하므로 이러한 행위를 장려하기 위해 정부가 보조금을 지급한다.

(ii) **불확실성** : 불확실성에 따른 위험에 대비하기 위해 사적의료보험이 제공되는 경우가 있는데, 사적의료보험은 높은 거래비용, 사회적 위험, 역선택 등으로 인해 실패할 수 있다. 이 때문에 정부가 개입하여 의료보험을 공적으로 공급한다. 또한 난치병이나 중증 질병의 경우 치료비를 개인으로서 도저히 감당하기 힘들기 때문에 정부가 개입하여 공적보험을 공급한다. 진료에 반드시 필요한 경우는 고가의료장비 사용에 드는 비용을 공적보험대상에 포함시킨다.

(iii) **비대칭정보에 의한 실패** : 의료인에 대해 면허제도를 시행한다. 의약품에 대해 그 성분이나 주의사항 등을 의무적으로 표시하게 한다. 병원마다 환자의 초기상태와 치료실적에 대한 통계자료를 발표하게 하고 이를 감사한다. 역선택을 방지하기 위해 의료보험을 강제로 구입하게 한다.

(iv) 시장실패는 아니지만 공평한 의료혜택을 위해 의료급여 대상을 확대한다.

04. 공적의료보험과 관련한 비대칭정보의 특성에 대해 말하시오.

해답 의료시장에는 여러 측면에서 비대칭정보들이 존재한다. 그중에서도 공적의료보험이 시행될 경우 이러한 비대칭정보들이 혼합되어 존재한다.

(i) 환자와 의사 사이에 비대칭정보가 존재한다. 이로 인해 역선택과 도덕적 해이가 발생한다. 이때 역선택은 무자격자가 의사 역할을 하려는 것으로 나타난다. 도덕적 해이는 본인-대리인 문제로 나타난다. 환자는 의사가 최선의 치료를 해주기를 바라지만 의사는 이윤을 극대화하는 치료방법을 선택할 유인이 있다.

(ii) 일반적으로 보험의 경우 가입자와 보험회사 사이에 비대칭정보가 존재한다. 마찬가

지로 의료보험일 경우 환자와 의료보험 사이에 비대칭정보가 존재한다. 이로 인해 역선택과 도덕적 해이가 발생한다. 역선택은 발병 위험이 큰 사람이 주로 의료보험을 구입하는 상황으로 나타난다. 도덕적 해이는 의료서비스를 효율수준보다 더 많이 구입하는 형태로 나타나는데, 그 이유는 보험회사가 개인의 건강상태를 알 수 없기 때문에 개인의 건강상태가 아니라 의료비지출액에 근거하여 보험금을 지급하기 때문이다.

(iii) 공적의료보험일 경우에는 환자와 의료보험 사이뿐만 아니라 의사와 의료보험 사이에도 비대칭정보가 존재한다. 공적의료보험은 의료비를 환자 대신 보험회사가 지불해 주는 제3자지불방식(third party payment)인데, 이때 공적의료보험은 환자의 행위도 관찰할 수 없고 의사의 행위도 관찰할 수 없다. 이 때문에 공적의료보험의 경우 환자뿐만 아니라 의사와도 비대칭정보 상황에 놓이는 것이다. 그 결과 도덕적 해이가 의료보험을 중심으로 환자와 의사 양쪽에서 발생한다.

더욱이 공적의료보험은 후불제도(retrospective reimbursements)이기 때문에 의사가 도덕적 해이를 저지를 유인이 증가한다. 의사 입장에서 볼 때 진료를 많이 할수록 수입이 늘어나므로 과잉진료를 할 유인이 있는데, 후불제도이기 때문에 의사가 의료비 청구에 부담을 덜 느끼기 때문이다. 또한 환자 측에서도 일단 의료보험을 구입한 이상 의료서비스 구입을 늘릴 뿐만 아니라 의료비가 오르는 것에도 덜 민감하다. 이것은 앞에서 말한 환자와 의료보험 사이의 도덕적 해이에 속한다. 공적의료보험의 경우 이러한 도덕적 해이들이 결합되어 의료비가 오르는 경향이 더욱 두드러진다.

05. 의료서비스에 대한 논의들 중에서 의료시장의 기능에 대한 견해차와 관련된 것을 말하시오. 가치판단에 대한 견해차와 관련된 것들을 말하시오.

해답 의료서비스에 대한 주요한 논의들에는 본인부담금을 어느 정도로 할 것인가, 어떤 진료보수 지불방식을 채택할 것인가, 보장률을 어느 정도로 할 것인가, 중증질환에 대한 보장을 어느 정도로 할 것인가, 의료급여대상자의 범위를 어느 수준으로 할 것인가 등이 있다. 이들을 각각 의료시장기능의 견해차와 관련된 것들과 가치판단에 대한 견해차와 관련된 것들로 구분해 보자.

(i) **의료시장기능에 대한 견해차** : 진료비 중 본인부담금의 비율, 즉 최적의 공동보험에 관한 논의는 도덕적 해이와 관련된다. 진료보수 지불방식 선택도 과잉진료, 의료서비스의 질, 의학발전과 관련된 문제이다. 예를 들어 포괄수가제는 과잉진료행위를 줄일 수 있겠지만, 의료서비스의 질 저하가 우려된다. 행위별수가제는 환자의 증상에 따라

서비스를 제공할 수 있기 때문에 고도의 의료서비스를 제공하기 쉬워서 의학발전에는 긍정적이지만 과잉진료의 위험이 있다. 이때 과잉진료의 문제는 어느 정도 도덕적 해이와 결부되어 있다.

(ii) **가치판단에 대한 견해차** : 보장률에 대한 논의, 중증질환보장 범위에 대한 논의, 의료급여대상 자격에 관한 논의 등에는 가치판단에 대한 견해차가 반영되고 있다.

06. 공공병원의 기능과 민간병원의 기능 사이에는 어떠한 차이점이 있는가?

해답 (i) **공공병원** : 이윤극대화를 목표로 하기보다는 저소득자를 대상으로 한다. 의료시장 중 이윤이 적은 부분을 주로 담당하게 될 가능성이 많다.

(ii) **민간병원** : 이윤극대화를 목표로 할 가능성이 많다. 의료시장 중 성형수술이나 건강진단처럼 소득탄력성이 크고 이윤의 여지가 많은 부분을 주로 담당하게 될 가능성이 많다.

24
지방재정

01. 클럽이론에 대해

(a) 핵심적인 내용은 무엇인가?

(b) 이 이론의 기여도에 대해 논의하라.

(c) 이 이론의 문제점은 무엇인가?

해답

(a) (i) 정체가 문제되는 비순수공공재의 효율적인 공급에 대해 논의한 것.

(ii) 효율을 위해서는 사뮤엘슨조건 외에 1인당 부담비용이 한계정체비용의 합과 같아지도록 공급해야 한다는 것.

(iii) 클럽재는 시장기구를 통해서도 효율적으로 공급될 수 있다는 것. 즉, 클럽재는 시장실패를 유발하지 않는다는 것.

(b) (i) 순수사적재와 순수공공재 사이의 간격을 보완한 점

(ii) 유유상종에 대해 이론적으로 설명한 점

(iii) 서로 다른 유형의 소비자들이 공존하는 지역사회가 효율적이기 위해서는 각 지역사회가 서로 달라야 한다는 것을 밝힌 점

(iv) 지방공공재의 효율적인 공급수준, 지역사회의 최적규모, 최적인구 결정에 대한 이론을 제시한 점

(c) (i) 선호시현과 관련하여 효율이 어떻게 달성되는가에 대한 이론적 설명이 취약하다. 즉, 최적인구가 정해지더라도 실제로 어떻게 그러한 인구를 지니는 지역사회가 형성될 수 있는가에 대한 이론적 제시가 없다.

(ii) 티부가설이 (i)에 대한 답변이 될 수 있다. 즉, 각 개인이 발에 의한 투표를 하며, 이때 각 지역사회는 경쟁을 통해 효율이 달성된다.

02. 한 국가가 중앙정부와 각급정부로 구성되어 있다고 하자. 이 경우 어떠한 공공재를 어느 단계에 있는 정부가 공급할 것인가를 결정할 때 고려해야 할 사항들에 대해 논의하시오.

해답 (i) 선호시현 문제 해결

(ii) 지역사회 간 일출효과

(iii) 생산에서 규모의 경제－어떤 공공재를 생산할 때 규모의 경제가 클 경우에는 해당 공공재를 상급정부에서 생산하는 것이 생산비용을 감소시킬 것이다.

03. 지방정부가 특정 산업을 유치하기 위해 보조금을 지급한다고 하자.

(a) 지방정부의 이러한 행위가 정당화되기 위한 조건은?

(b) 지방정부의 이러한 보조금은 누구에게 귀착될 것인가?

해답

(a) (i) 이 산업이 외부경제를 유발하는 경우

(ii) 나아가서 해당 지역 주민의 생활수준을 높여 줄 경우.

(b) 보조금도 조세와 같이 공급과 수요 중 상대적으로 비탄력적인 측에 많이 귀착된다는 사실을 기억하자.

(i) 특정한 하나의 지방정부만 보조금을 지급한다면 토지공급이 비탄력적이라고 볼 수 있다. 그러므로 보조금이 산업지역으로 사용될 토지를 가진 사람에게 귀착된다.

(ii) 그러나 모든 지방정부들이 경쟁적으로 이러한 산업유치를 위해 경쟁할 경우에는 토지공급이 수요에 비해 탄력적이 될 것이므로 해당 산업에게 더욱 많은 편익이 귀착될 가능성이 높아진다.

04. R&D는 그 편익이 전 세계에 미치므로 국제적 공공재라고 할 수 있다. 이러한 측면에서 볼 때 R&D에 대한 정부의 바람직한 정책을 제시하시오.

해답 기업들은 기술시장에서 무임승차자가 되려 할 것이다. 이때 정부는 정책적으로 R&D를 지원하여 그 결실에 대해 국제특허를 획득하여 수익을 누리도록 유도해야 할 것이다.

05. 지방정부가 1원을 지출하면 그에 대응해서 중앙정부가 1원을 보조금으로 준다고 하자. 이 때 최고한도가 정해져 있다고 하자.

(a) 교과서 본문의 주 21과 같은 관점에서 사적재와 지방공공재의 예산선을 그리시오.

(b) 보조금을 최고한도까지 받지 않았을 경우의 효과

(c) 보조금을 최고한도까지 받았을 경우의 효과

(d) 지방세 수입에 변화가 없을 경우는 어떤 때인가?

해답 〈그림 참조〉

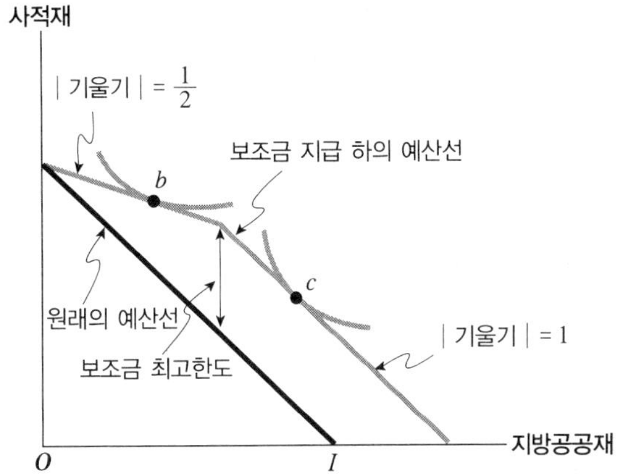

(a) 이 경우 최고한도에 이르기까지는 지방정부가 공공재에 1원을 지출할 경우 2원에 해당하는 공공재를 얻을 수 있다. 이 중 1원은 자신의 지출이며, 1원은 중앙정부로부터 받은 보조금이다. 따라서 예산선의 기울기의 절대값은 $\frac{1}{2}$이 된다. 이 경우 대응보조금은 공공재의 가격을 반으로 낮추어 준 셈이다. 그러므로 예산제약식은

$$\frac{1}{2}G + C = I$$

와 같다. 그러나 보조금은 최고한도액까지만 지급되므로 그 이후에는 지방공공재의 상대가격이 다시 1이 된다.

(b) (그림의 *b*점 참조). 대체효과에 의해 똑같은 금액을 주는 비대응보조금보다 공공재에 대한 지출을 증가시킨다.

(c) (그림의 *c*점 참조). 이 경우 대응보조금의 효과는 비대응보조금의 효과와 같아진다.

(d) (그림의 *d*점 참조). 보조금을 받기 이전에 소비했던 것과 같은 양의 사적재를 소비하는 경우(이 결과는 보조금을 최고한도액까지 받았는가와 무관하다). 이것은 보조금 전액과 기존의 조세수입만 공공재에 지출하는 경우에 해당된다.

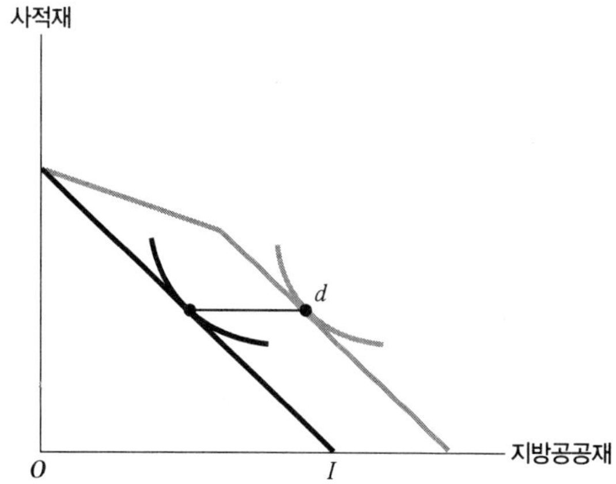

06. 무조건부 보조금이 공공재와 지방세를 모두 증가시킬 경우는 어떠한 경우인가?

해답 공공재와 사적재 사이의 예산선 상에서 사적재의 소비가 보조금을 받기 이전보다 오히려 감소하는 경우이다. 이때 지방정부는 기존의 지방세 수입과 중앙정부로부터 받은 보조금 전액은 물론 지방세를 추가로 징수하여 이것들을 모두 지방공공재를 공급하는 데 지출한다. 이것은 사적재가 열등재에 해당하는 비현실적인 경우라고 볼 수 있다.

07. 대응보조금이 공공재의 공급을 변화시키지 않는 경우는 어떠한 경우인가?

해답 공공재와 사적재의 예산선 상에서 보조금을 받은 이후의 공공재 소비량이 보조금을 받기 이전의 공공재 소비량과 같을 경우이다. 이 경우에도 보조금이 지방공공재를 공급하는 데 사용되어야 한다는 조건은 충족시킬 수 있다. 그러나 이것은 중앙정부로부터 받은 보조금에 해당하는 금액만큼 지방세 수입을 감축시켜 그 감축분을 모두 사적재를 공급하는 데 사용했음을 의미한다.

08. 어떤 지역사회에 있는 개인들이 모두 20%의 한계세율을 적용받고 있다고 한다. 그리고 지금까지는 교육비로 지출한 금액에 대해서 소득공제를 인정하지 않았다고 한다. 이제 교육비 지출을 100% 소득에서 공제해 줄 경우 이 지역사회의 교육비 지출이 얼마나 증가하겠는가? 교육수요의 가격탄력성은 2라고 한다.

해답 한계세율이 20%일 때 100%의 소득공제를 받는다면 교육의 가격하락율은 20%이다. 그런데 교육수요의 가격탄력성이 2이므로 교육에 대한 지출은 (20)(2) = 40% 증가한다.

09. 현재 지방세인 재산세 납부액은 국세인 소득세의 과세베이스에서 공제해 주지 않는다. 그런데 앞으로 재산세 납부액을 소득세의 과세베이스에서 공제해 준다고 하자. 어떤 지역사회에 있는 개인들이 모두 20%의 한계세율을 적용받고 있으며, 지방공공재에 대한 수요의 가격탄력성이 0.2라고 하자.

(a) 이때 이 지역사회에서 재산세로 재원을 조달하여 공급되는 지방공공재의 수요는 얼마나 증가하겠는가?

(b) 이 지역사회의 소득분포가 대단히 불공평하다고 한다. 이때에도 위의 결과가 성립하는가?

해답

(a) 재산세로 낸 세금을 소득공제해 주는 것은 재산세로 재원을 조달하여 공급하는 지방공공재의 가격을 낮추어 준다(이 경우 재산세를 내는 행위를 해당 지방공공재를 소비하기 위해 그 가격을 지불하는 것으로 간주하고 있다). (연습문제 08)의 해답과 같은 논리로 (20)(0.2) = 4% 증가한다.

(b) 만일 중위투표자가 재산세를 납부하지 않는 사람 중에서 나온다면 지방세로 낸 세금을 소득공제해 주더라도 지방공공재의 수요량은 변하지 않는다.

10. 클럽재와 공공재에 대해 다음 사항에 답하시오.

(a) 클럽재와 공공재의 효율조건을 비교하시오.

(b) 클럽재와 공공재를 시장실패와 관련하여 비교 논의하시오.

해답

(a) 클럽재는 공동 소비되므로 공공재의 성격도 지니고 있다. 이러한 측면에서 클럽재의 규모가 정해지는 원리는 공공재의 경우와 같다. 한편 클럽재는 정체를 유발한다는 측면에서 비경합성을 지니는 공공재의 경우와 다르다. 이 경우 효율을 달성하려면 어떤 개인이 회원으로 가입할 때 한계정체비용과 한계편익이 일치하도록 해야 한다. 그 결과 클럽재의 효율조건이 성립하려면

(i) 클럽재의 규모에 대해서는 공공재 공급의 효율조건인

$$\sum MRS = MRT$$

가 성립해야 한다.

(ii) 클럽재의 최적회원수에 대해서는 회원수 증가에 따른

'한계정체비용 = 한계편익'

이 성립해야 한다. 이때 회원이 증가하면 정체로 인해 편익이 감소하는데, 이것이 한계정체비용이다. 한편 회원이 증가하면 1인당 분담비용이 줄어드는데, 이것을 한계편익으로 볼 수 있다. 한편 이 조건은

'각 개인들이 감수하는 한계정체비용들의 합 = 1인당 분담비용(= 회원권의 가격)'

으로 바꿔 쓸 수 있다.

물론 클럽재의 규모와 회원수는 연립으로 정해져야 한다.

(b) (i) 공공재의 경우 비배제성으로 인한 무임승차가 발생한다. 나아가서 무임승차가 발생하지 않더라도 타인에게 주는 편익을 고려하지 않는 외부효과가 발생하여 공공재가 효율수준보다 적게 공급될 가능성이 높다. 또한 공공재는 비경합성이 있다. 그 결과 사람들이 소비에 추가로 참가하더라도 사회적으로 볼 때 비용이 추가로 들지 않는다. 즉, 추가소비의 사회적 한계비용이 0이다. 그러므로 이 경우 배제가 가능하더라도 누구를 배제시키는 가격기구 자체가 비효율을 유발한다.

(ii) 클럽재의 경우 가격기능이 작동하여 시장이 실패하지 않는다. 각 개인들이 클럽재의 규모와 회원수로 정해지는 클럽의 품질과 회원권의 가격을 고려하여 자신에게 맞는 유형을 스스로 선택한다. 공급측면에서는 각 클럽이 경쟁을 통해 클럽재를 효율적으로 공급한다. 예를 들어 규모에 비해 회원권의 가격이 너무 낮으면 클럽재를 공급하는 데 드는 비용을 충당하지 못한다. 반면에 회원권의 가격이 너무 높으면 아무도 그 클럽재를 구입하지 않는다. 이처럼 시장기능이 작동할 수 있는 이유는 클럽재에는 정체가 작용하기 때문이다.

25
적자재정과 국채

01. 한국전쟁 당시 정부는 많은 재원을 사용하였다. 이같은 전쟁비용의 부담은 누구에게 귀착되는가?

해답 전쟁비용 중에서 조세로 조달한 부분은 그 당시의 세대에게 귀착된다. 그러나 국채를 발행하여 조달한 부분은 이후세대에게 전가된다.

02. 다음 두 경우에 정부의 재정적자가 투자에 미치는 영향을 비교하시오.

(a) 해외에서 원하는 만큼의 자금을 고정이자율로 빌릴 수 있는 소규모 국가

(b) 폐쇄경제의 경우

해답

(a) 이 경우 재정적자는 이자율을 변화시키지 않는다. 따라서 구축효과가 발생하지 않는다.

(b) 폐쇄경제의 경우 정부는 자금시장에서 기업과 경쟁하게 된다. 이 경우 이자율이 오르고 민간투자가 구축된다.

03. 국민연금제도가 '저부담 고급여'의 형태로 운영될 경우 다음 각 경우에 경제에 미치는 영향을 말하시오.

(a) 해외에서 원하는 만큼의 자금을 고정이자율로 빌릴 수 있는 소규모 국가

(b) 폐쇄경제의 경우

해답

(a) (i) 노년층의 소비가 증가한다.

(ii) 이 경우 이자율은 변화하지 않는다. 따라서 구축효과가 발생하지 않는다. 미래

세대는 현재세대가 해외에서 빌린 자금의 원리금을 갚아야 한다. 그 결과 미래세대의 소비가 줄어든다.

(b) (i) 노년층의 소비가 증가한다.

(ii) 폐쇄경제의 경우 연금재정을 충당하기 위해 자금을 빌려야 하기 때문에 이자율이 오른다. 그 결과 민간투자가 구축된다. 나아가서 성장이 위축되고 그 결과 미래소비가 줄어든다.

04. 상당 기간 적자재정이 불가피하여 앞으로 국채를 많이 발행해야 한다고 하자. 이와 관련하여 다음 질문에 답하시오.

(a) 국채의 부담에 대한 논의와 조세의 귀착에 대한 논의의 유사점과 차이점을 말하시오.
(b) 국채의 부담이 미래세대에게 전가되는가에 대한 여러 가지 견해를 간략히 소개하고, 그러한 견해들을 검증할 수 있는 방법에 대해 간단히 논하시오.
(c) 정부의 재정 부족분을 국채를 발행하여 해결할 것인가 아니면 조세를 거두어 해결할 것인가를 결정할 때 고려해야 할 사항들에 대해 논하시오.

해답

(a) (i) **유사점**—국채의 이자상환도 마침내는 조세수입으로 해결해야 하는데, 그 부담은 결국 개인들의 경제행위에 따라 달라진다. 예를 들면 국채를 구입한 사람은 이자수입을 얻고 그렇지 않는 사람은 이자수입이 없다. 한편 국채를 구입하지 않았어도 결국 조세는 납부해야 하는데, 이때 자신의 경제행위를 조정함으로써 조세를 피할 수 있다.

(ii) **차이점**—일반적으로 조세는 세대 간에 전가가 이루어지지 않지만, 국채의 부담과 관련하여서는 세대 간에 전가되는가의 문제가 대두된다.

(b) (i) 러너에 따르면 내부부채의 부담은 미래세대에게 전가되지 않지만 외부부채의 부담은 미래세대에게 전가된다.

(ii) 중복세대모형을 이용하면 내부국채의 부담도 미래세대에게 전가된다는 것을 알 수 있다. 전가 여부는 개인의 순조세 부담이 증가하는가의 여부로 판단할 수 있다.

(iii) 배로의 리카아도 모형에 따르면 개인들이 합리적으로 예상할 경우 국채의 부담이 미래세대에게 전가되지 않는다. 전가 여부는 재정적자가 증가할 때 유산을 위한 저축도 증가하는가의 여부로 판단할 수 있다.

(iv) 구축효과가 있을 경우 국채의 부담은 미래세대에게 전가된다. 투자가 구축되

지 않더라도 미래세대는 원리금을 갚아야 한다는 측면에서 국채의 부담은 미래세대에게 전가된다고 볼 수 있다. 전가 여부는 재정적자의 변화와 이자율 변화의 상관관계를 검토해서 판단할 수 있다.

(c) (i) 다른 정책들과 마찬가지로 효율성과 공평성을 고려해야 한다.

(ii) 특히 이 경우 세대 간 공평성을 말한다.

(iii) 국채를 발행하여 재정지출의 재원을 조달할 경우에는 그 원리금을 여러 해에 나누어 갚을 수 있다. 이 때문에 국채의 원리금 상환을 위한 (조세의) 초과부담은 한꺼번에 재정지출 재원을 조세로 조달할 때보다 작아진다.

(iv) 편익원리에 따르면 편익이 미래세대에게 돌아가는 투자성 지출의 재원은 국채를 발행하여 조달하는 것이 타당하다.

(v) 거시경제적 측면을 고려해야 한다. 호황일 경우에는 조세로 재원을 조달하고 불황일 경우에는 국채발행으로 재원을 조달하는 것이 낫다.

(vi) 국채를 발행할 경우 거시경제적 효과의 측면에서 투자뿐만 아니라 수출도 구축될 수 있다는 점을 고려해야 한다.

(vii) 국채발행을 할 경우 자본축적이 저해되어 장기적으로 볼 때 경제성장이 위축될 수 있다는 점도 고려해야 한다.

05. 다음과 같은 상황에서 재정적자가 투자에 미치는 영향을 살펴보자.

(a) 정부투자가 증가했기 때문에 정부의 재정적자가 증가한 것이라고 하자. 그리고 이때 정부투자는 민간투자의 수익을 증가시킨다고 하자. 그래서 각 이자율에서 볼 때 민간투자가 증가한다고 하자. 이 경우 재정적자가 이자율과 투자에 미치는 영향을 말하시오.

(b) 리카아도의 동등정리가 성립한다고 하자. 이 경우 재정적자가 이자율과 투자에 미치는 영향을 말하시오.

(c) 편익이 모두 미래세대에 발생하는 공공투자를 생각해 보자. 그리고 이러한 공공투자 재원을 마련하기 위해 재정적자가 발생했다고 하자. 이때 정부투자가 민간투자를 증가시키지 않는다고 가정하자. 리카아도의 동등정리가 성립할 때 이자율과 투자에 미치는 영향을 말하시오.

해답

(a) (i) 재정적자가 발생하면 국민저축이 줄어든다. 그리하여 이자율은 r_0에서 r_1으로 오르고, 투자는 I_0에서 I_1으로 줄어든다.

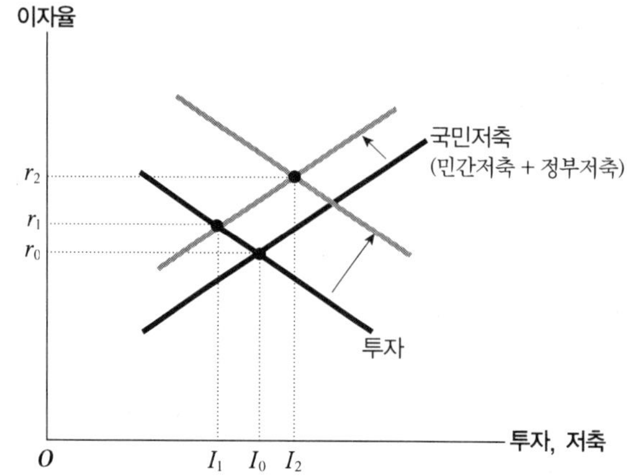

(ii) 한편 공공투자가 민간기업의 투자수익을 증가시킬 경우에는 재정적자가 발생하면 민간투자가 증가한다. 따라서 이 경우에는 투자곡선이 밖으로 이동한다. 그 결과 이자율은 r_2로 높아지지만 투자가 늘어날 수도 있다. 위 그림은 투자가 원래의 I_0에서 I_2로 늘어난 경우를 보여주고 있다.

(b) 리카아도의 동등정리가 성립할 경우 개인들은 재정적자가 증가한 것과 똑같은 금액만큼 민간저축을 증가시킨다. 그 결과 줄어든 정부저축이 늘어난 민간저축에 의해 정확히 상쇄된다. 그 결과 국민저축은 변하지 않는다. 따라서 이자율과 투자가 변하지 않는다.

(c) 리카아도의 동등정리가 함축하는 것은 다음과 같다. 즉, 재정적자가 발생할 경우 미래세대가 그 빚을 갚기 위해 더 많은 세금을 내게 된다고 본다. 현재세대는 이 점을 고려하여 미래세대에게 그에 상응하는 만큼 유산을 물려주기 위해 저축한다는 것이다. 그러나 공공투자가 미래세대에게 편익을 가져다 줄 경우 현재세대는 미래세대를 돕기 위해 저축할 유인이 없게 된다. 그 결과 국민저축이 감소하여 이자율이 상승한다. 이때 구축효과가 발생한다.

[추가 문제]

06. 2011년 현재 일본은 GDP 대비 국가채무가 200% 이상으로 재정위기를 겪고 있는 PIIGS 국가들보다 훨씬 높다. 또한 미국도 2012년 현재 그 비율이 100%를 넘고 있다.

(a) 일본이나 미국의 국가채무비율이 이렇게 높은데도 재정위기 당시 국제금융시장에서 PIIGS 국가들의 경우에 비해 그것을 심각하게 받아들이지 않았던 이유는 무엇인가?

(b) 재정위기를 유발할 수 있는 요인을 경제주체별로 지적하고 재정위기로 이어지는 경로에 대해 말하시오.

해답

(a) 공통적인 이유로서 미국이나 일본이 위기에 빠지는 것을 막기 위해 국제적인 공조가 이루어지는 점을 들 수 있다. 이 외에 각각 다음과 같은 이유들을 생각해 볼 수 있다.

(1) **일본의 경우**

(i) PIIGS 국가들이 발행한 국채는 상당 부분을 외국인들이 가지고 있지만 일본의 경우에는 발행된 국채의 약 95% 이상을 일본 국민들이 소유하고 있어서 대외지불능력에 문제가 없을 것이기 때문이다.

(ii) 대한 대외자산으로부터 상당한 이자소득 및 배당소득을 벌어들이고 있다.

(iii) 과거 상당한 경상수지흑자를 기록했기에 외환보유액이 많다.

(2) **미국의 경우**

(i) 달러가 기축통화이기 때문이다. 무역적자가 나더라도 결제할 통화가 부족할 염려는 없다. 미국연방은행이 달러공급을 증가시키면 되기 때문이다.

(ii) 달러 발행액이 많아질 경우 달러 가치는 당연히 떨어져야 한다. 그러나 세계경제가 어려움에 빠질 경우 안전자산을 선호하는 경향 때문에 오히려 달러 가치가 올라가는 경우가 많다. 실제로 글로벌금융위기 이후 양적완화로 인해 달러가 많이 풀렸기에 달러의 위상이 약화될 것이란 견해도 있었으나 달러의 위상은 오히려 강화되었다.

(b) 가계 또는 기업들의 부채가 어느 수준을 넘어서면 국가채무 증가로 이어지고, 국가채무가 어느 수준을 넘어가면 마침내 재정위기로 이어질 가능성이 있다. 그 경로는 각각 다음과 같다.

(i) **가계** : 가계부채 → 금융기관부실 → 공적자금 투입 → 국가채무 증가 → 재정위기

(ii) **기업** : 기업부채 → 금융기관부실 → 공적자금 투입 → 국가채무 증가 → 재정위기

(iii) **정부** : 국가채무 → 국가채무 증가 → 재정위기

지은이에 대하여

임봉욱(limbu@dju.kr)

성균관대학교 경제학과(경제학 학사)

미국 University of Wisconsin—Madison 경제학과(경제학 석사)

미국 State University of New York at Buffalo 경제학과(경제학 박사)

미국 University of Michigan—Ann Arbor, Visiting Scholar 역임

대전대학교 경제학과 교수 역임

현재 대전대학교 명예교수

주요 논문

「국민기초생활보장제도의 문제점과 그 개선책에 대한 연구」, 한국재정학회, 『재정논집』 제16집 제1호, 2001.

「이중배당가설 연구에 대한 재검토」, 한국재정공공경제학회, 『공공경제』 제8권 제2호, 2003.

「성공적 EITC 도입을 위한 제언 : 미국의 EITC를 참고로」, 한국재정학회, 『재정논집』 제21집 제1호, 2006.

「한국의 과세단위에 대한 검토」, 한국재정정책학회, 『재정정책논집』 제10집 제1호, 2008.

「국민연금 임의가입제도의 문제점과 개선방안」, 한국재정정책학회, 『재정정책논집』 제14집 제1호, 2012.

「부분요소세 하의 비효율의 특성 분석」, 한국응용경제학회, 『응용경제』 제16권 제3호, 2014.

「클럽세가 클럽의 규모에 미치는 영향」, 한국지방재정학회, 『한국지방재정논집』 제20권 제3호, 2015.

저서

『최적과세이론』, 도서출판 지샘, 2005.

『경제학에서 세상을 배우다』, 도서출판 지샘, 2010.

『빚과 금융』, 신론사, 2013.

『미시경제학 연습』 제5판, 율곡출판사, 2021.

『공공경제학』 제6판, 율곡출판사, 2022.

『예제와 함께 하는 미시경제학』 제4판, 박영사, 2022(근간).

第6판 공공경제학 연습문제 해답집

초판 1쇄 발행 2022년 1월 25일
초판 2쇄 발행 2025년 1월 20일

지은이 임봉욱
펴낸이 박기남
펴낸곳 율곡출판사
08590 서울시 금천구 가산디지털1로 84(에이스하이엔드 8차), 803호
전화 (代) 02) 718-9872/3
팩스 02) 718-9874
home-page www.yulgokbooks.co.kr
e-mail yulgokbook@naver.com
등록 1989.11.10. 제2014-000031호
ISBN 979-11-91812-12-1 93320

정가 7,000원

STATA로 배우는

구조방정식모형

정성호

한나래 아카데미

STATA로 배우는 구조방정식모형

지은이 | 정성호
펴낸이 | 한기철

2016년 9월 5일 1판 1쇄 박음
2016년 9월 10일 1판 1쇄 펴냄

펴낸곳 | 한나래출판사
등록 | 1991. 2. 25 제22-80호
주소 | 서울시 마포구 토정로 222 한국출판콘텐츠센터 309호
전화 | 02-738-5637 · 팩스 | 02-363-5637 · e-mail | hannarae91@naver.com
www.hannarae.net

Published by Hannarae Publishing Co.
Printed in Seoul

ISBN 978-89-5566-194-1 93310

* 이 도서의 국립중앙도서관 출판시도서목록(CIP)은 서지정보유통지원시스템 홈페이지(http://seoji.nl.go.kr)와 국가자료공동목록시스템(http://www.nl.go.kr/kolisnet)에서 이용하실 수 있습니다.
(CIP제어번호: CIP2016020214)

머리말

저자가 SPSS를 처음 접한 때는 학부 시절이었는데, 그것도 한글 버전이 아니라 영문 버전이었다. 이제 세월이 흘러 SPSS는 한글 버전 24.0이 출시되었다. 지난해만 해도 SPSS 프로그램은 버전 22.0이었는데 과학의 진보 속도가 빠르긴 빠른 모양이다. 저자는 대학원 시절에 SPSS AMOS를 한 학기 동안 배웠다. 구조방정식모형 분석이 가능한 프로그램이 여러 가지가 있지만 그중에서 SPSS AMOS가 가장 많이 활용된 듯하다. 하지만 언뜻 생각해보면 당시에 AMOS를 잘 하지도 못했고, 기억에 남는 것이라고는 어려웠다는 것뿐이다.

근래 들어 Stata 프로그램에서 구조방정식모형이 가능해졌는데, 처음 버전은 12.0부터이다. 그것만으로도 획기적이었다는 생각이 들어 당시 집필 중이던 저자의 책 한 챕터에 SEM을 소개한 바 있다. 그렇지만 늘 가슴 한편에는 아쉬움이 남아 있었다. 왜냐하면 연속형 측정변수 등을 활용한 기본적인 분석 기법만 활용할 수 있었기 때문이다. 그러나 2015년 들어 Stata 프로그램이 버전 14.0으로 업그레이드되면서 불연속변수를 활용한 구조방정식모형 분석은 물론 다층모형 분석도 가능하게 되어 구조방정식모형을 완벽하게 분석할 수 있게 되었다.

Stata는 SPSS AMOS보다 더 나중에 개발된 프로그램이지만 더 방대한 구조방정식모형 분석이 가능해졌다. 이제 한 권의 책으로 집필을 해야겠구나 하는 생각이 있었지만 차일피일 미루다 보니 이제야 마무리하게 되었다.

이 책은 구조방정식모형 분석을 처음 접하는 사람들의 어려움을 해결하기 위해 Stata에 관한 기본 구조를 이해하면서 따라 하기만 하면 될 수 있도록 구성하였다. 아무쪼록 연구자 여러분이 구조방정식모형을 활용하여 학문을 집대성하는 데 이 책이 조금이나마 도움이 되길 소망한다. 또한 출간을 허락해주신 한나래출판사에 감사드리며, 이 책을 사랑하는 아내 숙에게 오롯이 바친다.

2016년 8월
금강을 바라보며
정성호

차례

1장 구조방정식모형의 개요

2장 구조방정식모형 이해하기

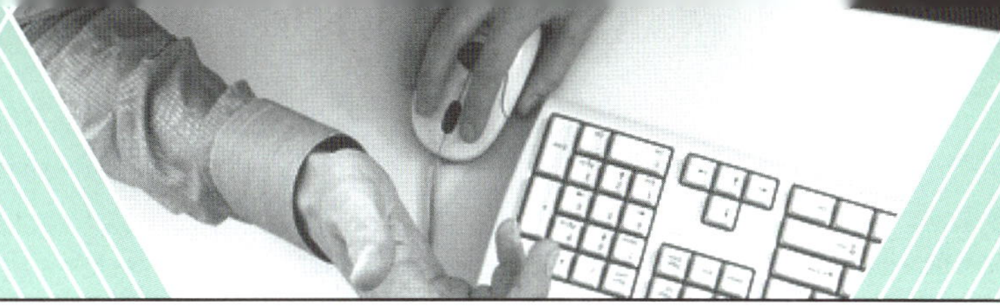

3장 예제로 배우는 구조방정식모형 분석

4장 db sem 명령어를 활용한 구조방정식모형 그리기

일러두기

1. Stata에서 구조방정식모형 분석이 가능한 버전은 12.0부터이다. 버전 12.0에서는 연속형 변수를 활용한 기본적인 분석만이 가능하였으나 13.0 버전으로 업그레이드되면서 generalized response, GSEM 및 다층(multilevel)모형 분석과 불연속변수(logit, probit 등)를 활용한 분석이 가능해졌으며, 14.0 버전에서는 명령어 등 많은 부분에서 더욱 정교하게 되었다.

2. 이 책의 일부 내용은 저자의 책 ≪STATA를 활용한 사회과학통계≫(박영사, 2013)의 제18장(Stata SEM 버전 12.0)의 내용을 Stata SEM 14.0 버전에 맞게 수정·보완하여 활용하였다.

3. 이 책의 예제 파일은 Stata 시스템에 탑재된 자료를 활용하였으며, 독자들 또한 이를 쉽게 활용할 수 있다. 대화창을 활용하여 예제 파일을 찾는 방법이 있고(4장 참고), command 창에 예제 파일을 직접 입력하는 방법도 있다(예, use http://www.stata-press.com/data/r14/sem_mimic1). 다만 이 경우에는 반드시 인터넷이 연결되어 있어야 한다.

4. 이 책은 구조방정식모형 분석을 활용하여 실증분석이 가능한 거의 대부분의 모형을 망라하였다. 3장의 구조방정식모형은 Stata 14.0 매뉴얼의 모형을 인용하였으며, 3장에 활용된 개별 모형에는 자료 출처는 따로 표기하지 않았다.
   책의 내용을 따라 연습하면서 독자가 분석하고자 하는 모형이 있다면 이를 접목하여 모형을 구성할 수 있으리라 판단된다. 아무쪼록 구조방정식모형 분석을 위한 먼 여행을 떠나보자.

1장

구조방정식모형의 개요

1.1 구조방정식모형 분석의 개요

구조방정식은 변수 간 인과관계와 그 유의성을 검증하는 방법이다. 왜냐하면 복잡한 사회현상을 설명하기 위해서는 변수들 간의 복잡한 인과관계를 파악할 필요가 있기 때문이다. 구조방정식모형 분석은 회귀분석, 상관분석, 요인분석의 결합이다. 다시 말하면 확인적 요인분석과 경로분석을 결합한 모형이라 할 수 있다.

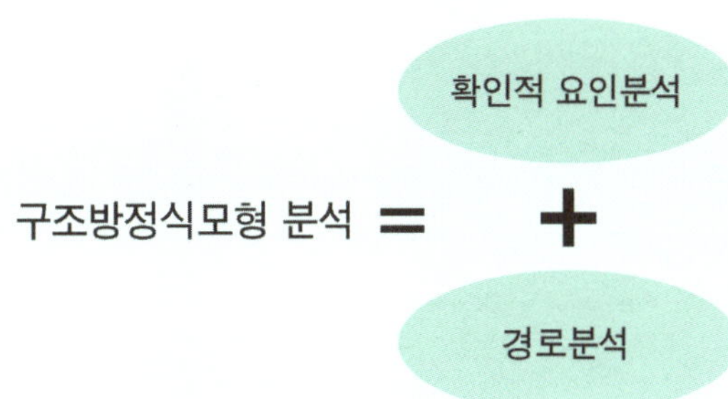

Stata에서 구조방정식모형 분석이 가능한 버전은 12.0 버전부터이다. 다만 12.0 버전은 연속형 측정변수에 대한 기본적인 분석만 가능했다. 13.0으로 업그레이드되면서 sem에 추가하여 gsem은 물론 다층모형 분석 등 거의 모든 구조방정식모형 분석이 가능해졌다. 이후 2015년 14.0으로 업그레이드되면서 명령어 등이 더욱 정교하게 되어 구조방정식모형 분석의 편의성이 증대되었다.

우리는 현실에서 다양한 인과관계를 검증하는 연구를 하게 된다. 가장 흔히 접하게 되는 통계분석 기법이 회귀분석이다. 일반적으로 회귀분석은 선형회귀를 통칭한다. 다만 경우에 따라서 비선형 회귀분석(2차, 3차 모형)도 하게 된다. 인과관계를 검증하는 회귀분석도 하게 되지만 경우에 따라 집단 간 차이를 검증하는 연구를 하게 되는데, 그 예는 T-test, 분산분석(ANOVA) 등이 있다.

이제 구조방정식모형에 관해 간략하게 논의해보자. 구조방정식모형은 상관분석, 회귀분석, 요인분석과 연관된다. 먼저 상관분석에 관해 간략히 설명하면 두 변수 간 관계의 강도(정도)를 나타내는 것으로, 엄밀히 말하면 두 변수 간 상호관계를 의미하게 된다. 이를 일컬어 상관계수라 부르는데, 이는 -1～1 사이에 있으며, 일반적으로 0.6 이상이면 상관관계가 있다고 정의한다.

알아두세요! 척도의 종류

명목척도: 관리직, 생산직, 영업직 등 우열이나 순서를 나타내는 것이 아닌 척도

서열척도: 리커트 척도(예, 아주 나쁨, 나쁨, 보통, 좋음, 아주 좋음) 등 크기 순서대로 서열화가 가능한 척도

등간척도: 시간 등 자료의 값으로 크기의 정도를 표현할 수 있는 척도

비율척도: 키, 몸무게 등 자료 크기의 비교가 가능한 척도

1.2 상관분석

상관분석은 변수의 척도가 등간이나 비율인 경우 일반적으로 피어슨 상관분석을 이용한다. 경우에 따라서 두 변수에 공통적으로 영향을 미치는 제3의 변수를 통제(제거)하고자 할 경우 편상관분석을 이용하고, 서열척도인 경우는 스피어만 서열상관분석을 이용한다. 먼저 상관계수에 대해 알아보면 다음과 같다. 상관계수의 특징은 물론, 우리가 흔히 오해하기 쉬운 상관계수와 회귀계수의 차이를 살펴보면 된다.

참고 상관계수의 특징

1. 상관계수의 범위는 $-1 \leq \rho \leq 1$, 이때 모집단 상관계수를 rho ρ라 부른다. 즉 항상 -1에서 1 사이의 값을 갖는다. 이때 +는 정적관계를 −는 부적격관계를 나타낸다.
2. 1에 가까울수록 상관관계가 높고 0에 가까울수록 상관관계가 낮다. 다만 ρ가 1(-1 포함)에 가까울수록(가정 6에 위배), 완벽한 선형관계를 이룬다.

참고 상관계수(r)와 회귀계수(b)의 차이

상관계수는 회귀선 주변에 관측치들이 퍼져 있는 정도(degree of scatter)를 측정한 지표이고, 회귀계수는 회귀직선의 기울기 정도(steepness)를 측정한 것이다.

여기서 꼭 알고 지나가야 할 것은 상관계수나 회귀계수 둘 중 하나가 0이면 나머지 하나도 0이 된다는 점이다. 이를 제외하고 둘 계수는 차이를 보인다.

예를 들어 회귀계수는 1.5이고, 상관계수는 0.89인 관측치와 회귀계수는 3이면서 상관계수는 0.30인 관측치가 있다면 전자는 후자에 비해 회귀계수(기울기)는 작지만 회귀선 주변에 밀집해 있기 때문에 상관계수가 훨씬 높다는 것을 알 수 있다.

알아두세요! 연속형 변수

- 단순상관분석: 두 변수 간 상관분석(pwcorr, corr)
- 편상관분석: 변수가 3개 이상이지만 한 변수를 고정한 상태에서 나머지 두 변수 간의 상관분석(pcorr)
- 다중상관분석: 하나의 변수와 2개 이상의 변수들과의 상관분석(pwcorr, corr)
- 피어슨: 일반적인 상관계수 분석
- 스피어만: 비모수적 분석으로 순위를 매긴 후 상관계수 분석
- 켄달의 타우: 비모수적 분석으로 순위에 대한 일치성을 측정하면서 상관계수 분석

상관관계 분석 시 가장 첫 단계로 먼저 X와 Y값을 그려서 두 변수 간의 대략적인 관계를 살펴볼 필요가 있다. 그래프를 그리기 위한 명령어는 graph matrix이고, scatter plot 그림을 그릴 수 있다. 이를 위해 활용된 예제 데이터 파일은 sysuse auto.dta이다. Stata에서는 상관계수를 계산하는 명령어는 wcorr(pairwise correlation), corr(correlation), pcorr(partial correlation coefficient)으로 구분이 가능하다.

correlate_options	Description
Options	
means	display means, standard deviations, minimums, and maximums with matrix
noformat	ignore display format associated with variables
covariance	display covariances
wrap	allow wide matrices to wrap

pwcorr_options	Description
Main	
obs	print number of observations for each entry
sig	print significance level for each entry
listwise	use listwise deletion to handle missing values
casewise	synonym for listwise
print(#)	significance level for displaying coefficients
star(#)	significance level for displaying with a star
bonferroni	use Bonferroni-adjusted significance level
sidak	use Sidak-adjusted significance level

〈그림 1-1〉 corr, pwcorr의 옵션

pwcorr와 corr은 표본상관계수를 계산한다는 점에서는 동일하다. 그러나 아래 분석 결과를 확인해보면 pwcorr와 corr의 상관계수가 모두 음의 상관관계이지만 상관계수의 차이를 보이는 것을 확인할 수 있다. 특히 price와 mpg에서 차이를 보이는데, 이는 mpg 지표에서 결측치가 있기 때문이다. 다시 말해서 price와 mpg 간 pwcorr의 상관계수는 −0.4686인데, corr은 −0.4559이다. 이는 추정 방법의 차이에 기인한다. pwcorr은 결측치가 있는 지표(mpg)만 제외하고 추정하는 반면 corr은 결측치가 하나라도 있을 경우 모든 지표(price, mpg, rep78)를 제외하고 추정하기 때문이다.

```
. pwcorr price mpg rep78

             |    price      mpg    rep78
-------------+---------------------------
       price |   1.0000
         mpg |  -0.4686   1.0000
       rep78 |   0.0066   0.4023   1.0000
```

〈그림 1-2〉 pwcorr 실행

```
. corr price mpg rep78
(obs=69)

             |    price      mpg    rep78
-------------+---------------------------
       price |   1.0000
         mpg |  -0.4559   1.0000
       rep78 |   0.0066   0.4023   1.0000
```

〈그림 1-3〉 corr 실행

```
. pwcorr price mpg rep78, sig

             |    price      mpg    rep78
-------------+---------------------------
       price |   1.0000
             |
             |
         mpg |  -0.4686   1.0000
             |   0.0000
             |
       rep78 |   0.0066   0.4023   1.0000
             |   0.9574   0.0006
```

〈그림 1-4〉 pwcorr, sig 옵션 사용

한편 유의성을 검정하고자 할 때 sig 옵션을 사용하면 된다. 다만 sig 옵션(유의성 검정)은 pwcorr에만 있다.

1.3 편상관계수 분석

상관계수 분석 시 여타 변수들의 파급효과를 제거하고 추정하는 편상관계수(pcorr)는 다음과 같다.

```
. pcorr price mpg rep78
(obs=69)

Partial and semipartial correlations of price with

             Partial   Semipartial      Partial   Semipartial   Significance
   Variable    Corr.         Corr.      Corr.^2       Corr.^2          Value
------------------------------------------------------------------------------
        mpg  -0.5009       -0.5009       0.2509        0.2509         0.0000
      rep78   0.2332        0.2075       0.0544        0.0431         0.0557
```

〈그림 1-5〉 pcorr

<그림 1-5>에서 보는 바와 같이 3개의 변수를 활용하여 pcorr를 추정하였으나 price를 기준으로 나머지 2개 변수는 편상관계수로 계산된다. 우선 가격(price)과 주행거리(mpg)의 편상관계수는 −0.50이다. 다만 sig값은 편상관계수가 0이라는 귀무가설에 대한 *p*값(0.00)은 0.05보다 작기 때문에 5% 유의수준에서 편상관계수가 0이라는 가설을 기각할 수 있다.

따라서 가격과 주행거리가 유의한 음의 편상관계수를 갖는다는 의미는, rep78을 고정시킨 상태에서 연비가 증가하면 가격은 낮아지는 경향이 있다는 것이다. 또한 rep78의 경우 pwcorr의 상관계수는 0.0066에서 pcorr의 상관계수가 0.2332로 변화된 근본적인 이유는 편상관계수를 계산할 때는 두 변수 이외의 다른 변수들이 미치는 영향을 배제시키기 때문이다.

1.4 스피어만 & 켄달의 타우 상관계수 분석

피어슨 상관계수 분석이 모수적 분석이라면 스피어만(spearman)과 켄달의 타우(kendall's tau) 상관계수 분석은 비모수적 방법이다. 스피어만 상관계수 분석은 순위를 의미한다. 즉 변수값은 순위 외의 아무런 의미를 갖지 않는다. 다만 모든 데이터 값을 정렬하여 순위(rank)를 매긴 후 이를 기준으로 pearson correlation을 하는 방법이다.

spearman

```
. spearman price mpg

 Number of obs =       74
Spearman's rho =       -0.5419

Test of Ho: price and mpg are independent
    Prob > |t| =         0.0000
```

〈그림 1-6〉 spearman 실행

<그림 1-6>의 분석 결과에 의하면 price와 mpg를 순위를 매긴 후 상관계수 분석을 하여도 1% 유의수준에서 상관관계가 있다고 할 수 있다. 피어슨 상관계수는 −0.4686인데(<그림 1-4 참고>), 스피어만 상관계수는 −0.5419로 상관성이 다소 높아졌고 유의수준은 동일하게 1% 유의수준에서 귀무가설을 기각할 수 있다.

한편, 켄달의 타우 상관계수와 스피어만 상관계수 분석은 비모수적 rank를 이용하여 순위에 대한 상관성을 측정한다는 점은 일치한다. 그러나 스피어만 상관계수와 달리 켄달의 타우 상관계수는 순위의 일치성을 측정한다는 점에서 다소 차이를 보인다.

ktau

```
. ktau price mpg

  Number of obs =       74
Kendall's tau-a =       -0.3895
Kendall's tau-b =       -0.4002
Kendall's score =    -1052
    SE of score =     213.627   (corrected for ties)

Test of Ho: price and mpg are independent
     Prob > |z| =       0.0000  (continuity corrected)
```

〈그림 1-7〉 ktau 실행

위 분석 결과에서는 tau-a, tau-b가 있다. rank_price와 rank_mpg의 켄달의 타우 계수는 -0.38～-0.4까지의 분포를 보이며 음의 상관관계이다. 켄달의 타우 상관계수는 p 값이 0.0000으로 1% 유의수준에서 귀무가설을 기각할 수 있다.

1.5 회귀분석

1.5.1 단순회귀분석

하나의 독립변수와 하나의 종속변수로 구성된 회귀분석으로 두 변수(독립변수와 종속변수)간 인과관계를 알려주는 가장 대표적인 통계기법이다. $y_i = \beta_0 + \beta_1 x_i + e_i$ 여기서, β_0와 β_1은 모수이며 두 모수 간 선형관계를 추정할 수 있다. 또한 e_i는 y_i와 β_0와 β_1을 이은 직선상의 점과 오차를 나타난다. 근본적으로는 최소제곱법(Ordinary Least Squares: OLS)의 추정 방식이다. 예를 들면 아들의 키와 아버지의 키의 인과관계를 예측할 수 있는데, 아들의 키를 알면 그 아버지의 키를 예측할 수 있다.

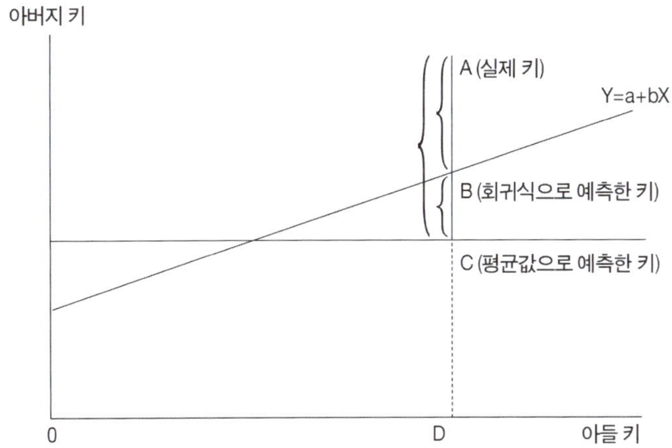

자료: 배득종·정성호(2013). p. 184.

■ 기본 가정

단순회귀모형의 다음과 같은 가정이 성립해야 한다. 다만 다중회귀모형과 구분하기 위해 SLR(simple linear regression)이라는 표현을 사용한다(Wooldridge, 2015).

가정 1(SLR.1): 모수에 대한 선형성(linear in parameters)

가정 1은 단순회귀모형의 방정식이 모수와 선형관계에 있다는 것이다. 선형관계에 있다는 것은 모수의 값과 방정식의 값이 비례관계에 있음을 의미한다. 따라서 그래프는 직선의 형태(선형)로 그려지게 된다. 단순회귀모형의 방정식은 $y_i = \beta_0 + \beta_1 x_i + e_i$로 표현할 수 있다. 여기서 β_0와 β_1은 추정모형의 절편과 기울기 모수를 의미하며, e_i는 오차항(교란항)을 의미한다.

가정 2(SLR.2): 임의추출(random sampling)

가정 2는 모집단으로부터 임의적으로 표본을 추출한다는 것이다. '임의적'이라 함은 인위적인 개입이 없음을 의미한다. 임의추출이 보장될 때 표본들의 추출 확률은 항상 동일하며, 한 표본의 선택이 다른 표본의 선택에 영향을 주지 않는다. 임의추출 시 발생하는 오차에 대해서는 별도의 항을 세움으로써 처리한다. $y_i = \beta_0 + \beta_1 x_i + e_i,\ i = 1, 2, 3, ..., n$

에서, e_i가 바로 관측값 i(개인, 그룹, 도시 등)의 오차항이다. 이러한 e_i는 y_i에 영향을 미치는 요소 중 관측되지 않는 요소, 즉 설명되지 않는 요소를 의미한다.

가정 3(SLR.3): 표본 내 독립변수 값 다름

가정 3은 표본의 독립변수 값이 모두 다르다는 것이다. 표본 내 서로 동일한 값을 가진 변수는 의미가 없다. 여러 개의 동일한 변수는 표본 실현에 유의미한 영향을 미치지 못하기 때문이다. 개체별 독립변수의 값 $\{x_{i}, {}_{i} = 1,2,...,n\}$들은 모두 동일하지 않아야 한다.

가정 4(SLR.4): 조건부 0 평균(zero conditional mean)

가정 4는 독립변수 값에서 오차 e_i는 0의 기댓값을 갖는다는 것이다. 이 가정을 통해 수학적 전개가 단순화된다. 이는 $E(e_i|x_i) = 0$, $cov(x_i,\ e_i) = 0$로 표현할 수 있으며, 이 가정을 통해 x_i값의 임의성이 해소된다. 따라서 x_i의 값을 조건부로 도출할 수 있다. 독립변수 $x_1, x_{2,...,} x_n$에서 n개의 표본값을 반복추출하더라도 오차는 0의 기댓값을 갖는다.

가정 5(SLR.5): 동분산(homoskedasticity)

가정 5는 모든 독립변수 값에서 오차 e_i가 동일한 분산을 갖는다는 것이다. 비관측 요소 e_i의 x_i 조건부 분산이 상수라는 뜻으로, 이를 동분산(homoskedasticity) 또는 동일 분산(constant variance)이라고 한다. 즉 오차항의 조건부 분산 $var(e_i|x_i)$은 모든 i에 대해 동일하며, $var(e_i|x_i) = \sigma^2$이 성립한다. 이는 $var(e_i|x_i)$가 x_i에 따라 달라질 때 오차항이 보여주는 이분산(heteroskedasticity) 또는 일정하지 않은 분산(nonconstant variance)과 대조된다.

지금까지 설명한 가정 내용의 세부적인 설명은 Wooldridge(2015)의 부록 E를 참고하면 된다.

```
. reg price mpg

      Source |       SS       df       MS              Number of obs =      74
-------------+------------------------------           F(  1,    72) =   20.26
       Model |   139449474     1   139449474           Prob > F      =  0.0000
    Residual |   495615923    72  6883554.48           R-squared     =  0.2196
-------------+------------------------------           Adj R-squared =  0.2087
       Total |   635065396    73  8699525.97           Root MSE      =  2623.7

------------------------------------------------------------------------------
       price |      Coef.   Std. Err.      t    P>|t|     [95% Conf. Interval]
-------------+----------------------------------------------------------------
         mpg |  -238.8943   53.07669    -4.50   0.000    -344.7008   -133.0879
       _cons |   11253.06   1170.813     9.61   0.000     8919.088    13587.03
------------------------------------------------------------------------------
```

〈그림 1-8〉 단순회귀분석 reg

명령어 reg 다음에 price는 종속변수이고, 그 다음 mpg는 독립변수이다. β_1인 mpg의 계수값(coef)은 −238.89이고, β_0는 cons coef로 11253.06이다. 이 분석 결과에 의하면 연비가 1 상승하면 가격은 238 감소한다고 해석한다. 또한 R-squared(21.96)는 모형적합도를 의미하기도 하지만 모형의 설명력을 의미하기도 한다. 이미 설명한 바와 같이 잔차의 분포가 정규분포를 따라야 한다. 다음 명령어는 사후추정(postestimation)이기 때문에 반드시 회귀분석을 수행한 후에 실행해야 한다.

```
. reg price mpg, nocons

      Source |       SS       df       MS              Number of obs =      74
-------------+------------------------------           F(  1,    73) =  149.44
       Model |  2.3163e+09     1  2.3163e+09           Prob > F      =  0.0000
    Residual |  1.1315e+09    73  15500024.6           R-squared     =  0.6718
-------------+------------------------------           Adj R-squared =  0.6673
       Total |  3.4478e+09    74  46592355.7           Root MSE      =    3937

------------------------------------------------------------------------------
       price |      Coef.   Std. Err.      t    P>|t|     [95% Conf. Interval]
-------------+----------------------------------------------------------------
         mpg |   253.6302   20.74754    12.22   0.000     212.2804      294.98
------------------------------------------------------------------------------
```

〈그림 1-9〉 단순회귀분석 reg(상수항 제거)

predict 명령어를 실행하면 잔차를 직접 얻을 수 있다. 이 가정은 swilk(shapiro-wilk) 명령어를 활용하면 검정이 가능하다. shapiro-wilk 검정 결과, 잔차가 정규분포를 따른다는 귀무가설이 기각된다. 더불어 rvfplot(잔차 대 적합값)을 검정한 결과이다.

```
. predict rprice if e(sample)
(option xb assumed; fitted values)

. swilk rprice

                   Shapiro-Wilk W test for normal data

    Variable |        Obs       W           V         z       Prob>z
-------------+--------------------------------------------------------
      rprice |         74    0.94701      3.413     2.678    0.00371

. rvfplot, yline(0)
```

위 결과로 유추할 수 있는 점은 price의 값이 증가하면서 잔차의 변이가 증가하고, 등분산의 요건을 충족하지 못하고 있다. 따라서 gladder 명령어를 활용하면 정규분포 여부를 확인할 수 있는데, 정규분포를 확인한 후 다시 회귀분석을 할 필요가 있다.

1.5.2 다중회귀분석

다중선형 회귀분석은 독립변수가 2개 이상인 경우 종속변수에 미치는 영향을 분석하기 위한 모형이다. 다만 다음과 같은 가정이 성립해야 하며, MLR(multiple linear regression)로 정의한다(Wooldridge, 2015).

가정 1(MLR.1): 모수에 대한 선형성(linear in parameters)

가정 1은 단순회귀모형의 방정식이 모수와 선형관계에 있다는 것이다. 선형관계에 있다는 것은 모수의 값과 방정식의 값이 비례관계에 있음을 의미한다. 따라서 그래프는 직선의 형태

(선형)로 그려지게 된다. 다중회귀모형의 방정식은 $y_i = \beta_0 + \beta_1 x_i + \beta_2 x_i + \ldots + \beta_k x_k + e_i$로 표현할 수 있다. 여기서 $\beta_0, \beta_1, \ldots, \beta_k$는 알고자 하는 모수를 의미하며, e_i는 오차항으로 관측되지 않는 확률적 오차를 의미한다.

가정 2(MLR.2): 임의추출(random sampling)

가정 2는 모집단으로부터 임의적으로 표본을 추출해야 한다는 것이다. '임의적'이라 함은 인위적인 개입이 없음을 의미한다. 임의추출이 보장될 때 표본들의 추출 확률은 항상 동일하며, 한 표본의 선택이 다른 표본의 선택에 영향을 주지 않는다. 임의추출 시 발생하는 오차에 대해서는 별도의 항을 세움으로써 처리한다.

$y_i = \beta_0 + \beta_1 x_i + \beta_2 x_i + \ldots, + \beta_k x_k + e_i,\ i = 1, 2, 3, \ldots, n$에서, e_i가 바로 관측값 i(개인, 그룹, 도시 등)의 오차항이다. 이러한 e_i는 y_i에 영향을 미치는 요소 중 비관측(관측되지 않은)요소, 즉 설명할 수 없는 요소를 의미한다.

가정 3(MLR.3): 완전한 공선성이 없어야 함(no perfect collinearity)

가정 3은 독립변수들 사이에 완전한 상관관계가 있어서는 안 된다는 것이다. 두 변수 간의 상관관계를 '공선성'이라고 한다. 완전한 공선성은 상관관계가 1이 됨을 의미하며, 이는 통계적으로 유의미한 결과를 도출하지 못한다. 이 가정은 단순회귀모형에서의 가정보다 더 복잡한데, 그 이유는 하나의 독립변수가 아닌 모든 독립변수들 간의 관계를 고려해야 하기 때문이다.

가정 4(MLR.4): 조건부 0 평균(zero conditional mean)

가정 4는 독립변수 값에서 오차 e_i는 0의 기댓값을 가진다는 것이다. 이 가정을 통해 수학적 전개가 단순화된다. 이는 $E(e_i|x_i) = 0,\ cov(x_i,\ e_i) = 0$로 표현할 수 있으며, 이 가정을 통해 x_i값의 임의성이 해소된다. 따라서 x_i의 값을 조건부로 도출할 수 있다.

가정 5(MLR.5): 동분산(homoskedasticity)

가정 5는 모든 독립변수 값에서 오차 e_i가 동일한 분산을 갖는다는 것이다. 비관측 요소 e_i의 x_i 조건부 분산이 상수라는 뜻으로, 이를 동분산(homoskedasticity) 또는 동일 분산(constant variance)이라고 한다. 즉 오차항의 조건부 분산 $var(e_i|x_i)$은 모든 i에 대해 동일하며, $var(e_i|x_i) = \sigma^2$이 성립한다. 이는 $var(e_i|x_i)$가 x_i에 따라 달라질 때 오차항이 보여주는 이분산(heteroskedasticity) 또는 일정하지 않은 분산(nonconstant variance)과 대조된다.

중선형회귀분석의 기본 모형은 다음과 같다.

$$y_i = \beta_0 + \beta_1 x_{1i} + \beta_2 x_{2i} + ... + e_i$$

명령어 reg 다음에 price는 종속변수이고, 그 다음 weight, length는 각각 독립변수이며, 이를 순차적으로 열거하면 된다. 아래 분석 결과에서 β_1인 mpg의 계수값(coef)은 4.699이고, β_2인 length의 계수값(coef)은 −97.96이고 β_0는 cons coef으로 10386다. 이 분석 결과에 의하면 무게가 상승할 때마다 가격이 4.69만큼 상승하고, 길이가 길수록 가격이 97.96만큼 감소한다고 해석한다. 다중회귀분석은 Adj. R-squared를 적용해야 하는데 32.92이다.

그런데 문제는 변수들이 비율변수(%)가 아니기 때문에 독립변수의 % 변화가 종속변수 %에 미치는 영향을 분석하는 데 한계가 있다는 것이다. 다만 증감 여부만을 알 수 있을 뿐이다. 이를 보완하기 위해 beta 옵션을 추가하면 추정이 가능하다(SPSS의 표준화와 동일). beta를 적용하면 신뢰구간 대신 베타(beta)값이 표시된다.

참고 실제 분석을 수행하는 동안 극단치는 추정 결과의 오류를 발생시키게 된다. 극단치(outlier)는 일반적인 패턴을 벗어나서 추정오류를 발생하는 관측값이다. 일반적으로 극단치는 제거하면 되지만, 불가피하게 제거하지 않고 지표를 활용할 경우가 있다. 이때 활용 가능한 명령어는 reg 대신 rreg를 활용하면 된다.

```
. reg price weight length

      Source |       SS           df       MS      Number of obs   =        74
-------------+----------------------------------   F(  2,     71)  =     18.91
       Model |   220725280         2   110362640   Prob > F        =    0.0000
    Residual |   414340116        71  5835776.28   R-squared       =    0.3476
-------------+----------------------------------   Adj R-squared   =    0.3292
       Total |   635065396        73  8699525.97   Root MSE        =    2415.7

------------------------------------------------------------------------------
       price |      Coef.   Std. Err.      t    P>|t|     [95% Conf. Interval]
-------------+----------------------------------------------------------------
      weight |   4.699065   1.122339     4.19   0.000     2.461184    6.936946
      length |  -97.96031    39.1746    -2.50   0.015    -176.0722   -19.84838
       _cons |   10386.54   4308.159     2.41   0.019     1796.316    18976.76
------------------------------------------------------------------------------
```

〈그림 1-10〉 다중회귀분석 reg

```
. reg price weight length, beta

      Source |       SS           df       MS      Number of obs   =        74
-------------+----------------------------------   F(  2,     71)  =     18.91
       Model |   220725280         2   110362640   Prob > F        =    0.0000
    Residual |   414340116        71  5835776.28   R-squared       =    0.3476
-------------+----------------------------------   Adj R-squared   =    0.3292
       Total |   635065396        73  8699525.97   Root MSE        =    2415.7

------------------------------------------------------------------------------
       price |      Coef.   Std. Err.      t    P>|t|                     Beta
-------------+----------------------------------------------------------------
      weight |   4.699065   1.122339     4.19   0.000                 1.238206
      length |  -97.96031    39.1746    -2.50   0.015                -.7395222
       _cons |   10386.54   4308.159     2.41   0.019                        .
------------------------------------------------------------------------------
```

〈그림 1-11〉 표준화를 추가한 reg

이를 근본적으로 해결하기 위해서는 변수에 자연로그를 취하는 방법이 있다. 일반적으로 설명변수와 종속변수에 취하면 탄력성의 개념과 일치하게 된다. 즉 x가 1% 변화하면 y가 1% 변화한다는 해석이 가능하다.

$\ln y = \beta_0 + \beta_1 \ln x_1 + \beta_2 \ln x_2 + e_i$는 독립변수와 종속변수에 자연로그를 취한 경우이다. 이를 더블로그라 부르기도 한다. 경우에 따라서는 독립변수와 종속변수에만 자연로그를 취할 수 있다.

```
. gen ln_weight =log(weight )

. gen ln_length =log( length )

. reg ln_price ln_weight ln_length

      Source |       SS       df       MS              Number of obs =      74
-------------+------------------------------           F(  2,    71) =   12.22
       Model |  2.87416221     2  1.4370811            Prob > F      =  0.0000
    Residual |  8.34937087    71  .117596773           R-squared     =  0.2561
-------------+------------------------------           Adj R-squared =  0.2351
       Total |  11.2235331    73  .153747029           Root MSE      =  .34292

------------------------------------------------------------------------------
    ln_price |      Coef.   Std. Err.      t    P>|t|     [95% Conf. Interval]
-------------+----------------------------------------------------------------
   ln_weight |   1.067446   .4817506     2.22   0.030     .1068632     2.02803
   ln_length |  -.7712941   1.068029    -0.72   0.473    -2.900883    1.358295
       _cons |   4.156867   2.277525     1.83   0.072    -.3843896    8.698123
------------------------------------------------------------------------------
```

〈그림 1-12〉 로그변환 후 reg

위 분석 결과에 의하면 무게가 1% 증가하면 가격이 1.067% 증가한다고 해석하면 된다.

참고 변수에 자연로그 취하기

실제 분석을 위해 변수에 자연로그를 취해야 하는 경우가 많다. 이때는 위 그림에 설명된 바와 같이 기존변수 weight에 log를 취하면 된다. 다시 말해 gen ln_weight=log(weight)를 입력해야 한다. 새로 생성할 변수명 ln_weight는 연구자가 임의로 생성할 수 있지만 log를 취할 변수는 반드시 기존 변수 weight를 활용해야 된다.

1.6 요인분석

요인분석은 여러 개의 변수들 중 가장 유사한 항목끼리 묶어서 변수를 만드는 것을 말한다. 일반적인 회귀분석을 할 경우에는 요인을 찾아내는 도구로 활용되지만 구조방정식에서는 잠재변수로 활용된다. 다시 말해 여러 개의 변수를 단순하게 몇 개의 요인을 묶는 과정이다. 일반적으로 요인분석이라 함은 가장 유사한 변수끼리 묶어서 요인을 만드는 과정을 의미하지만, 구조방정식모형에서 활용되는 요인분석은 확인적 요인분석(CFA)을 의미한다. 여기서 요인추출 방법(주성분분석법 등)과 요인회전 방법(vari-max 등)은 따로 설명하지 않을 것이다. 다만 일반적으로 활용되는 요인추출 방법은 주인자, 주성분요인, 최대우도 요인 등인데 추출 방법은 큰 차이가 없다. 옵션으로 지정하지 않으면 주인자가 활용되고, 주성분요인은 pcf, 최대우도요인은 ml factor(#)를 지정해주어야 한다. 만약 최대 요인을 2개로 설정하고 싶다면 ml factor(2)를 지정해주면 된다.

■ 주인자분석(principal factor analysis)

주인자(요인) 추출 기법은 공통성에 대한 변화량을 수렴하는 점까지 반복계산하여 적합한 요인을 추출하는 방법이다(옵션 지정 안함).

```
. use http://www.stata-press.com/data/r14/bg2.dta
(Physician-cost data)

. factor bg2cost1-bg2cost6
(obs=568)

Factor analysis/correlation                  Number of obs    =        568
    Method: principal factors                Retained factors =          3
    Rotation: (unrotated)                    Number of params =         15

    ----------------------------------------------------------------------------
         Factor  |   Eigenvalue   Difference        Proportion   Cumulative
    -------------+--------------------------------------------------------------
        Factor1  |      0.85389      0.31282            1.0310       1.0310
        Factor2  |      0.54107      0.51786            0.6533       1.6844
        Factor3  |      0.02321      0.17288            0.0280       1.7124
        Factor4  |     -0.14967      0.03951           -0.1807       1.5317
        Factor5  |     -0.18918      0.06197           -0.2284       1.3033
        Factor6  |     -0.25115            .           -0.3033       1.0000
    ----------------------------------------------------------------------------
    LR test: independent vs. saturated:  chi2(15) =  269.07 Prob>chi2 = 0.0000

Factor loadings (pattern matrix) and unique variances

    -------------------------------------------------------------
        Variable |  Factor1   Factor2   Factor3 |   Uniqueness
    -------------+------------------------------+----------------
        bg2cost1 |   0.2470    0.3670   -0.0446 |      0.8023
        bg2cost2 |  -0.3374    0.3321   -0.0772 |      0.7699
        bg2cost3 |  -0.3764    0.3756    0.0204 |      0.7169
        bg2cost4 |  -0.3221    0.1942    0.1034 |      0.8479
        bg2cost5 |   0.4550    0.2479    0.0641 |      0.7274
        bg2cost6 |   0.4760    0.2364   -0.0068 |      0.7175
    -------------------------------------------------------------
```

분석 결과 3개의 요인으로 추출되었으며, 아이겐밸류(eigenvalue, 고윳값)가 다소 낮음을 알 수 있다.

■ **주성분분석**(principal component factor analysis)

주성분 요인추출은 요인추출 방법 중 가장 보편적으로 활용되는 기법으로 여러 개의 변수를 그보다 작은 요인으로 축약시키는 방법을 말한다(옵션 pcf 지정).

```
. factor bg2cost1-bg2cost6, pcf
(obs=568)

Factor analysis/correlation                        Number of obs    =        568
    Method: principal-component factors            Retained factors =          2
    Rotation: (unrotated)                          Number of params =         11

    --------------------------------------------------------------------------
         Factor  |   Eigenvalue   Difference        Proportion   Cumulative
    -------------+------------------------------------------------------------
        Factor1  |      1.70622      0.30334            0.2844       0.2844
        Factor2  |      1.40288      0.49422            0.2338       0.5182
        Factor3  |      0.90865      0.18567            0.1514       0.6696
        Factor4  |      0.72298      0.05606            0.1205       0.7901
        Factor5  |      0.66692      0.07456            0.1112       0.9013
        Factor6  |      0.59236            .            0.0987       1.0000
    --------------------------------------------------------------------------
    LR test: independent vs. saturated:  chi2(15) =  269.07 Prob>chi2 = 0.0000

Factor loadings (pattern matrix) and unique variances

    -------------------------------------------------
        Variable |  Factor1   Factor2 |   Uniqueness
    -------------+--------------------+--------------
        bg2cost1 |   0.3581    0.6279 |      0.4775
        bg2cost2 |  -0.4850    0.5244 |      0.4898
        bg2cost3 |  -0.5326    0.5725 |      0.3886
        bg2cost4 |  -0.4919    0.3254 |      0.6521
        bg2cost5 |   0.6238    0.3962 |      0.4539
        bg2cost6 |   0.6543    0.3780 |      0.4290
    -------------------------------------------------
```

주성분분석법은 전체분산의 변동량을 이용하여 요인을 추출하는 기법으로 가장 일반적으로 활용되는 방법 중 하나이다. 위 그림 중 아래 그림의 맨 우측 칼럼에 있는 uniqueness는 공통성(communality)을 의미하며, 통상 0~1 사이의 값을 가지지만 일반적으로는 0.5 이상일 때 의미 있는 설명력을 가진다고 할 수 있다.

■ **최대우도법**(Maximum likelihood factor analysis)

```
. factor bg2cost1-bg2cost6, ml factor(2)
(obs=568)
Iteration 0:   log likelihood = -28.702162
Iteration 1:   log likelihood = -7.0065234
Iteration 2:   log likelihood = -6.8513798
Iteration 3:   log likelihood = -6.8429502
Iteration 4:   log likelihood = -6.8424747
Iteration 5:   log likelihood = -6.8424491
Iteration 6:   log likelihood = -6.8424477

Factor analysis/correlation                   Number of obs    =        568
    Method: maximum likelihood                Retained factors =          2
    Rotation: (unrotated)                     Number of params =         11
                                              Schwarz's BIC    =    83.4482
    Log likelihood = -6.842448                (Akaike's) AIC   =    35.6849
```

Factor	Eigenvalue	Difference	Proportion	Cumulative
Factor1	1.02766	0.28115	0.5792	0.5792
Factor2	0.74651	.	0.4208	1.0000

```
    LR test: independent vs. saturated:  chi2(15) =  269.07 Prob>chi2 = 0.0000
    LR test:    2 factors vs. saturated:  chi2(4)  =   13.58 Prob>chi2 = 0.0087

Factor loadings (pattern matrix) and unique variances
```

Variable	Factor1	Factor2	Uniqueness
bg2cost1	-0.1371	0.4235	0.8018
bg2cost2	0.4140	0.1994	0.7888
bg2cost3	0.6199	0.3692	0.4794
bg2cost4	0.3577	0.0909	0.8638
bg2cost5	-0.3752	0.4355	0.6695
bg2cost6	-0.4295	0.4395	0.6224

최대우도법은 공통요인 분석 기법 중 하나로 관측상관행렬과 모상관행렬을 추정하는데 적합한 기법이라 할 수 있다.

■ 구형성[Kaiser-Meyer-Olkin(KMO)]

```
. estat kmo

Kaiser-Meyer-Olkin measure of sampling adequacy

    ---------------------------
        Variable |         kmo
    -------------+-------------
       bg2cost1  |      0.6077
       bg2cost2  |      0.5648
       bg2cost3  |      0.5720
       bg2cost4  |      0.6341
       bg2cost5  |      0.5867
       bg2cost6  |      0.6122
    -------------+-------------
        Overall  |      0.5929
    ---------------------------
```

변수 간 편상관을 파악하는 척도로, 일반적으로 KMO 검증 결과 0.8 이상이면 신뢰할 수 있다고 판단된다. 그렇다고 절대적인 기준은 아니다. 다만 결과값이 지나치게 낮게 나올 경우 설문 문항은 분석 시 제고의 여지가 있다.

아래 그래프는 **principal component factor** 추정 후 Scree 도표를 그린 것이다. 여기서 Scree는 팔꿈치를 의미하며, 아이겐밸류가 1 이상인 2개 요인을 추출하였다고 이해하면 된다.

· **screeplot, mean**

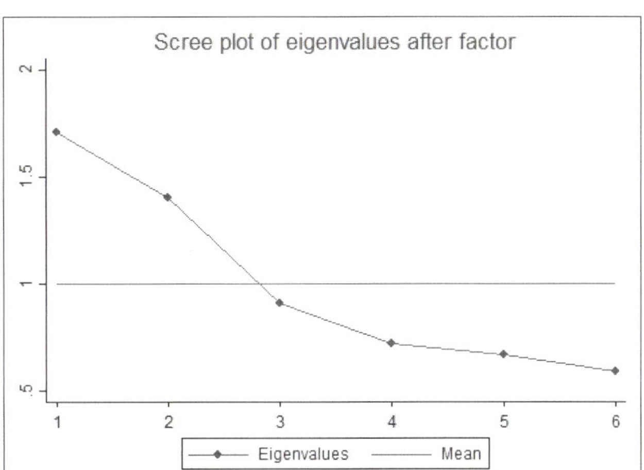

스크리(Scree) 도표는 요인의 수를 결정하는 중요한 요소 중 하나이다. 일반적으로 아이겐벨류(eigenvalues)는 1 이상을 적용하게 된다. 경우에 따라서는 아이겐벨류가 1 이하이더라도 연구자의 의도에 따라 요인을 추가하여 활용할 수 있다. 위 경우 3개 요인도 가능하다는 이야기이다.

2장

구조방정식모형 이해하기

Stata

2.1 Stata에서 분석 가능한 구조방정식모형

■ 탐색적 요인분석(일반적 요인분석)

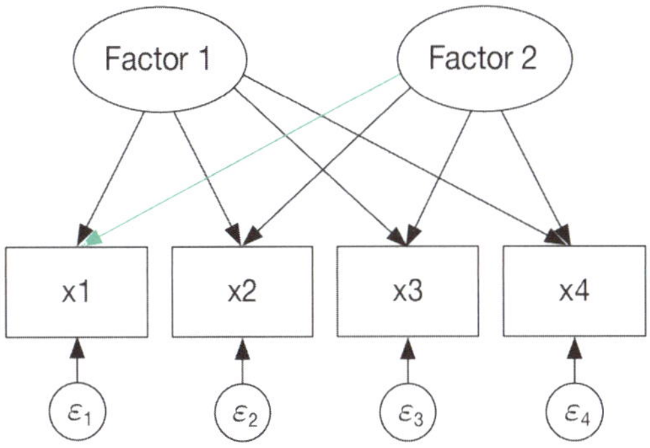

탐색적 요인분석은 일반적으로 다변량 통계학 요인분석으로 정의할 수 있다. 우리가 흔히 알고 있는 요인분석으로 기존 연구에서 경로를 밝히지 않았을 경우 활용된다.

■ 확인적 요인분석(구조방정식모형 분석을 위한 요인분석)

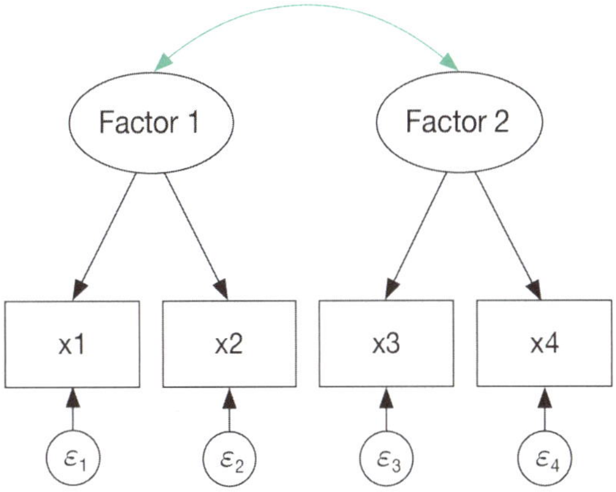

이미 만들어진 잠재변수를 활용하여 다양한 인과관계 또는 상관관계를 추정할 수 있으며, 일반적으로는 이미 기존 연구에서 변수들 간 관계가 정립된 경우에 활용된다.

■ **재귀모형**(recursive model)

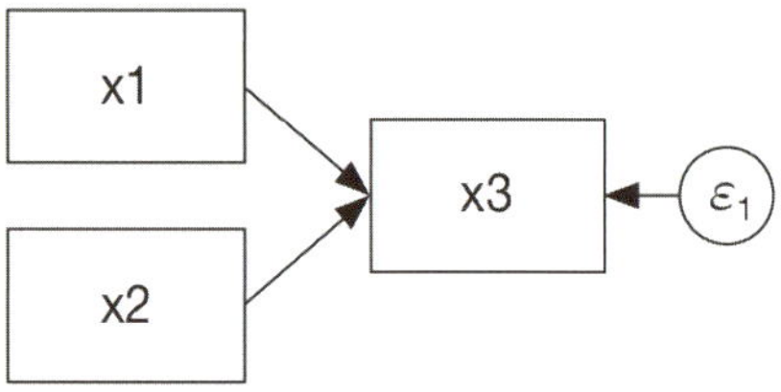

재귀모형은 가장 기초적인 구조방정식모형으로 단순한 인과관계 또는 상관성만을 보여주는 모형이다. 이 모형은 독립경로모형이라 부르기도 하는데, 회귀분석에서 독립변수가 2개라고 가정할 경우 독립변수(x1, x2)가 종속변수(x3)에 미치는 영향을 분석하는 모형과 동일하며, x1과 x2는 서로 독립적이어야 한다.

■ **비재귀모형**(non-recursive model)

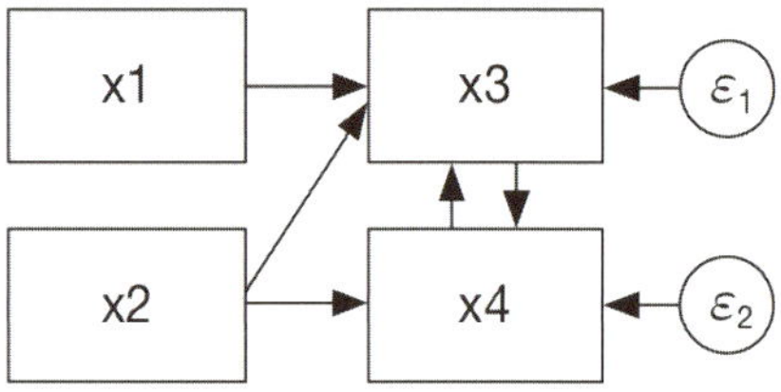

비재귀모형은 재귀모형의 확장형이며, 내생변수 간 순환적 인과관계를 검증할 수 있는 모형이다. 예를 들어 설명하면 종속변수가 2개 이상인 경우이며, 독립변수가 종속변수에 미치는 영향(예, x1-> x3) 이외에 종속변수 간 상호 미치는 영향(예, x3-> x4, x4-> x3)을 연구할 때 사용된다. 여기서 x1과 x3만으로 구성된 독립모형이라 가정할 때 x1과 x3의 관계는 인과모형이라 부른다. 다만 x3과 x4는 변수 상호 간 인과를 반복하는 모형으로 쌍방향 인과모형이라 부른다.

■ **기타 모형**

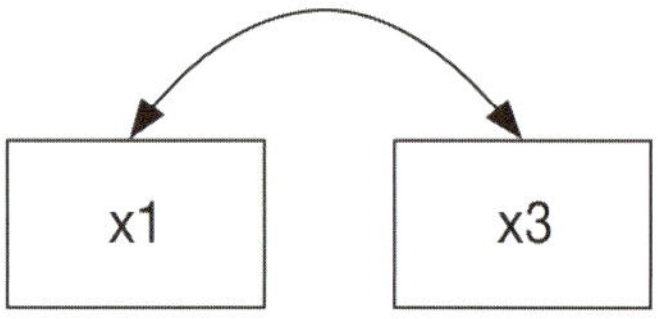

기타 모형은 재귀모형이나 비재귀모형과 같이 x1과 x3이 인과관계가 아니라 상호 대등한 상관성을 의미하기 때문에 상관모형이라 부른다.

2.2 툴바 소개

sem 툴바는 다음과 같다(tools, standard, contextual 등).

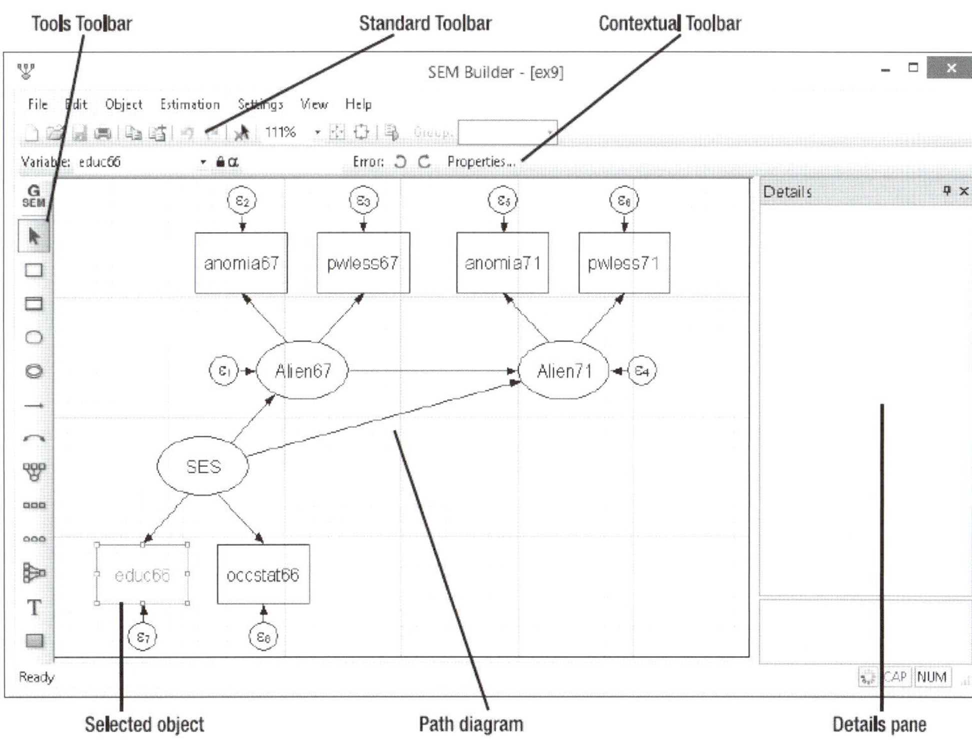

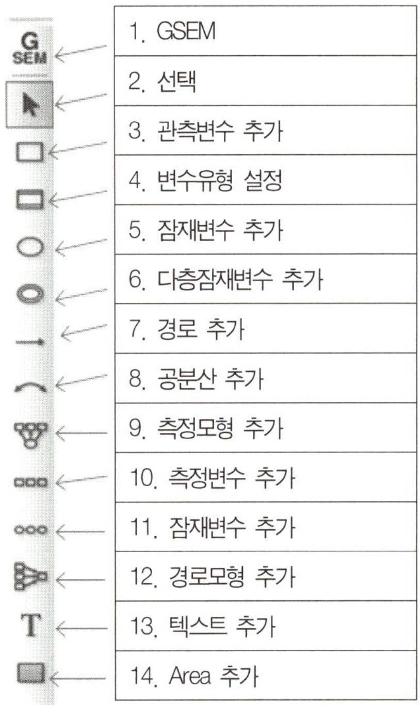

설명의 편의를 위해 툴바의 각 항목은 아라비아 숫자로 표기한다. 1번 GSEM은 gsem을 추정하기 위한 툴바이다. 2번의 선택은 모형에서 잠재변수, 측정변수를 지정할 때 활용된다. 3번과 5번은 변수를 추가할 때 활용된다. 4번 변수유형 설정은 gsem 변수의 family와 link를 지정할 때 활용된다. 6번 다층잠재변수 추가는 다층모형분석 시 잠재변수의 형태를 지정할 때 활용된다. 9번 측정모형 추가와 12번 경로모형 추가는 측정모형과 경로모형을 추가할 때 활용된다. 다만 13번과 14번은 분석에는 영향을 미치지 않는다. 13번 텍스트 추가는 텍스트를 추가할 때 활용하고, 14번 Area 추가는 다층모형분석 시 level 1, level 2 등을 구분하기 위해 영역을 설정할 때 활용된다.

대표적으로 활용되는 주요 용어와 표시는 관측변수와 잠재변수인데 다음과 같다. 관측변수는 통계분석에 활용하기 위해 실제로 측정한 변수를 의미하며, Stata에서는 사각형(□)으로 표시한다. 잠재변수는 통계분석에 활용하기 위해 실제로 측정한 변수가 아니라 관측변수로부터 간접적으로 측정된 변수를 의미하며, Stata에서는 원형(○)으로 표시한다.

2.3 sem과 gsem의 옵션 구분

두 모형의 차이는 추정 방식의 차이에 있다. 아래 그림에 제시된 바와 같이 표준오차(vce) 등의 차이이다. 예를 들면 sem 분석 시 ml, mlmv, adf 기법의 기본값은 vce(oim)이며, gsem도 동일하다.

method()	vce()	Comment
`sem`		
`method(ml)`	`vce(oim)`	default
	`vce(eim)`	
	`vce(opg)`	
	`vce(sbentler)`	
	`vce(robust)`	a.k.a. QML
	`vce(cluster` *clustvar*`)`	
	`vce(bootstrap)`	
	`vce(jackknife)`	
`method(mlmv)`	`vce(oim)`	default
	`vce(eim)`	
	`vce(opg)`	
	`vce(robust)`	a.k.a. QML
	`vce(cluster` *clustvar*`)`	
	`vce(bootstrap)`	
	`vce(jackknife)`	
`method(adf)`	`vce(oim)`	default; `vce(robust)`-like
	`vce(eim)`	
	`vce(bootstrap)`	
	`vce(jackknife)`	
`gsem`		
`method(ml)`	`vce(oim)`	default
	`vce(opg)`	
	`vce(robust)`	a.k.a. QML
	`vce(cluster` *clustvar*`)`	
	bootstrap	no option; use `bootstrap:` prefix
	jackknife	no option; use `jackknife:` prefix

자료: STATA Manual SEM 14, p.102.

2.4 구조방정식모형 분석 프로세스

1. 문제 해결(SEM 가능 모형)

sem으로 분석 가능한 모델인지 확인한다.

2. 자료수집/조사

구조방정식모형 분석은 일반적으로 최소제곱법(OLS) 범주의 기법을 활용한다. 다만 측정오차 등 구성개념을 활용하기 때문에 다항의 설문지를 활용하게 된다.

3. 연구가설 및 모형설정

연구가설과 모형을 구축하는 과정을 거친다. 이때 선행연구 등 다양한 가능성을 열어 두고 모형을 설정한다.

4. 측정모형 및 경로모형 구축 db sem(sem builder) 또는 sem 활용 모형설정(do-file)

측정모형 및 경로모형을 구축하는 과정은 command 창에서 직접 명령어를 입력하거나 builder를 활용하여 모형을 구축한다. 일괄적인 모형분석을 위해 do-file을 활용해도 된다.

5. 모형의 유의성 평가

구조방정식모형의 상관계수 및 인과관계 등 유의성을 파악한다.

6. 모형적합성 평가(estat gof)

데이터와 모형의 부합 정도와 실제 연구가설의 결과 등이 부합되는지 파악하는 단계이다.

7. 추정모형의 효과 해석(estat teffect)

모형의 직접, 간접, 총효과를 파악하는 단계로 통상 매개효과가 설정된 모형에서 직접효과와 간접효과를 추정하게 된다.

8. 모형수정(estat midices): modification

모형에서 추가되어야 할 변인(지표 및 오차항의 공분산 등)을 추가하여 다시 분석하는 과정을 거친다.

9. 최종모형 선택

최종모형을 선택하기 위해 4~9번의 과정을 여러 차례 거치면서 모형 구축 및 재설정 작업이 필요하다. 최종 결과의 해석은 최종모형을 선택하고 그 결과값에 근거해야 한다.

2.5 구조방정식모형 이해하기

아래 모형은 단순모형으로 확인적 요인분석의 일종이다.

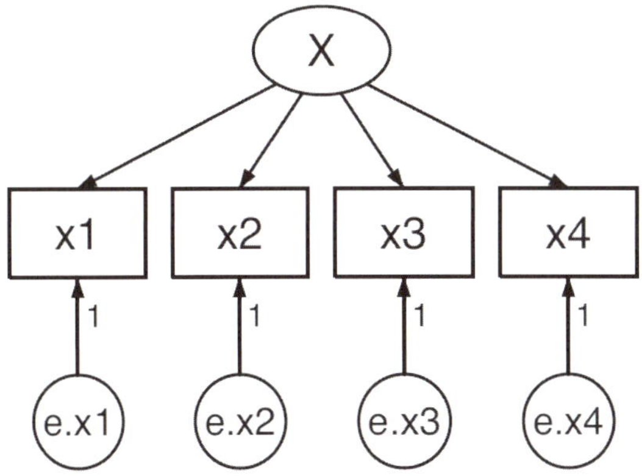

자료: STATA Manual SEM 14, p.7.

$x1 = \alpha_1 + \beta_1 X + \mathrm{e.x1}$

$x2 = \alpha_2 + \beta_2 X + \mathrm{e.x2}$

$x3 = \alpha_3 + \beta_3 X + \mathrm{e.x3}$

$x4 = \alpha_4 + \beta_4 X + \mathrm{e.x4}$

```
sem (x1<-X) (x2<-X) (x3<-X) (x4<-X)
```

아래 명령어가 동일하며 그 분석 결과도 동일하다. 왜냐하면 선형단순모형의 경우 sem과 gsem을 활용해도 결과값은 동일하기 때문이다.

```
sem (x1<-X) (x2<-X) (x3<-X) (x4<-X)
gsem (x1<-X) (x2<-X) (x3<-X) (x4<-X)
```

다르게 표현하면 다음과 같다(do-file 형식).

```
sem (x1<-X) (x2<-X) (x3<-X) (y<-X)
```

위 명령어는 다음과 같이 지정해도 동일하다(여기서 ///는 줄 바꾸기를 의미함).

```
sem (x1<-X) (x2<-X) ///
(x3<-X) (y<-X)
```

or

```
sem (x1<-X) ///
(x2<-X) ///
(x3<-X) ///
(y<-X)
```

아래 모형은 이미 설명한 단순모형에 경로도형을 추가한 모형으로 독립변수(X)가 종속변수(y)에 직접적으로 영향을 미치는 효과를 측정할 수 있다. 이를 일컬어 직접효과라 칭한다.

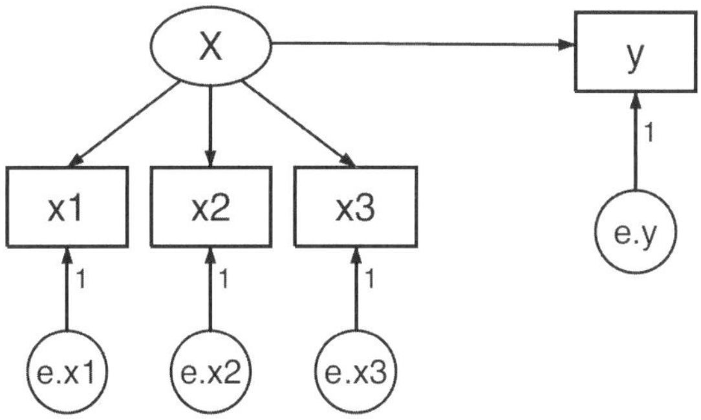

자료: STATA Manual SEM 14, p.9.

$$x1 = \alpha_1 + X\beta_1 + \mathrm{e.x1}$$
$$x2 = \alpha_2 + X\beta_2 + \mathrm{e.x2}$$
$$x3 = \alpha_3 + X\beta_3 + \mathrm{e.x3}$$
$$y = \alpha_4 + X\beta_4 + \mathrm{e.y}$$

```
sem (x1<-X) (x2<-X) (x3<-X) (y<-X)
```

아래 모형은 잠재변수(X)와 측정변수(x1, x2, x3, x4)에 공분산이 있다고 가정한 모형이다(다만 표시하지 않아도 동일함). 다만 추가적으로 x2와 x3의 오차항의 공분산이 추가된 모형이다.

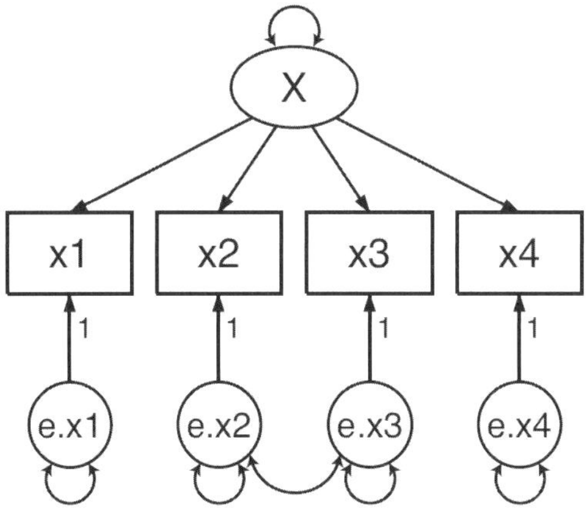

자료: STATA Manual SEM 14, p.13.

```
sem (x1<-X) (x2<-X) (x3<-X) (x4<-X), cov(e.x2*e.x3)
```

아래 모형은 달리 지정하지 않으면 기본값(Gaussian, Identity)인 모형과는 달리 Family와 Link를 Bernoulli와 probit으로 지정하였기 때문에 gsem 모형으로 분석해야 한다.

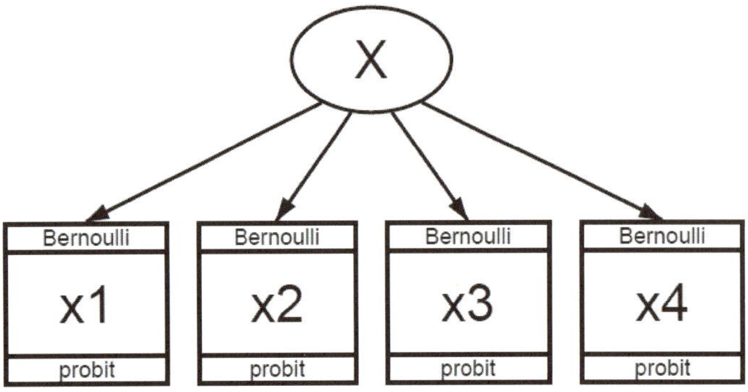

자료: STATA Manual SEM 14, p.16.

gsem 모형 분석을 위해 Family and link를 지정할 필요가 있다. 상단(Family)에는 Bernoulli를 하단(link)에는 probit를 추가하여 분석하면 된다. Family and link를 입력하게 되면 오차항이 사라지게 된다. 다만 연속 측정변수의 경우 Family(gaussian) and link(identity)가 default값이기 때문에 오차항이 사라지지 않는다.

```
gsem (x1 x2 x3 x4<-X, family(bernoulli) link(probit))
```

or

```
gsem (x1<-X, family(bernoulli) link(probit))
gsem (x2<-X, family(bernoulli) link(probit))
gsem (x3<-X, family(bernoulli) link(probit))
gsem (x4<-X, family(bernoulli) link(probit))
```

or

```
gsem (x1 x2 x3 x4<-X, probit)

gsem (x1<-X, probit) (x2<-X, probit) (x3<-X, probit) (x4<-X, probit)
```

or

```
gsem (x1 x2 x3 x4<-X), probit
```

or

gsem (x1<-X) (x2<-X) (x3<-X) (x4<-X), probit

아래 모형은 혼합모형이라 생각하면 된다. 특히 Family와 link를 활용하여 probit과 identity를 혼합하여 분석하고 있다. 따라서 gsem으로 분석해야 한다.

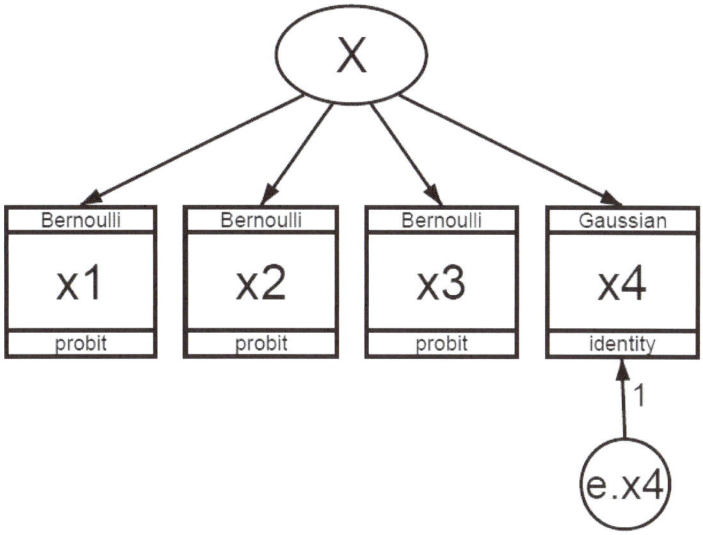

자료: STATA Manual SEM 14, p.18.

gsem (x1 x2 x3<-X, family(bernoulli) link(probit)) (x4 <-X, family(gaussian) link(identity))

or

(x1 x2 x3<-X, probit) (x4<-X, regress)

(x1 x2 x3<−X, probit) (x4<−X)와 같이 입력하여도 동일한 결과값이 도출되는데, 여기서 family(gaussian) link(identity)가 default이므로, 굳이 regress를 지정할 필요가 없다.

아래 모형은 다항로짓모형으로 분석을 위한 명령어는 mlogit y x1 x2이다.

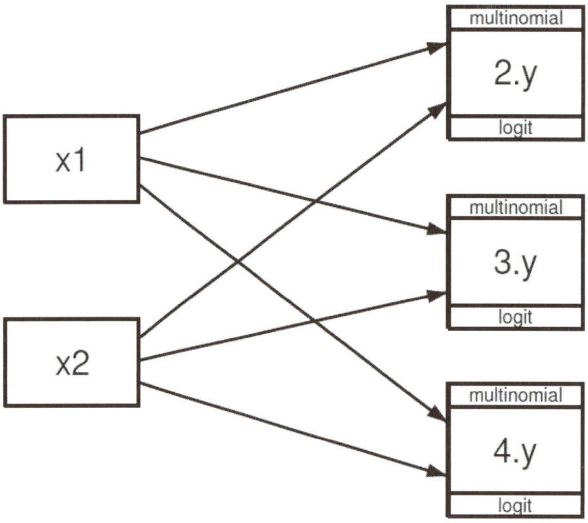

자료: STATA Manual SEM 14, p.19.

다만 다항로짓분석을 위해 다음과 같이 입력해야 한다.

```
gsem (2.y 3.y 4.y<-x1 x2), mlogit
gsem (i.y<-x1 x2), mlogit
gsem (2.y<-x1 x2) (3.y 4.y<-x2), mlogit
```

or

```
gsem (i.y<-x2) (2.y<-x1), mlogit
```

■ **2레벨 다중혼합모형**[Multilevel mixed effects(2 levels)]

아래 모형은 잠재변수 X의 효과에 더해 학교 레벨(school)의 효과를 추정하기 위함이다.

```
gsem (x1 x2 x3 x4<-X M1[school])
```

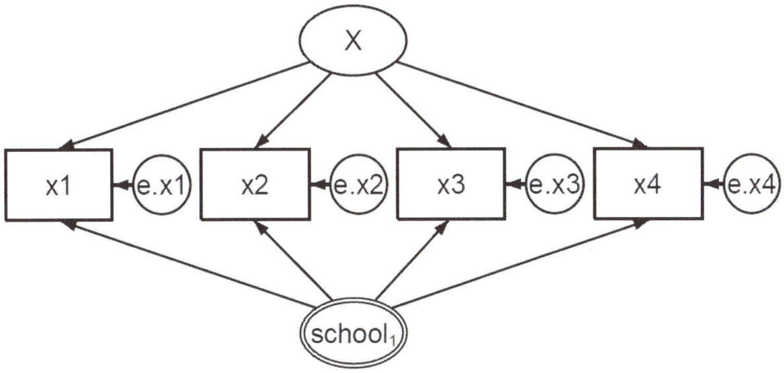

자료: STATA Manual SEM 14, p.24.

$$x1 = \alpha_1 + \beta_1 X + \gamma_1 M_{1,S} + e.x_1$$

$$x2 = \alpha_2 + \beta_2 X + \gamma_2 M_{1,S} + e.x_2$$

$$x3 = \alpha_3 + \beta_3 X + \gamma_3 M_{1,S} + e.x_3$$

$$x4 = \alpha_4 + \beta_4 X + \gamma_4 M_{1,S} + e.x_4$$

아래 모형은 위와 동일한 모형인데, Area를 지정하였다고 생각하면 된다. 위 그림과 동일한 모형인데 음영 처리만 다르다. 이미 설명한 바와 같이 툴바 맨 아래 Area를 적용하여 level을 구분해준 것이다.

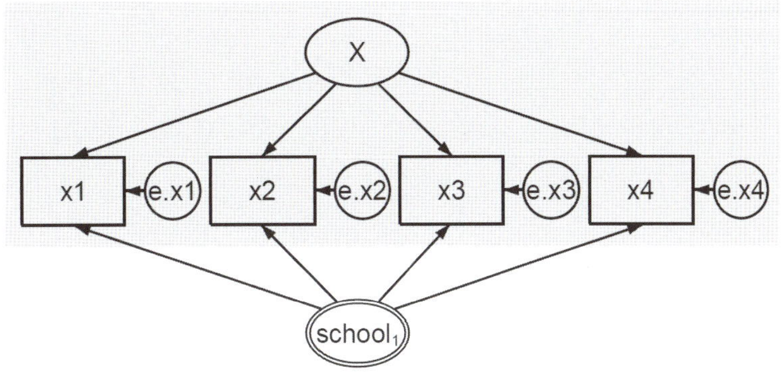

자료: STATA Manual SEM 14, p.25.

■ 3레벨 다중혼합모형[Multilevel mixed effects(3 levels)]

아래 모형은 X, school, county 레벨의 효과를 추정하기 위함이다.

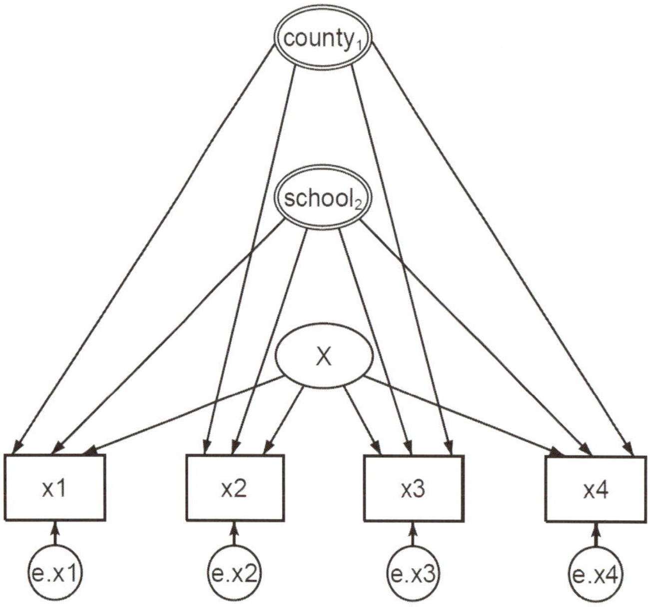

자료: STATA Manual SEM 14, p.27.

```
gsem (x1 x2 x3 x4<-X M1[county] M2[county>school])
```

or

```
gsem (x1 x2 x3 x4<-X M1[county] M2[school<county])
```

$$x1 = \alpha_1 + \beta_1 X + \gamma_1 M_{1,C} + \delta_1 M_{2,S} + e.x_1$$

$$x2 = \alpha_2 + \beta_2 X + \gamma_2 M_{1,C} + \delta_2 M_{2,S} + e.x_2$$

$$x3 = \alpha_3 + \beta_3 X + \gamma_3 M_{1,C} + \delta_3 M_{2,S} + e.x_3$$

$$x4 = \alpha_4 + \beta_4 X + \gamma_4 M_{1,C} + \delta_4 M_{2,S} + e.x_4$$

아래 모형은 위와 동일한 모형으로 Area를 지정하였다.

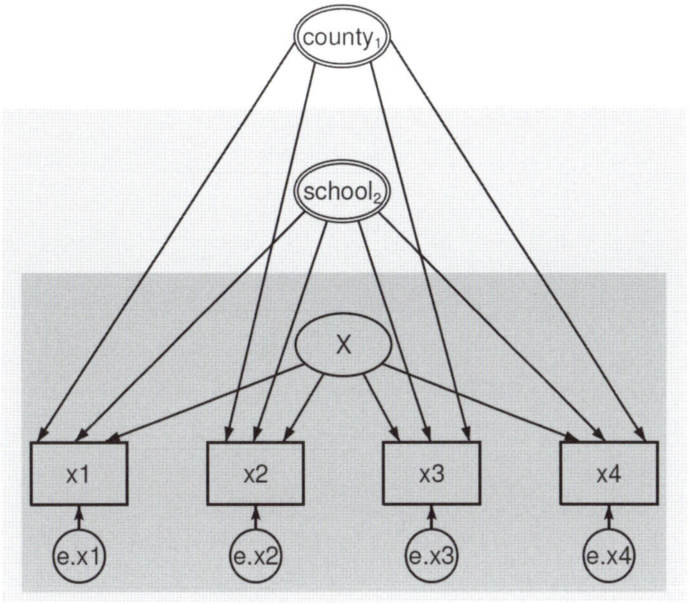

자료: STATA Manual SEM 14, p.28.

■ **다중요인모형**(multiple-factor measurement models)

아래 모형은 확인적 요인분석 모형이다.

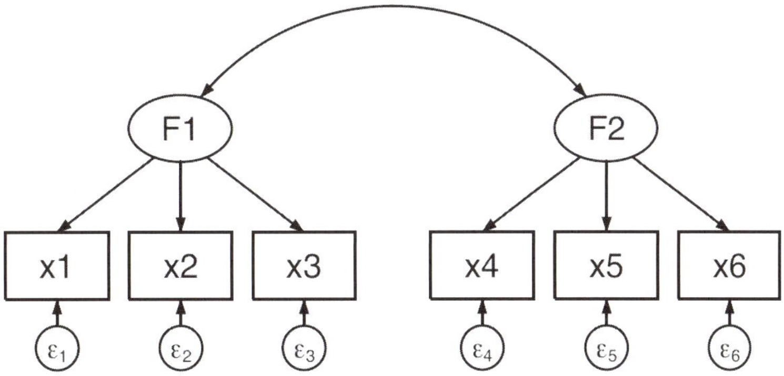

자료: STATA Manual SEM 14, p.64.

```
sem (F1->x1) (F1->x2) (F1->x3) (F2->x4) (F2->x5) (F2->x6)
```

위 모형에는 cov(F1*F2)이 포함되어야 할 것으로 판단된다. 하지만 이는 default로 처리되기 때문에 옵션으로 처리할 필요가 없다.

```
sem (F1->x1 x2 x3) (F2->x4 x5 x6)
```

or

```
sem (x1 x2 x3<-F1) (x4 x5 x6<-F2)
```

or

```
sem (x1<-F1) (x2<-F1) (x3<-F1) (x4<-F2) (x5<-F2) (x6<-F2)
```

알아두세요!

확인적 요인분석은 잠재변수 생성 관계에 따라 Formative와 Reflective 모형으로 구분이 가능하다.

• Formative 모형

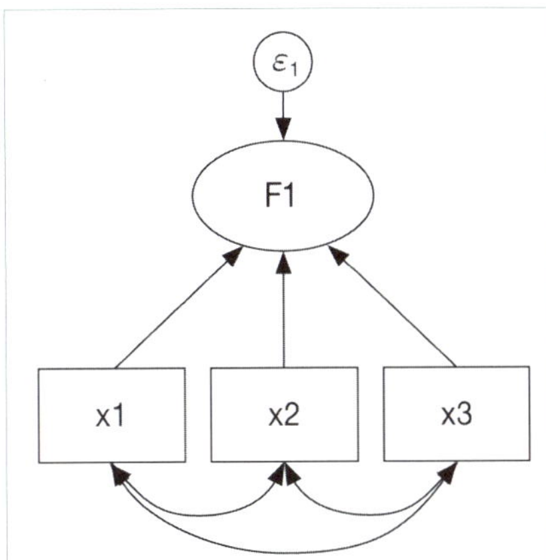

이 모형은 관측변수(x1, x2, x3)가 잠재변수(F1)에 영향을 미치지만 측정변수의 오차항은 없다. 다만 일반적으로 잘 활용되지는 않는다.

• Reflective 모형

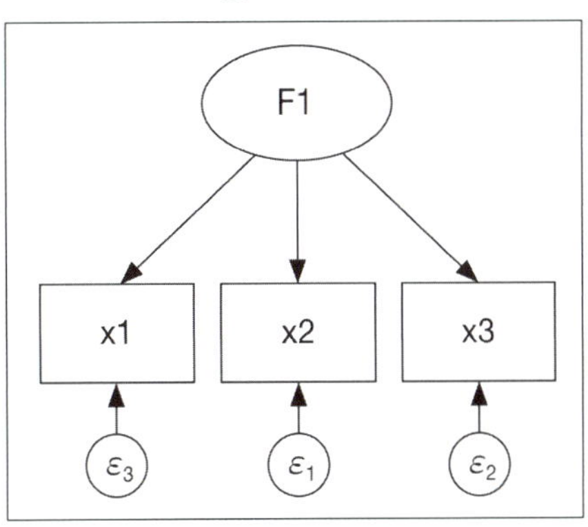

이 모형은 잠재변수(F1)가 관측변수(x1, x2, x3)에 따라 생성되고, 오차항이 필요하며, 대부분의 구조방정식모형에서 활용된다.

* 이 두 모형을 합한 모형이 부분최소회귀(PLS)이다. PLS에 관해서는 다음 페이지에서 논의할 것이다.

■ **선형회귀**(Linear regression)

이 모형은 재귀모형과 유사하다.

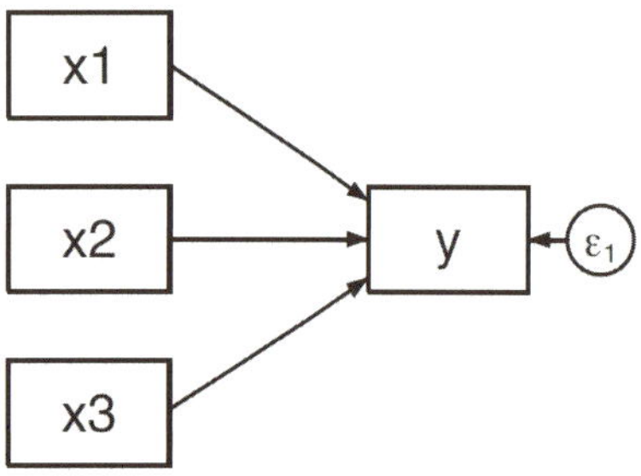

자료: STATA Manual SEM 14, p.65.

```
sem(y<-x1 x2 x3)
```

만약, 연구자가 기존의 y 대신 poisson, log 지표로 변경할 경우에는 gsem (y<−x1 x2 x3, poisson)으로 변경하면 되고, ordinal probit 지표로 변경할 경우에는 gsem (y<−x1 x2 x3, oprobit)으로 변경하면 된다.

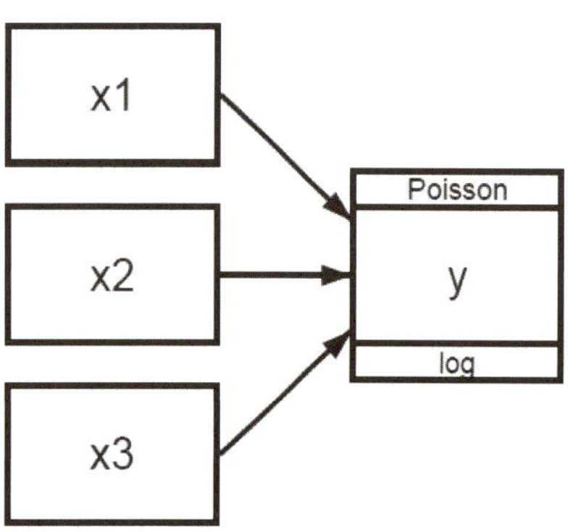

자료: STATA Manual SEM 14, p.66.

```
gsem(y<-x1 x2 x3, poisson)
```

ordinal, probit일 경우 gsem (y<−x1 x2 x3, oprobit)을 입력하면 된다.

이 모형은 비재귀모형과 유사하다.

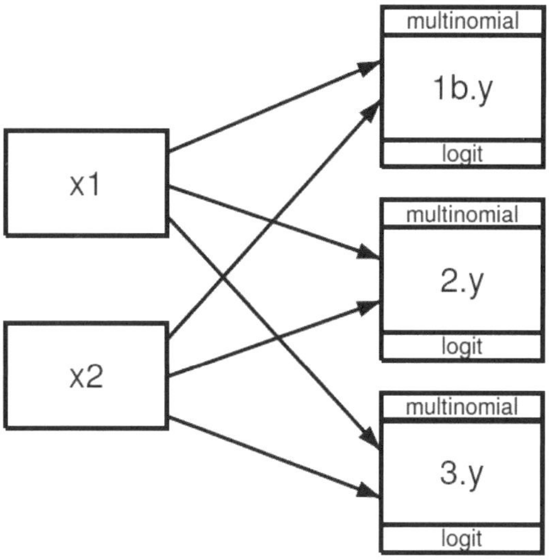

자료: STATA Manual SEM 14, p.69.

gsem (i.y<-x1 x2, mlogit)

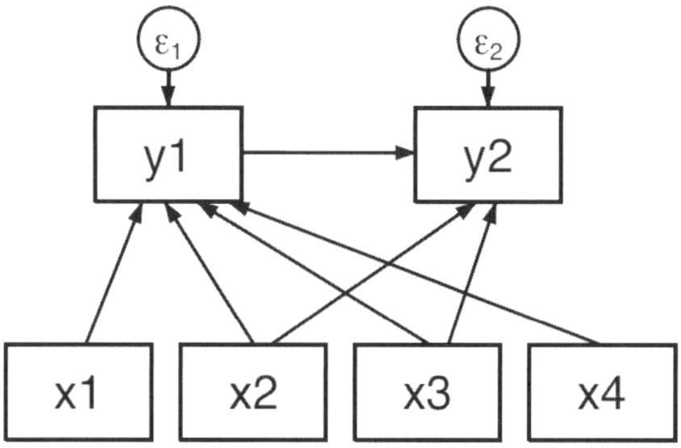

자료: STATA Manual SEM 14, p.70.

sem (y1<-x1 x2 x3 x4) (y2<-y1 x2 x3)

이 모형은 응답(내생변수)변수 간 경로모형을 추정하기 위함이다.

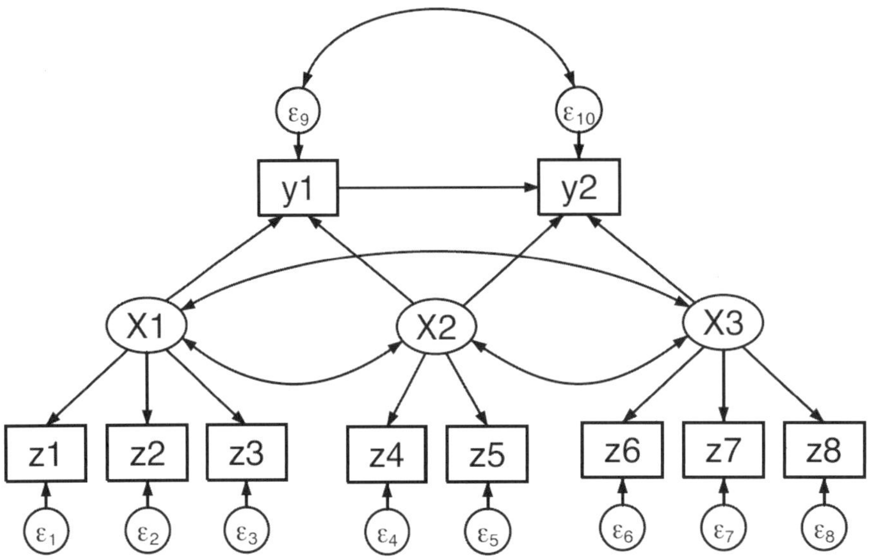

자료: STATA Manual SEM 14, p.72.

```
sem (y1<-X1 X2) (y2<-y1 X2 X3) ///
      (X1->z1 z2 z3) ///
      (X2->z4 z5) ///
      (X3->z6 z7 z8), ///
      cov(e.y1*e.y2)
```

이 모형은 gsem으로 추정해도 동일한 값을 도출한다. 다만 위 그림에서 cov(X1*X2 X1*X3 X2*X3)을 옵션으로 지정해주어야 할 것 같다. 따라서 latent(x1 x2 x3)를 추가해 주어야 한다.

```
sem (y1<-x1 x2) (y2<-y1 x2 x3) ///
      (x1->z1 z2 z3) ///
      (x2->z4 z5) ///
      (x3->z6 z7 z8), ///
      cov(e.y1*e.y2) ///
      latent(x1 x2 x3)
```

■ 다중지표 다중원인 모형(MIMIC models)

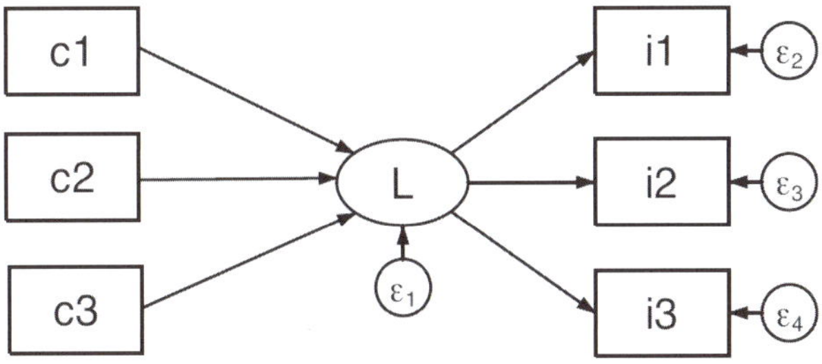

자료: STATA Manual SEM 14, p.73.

이 모형은 multiple indicator and multiple cause를 의미하며, 다중지표 다중원인 모형이라고도 한다. 다시 말해 다수의 변수가 외생변수와 관측변수로 활용된다. 따라서 L이 높을수록 i1, i2, i3 변수의 값이 높을 확률이 높고, 동시에 L 변수에 영향을 주는 변수가 c1, c2, c3라 할 수 있다.

```
sem (i1 i2 i3<-L) (L<-c1 c2 c3)
```

이 모형은 gsem으로 추정해도 된다.

■ 부분최소제곱회귀(Partial Least Squares)

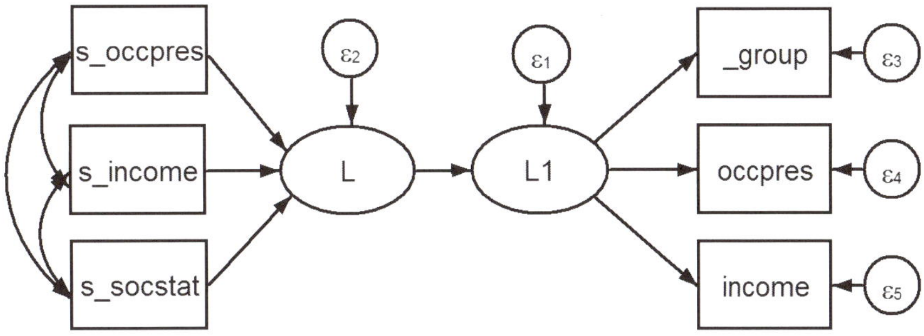

이 모형은 여러 개의 관측변수가 Formative 지표(s_occpres, s_income, s_socstat)와

Reflective 지표(_group, occpress, income)를 동시에 활용하기 위함이다. 다만 이것은 예제 파일 use http://www.stata-press.com/data/r14/sem_mimic1.dta를 활용한 것일 뿐 실제 분석을 위한 모형은 아니고 예시적으로 모형의 형태를 제시하였다. 부분최소제곱회귀는 잠재변수 L과 L1 사이의 경로를 분석할 때 활용된다. 또한 s_occpres, s_income, s_socstat의 증감에 따라서 L이 변화하고, 그 변화가 또 다른 잠재변수 L1에는 어떠한 영향을 미치는지 동시에 분석할 수 있다는 장점이 있다.

```
sem (s_occpres s_income s_socstat ->L) ///
      (_group, occpress, income <- L1)    ///
      (L -> L1)
```

■ 고차 확인적 요인분석 모형(Higher-order CFA models)

고차 확인적 요인분석은 2차 요인분석이라고 부르기도 한다. 이 모형은 확인적 요인분석을 통해서 생성된 1차 잠재변수 A, B, C를 모아서 2차 잠재변수 F를 만드는 모형이다. 다만 고차원일수록 모형이 복잡할 수 있지만 복잡한 사회현상을 설명할 수 있다는 장점이 있다.

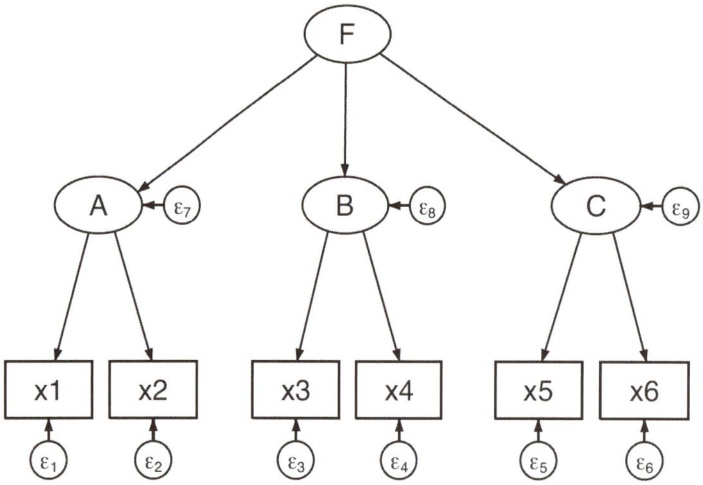

자료: STATA Manual SEM 14, p.78.

```
sem (A->x1 x2) (B->x3 x4) (C->x5 x6) (A B C<-F)
```

위 모형 또는 아래 모형에서 잠재변수 F를 만드는 과정에서 하나의 측정변수(x4)를 추가로 활용할 수도 있는데, 다음과 같다.

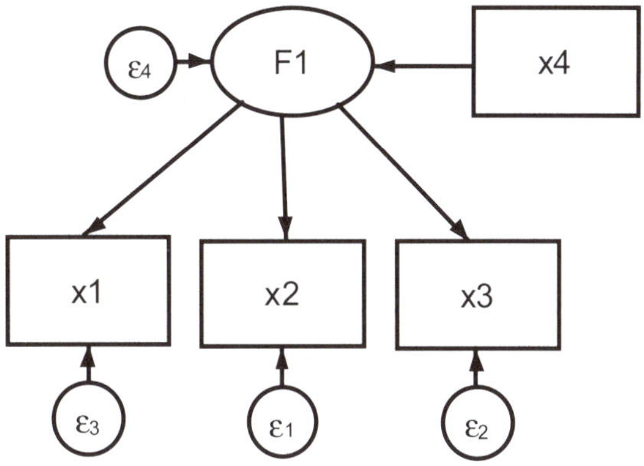

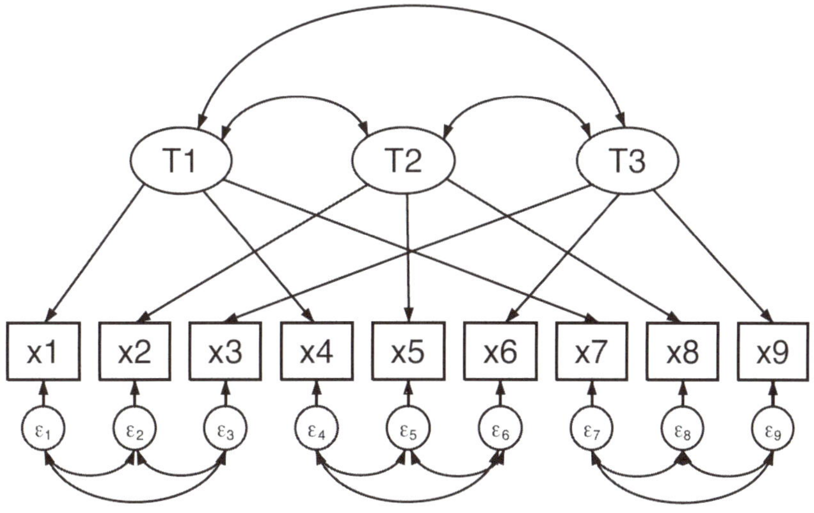

자료: STATA Manual SEM 14, p.79.

```
sem (T1->x1 x4 x7) ///
    (T2->x2 x5 x8) ///
    (T3->x3 x6 x9), ///
    cov(e.x1*e.x2 e.x1*e.x3 e.x2*e.x3) ///
    cov(e.x4*e.x5 e.x4*e.x6 e.x5*e.x6) ///
    cov(e.x7*e*x8 e.x7*e.x9 e.x8*e.x9)
```

위 모형을 covstruct() 옵션을 활용하여 분석해도 된다.

```
sem (T1->x1 x4 x7) ///
      (T2->x2 x5 x8) ///
      (T3->x3 x6 x9), ///
      covstruct(e.x1 e.x2 e.x3, unstructured) ///
      covstruct(e.x4 e.x5 e.x6, unstructured) ///
      covstruct(e.x7 e.x8 e.x9, unstructured)
```

알아두세요! 이분산 통제

이분산을 통제할 경우에 옵션으로 vce(robust) 또는 vce(cluster clustvar)를 적용하면 된다.

```
sem ..., ..., vce(robust)
sem ..., ... vce(cluster clustvar)
```

sem (y〈−...) (...) (...〈−x1) (...〈−x2)이라고 가정하면, sem (y〈−...) (...) (...〈−x1) (...〈−x2), vce(robust) 또는 sem (y〈−...) (...) (...〈−x1) (...〈−x2), vce(cluster neighborhood)로 지정하면 된다.

2.6 구조방정식모형 추정 전반 이해하기

구조방정식 명령어를 입력할 때 잠재변수의 첫 글자는 반드시 대문자로 표기하여야 하고, 그림으로 표시할 때는 타원형(○)으로 표시한다. 또한 관측변수는 소문자로 입력하고, 네모(□)로 표시해야 한다. 화살표(→) 표시는 경로라 부르며 하나의 변수로부터 다른 변수까지의 경로를 표시하기도 하지만 직·간접효과를 나타내기도 한다. ↔은 변수 간 공분산을 나타낸다.

구조방정식모형의 추정은 ssd describe, sem (x1<-X), sem, standardized(표준화), estat mindices(적합모형 찾기), estat teffects(직·간접, 총효과 검증), db sem(다이어그램 그리기) 등을 알아본다.

우선 sem 명령어를 실행하기 전 ssd describe를 입력하면 데이터의 세부 정보를 알려준다. 이때 ssd는 summary statistics data를 의미하며 실제 raw data는 없다.

```
. use http://www.stata-press.com/data/r12/sem_sm2.dta
(Structural model with measurement component)

. ssd describe

  Summary statistics data from http://www.stata-press.com/data/r12/sem_sm2.dta
    obs:              932                 Structural model with measurem..
   vars:               13                 25 May 2011 11:45
                                          (_dta has notes)
  ------------------------------------------------------------------------

  variable name                  variable label
  ------------------------------------------------------------------------

  educ66                         Education, 1966
  occstat66                      Occupational status, 1966
  anomia66                       Anomia, 1966
  pwless66                       Powerlessness, 1966
  socdist66                      Latin American social distance, 1966
  occstat67                      Occupational status, 1967
  anomia67                       Anomia, 1967
  pwless67                       Powerlessness, 1967
  socdist67                      Latin American social distance, 1967
  occstat71                      Occupational status, 1971
  anomia71                       Anomia, 1971
  pwless71                       Powerlessness, 1971
  socdist71                      Latin American social distance, 1971
  ------------------------------------------------------------------------
```

〈그림 2-1〉 ssd describe

알아두세요! ssd

원래 ssd는 raw data 형식의 자료가 아니라 우리가 흔히 알고 있는 상관분석 결과(공분산 – 분산 행렬)로 저장된 자료를 의미하며 ssd describe를 입력하면 변수의 세부 정보를 알려준다.

2.6.1 수정 전 구조방정식모형

구조방정식모형을 검증하기 위해 사용된 예제 데이터는 r14/sem_sm2이다. 다음의 다이어그램에서 SES 변수 아래의 그림에 국한지어 논의하면, SES는 잠재변수이고, 측정(관찰)변수는 educ66과 occstat66이다. educ66과 occstat66의 에러는 ε_7와 ε_8이다.

이해를 돕기 위해 sem 명령어를 입력하는 방법은 연구자에 따라 달리 적용할 수 있다. 예를 들면 sem(SES -> educ66 occstat66)를 입력하거나 sem(SES -> educ66) (SES -> occstat66)해도 분석 결과는 동일하다.

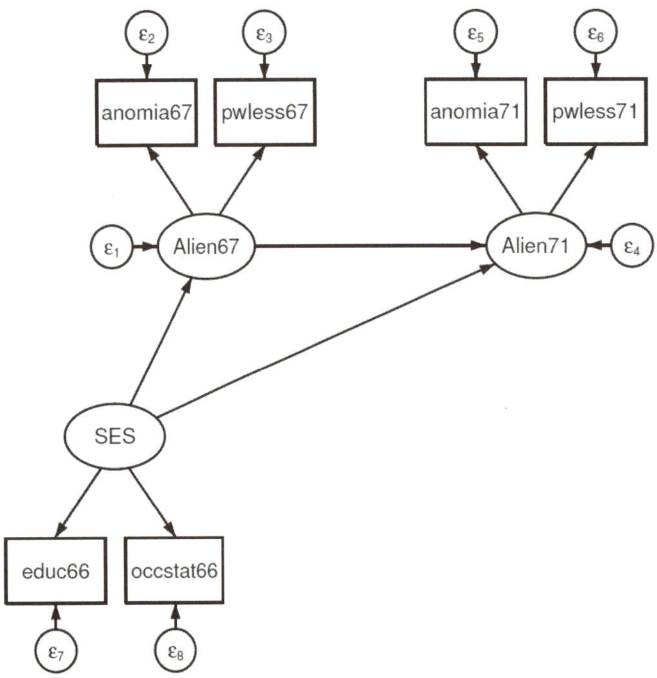

자료: STATA SEM 14, p.204.

〈그림 2-2〉 수정 전 구조방정식모형

```
. sem (anomia67 pwless67 <- Alien67) (anomia71 pwless71 <- Alien71) (Alien67 <- SES)(Alien71 <- Alien
> 67 SES) ( SES -> educ occstat66)

Endogenous variables

Measurement:  anomia67 pwless67 anomia71 pwless71 educ66 occstat66
Latent:       Alien67 Alien71

Exogenous variables

Latent:       SES

Structural equation model                       Number of obs      =        932
Estimation method  = ml
Log likelihood     = -15246.469

 ( 1)  [anomia67]Alien67 = 1
 ( 2)  [anomia71]Alien71 = 1
 ( 3)  [educ66]SES = 1

------------------------------------------------------------------------------
             |                 OIM
             |      Coef.   Std. Err.      z    P>|z|     [95% Conf. Interval]
-------------+----------------------------------------------------------------
Structural   |
  Alien67 <- |
         SES |  -.6140404   .0562407   -10.92   0.000    -.7242701   -.5038107
  -----------+----------------------------------------------------------------
  Alien71 <- |
     Alien67 |   .7046342   .0533512    13.21   0.000     .6000678    .8092007
         SES |  -.1744153   .0542489    -3.22   0.001    -.2807413   -.0680894
-------------+----------------------------------------------------------------
Measurement  |
  anomia67 <-|
     Alien67 |          1  (constrained)
       _cons |      13.61   .1126205   120.85   0.000     13.38927    13.83073
  -----------+----------------------------------------------------------------
  pwless67 <-|
     Alien67 |   .8884887   .0431565    20.59   0.000     .8039034    .9730739
       _cons |      14.67   .1001798   146.44   0.000     14.47365    14.86635
  -----------+----------------------------------------------------------------
  anomia71 <-|
     Alien71 |          1  (constrained)
       _cons |      14.13   .1158943   121.92   0.000     13.90285    14.35715
  -----------+----------------------------------------------------------------
  pwless71 <-|
     Alien71 |   .8486022   .0415205    20.44   0.000     .7672235    .9299808
       _cons |       14.9   .1034537   144.03   0.000     14.69723    15.10277
  -----------+----------------------------------------------------------------
```

〈그림 2-3〉 sem 실행 결과

```
  educ66 <-
            SES           1  (constrained)
          _cons        10.9   .1014894   107.40   0.000     10.70108    11.09892
-------------------------------------------------------------------------------
  occstat66 <-
            SES    5.331259   .4307503    12.38   0.000     4.487004    6.175514
          _cons       37.49   .6947112    53.96   0.000     36.12839    38.85161
-------------------------------------------------------------------------------
Variance
    e.anomia67     4.009921   .3582978                      3.365724    4.777416
    e.pwless67     3.187468    .283374                      2.677762    3.794197
    e.anomia71     3.695593   .3911512                      3.003245     4.54755
    e.pwless71     3.621531   .3037908                      3.072483    4.268693
      e.educ66     2.943819   .5002527                      2.109908    4.107319
   e.occstat66       260.63   18.24572                      227.2139    298.9605
     e.Alien67     5.301416    .483144                      4.434225    6.338201
     e.Alien71     3.737286   .3881546                      3.048951    4.581019
           SES      6.65587   .6409484                      5.511067    8.038482
-------------------------------------------------------------------------------
LR test of model vs. saturated: chi2(6)   =     71.62, Prob > chi2 = 0.0000
```

〈그림 2-3〉 sem 실행 결과 (계속)

본 예제 파일(stata 14 예제 파일 9)을 다음과 같은 관계를 설정하여 구조방정식을 추정해본다. sem 추정 결과 이 분석 모형의 LR-test 검정 결과 p값이 0.000이기 때문에 적절하지 않은 모형이라고 할 수 있다.

경우에 따라 추정계수를 표준화해야 할 필요가 있을 때 standard 옵션을 추가하면 된다.

```
sem, standardized
```

```
. sem, standardized

Structural equation model                       Number of obs      =        932
Estimation method  = ml
Log likelihood     = -15246.469

 ( 1)  [anomia67]Alien67 = 1
 ( 2)  [anomia71]Alien71 = 1
 ( 3)  [educ66]SES = 1

--------------------------------------------------------------------------------
                |                 OIM
   Standardized |      Coef.   Std. Err.      z    P>|z|     [95% Conf. Interval]
----------------+---------------------------------------------------------------
Structural      |
  Alien67 <-    |
            SES |  -.5668218   .0344036   -16.48   0.000    -.6342517   -.4993919
  --------------+---------------------------------------------------------------
  Alien71 <-    |
        Alien67 |   .6630088   .0396724    16.71   0.000     .5852523    .7407654
            SES |   -.151492   .0458162    -3.31   0.001     -.24129    -.061694
----------------+---------------------------------------------------------------
Measurement     |
  anomia67 <-   |
        Alien67 |    .812882   .0194328    41.83   0.000     .7747943    .8509697
          _cons |    3.95852    .097363    40.66   0.000     3.767692    4.149347
  --------------+---------------------------------------------------------------
  pwless67 <-   |
        Alien67 |    .811926   .0194466    41.75   0.000     .7738113    .8500406
          _cons |   4.796692   .1158294    41.41   0.000      4.56967    5.023713
  --------------+---------------------------------------------------------------
  anomia71 <-   |
        Alien71 |   .8395125   .0193263    43.44   0.000     .8016337    .8773913
          _cons |   3.993669     .09813    40.70   0.000     3.801338       4.186
  --------------+---------------------------------------------------------------
  pwless71 <-   |
        Alien71 |    .798082   .0198613    40.18   0.000     .7591546    .8370095
          _cons |   4.717723   .1140761    41.36   0.000     4.494137    4.941308
  --------------+---------------------------------------------------------------
  educ66 <-     |
            SES |   .8326718    .031738    26.24   0.000     .7704664    .8948772
          _cons |   3.518017   .0878219    40.06   0.000     3.345889    3.690145
  --------------+---------------------------------------------------------------
  occstat66 <-  |
            SES |   .6485148   .0301669    21.50   0.000     .5893887     .707641
          _cons |   1.767678   .0524337    33.71   0.000      1.66491    1.870446
----------------+---------------------------------------------------------------
Variance        |
     e.anomia67 |   .3392229   .0315932                      .2826241    .4071562
     e.pwless67 |   .3407762   .0315784                      .2841788    .4086457
     e.anomia71 |   .2952187   .0324493                      .2380034    .3661885
     e.pwless71 |   .3630651   .0317019                      .3059565    .4308333
       e.educ66 |   .3066577   .0528548                      .2187474    .4298974
    e.occstat66 |   .5794285   .0391274                      .5075984    .6614233
      e.Alien67 |   .6787131   .0390015                      .6064191    .7596255
      e.Alien71 |   .4236057   .0345717                       .360988    .4970851
            SES |          1          .                             .           .
--------------------------------------------------------------------------------
LR test of model vs. saturated: chi2(6)   =     71.62, Prob > chi2 = 0.0000
```

〈그림 2-4〉 standard를 적용한 sem 실행 결과

estat mindices

```
. estat mindices

Modification indices

------------------------------------------------------------------------------
                   |                                              Standard
                   |        MI     df   P>MI         EPC            EPC
-------------------+----------------------------------------------------------
Measurement        |
  anomia67 <-      |
       anomia71    |    51.977      1   0.00     .3906425      .4019984
       pwless71    |    32.517      1   0.00    -.2969297     -.2727609
         educ66    |     5.627      1   0.02     .0935048      .0842631
  -----------------+----------------------------------------------------------
  pwless67 <-      |
       anomia71    |    41.618      1   0.00    -.3106995     -.3594367
       pwless71    |    23.622      1   0.00     .2249714      .2323233
         educ66    |     6.441      1   0.01    -.0889042     -.0900664
  -----------------+----------------------------------------------------------
  anomia71 <-      |
       anomia67    |    58.768      1   0.00      .429437      .4173061
       pwless67    |    38.142      1   0.00    -.3873066     -.3347904
  -----------------+----------------------------------------------------------
  pwless71 <-      |
       anomia67    |    46.188      1   0.00    -.3308484     -.3601641
       pwless67    |    27.760      1   0.00     .2871709      .2780833
  -----------------+----------------------------------------------------------
  educ66 <-        |
       anomia67    |     4.415      1   0.04     .1055965      .1171781
       pwless67    |     6.816      1   0.01    -.1469371     -.1450411
-------------------+----------------------------------------------------------
Covariance         |
  e.anomia67       |
     e.anomia71    |    63.786      1   0.00     1.951578      .5069627
     e.pwless71    |    49.892      1   0.00    -1.506704     -.3953794
       e.educ66    |     6.063      1   0.01     .5527612      .1608845
  -----------------+----------------------------------------------------------
  e.pwless67       |
     e.anomia71    |    49.876      1   0.00    -1.534199     -.4470094
     e.pwless71    |    37.357      1   0.00     1.159123       .341162
       e.educ66    |     7.752      1   0.01    -.5557802     -.1814365
------------------------------------------------------------------------------
EPC = expected parameter change
```

〈그림 2-5〉 mindices

mindices(Modification indices) 명령어는 추가할 수 있는 모수(경로, 공분산 등)를 찾는 기법이다. 즉, sig 0.05 이하의 모든 모수를 탐색하여 활용 가능성을 열어두는 분석 방법으로 여러 사용 가능한 대안을 탐색할 수 있다. 즉, 적합한 모형을 찾기 위해 경로 및 공분산 등을 포함하여 다양한 변수 간 영향 관계를 다시 파악할 때 유용하다.

특히, 기존의 분석 모형에서 anomia67에 영향을 주는 변수는 Alien67 하나의 변수로 설정하였지만 mindices 분석에서는 anomia71, pwless71, 그리고 educ66 변수의 검색은 물론 covariance(e.anomia67 and e.anomia71, e.anomia67 and e.pwless71, e.anomia67 and e.educ66, e.pwless67 and e.anomia71, e.pwless67 and e.pwless71, e.pwless67 and e.educ66)가 추가적으로 탐색되었다. 그렇다고 해서 이 모든 모수를 전부 사용할 수 있다는 이야기는 아니다. 다만 이론적으로 뒷받침이 되는 한 해당 모수를 새로이 지정하여 분석할 필요는 있다. 왜냐하면 소위 말해서 이론이 뒷받침되지 않은 기계적인 분석을 통해 모수로 사용할 경우 현실성이 저해될 수 있기 때문에 경로와 공분산을 지정할 때 상당한 고려가 필요하다 하겠다.

현실적으로 이론이 뒷받침되고 논리적 정합성을 해하지 않는 범위 내에서 지정 가능한 모수(경로 및 공분산 등)가 있다면 새로이 추가하여 분석할 필요성이 있다. 본 연구에서는 오차의 공분산(covariance)을 활용하는 것이 타당하다는 연구자의 확신이 있어 기존 모형을 일부 수정하여 다시 분석한다. 다시 말해 e.anomia67*e.anomia71과 e.pwless67*e.pwless67을 추가하여 분석해본다.

2.6.2 수정 후 구조방정식모형

```
. sem (anomia67 pwless67 <- Alien67) (anomia71 pwless71 <- Alien71) (Alien67 <- SES)(Alien71 <- Alien
> 67 SES) ( SES -> educ occstat66), cov(e.anomia67*e.anomia71) cov(e.pwless67*e.pwless71)

Endogenous variables

Measurement:  anomia67 pwless67 anomia71 pwless71 educ66 occstat66
Latent:       Alien67 Alien71

Exogenous variables

Latent:       SES

Structural equation model                       Number of obs      =       932
Estimation method  = ml
Log likelihood     = -15213.046

 ( 1)  [anomia67]Alien67 = 1
 ( 2)  [anomia71]Alien71 = 1
 ( 3)  [educ66]SES = 1
```

	Coef.	OIM Std. Err.	z	P>|z|	[95% Conf.	Interval]
Structural						
Alien67 <-						
SES	-.5752228	.057961	-9.92	0.000	-.6888244	-.4616213
Alien71 <-						
Alien67	.606954	.0512305	11.85	0.000	.5065439	.707364
SES	-.2270301	.0530773	-4.28	0.000	-.3310596	-.1230006
Measurement						
anomia67 <-						
Alien67	1	(constrained)				
_cons	13.61	.1126143	120.85	0.000	13.38928	13.83072
pwless67 <-						
Alien67	.9785952	.0619825	15.79	0.000	.8571117	1.100079
_cons	14.67	.1001814	146.43	0.000	14.47365	14.86635
anomia71 <-						
Alien71	1	(constrained)				
_cons	14.13	.1159036	121.91	0.000	13.90283	14.35717
pwless71 <-						
Alien71	.9217508	.0597225	15.43	0.000	.8046968	1.038805
_cons	14.9	.1034517	144.03	0.000	14.69724	15.10276
educ66 <-						
SES	1	(constrained)				
_cons	10.9	.1014894	107.40	0.000	10.70108	11.09892
occstat66 <-						
SES	5.22132	.425595	12.27	0.000	4.387169	6.055471
_cons	37.49	.6947112	53.96	0.000	36.12839	38.85161

〈그림 2-6〉 수정 후 sem 분석

```
Variance                 |
          e.anomia67     |   4.728874     .456299                               3.914024     5.713365
          e.pwless67     |   2.563413    .4060733                               1.879225       3.4967
          e.anomia71     |   4.396081    .5171156                               3.490904     5.535966
          e.pwless71     |   3.072085    .4360333                               2.326049     4.057398
            e.educ66     |   2.803674    .5115854                               1.960691     4.009091
         e.occstat66     |   264.5311    18.22483                               231.1177     302.7751
           e.Alien67     |   4.842059    .4622537                               4.015771     5.838364
           e.Alien71     |   4.084249    .4038995                               3.364613     4.957802
                 SES     |   6.796014    .6524866                               5.630283     8.203105
-------------------------+----------------------------------------------------------------------------
Covariance               |
        e.anomia67       |
          e.anomia71     |   1.622024    .3154267      5.14    0.000            1.003799     2.240249
-------------------------+----------------------------------------------------------------------------
        e.pwless67       |
          e.pwless71     |   .3399961    .2627541      1.29    0.196           -.1749925     .8549847
------------------------------------------------------------------------------------------------------
LR test of model vs. saturated: chi2(4)    =      4.78, Prob > chi2 = 0.3111
```

〈그림 2-6〉 수정 후 sem 분석 (계속)

위 모형은 p값이 0.05보다 크기 때문에(0.3111), 귀무가설을 기각할 수 없다. 따라서 모형이 적절하다고 할 수 있다.

2.6.3 변수 간 효과 검증

```
estat teffects
```

teffects 명령어는 변수 간 직접효과, 간접효과, 그리고 총효과를 측정하기 위한 명령어이다. 특히 변수 간 직·간접적 효과를 검증하기 위해 필수적인 절차라 할 수 있다. 다시 말해 teffects는 효과를 분해하는 과정이라 할 수 있다.

```
. estat teffects


Direct effects
------------------------------------------------------------------------------
                         |                 OIM
                         |      Coef.   Std. Err.      z    P>|z|     [95% Conf. Interval]
-------------------------+----------------------------------------------------------------
Measurement              |
  anomia67 <-            |
            Alien67      |          1  (constrained)
                SES      |          0  (no path)
  -----------------------+----------------------------------------------------------------
  pwless67 <-            |
            Alien67      |   .9785952   .0619825    15.79   0.000     .8571117    1.100079
                SES      |          0  (no path)
  -----------------------+----------------------------------------------------------------
  anomia71 <-            |
            Alien67      |          0  (no path)
            Alien71      |          1  (constrained)
                SES      |          0  (no path)
  -----------------------+----------------------------------------------------------------
  pwless71 <-            |
            Alien67      |          0  (no path)
            Alien71      |   .9217508   .0597225    15.43   0.000     .8046968    1.038805
                SES      |          0  (no path)
  -----------------------+----------------------------------------------------------------
  educ66 <-              |
                SES      |          1  (constrained)
  -----------------------+----------------------------------------------------------------
  occstat66 <-           |
                SES      |    5.22132    .425595    12.27   0.000     4.387169    6.055471
-------------------------+----------------------------------------------------------------
Structural               |
  Alien67 <-             |
                SES      |  -.5752228    .057961    -9.92   0.000    -.6888244   -.4616213
  -----------------------+----------------------------------------------------------------
  Alien71 <-             |
            Alien67      |    .606954   .0512305    11.85   0.000     .5065439     .707364
                SES      |  -.2270301   .0530773    -4.28   0.000    -.3310596   -.1230006
------------------------------------------------------------------------------------------
```

〈그림 2-7〉 teffects 실행(직접, 간접, 총효과)

```
Indirect effects
------------------------------------------------------------------------------
                 |                 OIM
                 |      Coef.   Std. Err.      z    P>|z|     [95% Conf. Interval]
-----------------+------------------------------------------------------------
Measurement      |
  anomia67 <-    |
      Alien67    |          0  (no path)
          SES    |  -.5752228    .057961    -9.92   0.000    -.6888244   -.4616213
  ---------------+------------------------------------------------------------
  pwless67 <-    |
      Alien67    |          0  (no path)
          SES    |  -.5629103   .0507614   -11.09   0.000    -.6624008   -.4634198
  ---------------+------------------------------------------------------------
  anomia71 <-    |
      Alien67    |    .606954   .0512305    11.85   0.000     .5065439     .707364
      Alien71    |          0  (no path)
          SES    |  -.5761639    .059618    -9.66   0.000    -.6930131   -.4593147
  ---------------+------------------------------------------------------------
  pwless71 <-    |
      Alien67    |   .5594603   .0472218    11.85   0.000     .4669073    .6520134
      Alien71    |          0  (no path)
          SES    |  -.5310796   .0516934   -10.27   0.000    -.6323967   -.4297624
  ---------------+------------------------------------------------------------
  educ66 <-      |
          SES    |          0  (no path)
  ---------------+------------------------------------------------------------
  occstat66 <-   |
          SES    |          0  (no path)
-----------------+------------------------------------------------------------
Structural       |
  Alien67 <-     |
          SES    |          0  (no path)
  ---------------+------------------------------------------------------------
  Alien71 <-     |
      Alien67    |          0  (no path)
          SES    |  -.3491338   .0412546    -8.46   0.000    -.4299914   -.2682762
------------------------------------------------------------------------------
```

〈그림 2-7〉 teffects 실행(직접, 간접, 총효과) (계속)

Total effects

	Coef.	OIM Std. Err.	z	P>|z|	[95% Conf.	Interval]
Measurement						
anomia67 <-						
Alien67	1	(constrained)				
SES	-.5752228	.057961	-9.92	0.000	-.6888244	-.4616213
pwless67 <-						
Alien67	.9785952	.0619825	15.79	0.000	.8571117	1.100079
SES	-.5629103	.0507614	-11.09	0.000	-.6624008	-.4634198
anomia71 <-						
Alien67	.606954	.0512305	11.85	0.000	.5065439	.707364
Alien71	1	(constrained)				
SES	-.5761639	.059618	-9.66	0.000	-.6930131	-.4593147
pwless71 <-						
Alien67	.5594603	.0472218	11.85	0.000	.4669073	.6520134
Alien71	.9217508	.0597225	15.43	0.000	.8046968	1.038805
SES	-.5310796	.0516934	-10.27	0.000	-.6323967	-.4297624
educ66 <-						
SES	1	(constrained)				
occstat66 <-						
SES	5.22132	.425595	12.27	0.000	4.387169	6.055471
Structural						
Alien67 <-						
SES	-.5752228	.057961	-9.92	0.000	-.6888244	-.4616213
Alien71 <-						
Alien67	.606954	.0512305	11.85	0.000	.5065439	.707364
SES	-.5761639	.059618	-9.66	0.000	-.6930131	-.4593147

〈그림 2-7〉 teffects 실행(직접, 간접, 총효과) (계속)

2.6.4 모형적합도 검증

```
estat gof
```

options	Description
stats(*statlist*)	statistics to be displayed
nodescribe	suppress descriptions of statistics

statlist	Description
chi2	χ^2 tests; the default
rmsea	root mean squared error of approximation
ic	information indices
indices	indices for comparison against baseline
residuals	measures based on residuals
all	all of the above

〈그림 2-8〉 gof 옵션

gof(goodness-of-fit)는 모형의 적합도를 측정하는 명령어이다. 분석에서 활용된 옵션 stats(all)는 다양한 관점에서 모형적합도를 검정한다.

estat gof는 두 가지 LR-test를 동시에 분석한다. 먼저 sem output에 근거한 model과 공분산에 근거한 saturated를 기준으로 한 방법과 평균과 분산에 근거한 baseline과 saturated를 기준으로 하는 방법이 있다. 두 가지 방법은 공통적으로 5% 유의수준에서 귀무가설을 기각하게 된다. 즉 p값이 0.05보다 작으면 귀무가설을 기각한다. 이때 연구모형 vs. baseline과 saturated model에 영가설 기각의 의미는 다르다.

또한 population error 항목은 90% 신뢰구간에서 RMSEA, lower bound, 그리고 upper bound를 산출한다. 일반적으로 lower bound는 0.05 이하이고 upper bound는 0.10 이상이면 귀무가설을 기각할 수 없는 적합한 모형이라 평가할 수 있다.

pcclose는 일반적으로 RMSEA가 0.05보다 적으면 적률조건으로 적합한 모형이라 평가한다. AIC 및 BIC는 가끔 비교모델로 사용되며, 값이 작으면 작을수록 좋다. Baseline 비교항목의 CFI와 TLI는 1에 가까울수록 좋다. 또한 SRMR(standardized root mean squared residual)과 CD(coefficient of determination)는 차이가 있는데 SRMR은 0에 가까울수록 CD는 1에 가까울수록 적합하며, 특히 CD는 R^2와 유사하다(STATA Manual, 12: 79).

분석 결과에 의하면 모형이 적합하다고 할 수 있다. 우선 LR-test의 chi2_ms(4)는 0.05 이상으로 적합한 모형으로 분석되었다. population error의 RMSEA는 0.05 이하이고, lower 또한 0.000이며, baseline의 CFI와 TLI가 1에 가까울 뿐만 아니라 SRMR은 0에 가깝고 CD는 1에 가깝기 때문에 적합한 모형이라 평가할 수 있다.

```
. estat gof, stats(all)

----------------------------------------------------------------------------
Fit statistic           |      Value   Description
----------------------------------------------------------------------------
Likelihood ratio        |
            chi2_ms(4)  |      4.775   model vs. saturated
              p > chi2  |      0.311
           chi2_bs(15)  |   2134.080   baseline vs. saturated
              p > chi2  |      0.000
----------------------------------------------------------------------------
Population error        |
                 RMSEA  |      0.014   Root mean squared error of approximation
  90% CI, lower bound   |      0.000
           upper bound  |      0.053
                pclose  |      0.928   Probability RMSEA <= 0.05
----------------------------------------------------------------------------
Information criteria    |
                   AIC  |  30472.092   Akaike's information criterion
                   BIC  |  30583.351   Bayesian information criterion
----------------------------------------------------------------------------
Baseline comparison     |
                   CFI  |      1.000   Comparative fit index
                   TLI  |      0.999   Tucker-Lewis index
----------------------------------------------------------------------------
Size of residuals       |
                  SRMR  |      0.007   Standardized root mean squared residual
                    CD  |      0.786   Coefficient of determination
----------------------------------------------------------------------------
```

〈그림 2-9〉 stats(all)를 적용한 gof 추정

참고 모형적합도는 다양한 기법을 활용하여 알아볼 수 있다

χ^2의 값은 0.05 이상이면 모형의 적합도는 만족한다고 이해하면 된다. RMSEA = root mean square error of approximation으로 다음과 같은 식으로 나타낼 수 있다.

$$SEA = \sqrt{\frac{F_0}{d}} = \sqrt{\frac{\hat{F_0}}{d}}$$

일반적으로 RMSEA가 0.05보다 작을 때 이 모형은 양호하다고 할 수 있다. 동일한 맥락에서 PCCLOSE는 다음과 같은 귀무가설을 설정할 수 있다. H_0: RMSEA<=0.05를 충족해야 한다. 그러나 현실적으로 RMSEA가 0.05가 되기는 매우 어렵다. 적합한 모형에 관한 정의는 학자들마다 이견이 있다.

CFI(comparative fit index)는 1에 가까울수록 양호한 모형이라 할 수 있다. 또한 TLI(truker-lewis index)는 NNFI(non-normed fit index)와 동일한 것으로 1에 가까울수록 양호한 모형이라 판단할 수 있다. 반대로 SRMR(standardized root mean square redisual)은 0에 가깝고 CD는 1에 가깝기 때문에 적합한 모형이라 평가할 수 있다.

다음으로 수정한 모형을 분석한 모형으로 모형을 그려보자. 그림(diagram)으로 그리기 위한 명령어는 db sem이고 다음과 같은 대화창이 나타난다.

```
db sem
```

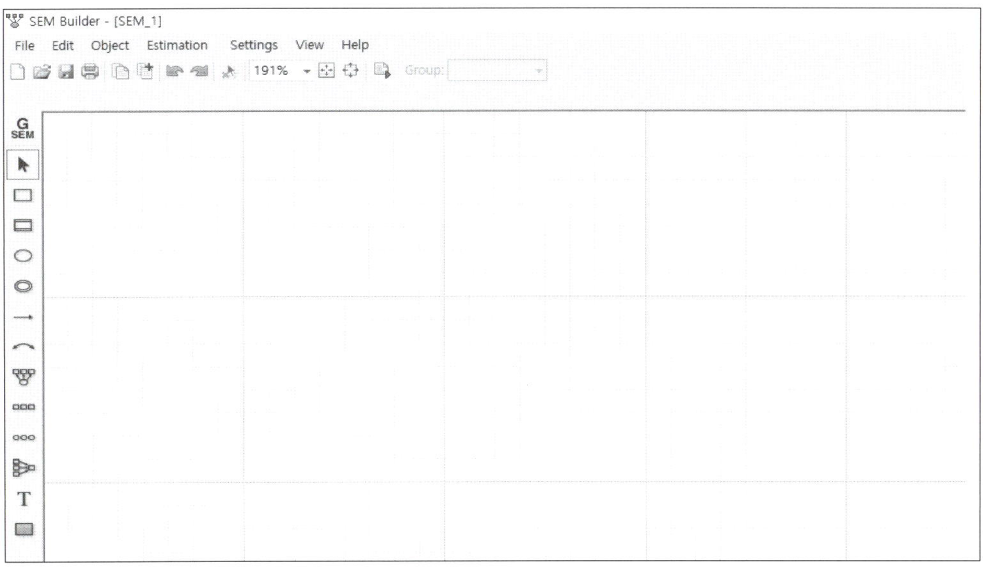

〈그림 2-10〉 db sem 대화창

위 그림에서 하나의 잠재변수 추가(), 하나의 측정변수 추가(), 화살표(→, ↔,), 측정변수 추가( ) 등을 활용하여 다음과 같은 다이어그램을 그리면 된다. 특히, 공분산 등을 표시할 때는 를 이용하여 오른쪽 방향으로 드래그하면 위로 볼록한 화살표가 그려지고(예: 아래 그램 e1과 e3 연결선), 왼쪽 방향으로 드래그하면 아래로 볼록한 화살표가 그려진다. 또한 변수의 관리나 전체 다이어그램을 옮기고자 할 경우에는 를 클릭한 후 해당 변수나 전체 다이어그램을 옮길 수 있다. 좌측 맨 아래 T를 클릭하면 문자(텍스트)를 다이어그램에 입력할 수 있다. 또한 최근에 업데이트된 내용으로 는 변수 유형을 설정할 수 있다. 이 툴바는 generalized response 변수는 물론 gsem 측정변수(family and link 포함)를 추가할 수 있다. 는 다층잠재변수를 추가할 경우 활용된다. 툴바 맨 하단 는 다층모형분석 시 level을 구분하기 위해 활용된다.

또한 내생변수(네모 상자)를 클릭하면 대화창 상단에 Error: 이 표시되는데, 오차항을 좌측으로 회전시키거나 우측으로 회전하고자 할 때 사용하면 된다. 관측변수를 추가할 경우에는 를, 잠재변수를 추가할 경우에는 를 이용하면 된다.

다이어그램을 완성하면 아래 대화창과 같이 격자를 제거하는 과정이 필요한데, 이를 위해서는 show grid를 해제하면 된다.

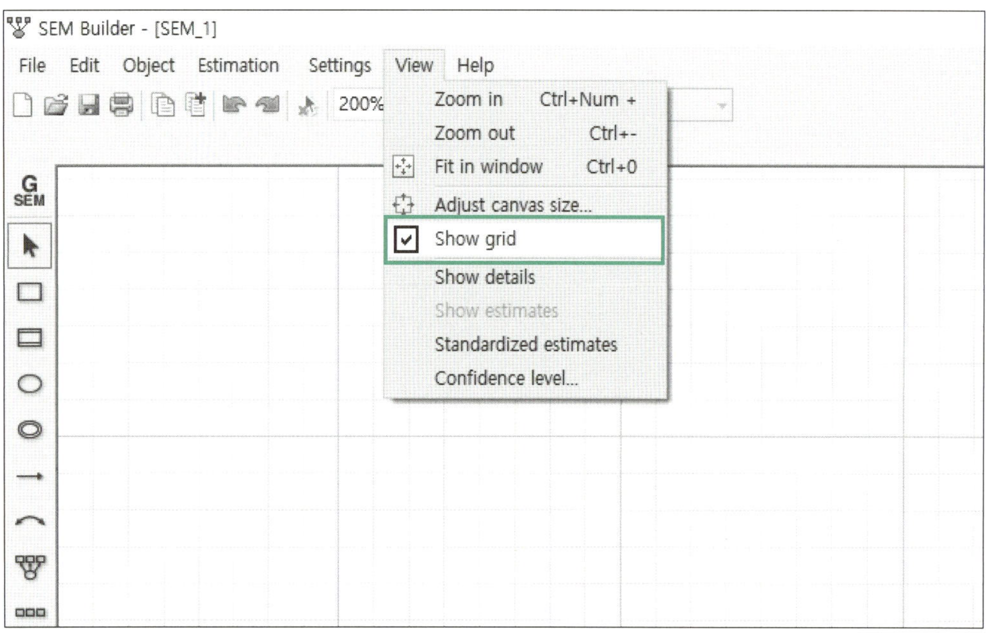

〈그림 2-11〉 show grid

아래 그림에서 화살표 위에 경로계수(1.622)가 적혀 있는데, 경로계수를 직접 입력하고자 할 경우는 화살표를 클릭하면 🔒β가 나타나는데, 옆 난에 계수를 적으면 된다. 다만 일괄적으로 추정계수를 표시하고 싶다면 (estimate)를 적용하면 된다.

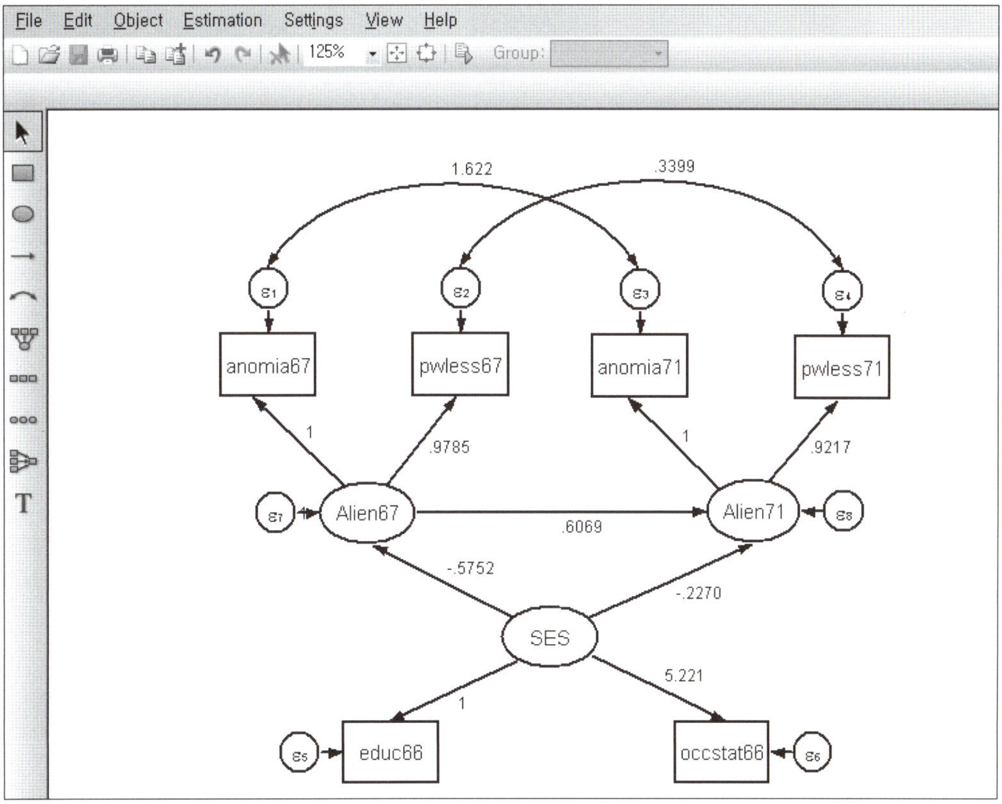

〈그림 2-12〉 수정 후 최종모형 그리기

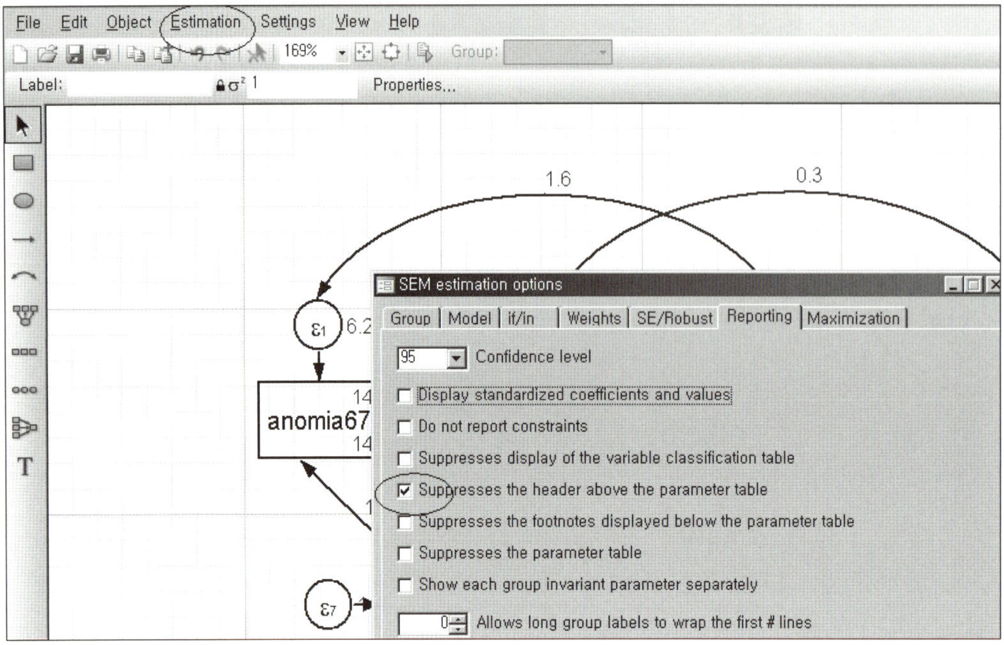

〈그림 2-13〉 추정계수 일괄 적용

동시에 추정계수를 적용하려면 estimation을 실행한 Reporting 탭에서 위 그림에 표시된 suppresses above the parameter table을 적용하면 되는데, 소수점 첫째 자리만 표시할 수 있다.

3장

예제로 배우는

구조방정식모형 분석

Stata

3.1 비재귀모형 (Nonrecursive structural model)

경로도형모형은 재귀모형과 비재귀모형으로 구분할 수 있다. 재귀모형은 단순한 인과관계 등을 보여준다. 즉 내생변수 간 인과관계 등을 고려하지 못한다. 그러나 비재귀모형은 재귀모형의 확장형으로 내생변수 간 순환적 인과관계를 등을 고려할 수 있다. 아래 그림에 나와 있는 것처럼 종속변수가 2개 이상이 되는 경우가 있는데, 종속변수가 독립변수로 활용될 수도 있기 때문이다. 분석에 활용된 예제 파일은 sem_sm1이다.

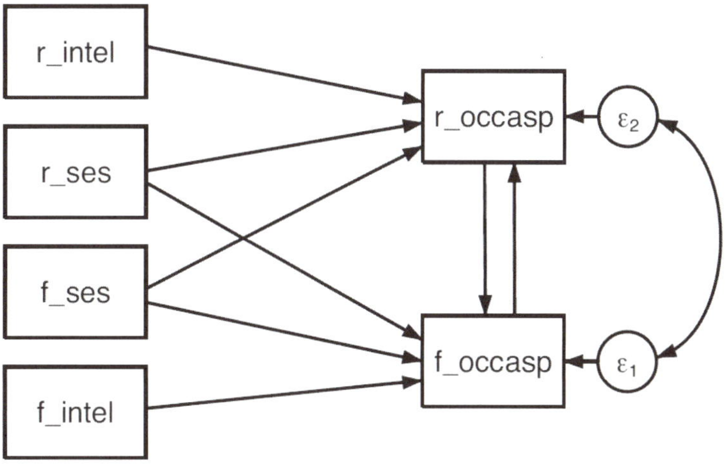


```
sem (r_occasp <- f_occasp r_intel r_ses f_ses) (f_occasp <- r_occasp f_intel
f_ses r_ses), cov(e.r_occasp*e.f_occasp) standardized
```

```
Endogenous variables

Observed:  r_occasp f_occasp

Exogenous variables

Observed:  r_intel r_ses f_ses f_intel

Fitting target model:

Iteration 0:   log likelihood = -2617.0489
Iteration 1:   log likelihood = -2617.0489

Structural equation model                       Number of obs      =        329
Estimation method  = ml
Log likelihood     = -2617.0489

------------------------------------------------------------------------------------------
                             |                 OIM
                Standardized |      Coef.   Std. Err.      z    P>|z|     [95% Conf. Interval]
-----------------------------+------------------------------------------------------------
Structural                   |
  r_occasp <-                |
                    f_occasp |   .2773441   .1281904     2.16   0.031     .0260956    .5285926
                     r_intel |   .2854766        .05     5.71   0.000     .1874783    .3834748
                       r_ses |   .1570082   .0520841     3.01   0.003     .0549252    .2590912
                       f_ses |   .0973327    .060153     1.62   0.106     -.020565    .2152304
  ---------------------------+------------------------------------------------------------
  f_occasp <-                |
                    r_occasp |   .2118102    .156297     1.36   0.175    -.0945264    .5181467
                       r_ses |   .0794194   .0587732     1.35   0.177    -.0357739    .1946127
                       f_ses |   .1681772   .0537199     3.13   0.002      .062888    .2734663
                     f_intel |   .3693682   .0525924     7.02   0.000     .2662891    .4724474
-----------------------------+------------------------------------------------------------
              var(e.r_occasp)|   .6889244   .0399973                      .6148268    .7719519
              var(e.f_occasp)|   .6378539    .039965                      .5641425    .7211964
-----------------------------+------------------------------------------------------------
cov(e.r_occasp,e.f_occasp)   |  -.2325666   .2180087    -1.07   0.286    -.6598558    .1947227
------------------------------------------------------------------------------------------
LR test of model vs. saturated: chi2(0)   =      0.00, Prob > chi2 =      .
```

위 분석 결과를 보면 r_occasp <- f_occasp, r_occasp <- r_intel, r_occasp <- r_ses, f_occasp <- f_ses f_occasp <- f_intel의 경로계수가 유의미하다는 것을 알 수 있다.

estat stable

stable은 비재귀모형의 안정성을 검증하는 기법이며, 일반적으로 지표(stability index)가 1 이하이면 안정적이라 판단한다.

```
.  estat stable

Stability analysis of simultaneous equation systems

   Eigenvalue stability condition
```

Eigenvalue	Modulus
.2423722	.242372
-.2423722	.242372

```
   stability index =  .2423722
   All the eigenvalues lie inside the unit circle.
   SEM satisfies stability condition.
```

위 분석 결과 지표가 1 이하이므로 안정적인 모형이라고 판단할 수 있다. 이제 효과를 추정해야 하는데, 그 명령어는 teffects이다.

```
. estat teffects


Direct effects
```

	Coef.	OIM Std. Err.	z	P>|z|	[95% Conf.	Interval]
Structural						
r_occasp <-						
r_occasp	0	(no path)				
f_occasp	.2773441	.1287622	2.15	0.031	.0249748	.5297134
r_intel	.2854766	.0522001	5.47	0.000	.1831662	.3877869
r_ses	.1570082	.052733	2.98	0.003	.0536534	.260363
f_ses	.0973327	.0603699	1.61	0.107	-.0209901	.2156555
f_intel	0	(no path)				
f_occasp <-						
r_occasp	.2118102	.1563958	1.35	0.176	-.09472	.5183404
f_occasp	0	(no path)				
r_intel	0	(no path)				
r_ses	.0794194	.0589095	1.35	0.178	-.0360411	.1948799
f_ses	.1681772	.0543854	3.09	0.002	.0615838	.2747705
f_intel	.3693682	.0557939	6.62	0.000	.2600142	.4787223

Indirect effects

	Coef.	OIM Std. Err.	z	P>|z|	[95% Conf.	Interval]
Structural						
r_occasp <-						
r_occasp	.0624106	.0460825	1.35	0.176	-.0279096	.1527307
f_occasp	.0173092	.0080361	2.15	0.031	.0015587	.0330597
r_intel	.0178168	.0159383	1.12	0.264	-.0134217	.0490552
r_ses	.0332001	.0204531	1.62	0.105	-.0068872	.0732875
f_ses	.0556285	.0292043	1.90	0.057	-.0016109	.112868
f_intel	.1088356	.052243	2.08	0.037	.0064411	.21123
f_occasp <-						
r_occasp	.0132192	.0097608	1.35	0.176	-.0059115	.0323499
f_occasp	.0624106	.0289753	2.15	0.031	.0056201	.1192011
r_intel	.0642406	.0490164	1.31	0.190	-.0318298	.160311
r_ses	.0402881	.0315496	1.28	0.202	-.021548	.1021242
f_ses	.0323987	.0262124	1.24	0.216	-.0189765	.083774
f_intel	.0230525	.0202112	1.14	0.254	-.0165607	.0626657

Total effects

	Coef.	OIM Std. Err.	z	P>|z|	[95% Conf.	Interval]
Structural						
r_occasp <-						
r_occasp	.0624106	.0460825	1.35	0.176	-.0279096	.1527307
f_occasp	.2946533	.1367983	2.15	0.031	.0265335	.5627731
r_intel	.3032933	.0509684	5.95	0.000	.2033971	.4031896
r_ses	.1902083	.050319	3.78	0.000	.091585	.2888317
f_ses	.1529612	.050844	3.01	0.003	.0533089	.2526136
f_intel	.1088356	.052243	2.08	0.037	.0064411	.21123
f_occasp <-						
r_occasp	.2250294	.1661566	1.35	0.176	-.1006315	.5506903
f_occasp	.0624106	.0289753	2.15	0.031	.0056201	.1192011
r_intel	.0642406	.0490164	1.31	0.190	-.0318298	.160311
r_ses	.1197074	.0483919	2.47	0.013	.0248611	.2145537
f_ses	.2005759	.0488967	4.10	0.000	.10474	.2964118
f_intel	.3924207	.0502422	7.81	0.000	.2939478	.4908936

경로도형의 효과는 총효과, 직접효과, 간접효과로 구분한다. 직접효과는 예컨대 독립변수 x가 종속변수 y에 직접적으로 영향을 미치는 것을 의미한다(Pxy). 간접효과는 독립변수 x가 1개 이상의 매개변수 y1을 통하여 종속변수 y2에 영향을 미치는 것을 의미한다(Pxy1×Py1y2). 총효과는 직접효과와 간접효과를 더하면 된다.

위 분석 결과에서 총효과를 계산해보자. 총효과 분석 결과에서 r_intel은 0.3033임을 알 수 있다. 직접효과 분석 결과에서 r_intel은 0.2855이고, 간접효과 분석 결과에서 r_intel은 0.0178임을 알 수 있다. 따라서 총효과를 계산해보면 다음과 같다.

$$0.3033 = 0.2855 + 0.0178$$

3.2 다중지표 다중원인 모형 (MIMIC model)

이미 설명한 바와 같이 이 모형은 다수의 변수가 외생변수와 관측변수로 활용된다. SubjSES는 s_income s_occpres s_socstat에 영향을 주고, occpres income의 영향을 받는다. 분석에 활용된 예제 파일은 sem_mimic1이다.

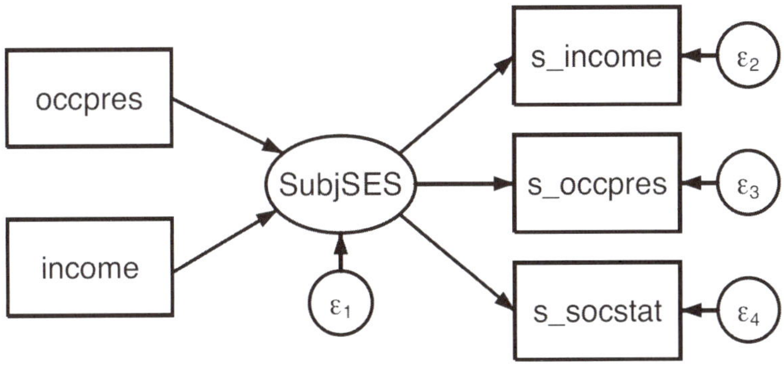


```
sem (SubjSES -> s_income s_occpres s_socstat) (SubjSES <- income occpres)
```

```
Structural equation model                       Number of obs      =        432
Estimation method  = ml
Log likelihood     = -3971.9236

 ( 1)  [s_income]SubjSES = 1
-------------------------------------------------------------------------------
                |                 OIM
                |      Coef.   Std. Err.      z    P>|z|     [95% Conf. Interval]
----------------+--------------------------------------------------------------
Structural      |
  SubjSES <-    |
         income |    .082732   .0138498     5.97   0.000     .0555869    .1098772
        occpres |   .0046275   .0012464     3.71   0.000     .0021847    .0070704
----------------+--------------------------------------------------------------
Measurement     |
  s_income <-   |
        SubjSES |          1  (constrained)
          _cons |   .9612091   .0794151    12.10   0.000     .8055583     1.11686
  --------------+--------------------------------------------------------------
  s_occpres <-  |
        SubjSES |   .7301352   .0832915     8.77   0.000     .5668869    .8933835
          _cons |   1.114563   .0656195    16.99   0.000     .9859512    1.243175
  --------------+--------------------------------------------------------------
  s_socstat <-  |
        SubjSES |   .9405161   .0934855    10.06   0.000     .7572878    1.123744
          _cons |   1.002113   .0706576    14.18   0.000      .863627      1.1406
----------------+--------------------------------------------------------------
  var(e.s_income)|  .2087546   .0254098                      .1644474    .2649996
 var(e.s_occpres)|  .2811852   .0228914                      .2397153    .3298291
 var(e.s_socstat)|  .1807129   .0218405                      .1425987    .2290146
   var(e.SubjSES)|  .1860097   .0270476                      .1398822    .2473481
-------------------------------------------------------------------------------
LR test of model vs. saturated: chi2(4)   =     26.65, Prob > chi2 = 0.0000
```

이 모형은 모든 지표가 5% 수준에서 통계적으로 유의미하다. 다만 (s_income <- income) (s_occpres <- occpres)을 추가(아래 new 부분)한다고 가정하면 새로운 모형의 타당성을 검증할 필요가 있는데, 이를 위해 lrtest를 수행해야 한다.

알아두세요! lrtest (likelihood-ratio test)

```
(SubjSES -> s_income s_occpres s_socstat) ///
(SubjSES <- income occpres) ///
(s_income <- income) /// <- new
(s_occpres <- occpres) // <- new
```

새로운 모형의 유의성(significance)을 검증하기 위해 lrtest를 수행하기 전에 새로운 변수를 추가하여 모형을 추정해보자.

sem (SubjSES -> s_income s_occpres s_socstat)(SubjSES <- income occpres)(s_income <- income)(s_occpres <- occpres)

```
Structural equation model                       Number of obs      =        432
Estimation method  = ml
Log likelihood     = -3960.7111

 ( 1)  [s_income]SubjSES = 1
```

	Coef.	OIM Std. Err.	z	P>|z|	[95% Conf.	Interval]
Structural						
s_income <-						
SubjSES	1	(constrained)				
income	.0532425	.0142862	3.73	0.000	.025242	.081243
_cons	.8825314	.0781685	11.29	0.000	.7293239	1.035739
s_occpres <-						
SubjSES	.783781	.1011457	7.75	0.000	.585539	.982023
occpres	.0045201	.0013552	3.34	0.001	.0018641	.0071762
_cons	1.06586	.0696058	15.31	0.000	.9294353	1.202285
SubjSES <-						
income	.0538025	.0129158	4.17	0.000	.028488	.0791171
occpres	.0034324	.0011217	3.06	0.002	.0012339	.0056309
Measurement						
s_socstat <-						
SubjSES	1.195539	.1582735	7.55	0.000	.8853282	1.505749
_cons	1.07922	.078323	13.78	0.000	.9257097	1.23273
var(e.s_income)	.2292697	.0248905			.1853261	.2836329
var(e.s_occpres)	.2773786	.0223972			.2367783	.3249407
var(e.s_socstat)	.1459009	.028228			.0998556	.2131785
var(e.SubjSES)	.1480275	.0278381			.1023918	.2140029

```
LR test of model vs. saturated: chi2(2)   =      4.22, Prob > chi2 = 0.1211
```

lrtest의 과정은 다음과 같다.

```
. qui sem (SubjSES->s_income s_occpres s_socstat)(SubjSES<-income occpres)
. estimates store mimic1
. qui sem (SubjSES->s_income s_occpres s_socstat)(SubjSES<-income occpres)
  (s_income<-income)(s_occpres<-occpres)
. estimates store mimic2
. lrtest mimic1 mimic2
```

분석 결과는 다음과 같다.

Likelihood-ratio test	LR chi2(2) =	22.42
(Assumption: mimic1 nested in mimic2)	Prob > chi2 =	0.0000

위 분석 결과에 근거해 볼 때 두 경로모형의 추가는 상당히 유의미하다고 할 수 있다.

3.3 다중지표 다중원인 모형: 순서형 프로빗 [MIMIC model(generalized response): ordered probit]

이미 설명한 바와 같이 잠재변수 생성 관계에서 Formartive와 Reflective 모형이 있다. 이 모형은 Formartive와 Reflective 모형의 결합이라고 볼 수 있는데, sex가 SciAtt에 영향을 미치고 있는 것은 Formartive라 볼 수 있으며, y1 y2 y3 y4와 SciAtt의 관계는 Reflective로 볼 수 있다.

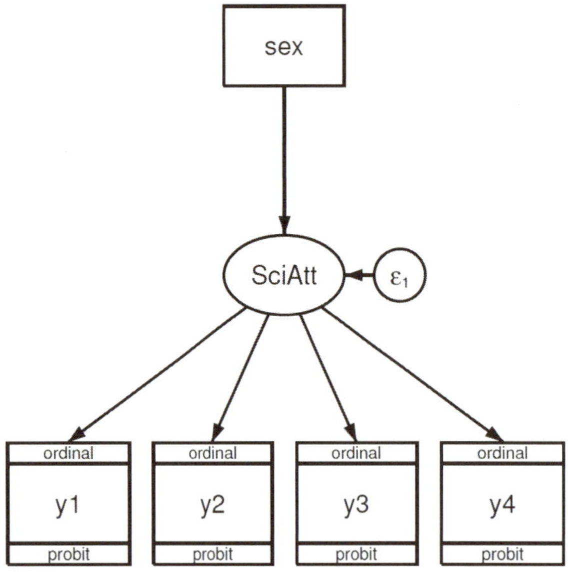

```
gsem (y1 y2 y3 y4 <- SciAtt) (SciAtt <- sex), oprobit

Fitting fixed-effects model:

Iteration 0:   log likelihood = -5227.8743
Iteration 1:   log likelihood = -5227.8743

Refining starting values:

Grid node 0:   log likelihood = -5230.8106

Fitting full model:

Iteration 0:   log likelihood = -5230.8106  (not concave)
Iteration 1:   log likelihood = -5132.1065  (not concave)

… (중략)

Iteration 6:   log likelihood = -5032.3778
Iteration 7:   log likelihood = -5032.3778

Generalized structural equation model        Number of obs    =     871

Response     : y1
Family       : ordinal
Link         : probit

Response     : y2
Family       : ordinal
Link         : probit

Response     : y3
Family       : ordinal
Link         : probit

Response     : y4
Family       : ordinal
Link         : probit

Log likelihood = -5032.3778

(1) [y1]SciAtt = 1
```

	Coef.	Std. Err.	z	P>|z|	[95% Conf. Interval]	
y1 <-						
SciAtt	1	(constrained)				
y2 <-						
SciAtt	1.405732	.2089672	6.73	0.000	.9961641	1.8153
y3 <-						
SciAtt	1.246449	.1710771	7.29	0.000	.911144	1.581754
y4 <-						
SciAtt	-.0345517	.0602017	-0.57	0.566	-.1525449	.0834415
SciAtt <-						
sex	-.2337427	.0644245	-3.63	0.000	-.3600124	-.1074729
y1						
/cut1	-1.469615	.0855651	-17.18	0.000	-1.63732	-1.301911
/cut2	-.10992	.0615897	-1.78	0.074	-.2306336	.0107937
/cut3	.6729334	.0644695	10.44	0.000	.5465755	.7992914
/cut4	1.879901	.0996675	18.86	0.000	1.684557	2.075246
y2						
/cut1	-2.16739	.1480596	-14.64	0.000	-2.457582	-1.877199
/cut2	-.9912152	.0943091	-10.51	0.000	-1.176058	-.8063727
/cut3	-.1118914	.075311	-1.49	0.137	-.2594982	.0357154
/cut4	1.252164	.0983918	12.73	0.000	1.05932	1.445008
y3						
/cut1	-1.412372	.0977772	-14.44	0.000	-1.604012	-1.220733
/cut2	-.0230879	.0687432	-0.34	0.737	-.1578221	.1116464
/cut3	.8209522	.0771653	10.64	0.000	.6697109	.9721935
/cut4	1.966042	.1196586	16.43	0.000	1.731515	2.200568
y4						
/cut1	-1.47999	.0650596	-22.75	0.000	-1.607505	-1.352476
/cut2	-.4218768	.0443504	-9.51	0.000	-.508802	-.3349516
/cut3	.172995	.0432394	4.00	0.000	.0882473	.2577427
/cut4	.9454906	.0507422	18.63	0.000	.8460376	1.044944
var(e.SciAtt)	.5283629	.0978703			.3675036	.7596315

위 분석 결과에서 SciAtt <– sex의 계수는 0.234이다. sex 변수에서 여자가 1이다. 따라서 SciAtt의 평균값이 낮다고 할 수 있다. 다시 말해 남자에 비해 여자가 과학문제해결능력(SciAtt)이 0.234 낮다고 할 수 있다.

알아두세요!

ordered probit 또는 ordered logit은 우리가 흔히 알고 있는 probit이나 logit과는 다르다. probit이나 logit은 0(no) 또는 1(yes)임에 반해, ordered probit 또는 ordered logit은 우리가 잘 알고 있는 리커트 5점척도가 이에 해당된다.
예) 강한 부정, 다소 부정, 보통, 다소 긍정, 강한 긍정

3.4 무한회귀모형 [SUR(seemingly unrelated regression) model]

SUR 모형의 추정은 연립방정식 추정과 유사하지만, 조금 다르다. 다시 말해 여러 개의 방정식을 동시에 추정하는데, 각 방정식의 오차항 간 상호작용을 감안하여 추정하는 기법이다. 분석에 활용된 예제 파일은 sysuse auto이다.

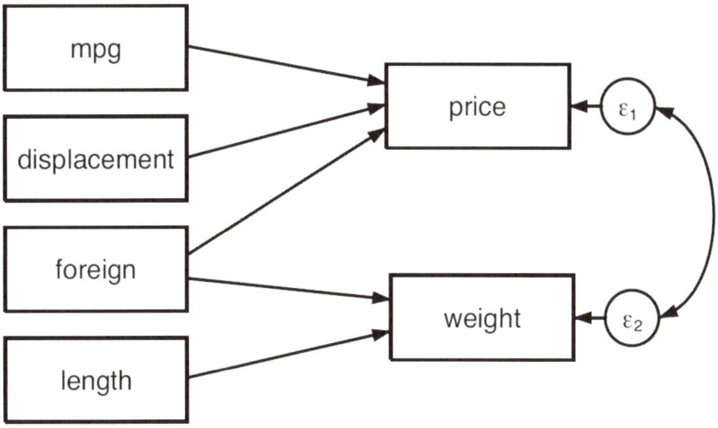


```
sem (price <- foreign mpg displacement)(weight <- foreign length),
cov(e.price*e.weight)
```

```
Structural equation model                       Number of obs     =         74
Estimation method  = ml
Log likelihood     = -2133.1956

------------------------------------------------------------------------------
                    |                 OIM
                    |      Coef.   Std. Err.      z    P>|z|     [95% Conf. Interval]
--------------------+---------------------------------------------------------
Structural          |
  price <-          |
            foreign |   2940.929   724.7311     4.06   0.000     1520.482    4361.376
                mpg |  -105.0163   57.93461    -1.81   0.070     -218.566     8.53347
       displacement |   17.22083     4.5941     3.75   0.000     8.216558     26.2251
              _cons |   4129.866   1984.253     2.08   0.037     240.8022    8018.931
  ------------------+---------------------------------------------------------
  weight <-         |
            foreign |  -153.2515   76.21732    -2.01   0.044    -302.6347   -3.868275
             length |   30.73507   1.584743    19.39   0.000     27.62903    33.84111
              _cons |  -2711.096   312.6813    -8.67   0.000     -3323.94   -2098.252
--------------------+---------------------------------------------------------
       var(e.price) |    4732491   801783.1                       3395302     6596312
      var(e.weight) |   60253.09   9933.316                      43616.45    83235.44
--------------------+---------------------------------------------------------
cov(e.price,e.weight)|    209268   73909.54     2.83   0.005     64407.92      354128
------------------------------------------------------------------------------
LR test of model vs. saturated: chi2(3)    =     38.86, Prob > chi2 = 0.0000
```

위 분석 결과에 근거하면 price<-foreign, displacement, weight<-foreign, length가 영향을 미치고 있음을 알 수 있다.

이제 sureg 기법을 활용하여 분석해보자.

```
. sureg (price foreign mpg displ) (weight foreign length), isure

Iteration 1:   tolerance =   .3958048
Iteration 2:   tolerance =   .0455061
Iteration 3:   tolerance =  .00912224
Iteration 4:   tolerance =  .00199275
Iteration 5:   tolerance =  .00044326
Iteration 6:   tolerance =  .00009899
Iteration 7:   tolerance =  .00002213
Iteration 8:   tolerance =  4.947e-06
Iteration 9:   tolerance =  1.106e-06
Iteration 10:   tolerance =  2.473e-07

Seemingly unrelated regression, iterated
--------------------------------------------------------------------------
Equation             Obs   Parms        RMSE    "R-sq"       chi2        P
--------------------------------------------------------------------------
price                 74       3    2175.429    0.4486      45.52   0.0000
weight                74       2     245.465    0.8989     661.64   0.0000
--------------------------------------------------------------------------

------------------------------------------------------------------------------
             |      Coef.   Std. Err.      z    P>|z|     [95% Conf. Interval]
-------------+----------------------------------------------------------------
price        |
     foreign |   2940.929   691.5458     4.25   0.000     1585.525    4296.334
         mpg |  -105.0163   57.92716    -1.81   0.070    -218.5514    8.518872
displacement |   17.22083   4.244966     4.06   0.000     8.900849    25.54081
       _cons |   4129.866   1942.567     2.13   0.034     322.5047    7937.228
-------------+----------------------------------------------------------------
weight       |
     foreign |  -153.2515   75.33472    -2.03   0.042    -300.9048   -5.598132
      length |   30.73507   1.528293    20.11   0.000     27.73967    33.73047
       _cons |  -2711.096   301.6777    -8.99   0.000    -3302.374   -2119.819
------------------------------------------------------------------------------
```

sem과 sureg's isure의 추정치는 똑같다는 것을 알 수 있다. 다만 표준오차에서 차이가 발생되는데, sureg는 분산과 공분산에서 표준오차를 추정하지 않기 때문이다. 따라서 sureg 분석 후 분산과 공분산을 추정하고 싶다면 matrix list e(Sigma)를 실행하면 된다.

· matrix list e(Sigma)

3.5 고차 확인적 요인분석 (Higher-order CFA)

실제로 분석을 수행하다 보면 고차 확인적 요인분석이 필요한 경우가 있다. 여기서 1차 잠재변수는 Phys, Appear, Peer, Par이고, 2차 잠재변수는 Nonacad이다. 분석에 활용된 예제 파일은 sem_hcfa1이다.

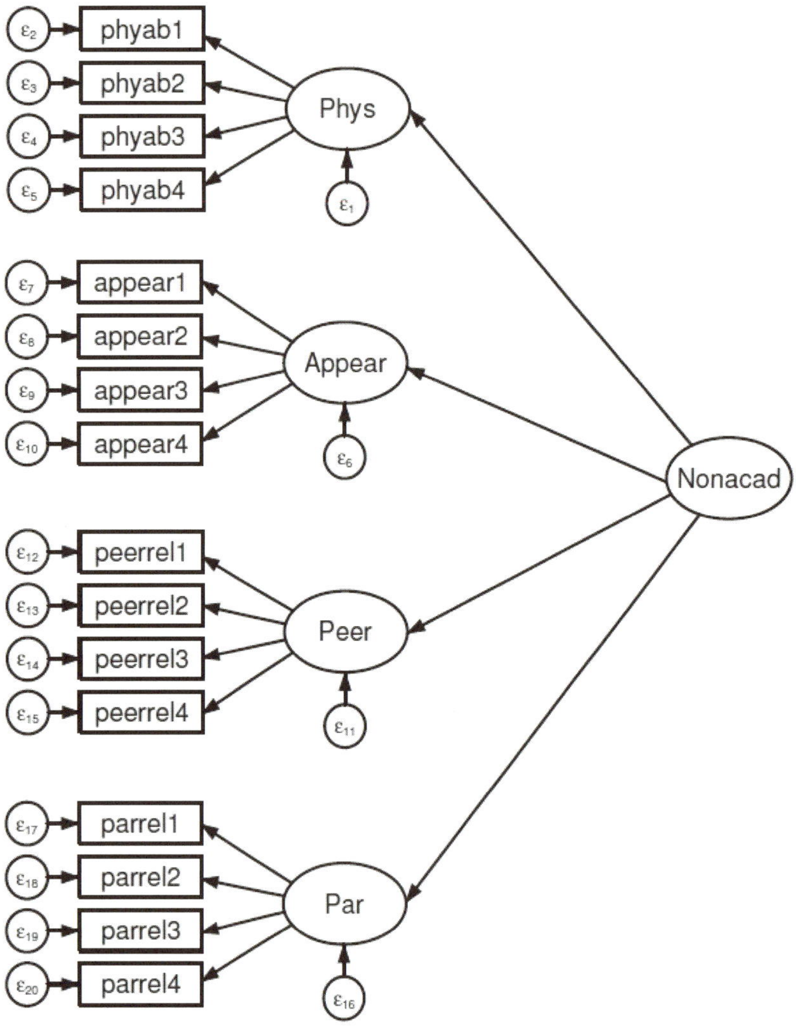

```
sem (Phys -> phyab1 phyab2 phyab3 phyab4) (Appear -> appear1 appear2
appear3 appear4) (Peer -> peerrel1 peerrel2 peerrel3 peerrel4) (Par -> parrel1
parrel2 parrel3 parrel4) (Nonacad -> Phys Appear Peer Par)

Endogenous variables
Measurement: phyab1 phyab2 phyab3 phyab4 appear1 appear2 appear3
appear4 peerrel1 peerrel2 peerrel3 peerrel4 parrel1 parrel2 parrel3 parrel4
Latent:  Phys Appear Peer Par

Exogenous variables
 Latent:  Nonacad

Fitting target model:
Iteration 0:    log likelihood = -7686.6699   (not concave)
...
Iteration 8:    log likelihood = -7584.7881

Structural equation model                          Number of obs =    251
Estimation method   =   ml
Log likelihood       = -7584.7881
 (1)  [phyab1]Phys = 1
 (2)  [appear1]Appear = 1
 (3)  [peerrel1]Peer = 1
 (4)  [parrel1]Par = 1
 (5)  [Phys]Nonacad = 1
```

	Coef.	OIM Std. Err.	z	P>|z|	[95% Conf.	Interval]
Structural						
Phys <-						
Nonacad	1	(constrained)				
Appear <-						
Nonacad	2.202491	.3975476	5.54	0.000	1.423312	2.98167
Peer <-						
Nonacad	1.448035	.2921383	4.96	0.000	.8754549	2.020616
Par <-						
Nonacad	.569956	.1382741	4.12	0.000	.2989437	.8409683
Measurement						
phyab1 <-						
Phys	1	(constrained)				
_cons	8.2	.1159065	70.75	0.000	7.972827	8.427173
phyab2 <-						
Phys	.9332477	.1285726	7.26	0.000	.68125	1.185245
_cons	8.23	.122207	67.34	0.000	7.990479	8.469521
phyab3 <-						
Phys	1.529936	.1573845	9.72	0.000	1.221468	1.838404
_cons	8.17	.1303953	62.66	0.000	7.91443	8.42557
phyab4 <-						
Phys	1.325641	.1338053	9.91	0.000	1.063387	1.587894
_cons	8.56	.1146471	74.66	0.000	8.335296	8.784704
appear1 <-						
Appear	1	(constrained)				
_cons	7.41	.1474041	50.27	0.000	7.121093	7.698907
appear2 <-						
Appear	1.0719	.0821893	13.04	0.000	.9108121	1.232988
_cons	7	.1644123	42.58	0.000	6.677758	7.322242
appear3 <-						
Appear	1.035198	.0893075	11.59	0.000	.8601581	1.210237
_cons	7.17	.1562231	45.90	0.000	6.863808	7.476192
appear4 <-						
Appear	.9424492	.0860848	10.95	0.000	.7737262	1.111172
_cons	7.4	.1474041	50.20	0.000	7.111093	7.688907
peerrel1 <-						
Peer	1	(constrained)				
_cons	8.81	.1077186	81.79	0.000	8.598875	9.021125
peerrel2 <-						
Peer	1.214379	.1556051	7.80	0.000	.9093989	1.51936
_cons	7.94	.1215769	65.31	0.000	7.701714	8.178286
peerrel3 <-						
Peer	1.667829	.190761	8.74	0.000	1.293944	2.041714
_cons	7.52	.1373248	54.76	0.000	7.250848	7.789152
peerrel4 <-						
Peer	1.363627	.159982	8.52	0.000	1.050068	1.677186
_cons	8.29	.1222066	67.84	0.000	8.050479	8.529521
parrel1 <-						
Par	1	(constrained)				
_cons	9.35	.0825215	113.30	0.000	9.188261	9.511739

parrel2 <-						
Par	1.159754	.184581	6.28	0.000	.7979822	1.521527
_cons	9.13	.0988998	92.32	0.000	8.93616	9.32384
parrel3 <-						
Par	2.035143	.2623826	7.76	0.000	1.520882	2.549403
_cons	8.67	.1114983	77.76	0.000	8.451467	8.888533
parrel4 <-						
Par	1.651802	.2116151	7.81	0.000	1.237044	2.06656
_cons	9	.0926003	97.19	0.000	8.818507	9.181493
var(e.phyab1)	2.07466	.2075636			1.705244	2.524103
var(e.phyab2)	2.618638	.252693			2.167386	3.163841
var(e.phyab3)	1.231013	.2062531			.8864333	1.70954
var(e.phyab4)	1.019261	.1600644			.7492262	1.386621
var(e.appear1)	1.986955	.2711164			1.520699	2.596169
var(e.appear2)	2.801673	.3526427			2.189162	3.585561
var(e.appear3)	2.41072	.300262			1.888545	3.077276
var(e.appear4)	2.374508	.2872554			1.873267	3.009868
var(e.peerrel1)	1.866632	.18965			1.529595	2.277933
var(e.peerrel2)	2.167766	.2288099			1.762654	2.665984
var(e.peerrel3)	1.824346	.2516762			1.392131	2.390749
var(e.peerrel4)	1.803918	.212599			1.431856	2.272659
var(e.parrel1)	1.214141	.1195921			1.000982	1.472692
var(e.parrel2)	1.789125	.1748043			1.477322	2.166738
var(e.parrel3)	1.069717	.1767086			.7738511	1.478702
var(e.parrel4)	.8013735	.121231			.5957527	1.077963
var(e.Phys)	.911538	.1933432			.6014913	1.381403
var(e.Appear)	1.59518	.3704939			1.011838	2.514828
var(e.Peer)	.2368108	.1193956			.0881539	.6361528
var(e.Par)	.3697854	.0915049			.2276755	.600597
var(Nonacad)	.3858166	.1237638			.2057449	.7234903

LR test of model vs. saturated: chi2(100) = 219.48, Prob > chi2 = 0.0000

위 분석 결과를 간략히 추론해보면 모든 변수가 통계적으로 유의미함을 알 수 있다. Nonacad->Phys를 1로 제약하기 때문에(default), Nonacad에서 Apper는 2.2, Peer는 1.44, Par은 0.57임을 알 수 있다. 다시 말해 2차 요인분석을 통한 Nonacad를 이루는 Phys, Appear, Peer, Par에 미치는 영향은 매우 유의미한 것으로 분석되었다. 또한 1차 요인분석을 통한 Nonacad를 이루는 Phyab1～4, Appear1～4, Peerrell1～4, Parrell1～4에 미치는 영향은 대부분 유의미한 것으로 분석되었다.

3.6 상관 고유성 모형 (Correlated uniqueness model)

이 모형은 표준 확인적 요인분석이다. 분석에 활용된 예제 파일은 sem_cu1이다.

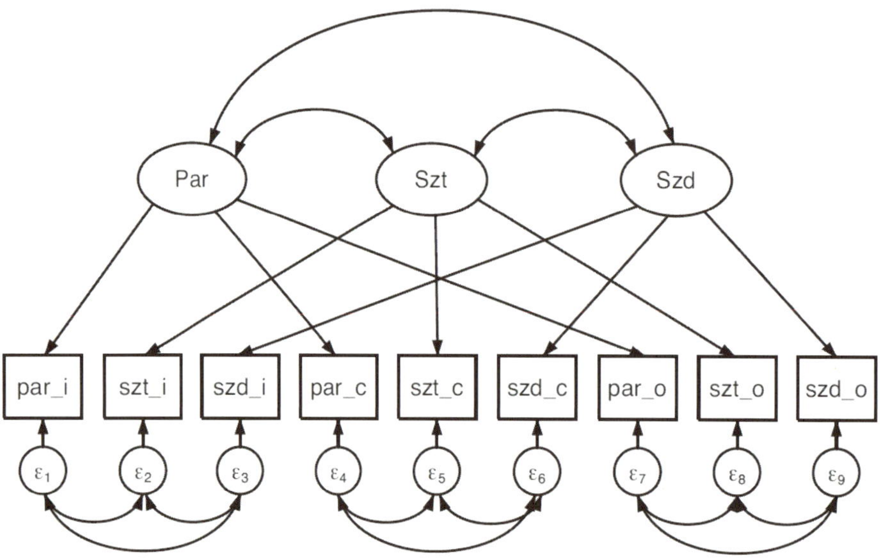


```
sem (Par->par_i par_c par_o) (Szt -> szt_i szt_c szt_o) (Szd -> szd_i szd_c szd_o), ///
    covstr(e.par_i e.szt_i e.szd_i, unstructured) ///
    covstr(e.par_c e.szt_c e.szd_c, unstructured) ///
    covstr(e.par_o e.szt_o e.szd_o, unstructured) ///
    standardized
```

```
Estimation method  = ml
Log likelihood     = -9879.9961

 ( 1)  [par_i]Par = 1
 ( 2)  [szt_i]Szt = 1
 ( 3)  [szd_i]Szd = 1
```

```
                          |                 OIM
             Standardized |      Coef.   Std. Err.      z    P>|z|     [95% Conf. Interval]
--------------------------+----------------------------------------------------------------
Measurement               |
  par_i <-                |
                      Par |   .7119709   .0261858    27.19   0.000     .6606476    .7632941
  ------------------------+----------------------------------------------------------------
  par_c <-                |
                      Par |   .8410183   .0242205    34.72   0.000     .7935469    .8884897
  ------------------------+----------------------------------------------------------------
  par_o <-                |
                      Par |   .7876062   .0237685    33.14   0.000     .7410209    .8341916
  ------------------------+----------------------------------------------------------------
  szt_i <-                |
                      Szt |   .7880887   .0202704    38.88   0.000     .7483594    .8278179
  ------------------------+----------------------------------------------------------------
  szt_c <-                |
                      Szt |   .7675732   .0244004    31.46   0.000     .7197493    .8153972
  ------------------------+----------------------------------------------------------------
  szt_o <-                |
                      Szt |   .8431662   .0181632    46.42   0.000      .807567    .8787653
  ------------------------+----------------------------------------------------------------
  szd_i <-                |
                      Szd |   .7692321   .0196626    39.12   0.000     .7306942      .80777
  ------------------------+----------------------------------------------------------------
  szd_c <-                |
                      Szd |   .8604596   .0179455    47.95   0.000     .8252871    .8956321
  ------------------------+----------------------------------------------------------------
  szd_o <-                |
                      Szd |   .8715597   .0155875    55.91   0.000     .8410086    .9021107
--------------------------+----------------------------------------------------------------
             var(e.par_i) |   .4930975   .0372871                      .4251739    .5718722
             var(e.par_c) |   .2926882   .0407398                      .2228049    .3844905
             var(e.par_o) |   .3796764   .0374404                      .3129503    .4606295
             var(e.szt_i) |   .3789163   .0319498                      .3211966    .4470082
             var(e.szt_c) |   .4108313   .0374582                      .3436006    .4912169
             var(e.szt_o) |   .2890708   .0306291                      .2348623    .3557912
             var(e.szd_i) |    .408282   .0302501                      .3530966    .4720922
             var(e.szd_c) |   .2596093   .0308827                      .2056187    .3277766
             var(e.szd_o) |   .2403837    .027171                       .192616    .2999976
                 var(Par) |          1          .                             .           .
                 var(Szt) |          1          .                             .           .
                 var(Szd) |          1          .                             .           .
--------------------------+----------------------------------------------------------------
 cov(e.par_i,e.szt_i)     |   .2166732   .0535966     4.04   0.000     .1116258    .3217207
 cov(e.par_i,e.szd_i)     |   .4411039   .0451782     9.76   0.000     .3525563    .5296515
 cov(e.par_c,e.szt_c)     |  -.1074802   .0691107    -1.56   0.120    -.2429348    .0279743
 cov(e.par_c,e.szd_c)     |  -.2646125   .0836965    -3.16   0.002    -.4286546   -.1005705
 cov(e.par_o,e.szt_o)     |   .4132457   .0571588     7.23   0.000     .3012165    .5252749
 cov(e.par_o,e.szd_o)     |   .3684402   .0587572     6.27   0.000     .2532781    .4836022
 cov(e.szt_i,e.szd_i)     |   .7456394   .0351079    21.24   0.000     .6768292    .8144496
 cov(e.szt_c,e.szd_c)     |  -.3296552   .0720069    -4.58   0.000    -.4707861   -.1885244
 cov(e.szt_o,e.szd_o)     |   .4781276   .0588923     8.12   0.000     .3627009    .5935544
             cov(Par,Szt) |   .3806759    .045698     8.33   0.000     .2911095    .4702422
             cov(Par,Szd) |   .3590146   .0456235     7.87   0.000     .2695941    .4484351
             cov(Szt,Szd) |   .3103837   .0466126     6.66   0.000     .2190246    .4017428
-------------------------------------------------------------------------------------------
LR test of model vs. saturated: chi2(15)  =     14.37, Prob > chi2 = 0.4976
```

분석 결과 모든 변수가 통계적으로 유의미함을 알 수 있다.

3.7 잠재성장모형 (Latent growth model)

잠재성장모형은 잠재성장곡선모형 또는 잠재곡선모형이라 부르기도 한다. 일반적으로는 3회 이상 측정된(반복측정) 종단면 자료 또는 패널 자료를 활용하여 집단 또는 개별 측정치의 변화 정도를 파악하는 모형이다. 예컨대 중고등학교에서 1년에 4번 모의고사를 치른다고 가정해보면 그 성적의 향상 정도를 파악하는 경우가 이에 해당한다. 한 마디로 시간의 흐름에 따라 해당 값의 변화량을 파악하는 기법으로, 이러한 변화량은 상수(intercept)와 기울기(slope)로 나타나는데, 이 변화량의 유의성을 검증하는 것이라고 할 수 있다. 아래 그림에서 lncrime i = Intercept + i × Slope으로 설명이 가능하다.

잠재성장모형의 기본 조건은 반복측정, 연속형 변수, 동일성, 동일성의 예외로 설명하고 있다(Klein, 1988). 여기서 반복측정은 2회 이상 측정을 의미하고, 종속변수가 연속형 변수여야 하며, 반복측정 시 실험개체군은 동일한 시간구조를 가져야 한다는 점이다. 여기서 동일한 시간구조는 3, 6, 9, 12월로 지정할 수 있는데, 반드시 동일할 필요는 없다. 경우에 따라서 3, 5, 9, 11월로 지정할 수 있다. 잠재성장모형의 기본 조건은 상수항의 초기값과 기울기의 변화율이 동시에 고려되는 모형이다. 상수항은 1로 고정하고 기울기의 선형적 변화를 가정하기 때문에 간격은 0, 1, 2, 3으로 정의한다. 이때 0의 의미는 초기 시점에서 성장이 없음을 가정한다. 잠재모형분석을 위한 모형은 기울기의 변화를 0, 1, 2, 3으로 설정하였지만, 아래 표와 같이 연구자가 기울기의 변화를 다양하게 설정할 수 있다(0,1,1,1) (0,0,1,1) (0,1,*,*).

상수항	기울기	설명	그래프 모양
1	0, 1, 2, 3	잠재적 성장(지속)	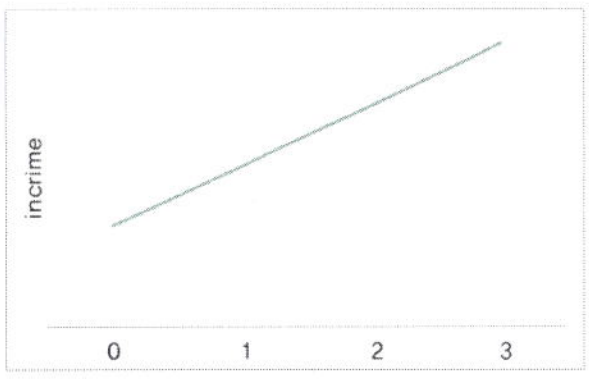
1	0, 1, 1, 1	2차 주기 변화 지속	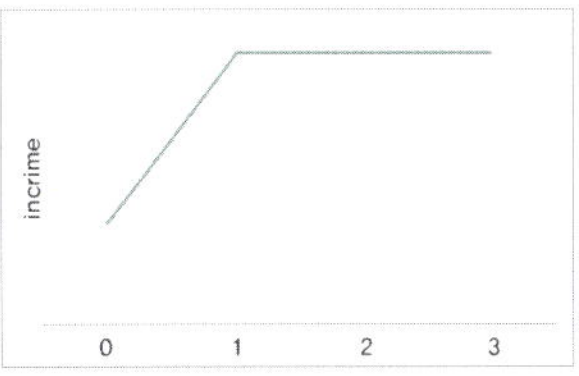
1	0, 0, 1, 1	3, 4차 주기 변화	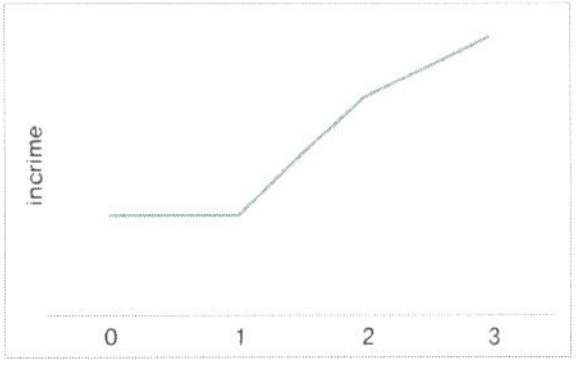
1	0, 1, *, *	2차 주기 변화 후 3, 4차 변화(+ 또는 −)	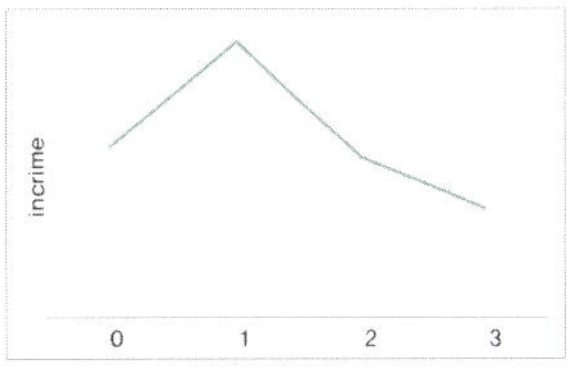

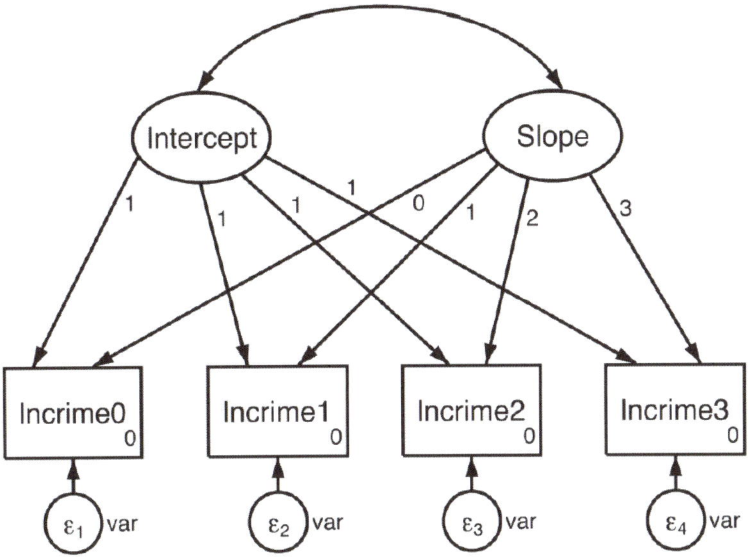

sem (lncrime0 <- Intercept@1 Slope@0 _cons@0) (lncrime1 <- Intercept@1 Slope@1_cons@0) (lncrime2 <- Intercept@1 Slope@2 _cons@0) (lncrime3 <- Intercept@1 Slope@3_cons@0), latent(Intercept Slope) var(e.lncrime0@var e.lncrime1@var e.lncrime2@var e.lncrime3@var) means(Intercept Slope)

```
Structural equation model                         Number of obs     =        359
Estimation method     = ml
Log likelihood        = -1033.9037

 ( 1)  [lncrime0]Intercept = 1
 ( 2)  [lncrime1]Intercept = 1
 ( 3)  [lncrime1]Slope = 1
 ( 4)  [lncrime2]Intercept = 1
 ( 5)  [lncrime2]Slope = 2
 ( 6)  [lncrime3]Intercept = 1
 ( 7)  [lncrime3]Slope = 3
 ( 8)  [var(e.lncrime0)]_cons - [var(e.lncrime3)]_cons = 0
 ( 9)  [var(e.lncrime1)]_cons - [var(e.lncrime3)]_cons = 0
 (10)  [var(e.lncrime2)]_cons - [var(e.lncrime3)]_cons = 0
 (11)  [lncrime0]_cons = 0
 (12)  [lncrime1]_cons = 0
 (13)  [lncrime2]_cons = 0
 (14)  [lncrime3]_cons = 0
--------------------------------------------------------------------------------
                     |                 OIM
                     |      Coef.   Std. Err.      z    P>|z|     [95% Conf. Interval]
---------------------+----------------------------------------------------------------
Measurement          |
  lncrime0 <-        |
           Intercept |          1  (constrained)
               _cons |          0  (constrained)
  -------------------+----------------------------------------------------------------
  lncrime1 <-        |
           Intercept |          1  (constrained)
               Slope |          1  (constrained)
               _cons |          0  (constrained)
  -------------------+----------------------------------------------------------------
  lncrime2 <-        |
           Intercept |          1  (constrained)
               Slope |          2  (constrained)
               _cons |          0  (constrained)
  -------------------+----------------------------------------------------------------
  lncrime3 <-        |
           Intercept |          1  (constrained)
               Slope |          3  (constrained)
               _cons |          0  (constrained)
---------------------+----------------------------------------------------------------
     mean(Intercept) |   5.337915   .0407501   130.99   0.000     5.258047    5.417784
         mean(Slope) |   .1426952   .0104574    13.65   0.000     .1221992    .1631912
--------------------------------------------------------------------------------------
```

var(e.lncrime0)	.0981956	.0051826			.0885457	.1088972
var(e.lncrime1)	.0981956	.0051826			.0885457	.1088972
var(e.lncrime2)	.0981956	.0051826			.0885457	.1088972
var(e.lncrime3)	.0981956	.0051826			.0885457	.1088972
var(Intercept)	.527409	.0446436			.4467822	.6225858
var(Slope)	.0196198	.0031082			.0143829	.0267635
cov(Intercept,Slope)	-.034316	.0088848	-3.86	0.000	-.0517298	-.0169022

LR test of model vs. saturated: chi2(8) = 16.25, Prob > chi2 = 0.0390

위 분석 결과에 의하면 Intercept의 평균은 5.34, slope의 평균은 0.14임을 알 수 있다 (per 2 months).

lncrime의 변화 정도를 추정해보면 다음과 같다.

lncrime 1차 = 5.338 + 0*0.143 + 오차항 = 5.436

lncrime 2차 = 5.338 + 1*0.143 + 오차항 = 5.578

lncrime 3차 = 5.338 + 2*0.143 + 오차항 = 5.721

lncrime 4차 = 5.338 + 3*0.143 + 오차항 = 5.864

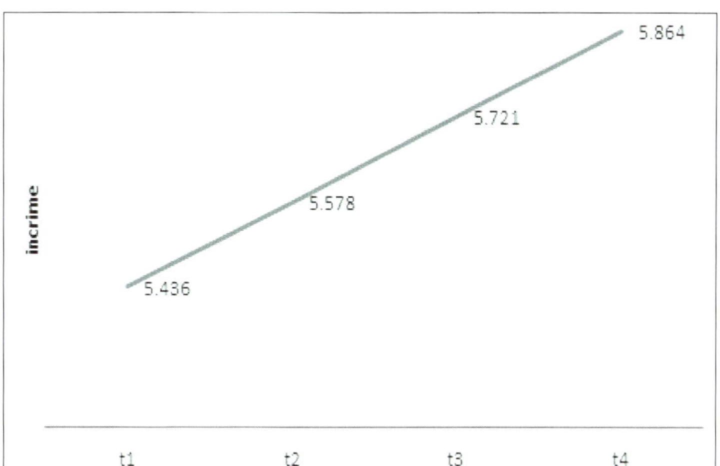

상수항과 기울기 사이 공분산은 유의미하다. coef값은 -.0343이며, p값은 0.000으로 상관성이 있다고 할 수 있다. 다시 말해 상수항과 기울기는 99% 신뢰수준에서 '0'이 아니라는 의미이다.

3.8 단순요인분석 모형 (Single factor pass/fail measurement model)

```
. su

    Variable |       Obs        Mean    Std. Dev.       Min        Max
-------------+--------------------------------------------------------
          x1 |       123    .4065041    .4931897          0          1
          x2 |       123    .4065041    .4931897          0          1
          x3 |       123    .4227642    .4960191          0          1
          x4 |       123    .3495935    .4787919          0          1
          s4 |       123    690.9837    77.50737        481        885
```

모형 분석 전에 변수의 특성을 알아보기 위해 sum (su)을 실행해 보았다. 분석에 활용된 예제 파일은 gsem_1fmm이다. x5를 제외하고 x1～x4는 연속변수가 아니다(probit). 따라서 분석 기법을 달리 할 수 있다. 먼저 이산변수(probit)를 활용하여 분석해보자.

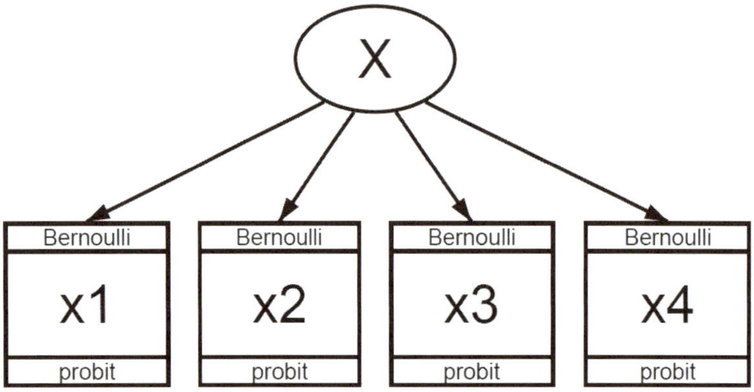

gsem (x1 x2 x3 x4 <-X), probit

```
Generalized structural equation model            Number of obs     =        123

Response         : x1
Family           : Bernoulli
Link             : probit

Response         : x2
Family           : Bernoulli
Link             : probit

Response         : x3
Family           : Bernoulli
Link             : probit

Response         : x4
Family           : Bernoulli
Link             : probit

Log likelihood = -261.30263

 ( 1)  [x1]X = 1
------------------------------------------------------------------------------
             |      Coef.   Std. Err.      z    P>|z|     [95% Conf. Interval]
-------------+----------------------------------------------------------------
x1 <-        |
           X |          1  (constrained)
       _cons |  -.3666763   .1896773    -1.93   0.053     -.738437    .0050844
-------------+----------------------------------------------------------------
x2 <-        |
           X |    1.33293   .4686743     2.84   0.004     .4143455    2.251515
       _cons |  -.4470271   .2372344    -1.88   0.060     -.911998    .0179438
-------------+----------------------------------------------------------------
x3 <-        |
           X |   .6040478   .1908343     3.17   0.002     .2300195    .9780761
       _cons |  -.2276709   .1439342    -1.58   0.114    -.5097767    .0544349
-------------+----------------------------------------------------------------
x4 <-        |
           X |   9.453342   5.151819     1.83   0.067    -.6440375    19.55072
       _cons |  -4.801027   2.518038    -1.91   0.057    -9.736291    .1342372
-------------+----------------------------------------------------------------
      var(X) |   2.173451   1.044885                       .847101    5.576536
------------------------------------------------------------------------------
```

위 분석 결과에서 X->x1, X->x2, X->x3의 경로계수는 1, 1.33, 0.60임을 알 수 있다. 그러나 X->x4의 경로계수는 9.45임을 알 수 있는데, 이는 x4가 과대 추정되었을 개연성을 배제할 수 없다. 따라서 추가적인 분석을 고려할 필요가 있다.

Pass / fail에 연속변수 추가 모형

gsem (x1 x2 x3 <-X, probit) (s4 <-X)

```
Generalized structural equation model          Number of obs     =        123

Response        : x1
Family          : Bernoulli
Link            : probit

Response        : x2
Family          : Bernoulli
Link            : probit

Response        : x3
Family          : Bernoulli
Link            : probit

Response        : s4
Family          : Gaussian
Link            : identity

Log likelihood =  -869.6892

 ( 1)  [x1]X = 1

             |      Coef.   Std. Err.      z    P>|z|     [95% Conf. Interval]
-------------+----------------------------------------------------------------
x1 <-        |
           X |          1  (constrained)
       _cons |  -.4171085   .1964736    -2.12   0.034    -.8021896   -.0320274
-------------+----------------------------------------------------------------
x2 <-        |
           X |   1.298311   .3280144     3.96   0.000     .6554142    1.941207
       _cons |  -.4926357   .2387179    -2.06   0.039    -.9605142   -.0247573
-------------+----------------------------------------------------------------
x3 <-        |
           X |    .682969   .1747328     3.91   0.000     .3404989    1.025439
       _cons |  -.2942021   .1575014    -1.87   0.062    -.6028992    .0144949
-------------+----------------------------------------------------------------
s4 <-        |
           X |   55.24829   12.19904     4.53   0.000      31.3386    79.15798
       _cons |   690.9837   6.960106    99.28   0.000     677.3422    704.6253
-------------+----------------------------------------------------------------
      var(X) |   1.854506   .7804393                       .812856    4.230998
-------------+----------------------------------------------------------------
    var(e.s4)|   297.8565     408.64                      20.24012    4383.299
------------------------------------------------------------------------------
```

좀 전 모형의 과대 추정의 개연성을 검증하기 위해 x4(pass/fail) 변수를 제거하고 s4(실제 시험성적) 변수를 추가하여 분석한 결과 x4보다 s4가 통계적으로 더 유의미하다는 것을 알 수 있다.

3.9 IRT 모형 [IRT (Rasch) model]

이 모형은 Rasch 모형이라고도 불린다. 아래 모형은 q1~q8 변수의 probit 모형으로, 실제 모형에서는 표시되지 않았지만 MathAb는 att1~5, test 1~4의 잠재변수이다. 이 모형의 특징은 모든 경로계수를 1로 제약하였다는 점이다.

```
. use http://www.stata-press.com/data/r14/gsem_cfa
(Fictional math abilities data)

. sum

    Variable |        Obs        Mean    Std. Dev.       Min        Max
-------------+---------------------------------------------------------
      school |        500        10.5    5.772056          1         20
          id |        500    50681.71    29081.41         71     100000
          q1 |        500        .506    .5004647          0          1
          q2 |        500        .394    .4891242          0          1
          q3 |        500        .534    .4993423          0          1
-------------+---------------------------------------------------------
          q4 |        500        .424    .4946852          0          1
          q5 |        500         .49    .5004006          0          1
          q6 |        500        .434    .4961212          0          1
          q7 |        500         .52    .5001002          0          1
          q8 |        500        .494    .5004647          0          1
-------------+---------------------------------------------------------
        att1 |        500       2.946    1.607561          1          5
        att2 |        500       2.948    1.561465          1          5
        att3 |        500        2.84    1.640666          1          5
        att4 |        500        2.91    1.566783          1          5
        att5 |        500       3.086    1.581013          1          5
-------------+---------------------------------------------------------
       test1 |        500      75.548    5.948653         55         93
       test2 |        500      80.556    4.976786         65         94
       test3 |        500      75.572    6.677874         50         94
       test4 |        500      74.078    8.845587         43         96
```

변수의 개략적인 특성을 알아보면 q1~q8은 incorrect는 0, correct는 1이고, att1~att5는 학생수업태도 리커트 5점척도이며, test1~test4는 학생의 시험성적(0~100점)이다.

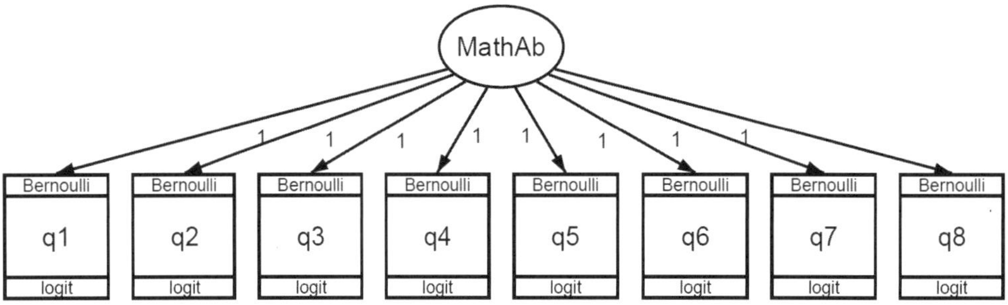

gsem (MathAb -> (q1-q8)@1), logit

	Coef.	Std. Err.	z	P>|z|	[95% Conf.	Interval]
q1 <-						
MathAb	1	(constrained)				
_cons	.0293252	.1047674	0.28	0.780	-.1760152	.2346656
q2 <-						
MathAb	1	(constrained)				
_cons	-.5025012	.1068768	-4.70	0.000	-.7119759	-.2930264
q3 <-						
MathAb	1	(constrained)				
_cons	.1607425	.104967	1.53	0.126	-.044989	.3664739
q4 <-						
MathAb	1	(constrained)				
_cons	-.3574951	.105835	-3.38	0.001	-.564928	-.1500623
q5 <-						
MathAb	1	(constrained)				
_cons	-.0456599	.1047812	-0.44	0.663	-.2510274	.1597075
q6 <-						
MathAb	1	(constrained)				
_cons	-.3097521	.1055691	-2.93	0.003	-.5166637	-.1028404
q7 <-						
MathAb	1	(constrained)				
_cons	.09497	.1048315	0.91	0.365	-.1104959	.300436
q8 <-						
MathAb	1	(constrained)				
_cons	-.0269104	.1047691	-0.26	0.797	-.232254	.1784332
var(MathAb)	.7929701	.1025406			.6154407	1.02171

위 분석 결과에서 통계적으로 유의미한 변수는 MathAb-> q2, MathAb-> q4, MathAb-> q6이다. 또한 절편 수치 - 는 난이도를 의미하는데, q2가 가장 어렵고, q3가 어렵지 않다고 할 수 있다.

```
gsem (MathAb -> (q1-q8)@b), logit var(MathAb@1) nodvheader
```

	Coef.	Std. Err.	z	P>|z|	[95% Conf.	Interval]
q1 <-						
MathAb	.8904887	.0575755	15.47	0.000	.7776429	1.003335
_cons	.0293253	.1047674	0.28	0.780	-.1760151	.2346657
q2 <-						
MathAb	.8904887	.0575755	15.47	0.000	.7776429	1.003335
_cons	-.5025011	.1068768	-4.70	0.000	-.7119758	-.2930264
q3 <-						
MathAb	.8904887	.0575755	15.47	0.000	.7776429	1.003335
_cons	.1607425	.104967	1.53	0.126	-.044989	.366474
q4 <-						
MathAb	.8904887	.0575755	15.47	0.000	.7776429	1.003335
_cons	-.3574951	.105835	-3.38	0.001	-.5649279	-.1500622
q5 <-						
MathAb	.8904887	.0575755	15.47	0.000	.7776429	1.003335
_cons	-.0456599	.1047812	-0.44	0.663	-.2510273	.1597076
q6 <-						
MathAb	.8904887	.0575755	15.47	0.000	.7776429	1.003335
_cons	-.309752	.1055691	-2.93	0.003	-.5166637	-.1028403
q7 <-						
MathAb	.8904887	.0575755	15.47	0.000	.7776429	1.003335
_cons	.0949701	.1048315	0.91	0.365	-.1104959	.300436
q8 <-						
MathAb	.8904887	.0575755	15.47	0.000	.7776429	1.003335
_cons	-.0269103	.1047691	-0.26	0.797	-.232254	.1784333
var(MathAb)	1	(constrained)				

위 분석 결과는 잠재변수의 분산을 1로 제약하였는데, 거의 동일한 결과값을 보인다. 이제 잠재변수의 조건부 가능성에 관한 그래프를 그려보자.

```
. predict pr*, pr

predict pr*, pr
(option conditional(ebmeans) assumed)
(using 7 quadrature points)

. predict ability, latent(MathAb)

. predict ability, latent(MathAb)
(option ebmeans assumed)
(using 7 quadrature points)
```

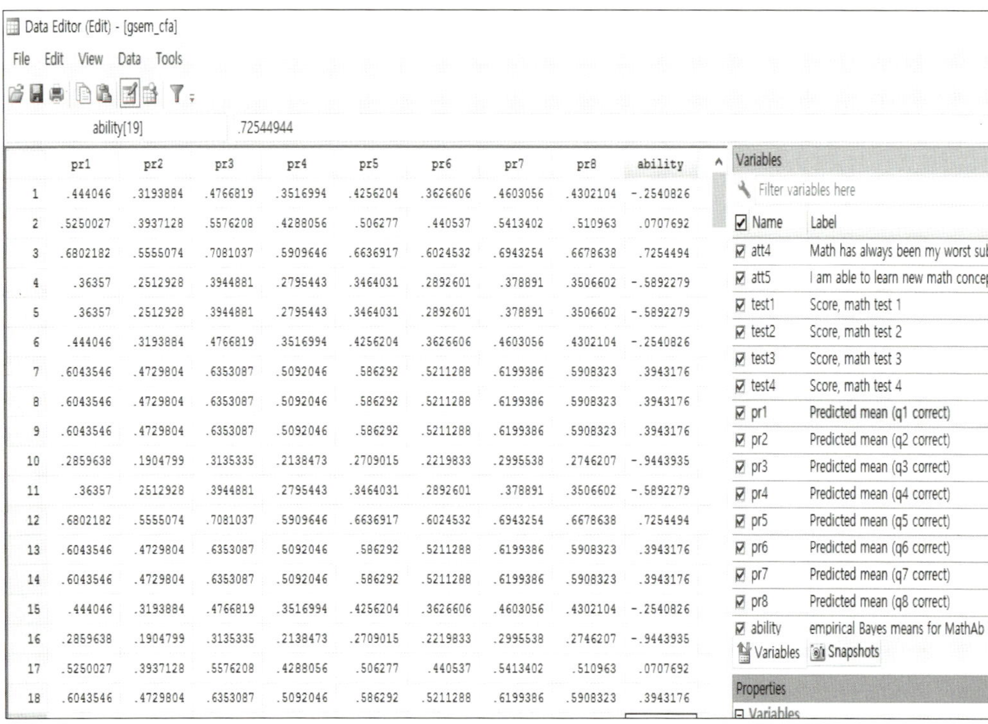

Data Editor (Edit) - [gsem_cfa]

File Edit View Data Tools

ability[19] .72544944

	pr1	pr2	pr3	pr4	pr5	pr6	pr7	pr8	ability
1	.444046	.3193884	.4766819	.3516994	.4256204	.3626606	.4603056	.4302104	-.2540826
2	.5250027	.3937128	.5576208	.4288056	.506277	.440537	.5413402	.510963	.0707692
3	.6802182	.5555074	.7081037	.5909646	.6636917	.6024532	.6943254	.6678638	.7254494
4	.36357	.2512928	.3944881	.2795443	.3464031	.2892601	.378891	.3506602	-.5892279
5	.36357	.2512928	.3944881	.2795443	.3464031	.2892601	.378891	.3506602	-.5892279
6	.444046	.3193884	.4766819	.3516994	.4256204	.3626606	.4603056	.4302104	-.2540826
7	.6043546	.4729804	.6353087	.5092046	.586292	.5211288	.6199386	.5908323	.3943176
8	.6043546	.4729804	.6353087	.5092046	.586292	.5211288	.6199386	.5908323	.3943176
9	.6043546	.4729804	.6353087	.5092046	.586292	.5211288	.6199386	.5908323	.3943176
10	.2859638	.1904799	.3135335	.2138473	.2709015	.2219833	.2995538	.2746207	-.9443935
11	.36357	.2512928	.3944881	.2795443	.3464031	.2892601	.378891	.3506602	-.5892279
12	.6802182	.5555074	.7081037	.5909646	.6636917	.6024532	.6943254	.6678638	.7254494
13	.6043546	.4729804	.6353087	.5092046	.586292	.5211288	.6199386	.5908323	.3943176
14	.6043546	.4729804	.6353087	.5092046	.586292	.5211288	.6199386	.5908323	.3943176
15	.444046	.3193884	.4766819	.3516994	.4256204	.3626606	.4603056	.4302104	-.2540826
16	.2859638	.1904799	.3135335	.2138473	.2709015	.2219833	.2995538	.2746207	-.9443935
17	.5250027	.3937128	.5576208	.4288056	.506277	.440537	.5413402	.510963	.0707692
18	.6043546	.4729804	.6353087	.5092046	.586292	.5211288	.6199386	.5908323	.3943176

Variables

Filter variables here

Name	Label
att4	Math has always been my worst subje
att5	I am able to learn new math concepts
test1	Score, math test 1
test2	Score, math test 2
test3	Score, math test 3
test4	Score, math test 4
pr1	Predicted mean (q1 correct)
pr2	Predicted mean (q2 correct)
pr3	Predicted mean (q3 correct)
pr4	Predicted mean (q4 correct)
pr5	Predicted mean (q5 correct)
pr6	Predicted mean (q6 correct)
pr7	Predicted mean (q7 correct)
pr8	Predicted mean (q8 correct)
ability	empirical Bayes means for MathAb

Variables Snapshots

Properties

Variables

위 표에서 보는 바와 같이 pr과 ability가 생성된 것을 알 수 있다.

```
. twoway line pr1 pr2 pr3 pr4 pr5 pr6 pr7 pr8 ability, sort xlabel(-1.5(.5)1.5)
```

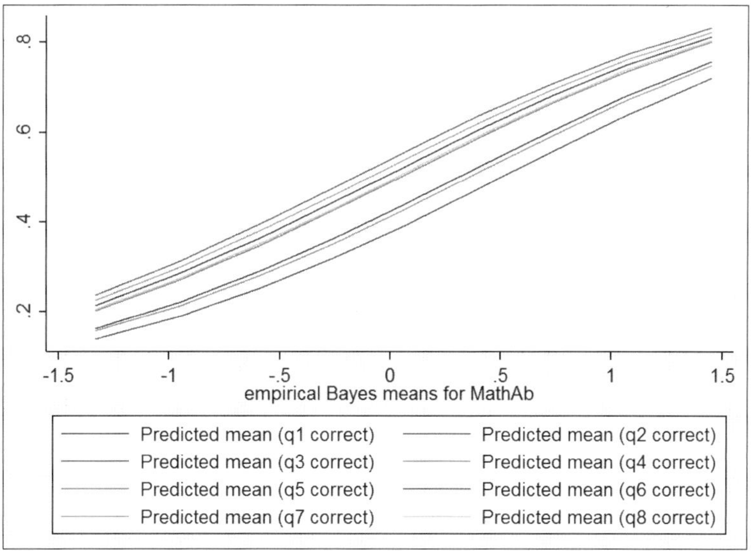


```
. twoway line pr2 pr3 ability, sort xlabel(-1.5(.5)1.5)
```

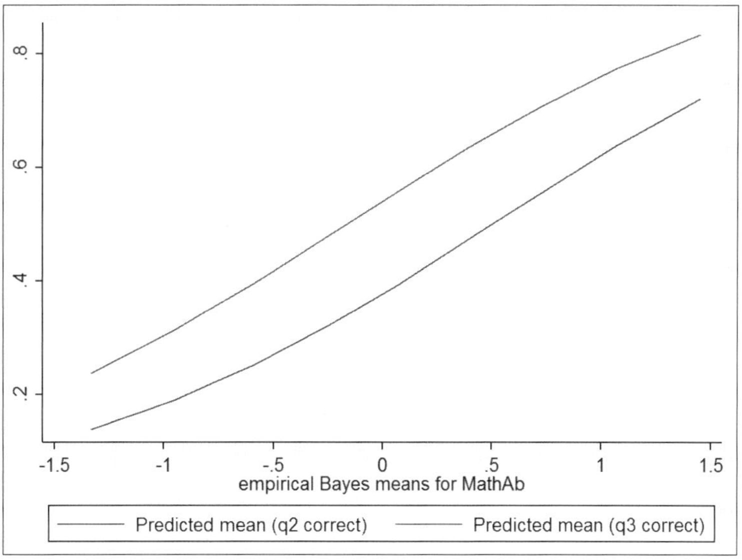

위 두 그래프에서 커브 곡선이 증가 현상을 나타나고 있음을 알 수 있으며, 위의 아래 그래프와 같이 별도의 곡선을 분리하여 작성할 수 있다(q2, q3).

3.10 2레벨 다층모형 [2-level measurement model (multilevel, generalized response)]

아래 그림은 다층(2 level)모형을 분석하기 위한 모형이다. 예를 들면 1레벨은 학급 단위라고 가정하면 2레벨은 학교 단위라고 할 수 있다. 다시 말해 1레벨은 학교 내 비교, 2레벨은 학교 간 비교가 가능하다.

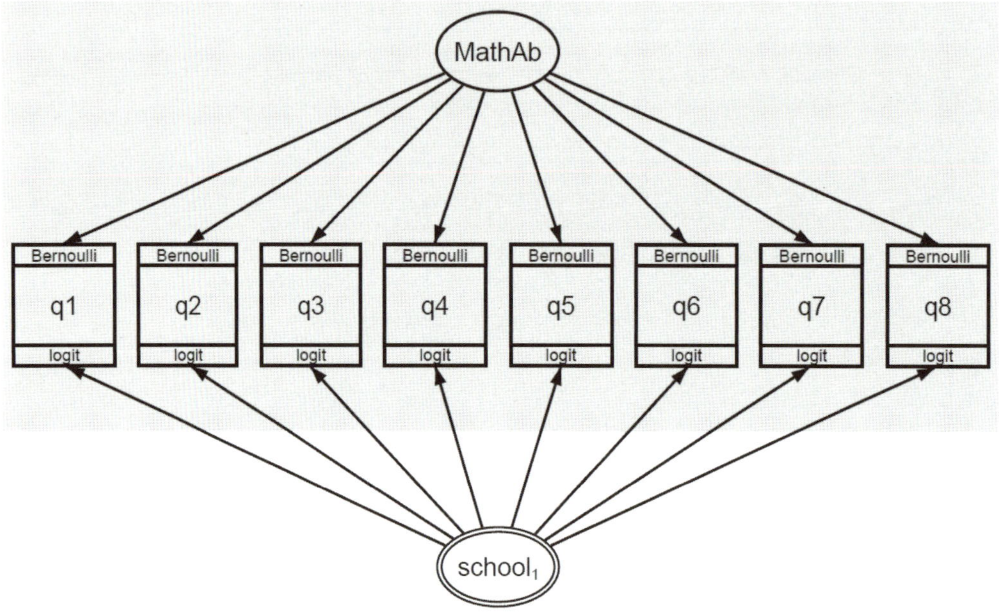


```
. gsem (MathAb M1[school] -> q1-q8), logit
```

	Coef.	Std. Err.	z	P>|z|	[95% Conf.	Interval]
q1 <-						
M1[school]	1	(constrained)				
MathAb	2.807515	.9468682	2.97	0.003	.9516878	4.663343
_cons	.0388021	.1608489	0.24	0.809	-.276456	.3540602
q2 <-						
M1[school]	.6673925	.3058328	2.18	0.029	.0679712	1.266814
MathAb	1	(constrained)				
_cons	-.4631159	.1201227	-3.86	0.000	-.698552	-.2276798
q3 <-						
M1[school]	.3555867	.3043548	1.17	0.243	-.2409377	.9521111
MathAb	1.455529	.5187786	2.81	0.005	.4387416	2.472316
_cons	.1537831	.1070288	1.44	0.151	-.0559894	.3635556
q4 <-						
M1[school]	.7073241	.3419273	2.07	0.039	.037159	1.377489
MathAb	.8420897	.3528195	2.39	0.017	.1505762	1.533603
_cons	-.3252735	.1202088	-2.71	0.007	-.5608784	-.0896686
q5 <-						
M1[school]	.7295553	.3330652	2.19	0.028	.0767595	1.382351
MathAb	2.399529	.8110973	2.96	0.003	.8098079	3.989251
_cons	-.0488674	.1378015	-0.35	0.723	-.3189533	.2212185
q6 <-						
M1[school]	.484903	.2844447	1.70	0.088	-.0725983	1.042404
MathAb	1.840627	.5934017	3.10	0.002	.6775813	3.003673
_cons	-.3139302	.1186624	-2.65	0.008	-.5465042	-.0813563
q7 <-						
M1[school]	.3677241	.2735779	1.34	0.179	-.1684787	.903927
MathAb	2.444023	.8016872	3.05	0.002	.8727449	4.015301
_cons	.1062164	.1220796	0.87	0.384	-.1330552	.3454881
q8 <-						
M1[school]	.5851299	.3449508	1.70	0.090	-.0909612	1.261221
MathAb	1.606287	.5367614	2.99	0.003	.5542541	2.65832
_cons	-.0261962	.1189835	-0.22	0.826	-.2593995	.2070071
var(M1[school])	.2121216	.1510032			.052558	.8561121
var(MathAb)	.2461246	.1372513			.0825055	.7342217

위 분석 결과에서 M1(school)의 분산은 0.21이며, MathAb의 분산은 0.25임을 알 수

있다. 일반적으로 평가할 때는 비슷하다고 가정할 수 있지만 MathAb가 M1(school)보다 더 큰 영향을 미치고 있다고 할 수 있다. 세부적으로 설명하면 q1<-M1(school)과 q2<-MathAb가 1로 제약되어 있음을 알 수 있다. 각각의 경로계수는 q1의 경우 M1이 1일 때 MathAb는 2.81이며, q2의 경우 MathAb이 1일 때 M1은 0.67이며, q3의 경우 M1이 0.36일 때 MathAb는 1.46이며, q4의 경우 M1이 0.71일 때 MathAb는 0.84이며, q5의 경우 M1이 0.73일 때 MathAb는 2.4이며, q6의 경우 M1이 0.48일 때 MathAb는 1.84이며, q7의 경우 M1이 0.37일 때 MathAb는 2.44이며, q8의 경우 M1이 0.59일 때 MathAb는 1.61이다. 전반적으로 2레벨 M1(school)에 비해 1레벨 학급의 MathAb의 성적이 뛰어남을 알 수 있다.

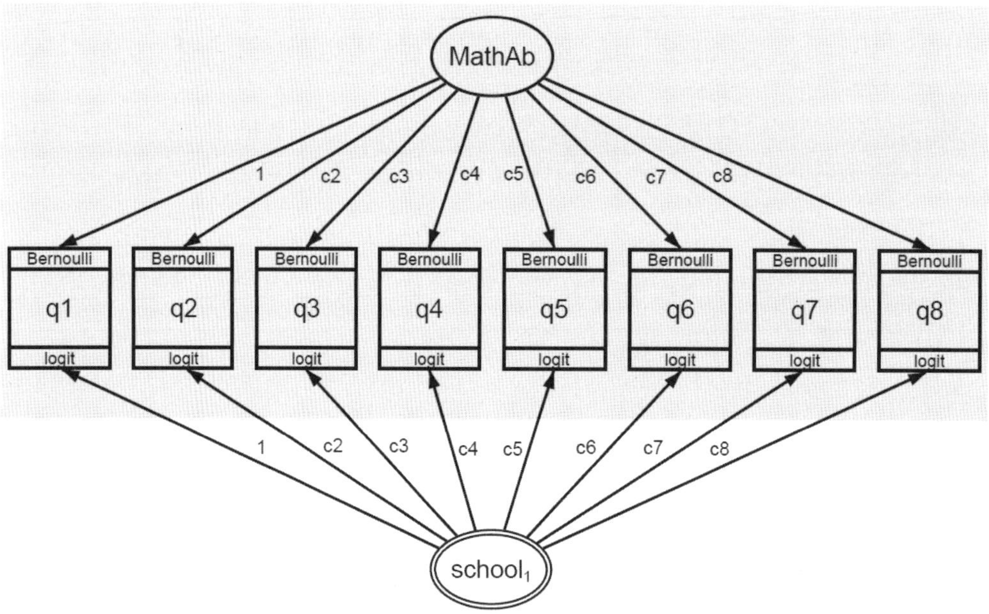

위 모형은 다소 어렵게 보일지 모르겠지만 좀 전 모형과 동일하며, 계수를 제약한 모형이다.

```
gsem (MathAb M1[school] -> q1@1 q2@c2 q3@c3 q4@c4 q5@c5 q6@c6
q7@c7 q8@c8), logit
```

(1) [q1]M1[school] = 1

(2) [q1]MathAb = 1

(3) [q2]M1[school] - [q2]MathAb = 0

(4) [q3]M1[school] - [q3]MathAb = 0

(5) [q4]M1[school] - [q4]MathAb = 0

(6) [q5]M1[school] - [q5]MathAb = 0

(7) [q6]M1[school] - [q6]MathAb = 0

(8) [q7]M1[school] - [q7]MathAb = 0

(9) [q8]M1[school] - [q8]MathAb = 0

	Coef.	Std. Err.	z	P>|z|	[95% Conf.	Interval]
q1 <-						
M1[school]	1	(constrained)				
MathAb	1	(constrained)				
_cons	.0385522	.1556214	0.25	0.804	-.2664601	.3435646
q2 <-						
M1[school]	.3876281	.1156823	3.35	0.001	.1608951	.6143612
MathAb	.3876281	.1156823	3.35	0.001	.1608951	.6143612
_cons	-.4633143	.1055062	-4.39	0.000	-.6701028	-.2565259
q3 <-						
M1[school]	.4871164	.1295515	3.76	0.000	.2332001	.7410328
MathAb	.4871164	.1295515	3.76	0.000	.2332001	.7410328
_cons	.1533212	.1098068	1.40	0.163	-.0618962	.3685386
q4 <-						
M1[school]	.3407151	.1058542	3.22	0.001	.1332446	.5481856
MathAb	.3407151	.1058542	3.22	0.001	.1332446	.5481856
_cons	-.3246936	.1011841	-3.21	0.001	-.5230108	-.1263763
q5 <-						
M1[school]	.8327426	.1950955	4.27	0.000	.4503624	1.215123
MathAb	.8327426	.1950955	4.27	0.000	.4503624	1.215123
_cons	-.0490579	.1391324	-0.35	0.724	-.3217524	.2236365

q6 <-						
M1[school]	.6267415	.1572247	3.99	0.000	.3185868	.9348962
MathAb	.6267415	.1572247	3.99	0.000	.3185868	.9348962
_cons	-.3135398	.1220389	-2.57	0.010	-.5527317	-.074348
q7 <-						
M1[school]	.7660343	.187918	4.08	0.000	.3977219	1.134347
MathAb	.7660343	.187918	4.08	0.000	.3977219	1.134347
_cons	.1039102	.1330652	0.78	0.435	-.1568927	.3647131
q8 <-						
M1[school]	.5600833	.1416542	3.95	0.000	.2824462	.8377203
MathAb	.5600833	.1416542	3.95	0.000	.2824462	.8377203
_cons	-.0264193	.1150408	-0.23	0.818	-.2518951	.1990565
var(M1[school])	.1719347	.1150138			.0463406	.6379187
var(MathAb)	2.062489	.6900045			1.070589	3.973385

계수를 제약하였음에도 불구하고 M1(school)의 분산은 0.17이며, MathAb의 분산은 2.06으로 MathAb가 M1(school)보다 더 큰 영향을 미치고 있다고 할 수 있다.

3.11 매개모형 (mediation models)

이 모형은 매개모형 또는 매개효과모형이라 부른다. 아래 그림을 활용하여 설명해보면 support가 perform에 미치는 영향을 분석할 때, satis라는 매개변수를 활용하는 모형이다. 경우에 따라서는 또 다른 매개변수를 추가할 수 있다.

```
.  use http://www.stata-press.com/data/r14/gsem_multmed
(Fictional job-performance data)

. sum

    Variable |        Obs        Mean    Std. Dev.       Min        Max
-------------+---------------------------------------------------------
      branch |      1,500          38    21.65593          1         75
     support |      1,500    .0084667    .5058316       -1.6        1.8
       satis |      1,500       .0212    .6087235       -1.6          2
     perform |      1,500    5.005317    .8949845    2.35022   8.084294
```

설문지의 세부 내용을 살펴보면, 75개 지역에 위치한 대형 백화점 직원 1,500명의 직업성과 만족도, 인식하고 있는 지원(support) 등에 관한 데이터이다. 지원과 만족도는 -2 ~2까지의 리커트 척도이며, 성과는 측정된 성과척도이다.

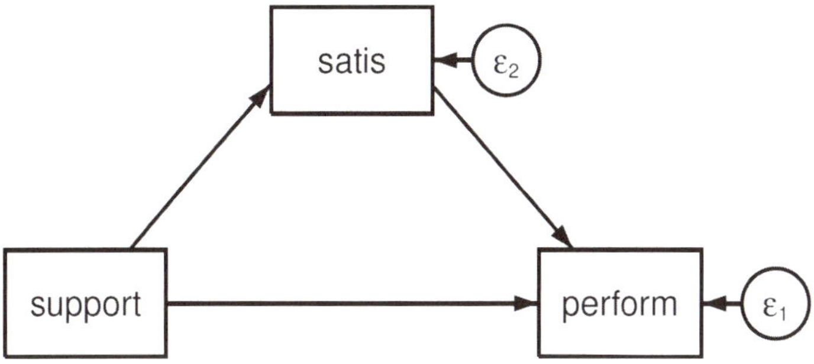

sem (perform <- satis support) (satis <- support)

```
Structural equation model                       Number of obs     =      1,500
Estimation method   = ml
Log likelihood      = -3779.9224

------------------------------------------------------------------------------
             |                 OIM
             |      Coef.   Std. Err.      z    P>|z|     [95% Conf. Interval]
-------------+----------------------------------------------------------------
Structural   |
  perform <- |
       satis |   .8984401   .0251903    35.67   0.000      .849068    .9478123
     support |   .6161077   .0303143    20.32   0.000     .5566927    .6755227
       _cons |   4.981054   .0150589   330.77   0.000     4.951539    5.010569
  -----------+----------------------------------------------------------------
  satis <-   |
     support |   .2288945   .0305047     7.50   0.000     .1691064    .2886826
       _cons |    .019262   .0154273     1.25   0.212    -.0109749    .0494989
-------------+----------------------------------------------------------------
var(e.perform)|  .3397087   .0124044                      .3162461     .364912
  var(e.satis)|  .3569007   .0130322                      .3322507    .3833795
------------------------------------------------------------------------------
LR test of model vs. saturated: chi2(0)   =      0.00, Prob > chi2 =      .
```

위 분석 결과에서 perform<-support의 계수는 0.6161이고, perform<-satis의 계수는 0.8984이며, satis<-support의 계수는 0.2288이다. 이것으로 매개변수 satis가 perform에 직접 미치는 영향이 더 크다는 것을 알 수 있다. 이제 그 효과를 추정해보자. support가 performance에 미치는 직접효과는 0.6161, 간접효과는 0.2056(0.2289×0.8984=0.2056), 총 효과는 0.8217이다.

이를 검증하기 위해 teffects를 수행해본다.

```
. estat teffects


Direct effects
------------------------------------------------------------------------------
             |                 OIM
             |      Coef.   Std. Err.      z    P>|z|     [95% Conf. Interval]
-------------+----------------------------------------------------------------
Structural   |
  perform <- |
       satis |   .8984401   .0251903    35.67   0.000      .849068    .9478123
     support |   .6161077   .0303143    20.32   0.000     .5566927    .6755227
  -----------+----------------------------------------------------------------
  satis <-   |
     support |   .2288945   .0305047     7.50   0.000     .1691064    .2886826
------------------------------------------------------------------------------
```

```
Indirect effects
------------------------------------------------------------------------------------
                 |                 OIM
                 |      Coef.   Std. Err.      z    P>|z|     [95% Conf. Interval]
-----------------+------------------------------------------------------------------
Structural       |
  perform <-     |
         satis   |          0  (no path)
       support   |    .205648   .0280066     7.34   0.000      .150756       .26054
  ---------------+------------------------------------------------------------------
  satis <-       |
       support   |          0  (no path)
------------------------------------------------------------------------------------


Total effects
------------------------------------------------------------------------------------
                 |                 OIM
                 |      Coef.   Std. Err.      z    P>|z|     [95% Conf. Interval]
-----------------+------------------------------------------------------------------
Structural       |
  perform <-     |
         satis   |   .8984401   .0251903    35.67   0.000      .849068     .9478123
       support   |   .8217557   .0404579    20.31   0.000     .7424597     .9010516
  ---------------+------------------------------------------------------------------
  satis <-       |
       support   |   .2288945   .0305047     7.50   0.000     .1691064     .2886826
------------------------------------------------------------------------------------
```

gsem 기법으로 분석할 경우 그 효과를 추정할 수 없게 된다. 이에 관해 알아보면 다음과 같다.

```
. qui gsem (perform <- satis support) (satis <- support)

. estat teffects

estat teffects not valid
r(321);
```

여기서 제시하지는 않았지만 sem과 gsem의 분석 결과는 동일하다. 좀 전에 제시한 바와 같이 gsem 기법을 활용할 경우, estat teffects는 실행할 수 없다. 따라서 다른 명령어를 활용하여 분석할 수 있는데, 그 명령어는 nlcom이다. 특히 간접효과는 perform<- satis* satis<−support이고, 총효과는 perform <−support + perform<− satis* satis<−support이다.

```
. qui gsem (perform <- satis support) (satis <- support)

. gsem, coeflegend

Generalized structural equation model          Number of obs     =      1,500

Response       : perform
Family         : Gaussian
Link           : identity

Response       : satis
Family         : Gaussian
Link           : identity

Log likelihood = -2674.3421

------------------------------------------------------------------------------
                |      Coef.  Legend
----------------+-------------------------------------------------------------
perform <-      |
          satis |   .8984401  _b[perform:satis]
        support |   .6161077  _b[perform:support]
          _cons |   4.981054  _b[perform:_cons]
----------------+-------------------------------------------------------------
satis <-        |
        support |   .2288945  _b[satis:support]
          _cons |    .019262  _b[satis:_cons]
----------------+-------------------------------------------------------------
var(e.perform)  |   .3397087  _b[var(e.perform):_cons]
  var(e.satis)  |   .3569007  _b[var(e.satis):_cons]
------------------------------------------------------------------------------

. nlcom _b[perform:satis]*_b[satis:support]

       _nl_1:  _b[perform:satis]*_b[satis:support]

------------------------------------------------------------------------------
             |      Coef.   Std. Err.      z    P>|z|     [95% Conf. Interval]
-------------+----------------------------------------------------------------
       _nl_1 |    .205648   .0280066     7.34   0.000      .150756      .26054
------------------------------------------------------------------------------

. nlcom _b[perform:support]+_b[perform:satis]*_b[satis:support]

       _nl_1:  _b[perform:support]+_b[perform:satis]*_b[satis:support]

------------------------------------------------------------------------------
             |      Coef.   Std. Err.      z    P>|z|     [95% Conf. Interval]
-------------+----------------------------------------------------------------
       _nl_1 |   .8217557   .0404579    20.31   0.000     .7424597    .9010516
------------------------------------------------------------------------------
```

nlcom을 활용하여 분석한 결과, estat teffects를 활용하여 분석한 결과값과 동일한 값이 도출되었다. 직접효과는 0.2056이고, 간접효과는 0.8217임을 알 수 있다.

3.12 2레벨 다층모형(gsem)

[2-level(with gsem)]

아래 모형은 gsem을 활용하여 다층모형을 분석하기 위한 모형이다. 다층모형의 단위는 branch1과 branch2이다. 여기서 branch는 개별상점 레벨의 효과를 추정하기 위함이다.

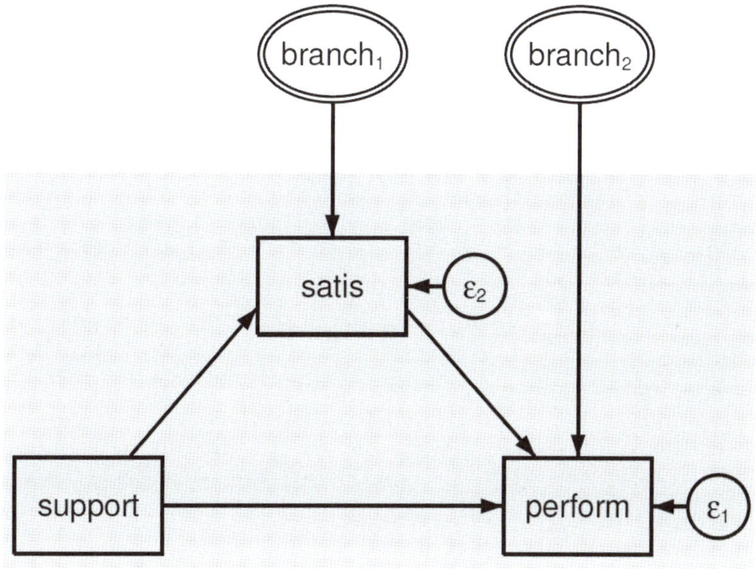

gsem (perform <- satis support M1[branch]) (satis <- support M2[branch]), cov(M1[branch]*M2[branch]@0)

```
Generalized structural equation model           Number of obs     =      1,500

Response         : perform
Family           : Gaussian
Link             : identity

Response         : satis
Family           : Gaussian
Link             : identity

Log likelihood =  -1703.714

 ( 1)   [perform]M1[branch] = 1
 ( 2)   [satis]M2[branch] = 1
------------------------------------------------------------------------------
                |      Coef.   Std. Err.      z    P>|z|     [95% Conf. Interval]
----------------+-------------------------------------------------------------
perform <-      |
          satis |    .604264   .0336398    17.96   0.000     .5383313    .6701968
        support |   .6981525   .0250432    27.88   0.000     .6490687    .7472364
                |
     M1[branch] |          1  (constrained)
                |
          _cons |   4.986596   .0489465   101.88   0.000     4.890663    5.082529
----------------+-------------------------------------------------------------
satis <-        |
        support |   .2692633   .0179649    14.99   0.000     .2340528    .3044739
                |
     M2[branch] |          1  (constrained)
                |
          _cons |   .0189202   .0570868     0.33   0.740    -.0929678    .1308083
----------------+-------------------------------------------------------------
var(M1[branch]) |   .1695962   .0302866                       .119511    .2406713
var(M2[branch]) |   .2384738   .0399154                      .1717781    .3310652
----------------+-------------------------------------------------------------
 var(e.perform) |    .201053   .0075451                      .1867957    .2163985
   var(e.satis) |   .1188436   .0044523                      .1104299    .1278983
------------------------------------------------------------------------------
```

바로 앞의 분석 결과에서는 perform에 미치는 satis와 support의 경로계수는 0.8984, 0.6161이다. 다만 위 분석 결과에서 perform에 미치는 satis의 직접효과는 0.604이고, support의 직접효과는 0.6982이다.

이미 설명한 바와 같이 gsem 기법을 활용할 경우 효과 분석을 할 수 없게 된다. 따라서 nlcom을 활용해야 하며 그 결과는 다음과 같다.

```
. nlcom _b[perform:satis]*_b[satis:support]

       _nl_1:  _b[perform:satis]*_b[satis:support]

------------------------------------------------------------------------------
             |      Coef.   Std. Err.      z    P>|z|     [95% Conf. Interval]
-------------+----------------------------------------------------------------
       _nl_1 |   .1627062   .0141382    11.51   0.000     .1349958    .1904165
------------------------------------------------------------------------------

. nlcom _b[perform:support]+_b[perform:satis]*_b[satis:support]

       _nl_1:  _b[perform:support]+_b[perform:satis]*_b[satis:support]

------------------------------------------------------------------------------
             |      Coef.   Std. Err.      z    P>|z|     [95% Conf. Interval]
-------------+----------------------------------------------------------------
       _nl_1 |   .8608587   .0257501    33.43   0.000     .8103894     .911328
------------------------------------------------------------------------------
```

위 분석 결과에서 제시하고 있는 것과 같이 간접효과는 0.1627이고, 총효과는 0.8608임을 알 수 있다.

3.13 3레벨 다층모형 [3-level(multilevel, generalized response)]

먼저 describe를 활용하여 변수의 세부 정보를 알아보면 다음과 같다.

```
. use http://www.stata-press.com/data/r14/gsem_melanoma
(Skin cancer (melanoma) data)

. describe

Contains data from http://www.stata-press.com/data/r14/gsem_melanoma.dta
  obs:           354                        Skin cancer (melanoma) data
 vars:             6                        25 Mar 2014 15:28
 size:         4,956                        (_dta has notes)
-------------------------------------------------------------------------------
              storage   display    value
variable name   type    format     label      variable label
-------------------------------------------------------------------------------
nation          byte    %12.0g     nation     Nation ID
region          byte    %9.0g                 Region ID: EEC level-I areas
county          int     %9.0g                 County ID: EEC level-II/level-III areas
deaths          int     %9.0g                 No. deaths during 1971-1980
expected        float   %9.0g                 No. expected deaths
uv              float   %9.0g                 UV dose, mean-centered
-------------------------------------------------------------------------------
Sorted by: nation  region  county
```

아래 그림은 3레벨 다층모형이다(국가-지역-카운티). 1레벨은 nation, 2레벨은 region, 3레벨은 county인데, 자외선 노출이 악성흑색종(종양)으로 인한 사망에 영향을 준다는 것을 검증하기 위한 모형이다.

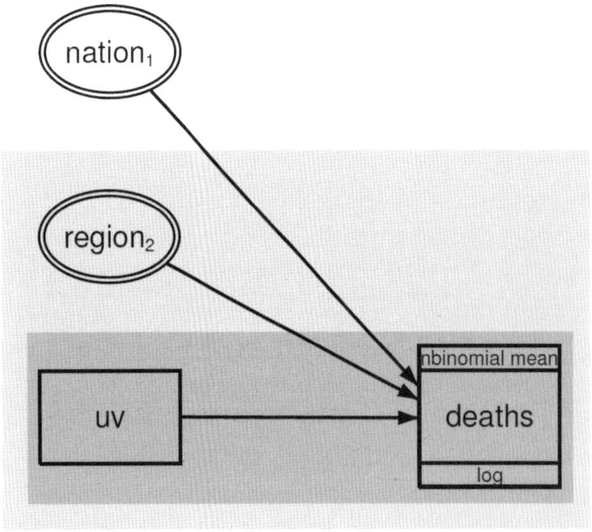

gsem (deaths <- uv M1[nation] M2[nation>region]), nbreg exposure(expected)

```
Generalized structural equation model          Number of obs    =        354
Response         : deaths
Family           : nbinomial
Dispersion       : mean
Link             : log
Log likelihood = -1086.3902

 ( 1)   [deaths]M1[nation] = 1
 ( 2)   [deaths]M2[nation>region] = 1
------------------------------------------------------------------------------
                      |      Coef.   Std. Err.      z    P>|z|     [95% Conf. Interval]
----------------------+-------------------------------------------------------
deaths <-             |
                   uv |  -.0335933   .0113725    -2.95   0.003     -.055883   -.0113035
                      |
          M1[nation]  |          1  (constrained)
   M2[nation>region]  |          1  (constrained)
                      |
                _cons |  -.0790606   .1295931    -0.61   0.542    -.3330583    .1749372
        ln(expected)  |          1  (exposure)
----------------------+-------------------------------------------------------
deaths                |
            /lnalpha  |  -4.182603   .3415036   -12.25   0.000    -4.851937   -3.513268
----------------------+-------------------------------------------------------
     var(M1[nation])  |   .1283614   .0678971                       .0455187    .3619758
var(M2[nation>region])|   .0401818   .0104855                       .0240938     .067012
------------------------------------------------------------------------------
```

분석 모형에 관해 간략히 설명하면 음의 이항회귀(negative binomial regession) 기법으로 family(nbinomial mean) link(log)임을 알 수 있다. 또한 exposure( ) 옵션은 포아송 모형과 nbinomial 모형에서 활용할 수 있다. 본 모형에서는 일정 비율에 근거한 사망자의 기대수를 의미한다. 이제 분석 결과에 관해 논의하자. ln(α)는 −4.183이고, 이때의 α 값은 0,0152이며, z값이 0.000으로 ln(α)=0임에 1% 수준에서 −12.25로 통계적으로 유의미함을 알 수 있다. 다시 말해 α가 0이 아니라 1이라 할 수 있다.

이제 동일한 모형을 포아송 분포를 적용하여 분석해보자.

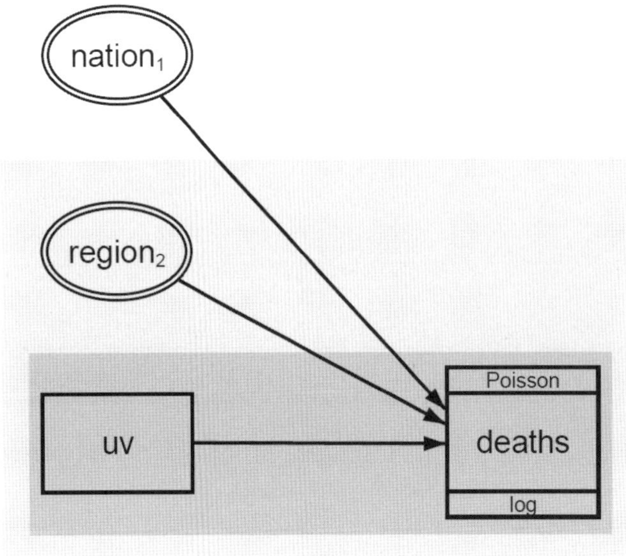

gsem (deaths <- uv M1[nation] M2[nation>region]), poisson exposure(expected)

```
Generalized structural equation model            Number of obs     =        354
Response        : deaths
Family          : Poisson
Link            : log
Log likelihood =    -1095.31

 ( 1)   [deaths]M1[nation] = 1
 ( 2)   [deaths]M2[nation>region] = 1
```

	Coef.	Std. Err.	z	P>|z|	[95% Conf.	Interval]
deaths <-						
uv	-.0282041	.0113998	-2.47	0.013	-.0505473	-.0058608
M1[nation]	1	(constrained)				
M2[nation>region]	1	(constrained)				
_cons	-.0639672	.1335515	-0.48	0.632	-.3257234	.197789
ln(expected)	1	(exposure)				
var(M1[nation])	.1371732	.0723303			.048802	.3855676
var(M2[nation>region])	.0483483	.0109079			.0310699	.0752353

포아송 검증 결과, 경로계수는 거의 비슷하다(-.0282). 다만 deaths/inalpha가 없다는 점에서 차이가 있다. 이제 이 두 모형(nbreg, poisson)의 조건부 과산포를 검증해보자. 과산포

(Overdispersion) 검증 절차는 다음과 같다.

```
. qui gsem (deaths <- uv M1[nation] M2[nation>region]), nbreg exposure(expected)

. estimates store nbreg

. qui gsem (deaths <- uv M1[nation] M2[nation>region]), poisson exposure(expected)

. estimates store poisson

. lrtest nbreg poisson

Likelihood-ratio test                                 LR chi2(1)  =      17.84
(Assumption: poisson nested in nbreg)                 Prob > chi2 =     0.0000
```

과산포 검사 결과 nbreg 모형이 타당함을 알 수 있다. 다만 lrtest는 이 두 모형 간 관련성은 알 수 없다.

3.14 두 요인 모형 [two-factor measurement model (generalized response)]

이제 두 요인을 활용한 구조방정식모형을 분석해보자. 두 요인은 MathAb와 MathAtt이다. 분석을 위한 예제 파일은 gsem_cfa이며, MathAb는 Bernoulli, logit이며, MathAtt는 ordinal, logit이다.

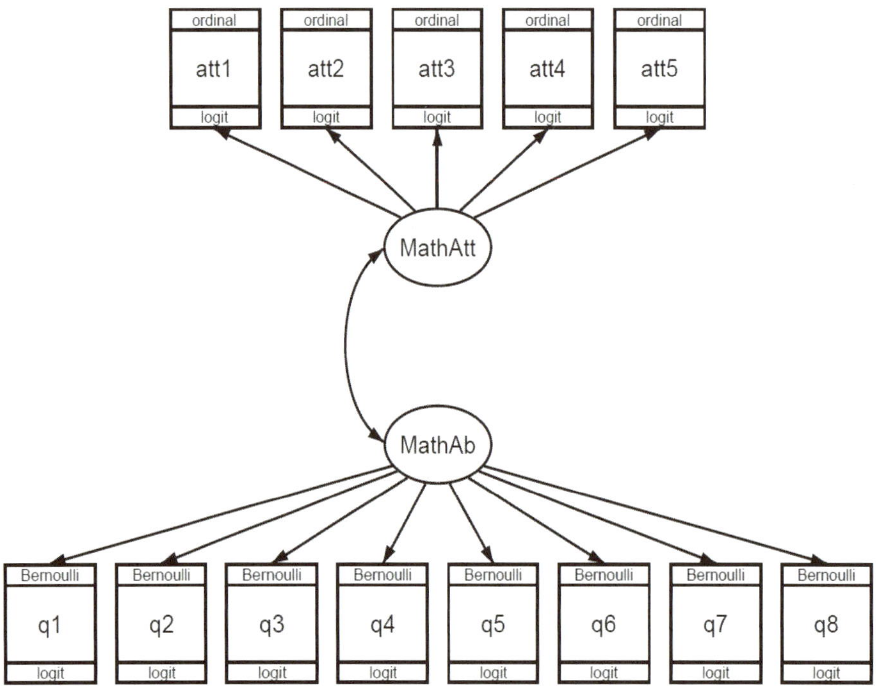


```
gsem (MathAb -> q1-q8, logit) (MathAtt -> att1-att5, ologit)
```

```
( 1)  [q1]MathAb = 1
( 2)  [att1]MathAtt = 1
```

	Coef.	Std. Err.	z	P>|z|	[95% Conf.	Interval]
q1 <-						
MathAb	1	(constrained)				
_cons	.0446118	.1272964	0.35	0.726	-.2048845	.2941082
q2 <-						
MathAb	.3446081	.1050264	3.28	0.001	.1387601	.5504562
_cons	-.4572215	.0979965	-4.67	0.000	-.6492911	-.265152
q3 <-						
MathAb	.5445245	.1386993	3.93	0.000	.272679	.8163701
_cons	.1591406	.1033116	1.54	0.123	-.0433464	.3616276
q4 <-						
MathAb	.2858874	.0948553	3.01	0.003	.0999743	.4718004
_cons	-.3196648	.0947684	-3.37	0.001	-.5054075	-.1339222
q5 <-						
MathAb	.8174803	.1867024	4.38	0.000	.4515504	1.18341
_cons	-.04543	.116575	-0.39	0.697	-.2739127	.1830527
q6 <-						
MathAb	.6030448	.1471951	4.10	0.000	.3145478	.8915419
_cons	-.309992	.1070853	-2.89	0.004	-.5198753	-.1001086
q7 <-						
MathAb	.72084	.1713095	4.21	0.000	.3850796	1.056601
_cons	.1047265	.1116494	0.94	0.348	-.1141023	.3235552
q8 <-						
MathAb	.5814761	.1426727	4.08	0.000	.3018428	.8611094
_cons	-.0250442	.1045134	-0.24	0.811	-.2298868	.1797983
att1 <-						
MathAtt	1	(constrained)				
att2 <-						
MathAtt	.3788714	.0971223	3.90	0.000	.1885152	.5692276
att3 <-						
MathAtt	-1.592717	.3614859	-4.41	0.000	-2.301216	-.8842173
att4 <-						
MathAtt	-.8100107	.153064	-5.29	0.000	-1.11001	-.5100108
att5 <-						
MathAtt	.5225423	.1170141	4.47	0.000	.2931988	.7518858

att1						
/cut1	-1.10254	.1312272	-8.40	0.000	-1.359741	-.8453396
/cut2	-.2495339	.1160385	-2.15	0.032	-.4769651	-.0221027
/cut3	.2983261	.1164414	2.56	0.010	.0701052	.5265471
/cut4	1.333053	.1391907	9.58	0.000	1.060244	1.605861
att2						
/cut1	-1.055791	.1062977	-9.93	0.000	-1.264131	-.8474513
/cut2	-.1941211	.0941435	-2.06	0.039	-.378639	-.0096032
/cut3	.3598488	.0952038	3.78	0.000	.1732528	.5464448
/cut4	1.132624	.1082204	10.47	0.000	.9205156	1.344732
att3						
/cut1	-1.053519	.1733999	-6.08	0.000	-1.393377	-.7136614
/cut2	-.0491073	.1442846	-0.34	0.734	-.3318999	.2336853
/cut3	.5570671	.1538702	3.62	0.000	.2554871	.8586471
/cut4	1.666859	.2135554	7.81	0.000	1.248298	2.08542
att4						
/cut1	-1.07378	.1214071	-8.84	0.000	-1.311734	-.8358264
/cut2	-.2112462	.1076501	-1.96	0.050	-.4222366	-.0002559
/cut3	.406347	.1094847	3.71	0.000	.191761	.620933
/cut4	1.398185	.1313327	10.65	0.000	1.140778	1.655593
att5						
/cut1	-1.244051	.1148443	-10.83	0.000	-1.469142	-1.018961
/cut2	-.336135	.0986678	-3.41	0.001	-.5295203	-.1427498
/cut3	.2137776	.0978943	2.18	0.029	.0219084	.4056468
/cut4	.9286849	.107172	8.67	0.000	.7186316	1.138738
var(MathAb)	2.300652	.7479513			1.216527	4.350909
var(MathAtt)	1.520854	.4077674			.8992196	2.572228
cov(MathAtt,MathAb)	.8837681	.2204606	4.01	0.000	.4516733	1.315863

위 분석 결과에 의하면, math attitude and ability의 공분산은 0.88이고, 모든 변수가 통계적으로 유의미하며, att3<-MathAtt와 att4<-MathAtt의 경로계수가 -1.059, -0.81임을 알 수 있다.

이제 sem builder를 활용하여 경로모형을 설정하고 모형분석을 해보자(gsem).

1. 데이터셋을 열어야 한다.
command 창에 use http://www.stata-press.com/data/r14/gsem_cfa를 입력해야 한다. 예제 파일을 직접 찾아서 use를 클릭해도 된다.

2. command 창에 db sem을 입력하거나, 메뉴 창에서 menu item Statistics → SEM(structural equation modeling) → Model building and estimation을 클릭하면 builder 창이 열린다.

3. builder 창에서 gsem 모드인 을 클릭해야 한다(필수적임). 이 모드를 클릭하지 않으면 Make measurements generalized 모드가 활성화되지 않아 gsem을 분석할 수 없게 된다.

4. MathAb 측정모형을 추가한다. MathAb 측정모형을 추가하기 위해 좌측 툴바에 있는 Add Measurement Component tool 을 클릭한 후 우측 다이어그램 박스에서 한 번 더 클릭하면 아래 대화창이 생성된다. 그 다음 잠재변수명에는 MathAb을 입력한 후 측정변수와 그 형태를 지정해야 한다.

    a. 잠재변수명 변경, MathAb
    b. Measurement variables control 활용하여 q1, q2, q3, q4, q5, q6, q7, q8 선택
    c. Make measurements generalized 체크
    d. Family/Link control에서 Bernoulli, Logit 선택
    e. Measurement direction control에서 Down 선택
    f. OK 클릭

그 결과는 다음과 같다.

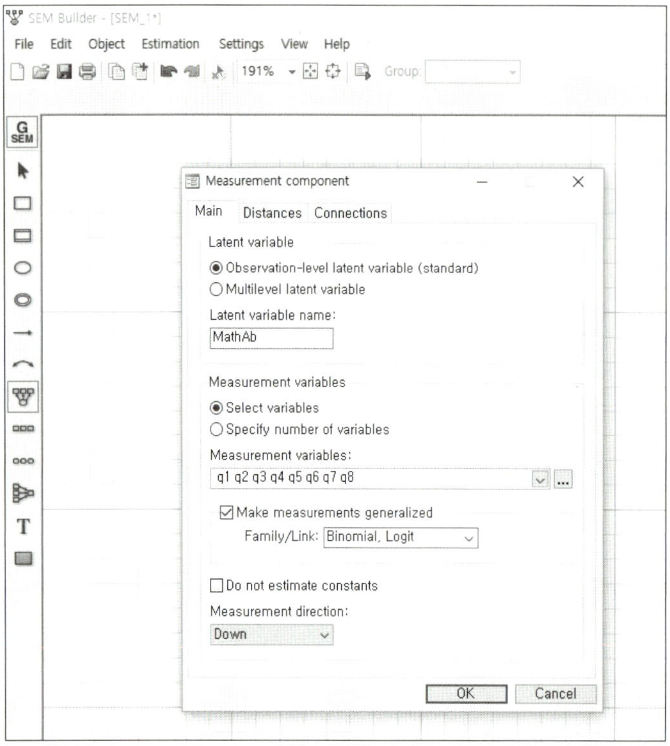
SEM Builder - [SEM_1*]
File Edit Object Estimation Settings View Help
191%
Group
Measurement component
Main Distances Connections
Latent variable
Observation-level latent variable (standard)
Multilevel latent variable
Latent variable name:
MathAb
Measurement variables
Select variables
Specify number of variables
Measurement variables:
q1 q2 q3 q4 q5 q6 q7 q8
Make measurements generalized
Family/Link: Binomial, Logit
Do not estimate constants
Measurement direction:
Down
OK
Cancel

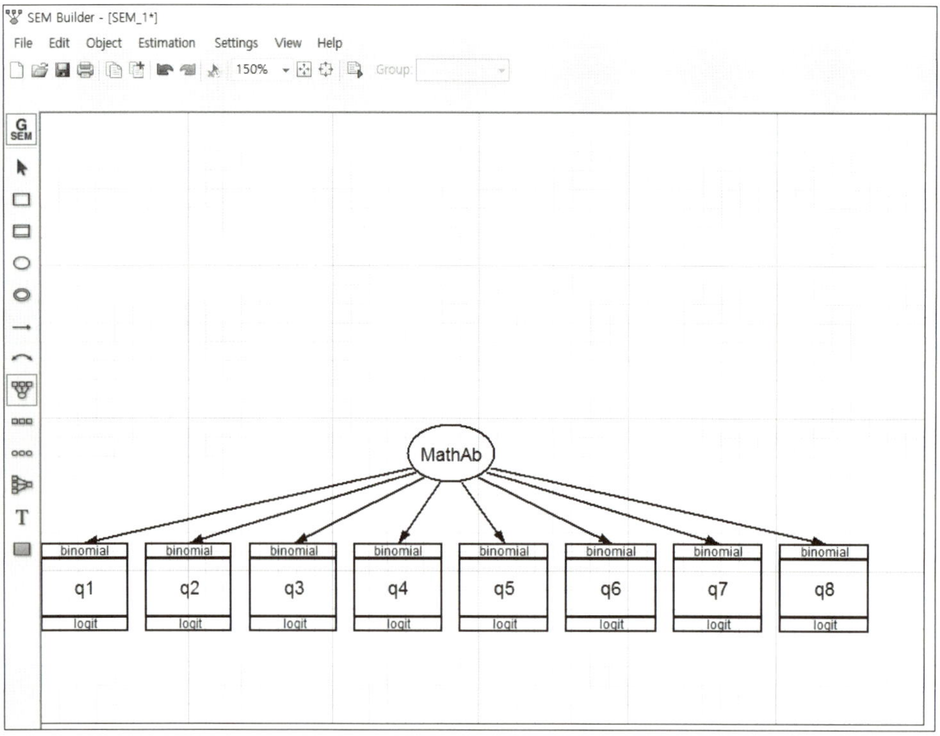
SEM Builder - [SEM_1*]
File Edit Object Estimation Settings View Help
150%
Group
MathAb
binomial
q1
logit
q2
q3
q4
q5
q6
q7
q8

5. 동일한 방법으로 MathAtt 측정모형을 추가한다. MathAtt 측정모형을 추가하기 위해 좌측 툴바에 있는 Add Measurement Component tool 을 클릭한 후 우측 다이어그램 박스에서 한 번 더 클릭하면 아래 대화창이 생성된다. 그 다음 잠재변수명에는 MathAtt를 입력한 후 측정변수와 그 형태를 지정해야 한다.

a. 잠재변수명 변경, MathAtt

b. Measurement variables control 활용하여 att1, att2, att3, att4, att5 선택

c. Make measurements generalized 체크

d. Family/Link control에서 Ordinal, Logit 선택

e. Measurement direction control에서 Up 선택

f. OK 클릭

그 결과는 다음과 같다.

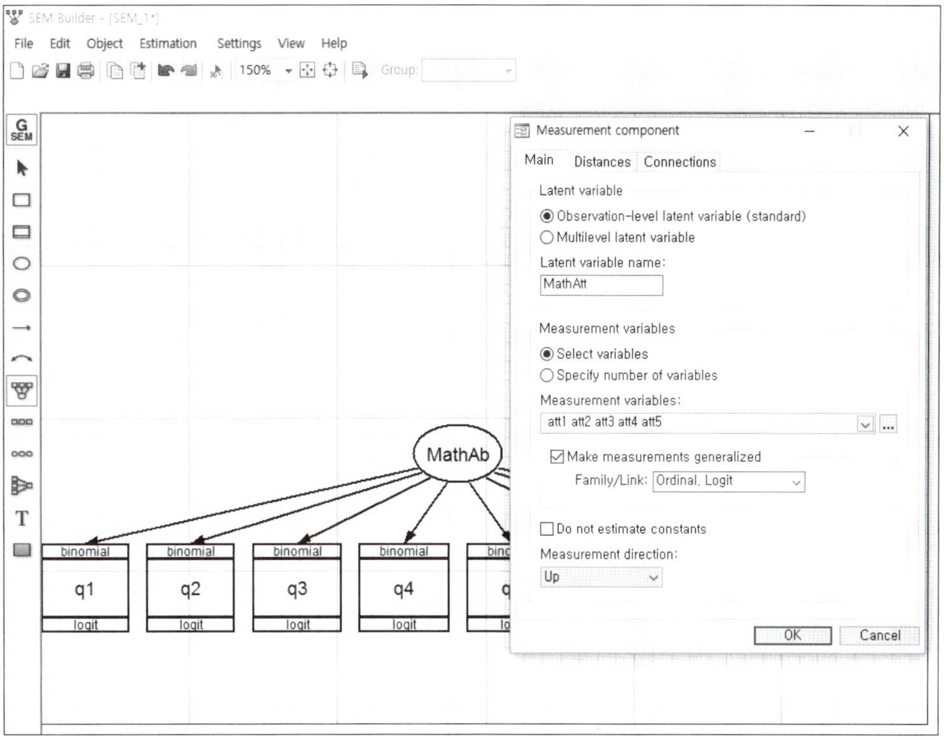

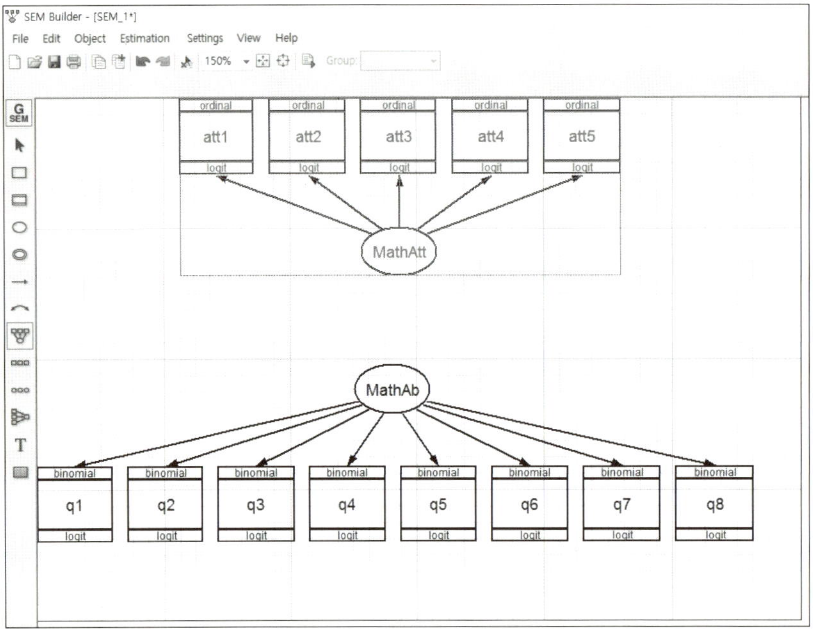

6. MathAtt와 MathAb 간 공분산을 추가한다.

Add Covariance tool [icon]을 활용하여 두 변수 간 공분산을 추가한다.

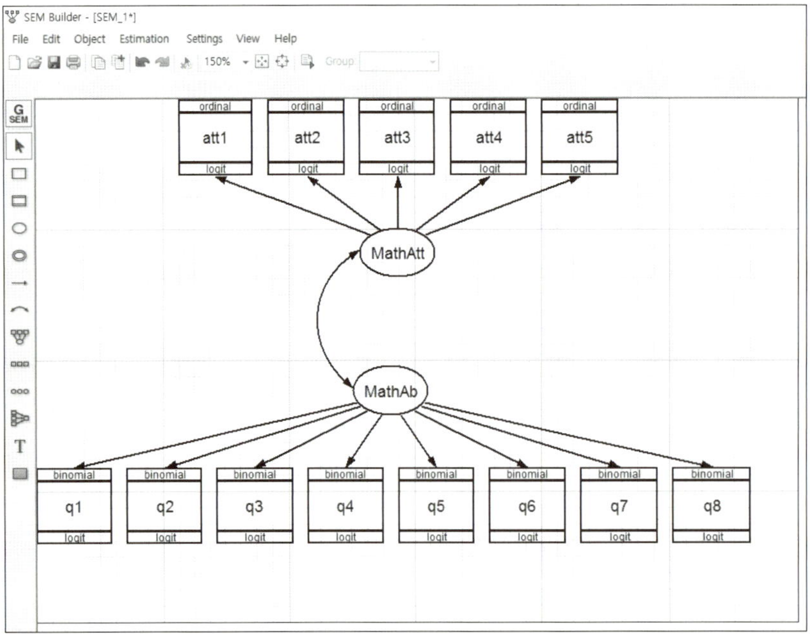

7. 추정을 한다.

을 활용하여 추정 결과를 알아보자.

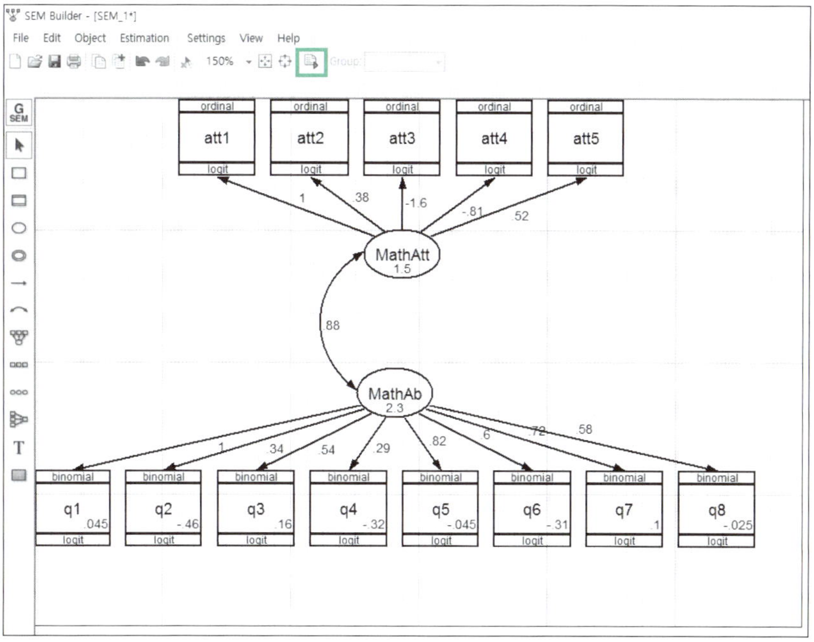

3.15 로짓회귀 / 다항로짓회귀(Logistic regression / Multinomial logistic regression model)

로짓회귀는 선형회귀분석과 비슷하다. 단지 선형회귀분석은 각 독립변수의 계수값(coef)을 활용하는 반면 로짓회귀는 얻어진 계수의 역로그값(OR)을 활용한다.

describe 변수를 활용하여 변수의 세부 정보를 확인해보면 다음과 같다.

```
.  use http://www.stata-press.com/data/r14/gsem_lbw
(Hosmer & Lemeshow data)

. describe

Contains data from http://www.stata-press.com/data/r14/gsem_lbw.dta
  obs:          189                          Hosmer & Lemeshow data
 vars:           11                          21 Mar 2014 12:28
 size:        2,646                          (_dta has notes)
------------------------------------------------------------------------------
              storage   display    value
variable name   type    format     label      variable label
------------------------------------------------------------------------------
id              int     %8.0g                 subject id
low             byte    %8.0g                 birth weight < 2500g
age             byte    %8.0g                 age of mother
lwt             int     %8.0g                 weight, last menstrual period
race            byte    %8.0g      race       race
smoke           byte    %9.0g      smoke      smoked during pregnancy
ptl             byte    %8.0g                 premature labor history (count)
ht              byte    %8.0g                 has history of hypertension
ui              byte    %8.0g                 presence, uterine irritability
ftv             byte    %8.0g                 # physician visits, 1st trimester
bwt             int     %8.0g                 birth weight (g)
------------------------------------------------------------------------------
Sorted by:
```

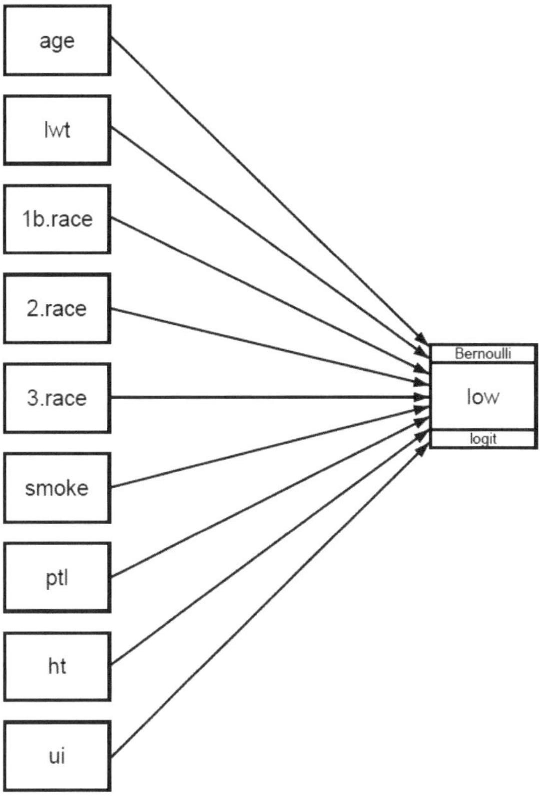


```
. gsem (low <- age lwt 1b.race 2.race 3.race smoke ptl ht ui), logit
```

아래와 같이 입력해도 위 명령어와 동일하다.

```
. gsem (low <- age lwt i.race smoke ptl ht ui), logit
```

```
. gsem (low <- age lwt i.race smoke ptl ht ui), logit

Iteration 0:   log likelihood =  -101.0213
Iteration 1:   log likelihood = -100.72519
Iteration 2:   log likelihood =   -100.724
Iteration 3:   log likelihood =   -100.724

Generalized structural equation model           Number of obs     =        189
Response       : low
Family         : Bernoulli
Link           : logit
Log likelihood =   -100.724

------------------------------------------------------------------------------
             |      Coef.   Std. Err.      z    P>|z|     [95% Conf. Interval]
-------------+----------------------------------------------------------------
low <-       |
         age |  -.0271003   .0364504    -0.74   0.457    -.0985418    .0443412
         lwt |  -.0151508   .0069259    -2.19   0.029    -.0287253   -.0015763
             |
        race |
      black  |   1.262647   .5264101     2.40   0.016     .2309024    2.294392
      other  |   .8620792   .4391532     1.96   0.050     .0013548    1.722804
             |
       smoke |   .9233448   .4008266     2.30   0.021      .137739    1.708951
         ptl |   .5418366    .346249     1.56   0.118     -.136799    1.220472
          ht |   1.832518   .6916292     2.65   0.008     .4769494    3.188086
          ui |   .7585135   .4593768     1.65   0.099    -.1418484    1.658875
       _cons |   .4612239    1.20459     0.38   0.702    -1.899729    2.822176
------------------------------------------------------------------------------
```

다른 분석방법인 로짓모형분석을 해도 동일한 결과가 도출된다. 왜냐하면 모형에서 알 수 있듯이 선형회귀와 동일하기 때문이다. 다만 추정 방식이 다를 뿐이다.

```
. logit low age lwt i.race smoke ptl ht ui

Iteration 0:   log likelihood =   -117.336
Iteration 1:   log likelihood = -101.28644
Iteration 2:   log likelihood = -100.72617
Iteration 3:   log likelihood =   -100.724
Iteration 4:   log likelihood =   -100.724

Logistic regression                             Number of obs     =        189
                                                LR chi2(8)        =      33.22
                                                Prob > chi2       =     0.0001
Log likelihood =   -100.724                     Pseudo R2         =     0.1416

------------------------------------------------------------------------------
         low |      Coef.   Std. Err.      z    P>|z|     [95% Conf. Interval]
-------------+----------------------------------------------------------------
         age |  -.0271003   .0364504    -0.74   0.457    -.0985418    .0443412
         lwt |  -.0151508   .0069259    -2.19   0.029    -.0287253   -.0015763
             |
        race |
      black  |   1.262647   .5264101     2.40   0.016     .2309024    2.294392
      other  |   .8620792   .4391532     1.96   0.050     .0013548    1.722804
             |
       smoke |   .9233448   .4008266     2.30   0.021      .137739    1.708951
         ptl |   .5418366    .346249     1.56   0.118     -.136799    1.220472
          ht |   1.832518   .6916292     2.65   0.008     .4769494    3.188086
          ui |   .7585135   .4593768     1.65   0.099    -.1418484    1.658875
       _cons |   .4612239    1.20459     0.38   0.702    -1.899729    2.822176
------------------------------------------------------------------------------
```

두 분석 결과는 선형로짓 회귀분석이라면 계수값(coef.)을 그대로 활용하여 해석해도 된다. 그러나 로짓회귀를 활용한 구조방정식모형 분석은 계수값의 역로그를 활용하기 때문에 exp(b)를 활용해야 한다. 이를 위해 eform을 활용하여 exp(b)를 추정해야 한다.

알아두세요!

SPSS AMOS에서는 exp(b)이 산출된다. 다만 Stata도 추정 방식은 동일하지만 eform을 실행해야 한다. 이제 역로그값(OR) 추정 과정을 알아보자.

역로그값 OR x=1 vs. x=0 (Y=1) eβ

$$\log\left[\frac{P(A)=yes}{P(A)=no}\right]=-8.064+0.116$$

OR = e(β)=e(0.116) = 1.123

〈예시 SPSS〉 산출 과정 계산을 위해 예시적으로 제시

	β	s.e	···	Exp(β)
A	.116	···	···	1.123
cons	−8.064	···		0.000

실제 분석 시 Odds Ratio[exp(β)]를 활용하여 발생할 위험을 추정할 필요가 있는데, 이때 활용 가능한 명령어가 eform이다.

```
. estat eform

         low      exp(b)   Std. Err.      z    P>|z|     [95% Conf. Interval]

         age    .9732636   .0354759    -0.74   0.457     .9061578    1.045339
         lwt    .9849634   .0068217    -2.19   0.029     .9716834    .9984249

        race
       white           1  (empty)
       black    3.534767   1.860737     2.40   0.016     1.259736    9.918406
       other    2.368079   1.039949     1.96   0.050     1.001356    5.600207

       smoke    2.517698    1.00916     2.30   0.021     1.147676    5.523162
         ptl    1.719161   .5952579     1.56   0.118     .8721455    3.388787
          ht    6.249602   4.322408     2.65   0.008     1.611152    24.24199
          ui      2.1351   .9808153     1.65   0.099     .8677528      5.2534
       _cons    1.586014   1.910496     0.38   0.702     .1496092     16.8134
```

위 분석 결과에 근거해 볼 때 lwt가 1 단위 증가할 때 저체중아를 출산할 위험이 0.98배, black이 저체중아(2500g 이하)를 출산할 위험이 3.5배, other는 2.36배, 흡연자(smoke)일수록 저체중아를 출산할 위험이 2.51배 더 크며, ht는 6.24배 증가한다고 할 수 있다.

알아두세요! Odds Ratio

흡연 여부에 따른 2500g 이하 저체중아의 출산 여부를 조사한 자료가 다음과 같다고 가정하자.

smoke	저체중아(<2500g) 출산	정상아(>2500g) 출산
yes	60	40
no	40	99
total	100	139

이때, 흡연자 중 저체중아를 출산할 odds = 60/40 = 2.25

비흡연자 중 저체중아를 출생할 odds = 40/99 = 0.404

→ 따라서 Odds ratio는 이 둘의 ratio 값인 2.25/0.404 = 5.57이 되는 것이다.

즉, '흡연자는 비흡연자에 비해 저체중아를 출생할 위험이 5.77배 더 크다'라고 할 수 있다.

아래 모형은 insure = 2와 insure = 3의 각각 다른 경로계수를 분석하기 위한 경로도형이다.

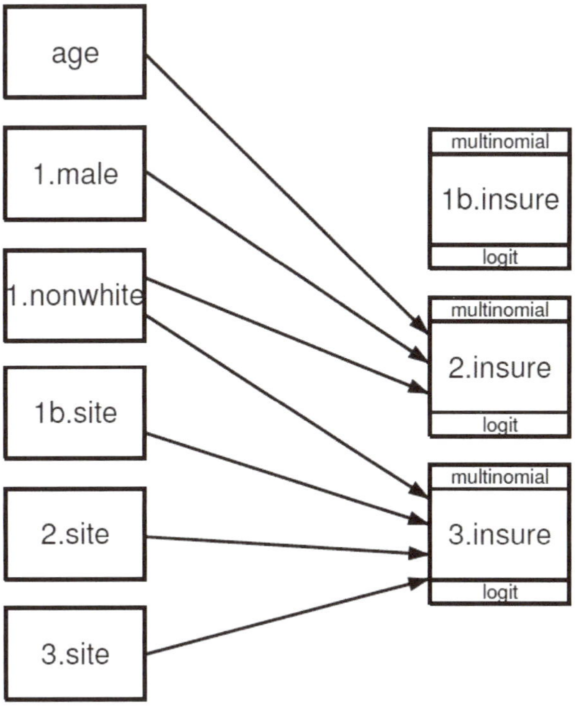

. gsem (2.insure <- i.nonwhite age i.male) (3.insure <- i.nonwhite i.site), mlogit

```
. use http://www.stata-press.com/data/r14/gsem_sysdsn1
(Health insurance data)

. gsem (2.insure <- i.nonwhite age i.male) (3.insure <- i.nonwhite i.site), mlogit

Iteration 0:   log likelihood = -555.85446
Iteration 1:   log likelihood = -541.20487
Iteration 2:   log likelihood = -540.85219
Iteration 3:   log likelihood = -540.85164
Iteration 4:   log likelihood = -540.85164

Generalized structural equation model           Number of obs     =        615
Response         : insure
Base outcome     : 1
Family           : multinomial
Link             : logit
Log likelihood = -540.85164

------------------------------------------------------------------------------
             |      Coef.   Std. Err.      z    P>|z|     [95% Conf. Interval]
-------------+----------------------------------------------------------------
1.insure     |  (base outcome)
-------------+----------------------------------------------------------------
2.insure <-  |
             |
  1.nonwhite |   .7219663   .2184994     3.30   0.001     .2937153    1.150217
         age |  -.0101291   .0058972    -1.72   0.086    -.0216874    .0014292
      1.male |   .5037961   .1912717     2.63   0.008     .1289104    .8786818
       _cons |   .1249932   .2743262     0.46   0.649    -.4126763    .6626627
-------------+----------------------------------------------------------------
3.insure <-  |
             |
  1.nonwhite |   .0569646   .4200407     0.14   0.892    -.7663001    .8802293
             |
        site |
          2  |  -1.273576   .4562854    -2.79   0.005    -2.167879   -.3792728
          3  |   .0434253   .3470773     0.13   0.900    -.6368337    .7236843
             |
       _cons |  -1.558258   .2540157    -6.13   0.000    -2.056119   -1.060396
------------------------------------------------------------------------------
```

분석 결과 2.insure에 영향을 미치는 경로는 i.nonwhite와 i.male이며, 3.insure에 영향을 미치는 경로는 site2인데, 이들 경로계수는 1% 수준에서 통계적으로 유의미함을 알 수 있다. 추가로 OR값을 활용하여 세부 내용을 분석하고자 할 경우 이미 설명한 eform을 활용하여 exp(b)를 구할 필요가 있다.

3.16 순서형 프로빗 및 순서형 로짓 (Ordered probit and ordered logit)

■ Ordered probit/logit이란?

일반적으로 강한 부정, 부정, 긍정·부정 아님, 긍정, 강한 긍정 등으로 구분하며, 순위로짓/프로빗 또는 서열로짓/프로빗이라 부르며, 설문조사 시 리커트 (5점)척도 정도라고 생각하면 된다. 분석에 앞서 describe를 활용하여 변수의 세부 정보를 확인해보자. 특이한 점은 y1~y4는 0 또는 1이 아니라 리커트 5점척도(agree 5)임을 알 수 있다.

```
. use http://www.stata-press.com/data/r14/gsem_issp93
(Selection for ISSP 1993)

. describe

Contains data from http://www.stata-press.com/data/r14/gsem_issp93.dta
  obs:           871                          Selection for ISSP 1993
 vars:             8                          21 Mar 2014 16:03
 size:         7,839                          (_dta has notes)
--------------------------------------------------------------------------------
              storage   display    value
variable name   type    format     label      variable label
--------------------------------------------------------------------------------
id              int     %9.0g                 respondent identifier
y1              byte    %26.0g     agree5     too much science, not enough feelings & faith
y2              byte    %26.0g     agree5     science does more harm than good
y3              byte    %26.0g     agree5     any change makes nature worse
y4              byte    %26.0g     agree5     science will solve environmental problems
sex             byte    %9.0g      sex        sex
age             byte    %9.0g      age        age (6 categories)
edu             byte    %20.0g     edu        education (6 categories)
--------------------------------------------------------------------------------
Sorted by:
```

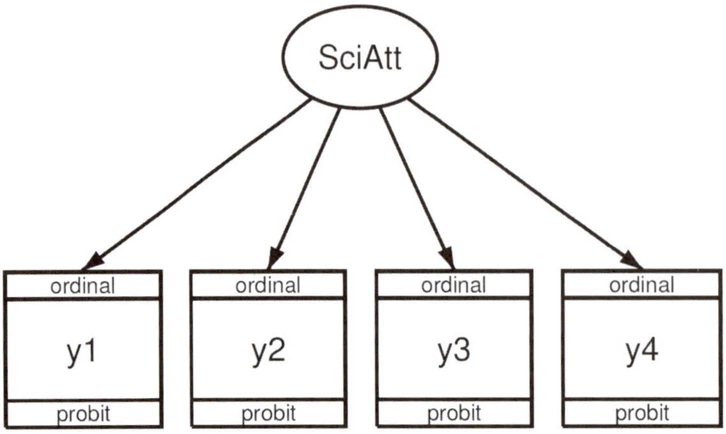

gsem (y1 y2 y3 y4 <- SciAtt), oprobit

(1) [y1]SciAtt = 1

	Coef.	Std. Err.	z	P>|z|	[95% Conf.	Interval]
y1 <-						
SciAtt	1	(constrained)				
y2 <-						
SciAtt	1.424366	.2126574	6.70	0.000	1.007565	1.841167
y3 <-						
SciAtt	1.283359	.1797557	7.14	0.000	.931044	1.635674
y4 <-						
SciAtt	-.0322354	.0612282	-0.53	0.599	-.1522405	.0877697
y1						
/cut1	-1.343148	.0726927	-18.48	0.000	-1.485623	-1.200673
/cut2	.0084719	.0521512	0.16	0.871	-.0937426	.1106863
/cut3	.7876538	.0595266	13.23	0.000	.6709837	.9043238
/cut4	1.989985	.0999181	19.92	0.000	1.794149	2.18582
y2						
/cut1	-1.997245	.1311972	-15.22	0.000	-2.254387	-1.740104
/cut2	-.8240241	.0753839	-10.93	0.000	-.9717738	-.6762743
/cut3	.0547025	.0606036	0.90	0.367	-.0640784	.1734834
/cut4	1.419923	.1001258	14.18	0.000	1.22368	1.616166

y3						
/cut1	-1.271915	.0847483	-15.01	0.000	-1.438019	-1.105812
/cut2	.1249493	.0579103	2.16	0.031	.0114472	.2384515
/cut3	.9752553	.0745052	13.09	0.000	.8292277	1.121283
/cut4	2.130661	.1257447	16.94	0.000	1.884206	2.377116
y4						
/cut1	-1.484063	.0646856	-22.94	0.000	-1.610844	-1.357281
/cut2	-.4259356	.0439145	-9.70	0.000	-.5120065	-.3398647
/cut3	.1688777	.0427052	3.95	0.000	.0851771	.2525782
/cut4	.9413113	.0500906	18.79	0.000	.8431356	1.039487
var(SciAtt)	.5265523	.0979611			.3656637	.7582305

위 분석 결과에 의하면 y1 y2 y3 y4 <–SciAtt(science attitude)의 경로계수는 1, 1.42, 1.28, 그리고 -0.03임을 알 수 있다. 상대적으로 y2가 우위에 있고, y4가 열위에 있음을 알 수 있다.

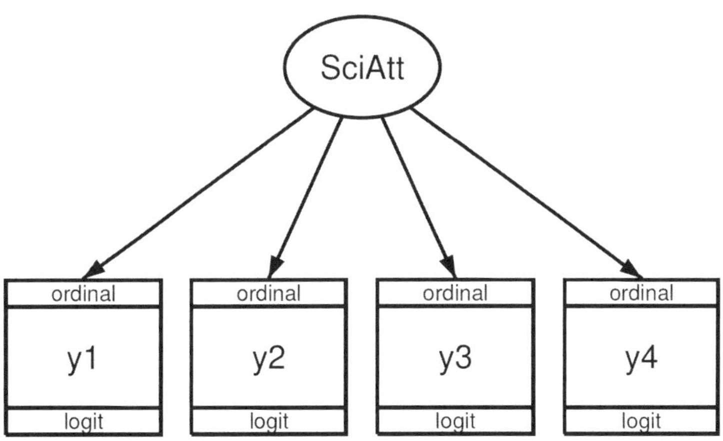


```
gsem (y1 y2 y3 y4 <- SciAtt), ologit
```

(1) [y1]SciAtt = 1

	Coef.	Std. Err.	z	P>|z|	[95% Conf.	Interval]
y1 <-						
SciAtt	1	(constrained)				
y2 <-						
SciAtt	1.394767	.2065479	6.75	0.000	.9899406	1.799593
y3 <-						
SciAtt	1.29383	.1845113	7.01	0.000	.9321939	1.655465
y4 <-						
SciAtt	-.0412446	.0619936	-0.67	0.506	-.1627498	.0802606
y1						
/cut1	-2.38274	.1394292	-17.09	0.000	-2.656016	-2.109464
/cut2	-.0088393	.0889718	-0.10	0.921	-.1832207	.1655422
/cut3	1.326292	.106275	12.48	0.000	1.117997	1.534587
/cut4	3.522017	.1955535	18.01	0.000	3.138739	3.905295
y2						
/cut1	-3.51417	.2426595	-14.48	0.000	-3.989774	-3.038566
/cut2	-1.421711	.135695	-10.48	0.000	-1.687669	-1.155754
/cut3	.0963154	.1046839	0.92	0.358	-.1088612	.3014921
/cut4	2.491459	.1840433	13.54	0.000	2.130741	2.852178
y3						
/cut1	-2.263557	.1618806	-13.98	0.000	-2.580838	-1.946277
/cut2	.2024798	.1012122	2.00	0.045	.0041075	.400852
/cut3	1.695997	.1393606	12.17	0.000	1.422855	1.969138
/cut4	3.828154	.2464566	15.53	0.000	3.345108	4.3112
y4						
/cut1	-2.606013	.1338801	-19.47	0.000	-2.868413	-2.343613
/cut2	-.6866159	.0718998	-9.55	0.000	-.8275369	-.5456949
/cut3	.268862	.0684577	3.93	0.000	.1346874	.4030366
/cut4	1.561921	.0895438	17.44	0.000	1.386419	1.737424
var(SciAtt)	1.715641	.3207998			1.189226	2.475077

위 분석 결과는 좀 전에 분석한 ordered probit의 경로계수와 거의 일치한다는 것을 알 수 있다.

4장

db sem 명령어를 활용한 **구조방정식모형** 그리기

Stata

4.1 분석 모형 그리기 및 분석

4.1.1 데이터 파일 열기

1. 데이터 파일을 여는 방법은 Command 창에 use http://www.stata-press.com/data/r14/sem_mimic1을 직접 입력하거나, 대화창을 활용하여 열수 있는데, 그 방법은 다음과 같다. File → Example datasets → Stata 14 manual datasets → SEM → MIMIC model use를 클릭하면 된다.

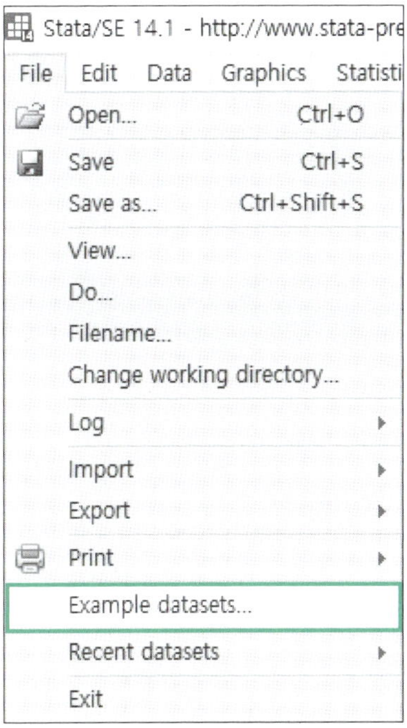

예제 데이터 파일을 클릭하면 다음의 대화창이 표시된다. 시스템에 내장된 데이터를 활용할 것인지, 매뉴얼 데이터를 활용할 것인지 둘 중에 선택하면 된다.

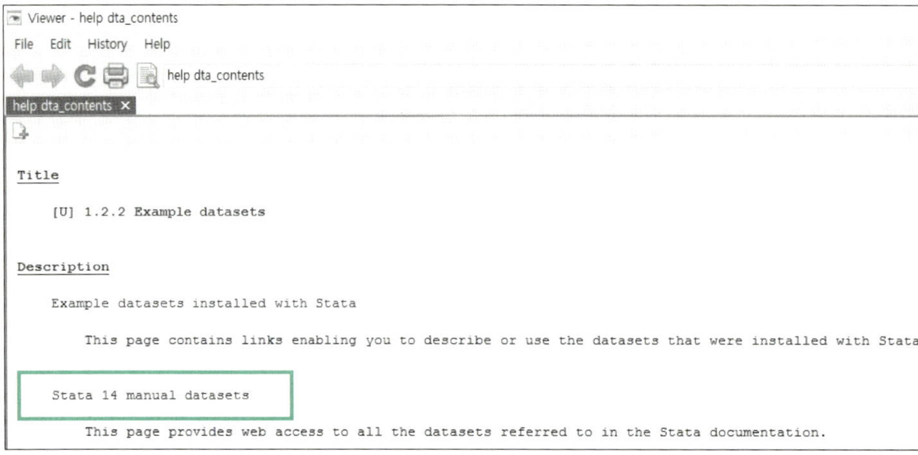

여기서는 매뉴얼 데이터를 활용하기로 하자.

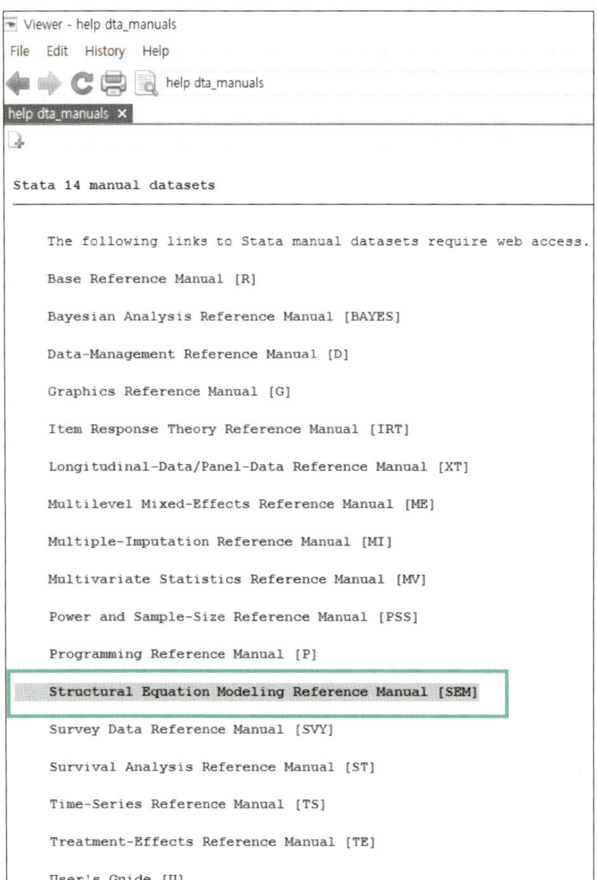

그중에서 구조방정식모형을 분석해야 하기 때문에 SEM 관련 데이터를 활용한다.

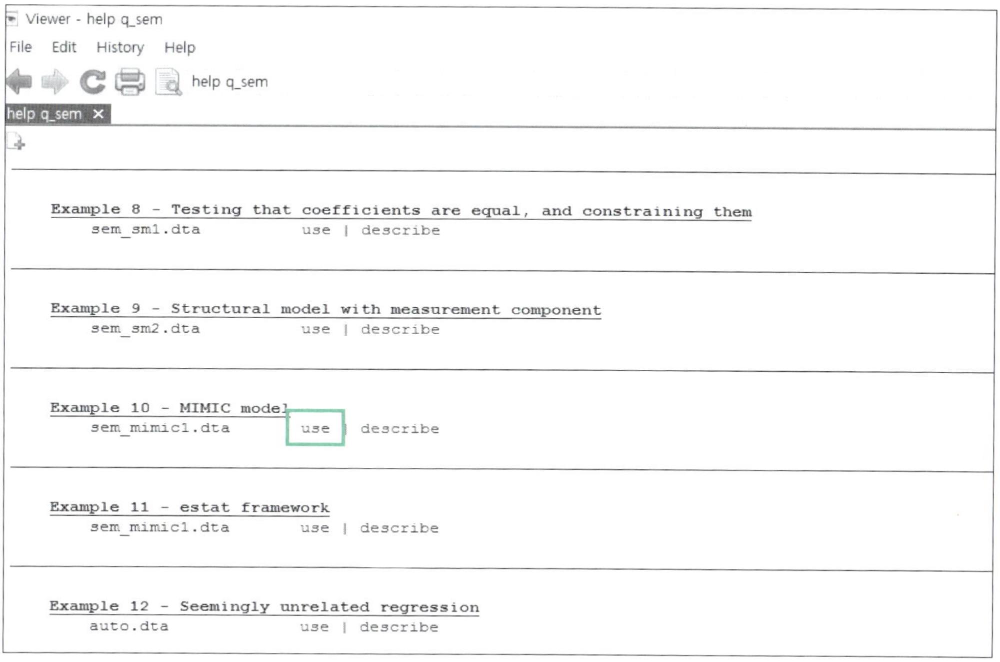

이 장에서 활용할 데이터는 예제 10 MIMIC 데이터인데, 위 그림에서 use를 클릭하면 그 데이터를 활용하여 분석이 가능하다. 또한 describe를 클릭하면 변수의 세부 내용을 확인할 수 있다. 이는 command 창에서 describe를 입력해도 된다.

2. new Builder diagram을 연다.

새로운 Builder diagram을 여는 방법은 Command 창에 db sem을 입력하거나 대화창에서 Select menu item Statistics→SEM(structural equation modeling)→Model building and estimation을 클릭하면 된다.

이제 SEM Builder가 활성화된 것을 알 수 있다.

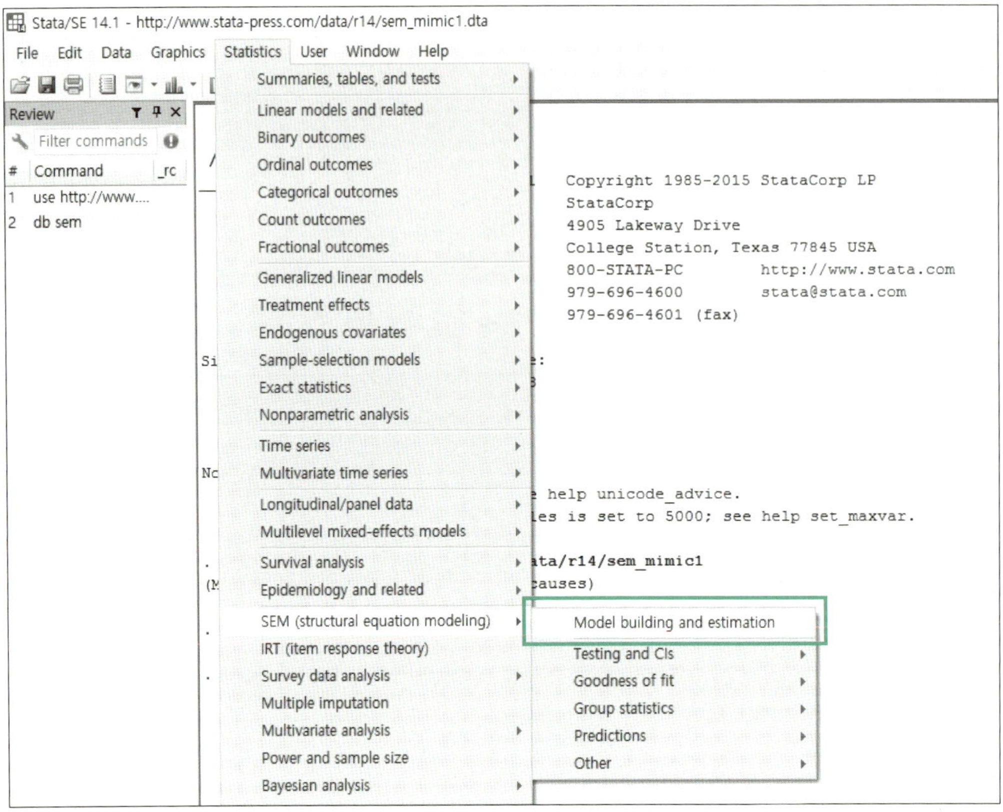

모형분석을 위해 위와 같이 툴바를 찾아 들어가는 방법도 있다. 하지만 command 창에서 db sem 명령어를 입력하면 아래와 같은 대화창이 표시된다.

Add Measurement Component tool ( )을 클릭하면 다음과 같은 대화창이 나타난다.

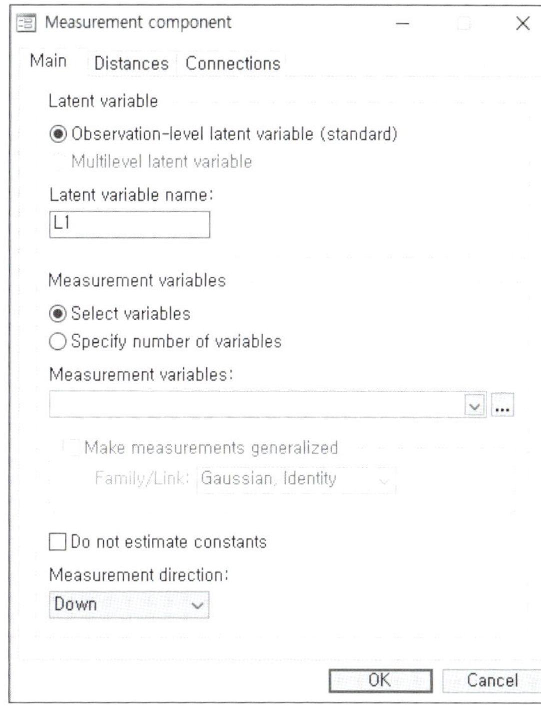

분석을 위해 먼저 잠재변수명을 SubjSES로 변경하고, 측정변수는 s_income, s_occpress, s_socstat를 선택한 다음, 측정변수의 방향을 오른쪽으로 선택하고 〈OK〉를 클릭한다.

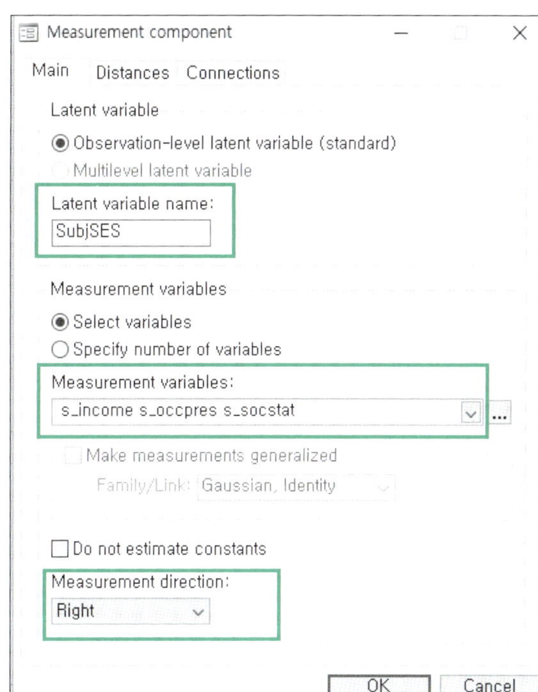

그 다음 관측변수를 추가하기 위해 □를 클릭한 후 대화창에 한 번 더 클릭하면 다음과 같은 대화창이 나타난다. 아래 좌측 그림 □에 변수명을 입력하기 위해서는 □를 더블클릭한 후 occpres를 입력해야 한다. 동일한 방법으로 우측 그림에는 income을 입력하면 된다.

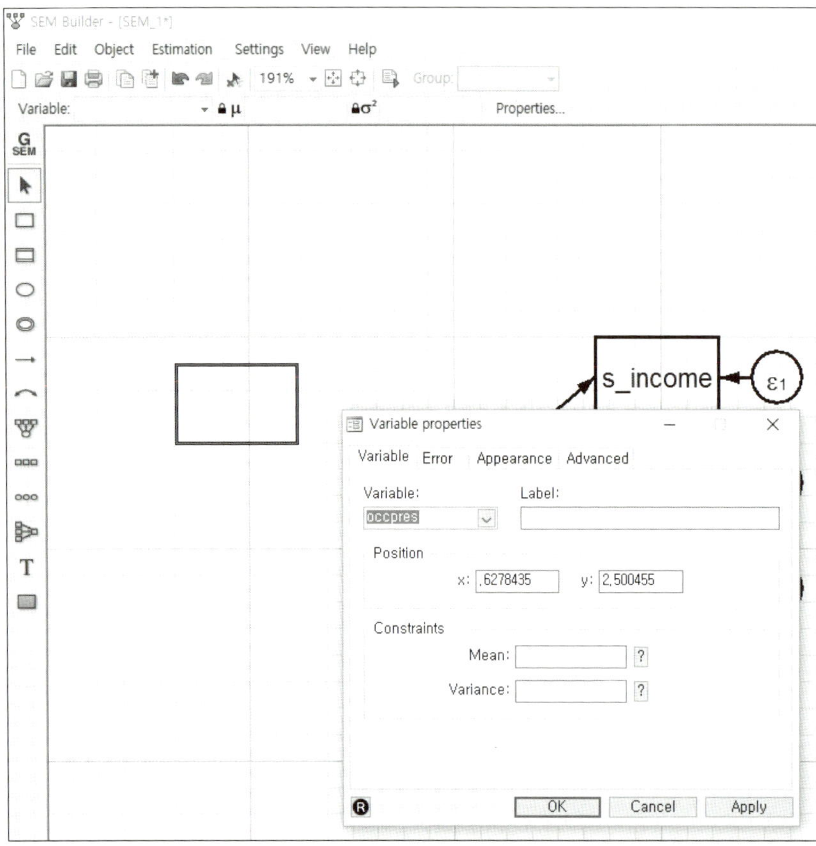

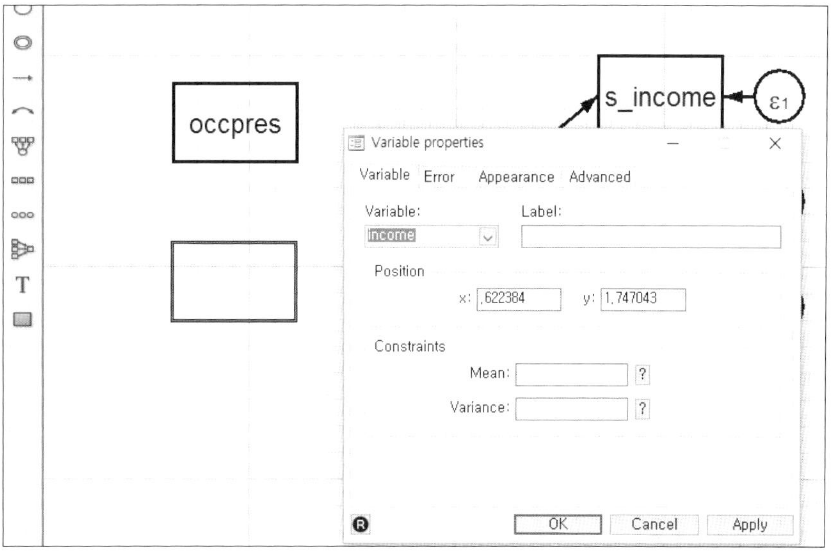

위 절차를 완료하고 〈OK〉를 클릭하면 아래와 같은 모형이 완성된다.

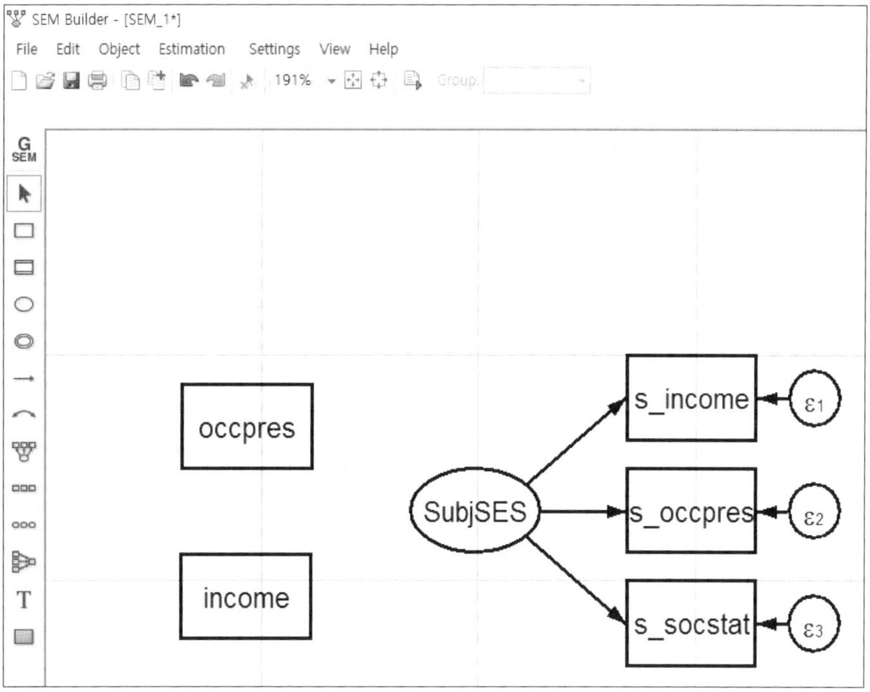

이제 남은 과정은 경로를 지정하는 것이다. 경로를 지정하기 위해 툴바의 →를 활용하

여 연결하면 된다. 아래 그림에서 볼 수 있듯이 경로를 지정하고 나면 오차항이 나타나게 되는데, 잠재변수 SubjSES의 오차항 ε_1이 경로와 오버랩 되어 있어 수정이 필요할 듯하다.

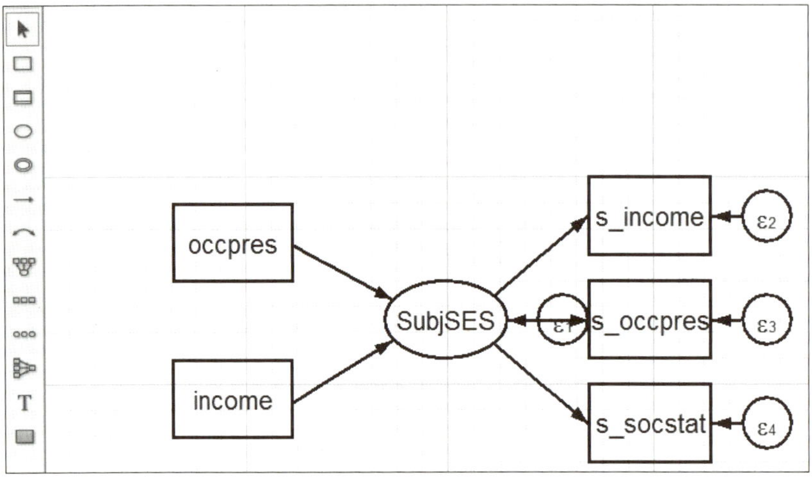

오차항의 위치를 수정하기 위해 좌측 상단 툴바의 [▶]을 클릭한 후 잠재변수(SubjSES)를 클릭하면 아래 그림처럼 화면 중앙 상단에 Error( )가 활성화되는데, 이를 활용하여 오차항의 위치를 변경할 수 있다.

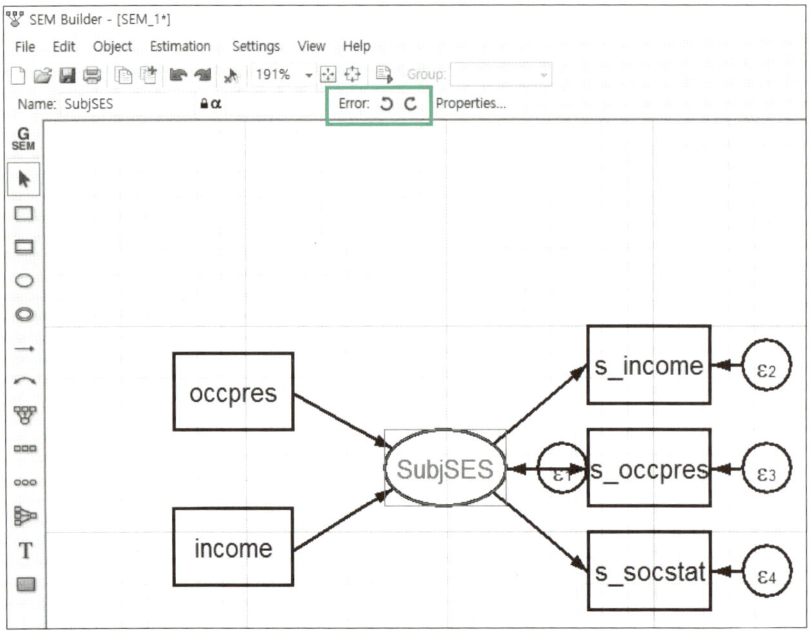

중앙 상단에 있는 Error 수정 툴( )을 활용하여 오차항의 위치를 아래로 변경한 결과는 다음 그림과 같다.

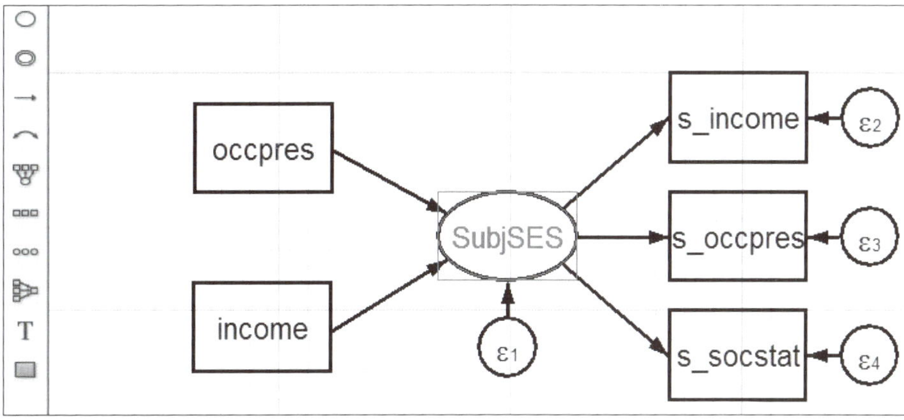

이제 모든 과정이 끝났으니 분석 결과를 도출해보자. 분석 결과 도출은 를 활용하면 된다.

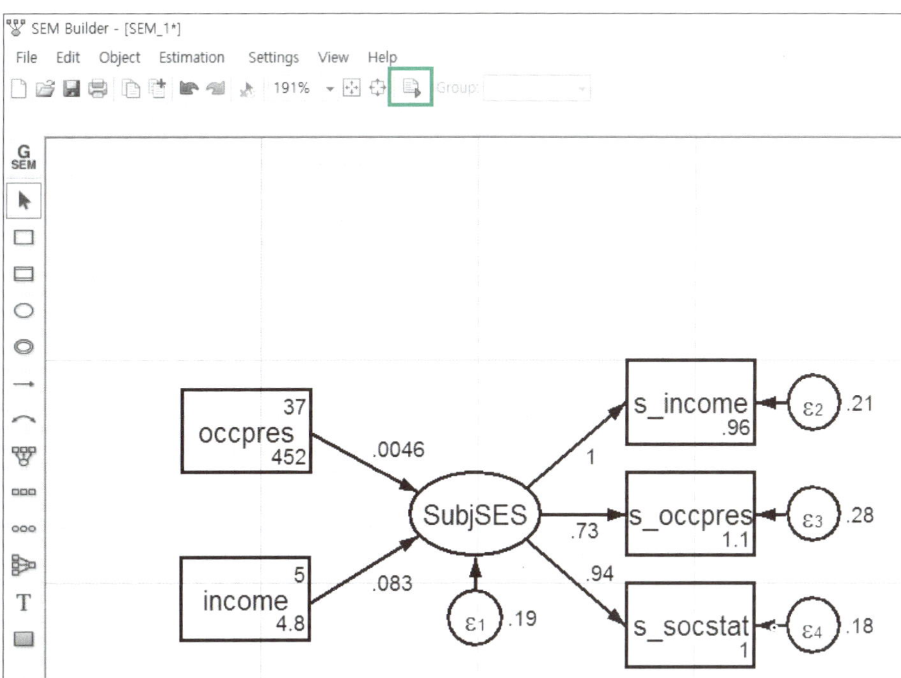

위와 같이 대화창을 활용하여 추정( )을 하여도 Command 창에서 명령어를 입력하여 분석한 결과와 동일하며, 그 결과는 다음과 같다.

```
Structural equation model                       Number of obs      =        432
Estimation method  = ml
Log likelihood     = -3971.9236

 ( 1)  [s_income]SubjSES = 1
------------------------------------------------------------------------------------
                 |                 OIM
                 |      Coef.   Std. Err.      z    P>|z|     [95% Conf. Interval]
-----------------+------------------------------------------------------------------
Structural       |
  SubjSES <-     |
         occpres |   .0046275   .0012464     3.71   0.000     .0021847    .0070704
          income |    .082732   .0138498     5.97   0.000     .0555869    .1098772
-----------------+------------------------------------------------------------------
Measurement      |
  s_income <-    |
         SubjSES |          1  (constrained)
           _cons |   .9612091   .0794151    12.10   0.000     .8055583     1.11686
  ---------------+------------------------------------------------------------------
  s_occpres <-   |
         SubjSES |   .7301352   .0832915     8.77   0.000     .5668869    .8933835
           _cons |   1.114563   .0656195    16.99   0.000     .9859512    1.243175
  ---------------+------------------------------------------------------------------
  s_socstat <-   |
         SubjSES |   .9405161   .0934855    10.06   0.000     .7572878    1.123744
           _cons |   1.002113   .0706576    14.18   0.000      .863627      1.1406
-----------------+------------------------------------------------------------------
  var(e.s_income)|   .2087546   .0254098                      .1644474    .2649996
 var(e.s_occpres)|   .2811852   .0228914                      .2397153    .3298291
 var(e.s_socstat)|   .1807129   .0218405                      .1425987    .2290146
   var(e.SubjSES)|   .1860097   .0270476                      .1398822    .2473481
------------------------------------------------------------------------------------
LR test of model vs. saturated: chi2(4)   =     26.65, Prob > chi2 = 0.0000
```

4.2 저자가 구성한 설문지 파일

아래 예제 파일은 저자의 설문지 데이터를 활용하여 구조방정식을 구현해본 것이다. 이 방법은 먼저 다이어그램(diagram)을 그린 후 탑재된 추정(estimate)을 활용하여 분석한다. 이 방법은 아주 간단하게 다이어그램을 그리면서 동시에 추정을 할 수 있어 아주 편리하다. 방법은 아래와 같은 메뉴를 활용하면 된다.

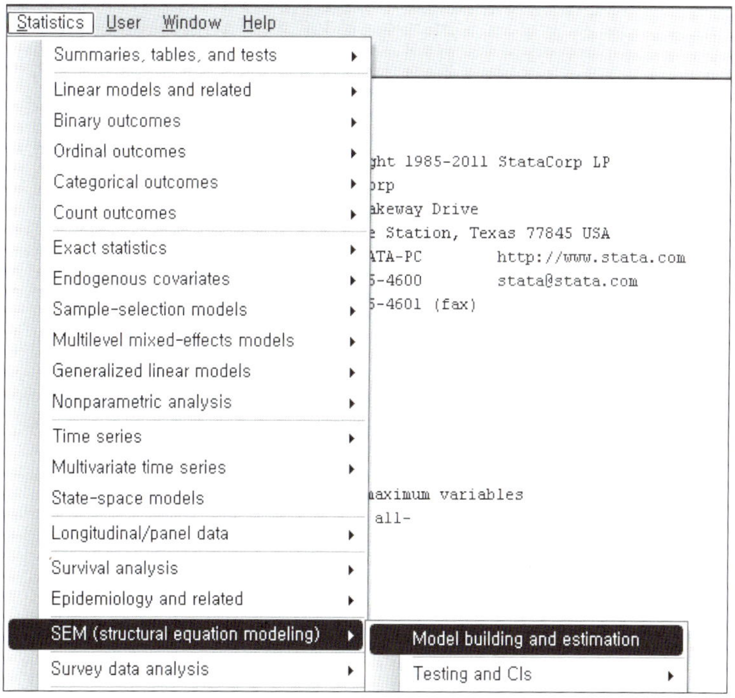

〈그림 4-1〉 SEM 탭 설정

위의 메뉴를 선택하면 아래와 같은 대화창이 나온다. 대화창에서 을 클릭한 후 캔버스의 사이즈를 8×6으로 설정한 후 〈OK〉를 클릭하면 된다. 경우에 따라서 연구자의 상황에 맞게 설정하면 편리하다.

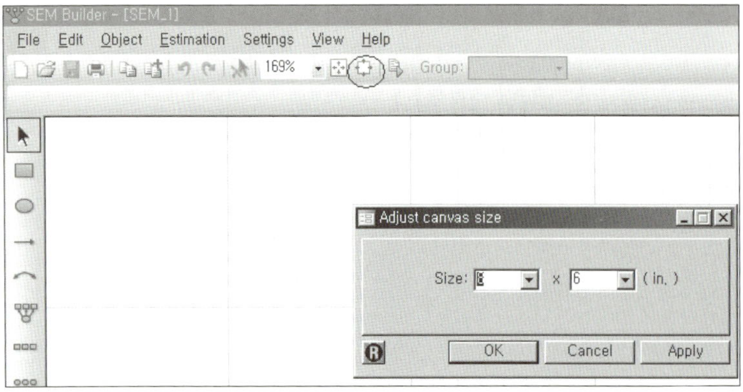

〈그림 4-2〉 캔버스 크기 조정

그 다음은 다이어그램을 그리면 된다. 다이어그램을 그리는 방법은 AIU와 TP의 관측변수는 오른쪽에 오게 하고, ASQ, TIE, AIA의 관측변수는 왼쪽에 오게 하면 된다. 왼쪽이든 오른쪽이든, 아니면 위아래 아무 곳이나 상관없이 연구자가 정하면 된다.

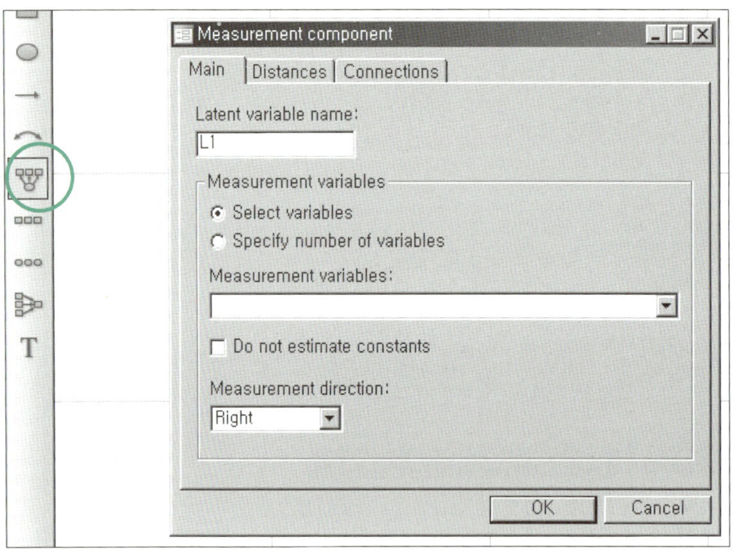

〈그림 4-3〉 잠재변수와 측정변수 지정 초기 대화창

먼저 좌측에 위치한 을 클릭하여 우측 캔버스에 클릭하면 위와 같은 대화창이 생긴다. 먼저 잠재변수 이름에 AIU를, 측정변수에는 하위 변수를 차례대로 입력한 후 방향은 오른쪽으로 지정하면 된다. 다음은 오른쪽 대화창의 입력 방법이다.

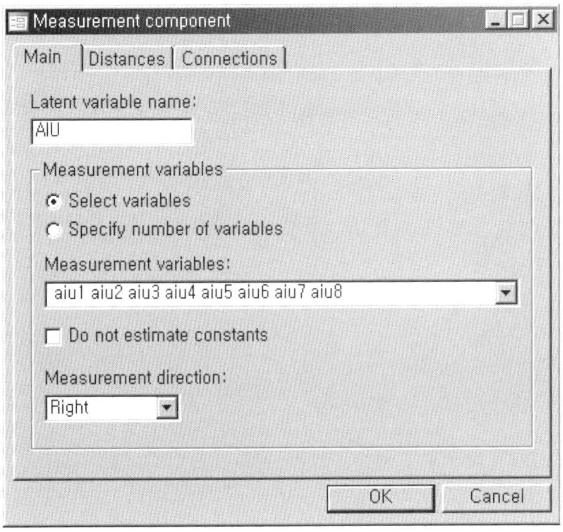

〈그림 4-4〉 잠재변수와 측정변수 지정

위와 같이 대화창을 입력하면 다음과 같은 다이어그램이 만들어지게 된다.

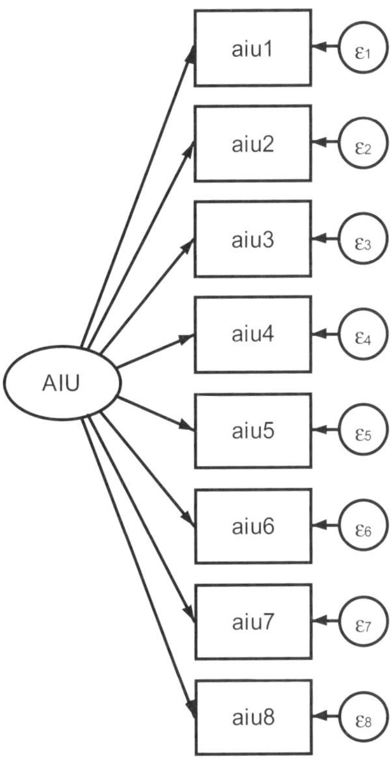

〈그림 4-5〉 대화창 실행 결과

동일한 방법으로 TP, ASQ, TIE, AIA를 설정하면 다음과 같다. 그런데 이 과정을 수행하다 보면 연구자의 의도와는 달리 다이어그램들이 아래 그림과 같이 엉키게 된다.

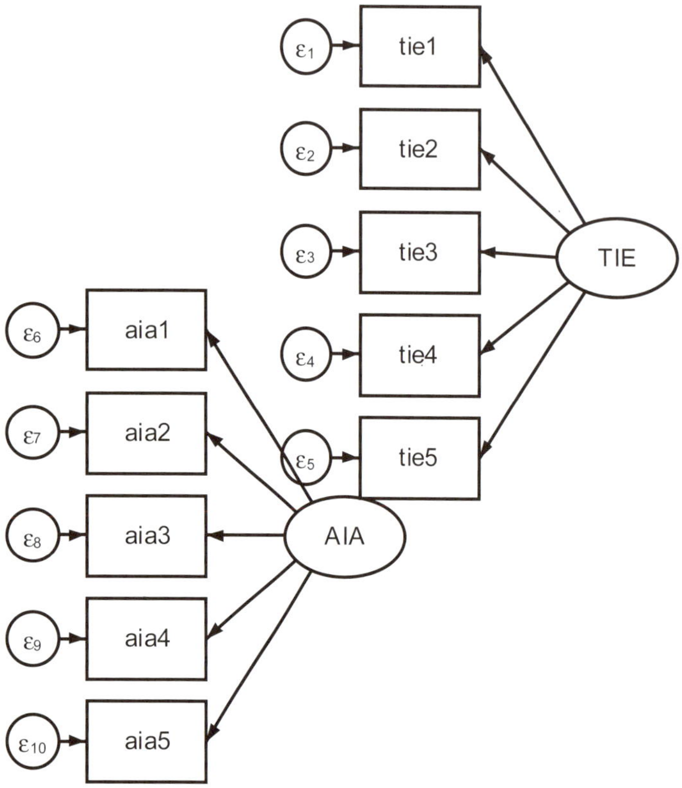

〈그림 4-6〉 대화창 실행 결과

이러한 경우에 쉽게 해결할 수 있는 방법이 있는데, 방금 설정한 다이어그램(AIA)은 실제 파란색으로 표시된다. 그 그림 한가운데에 마우스를 위치하면 십자가(+) 심벌이 표시되는데 이 심벌을 드래그하여 아래 위 다이어그램과 정렬하면 된다. 이 작업은 매번 필요한 작업이며, 완성된 다이어그램은 다음과 같다(아래 그림의 캔버스는 10×9로 설정함).

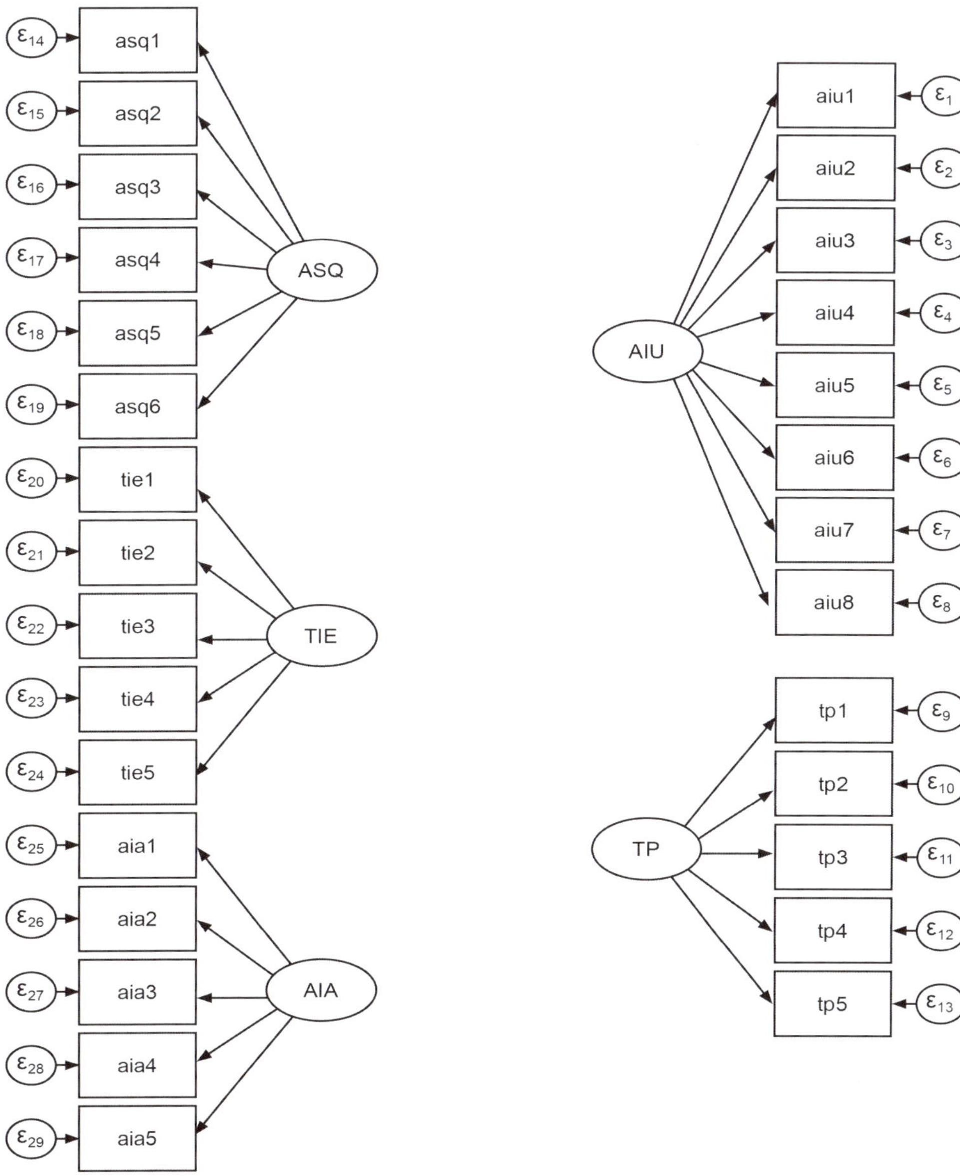

〈그림 4-7〉 대화창 실행 결과

그런데 문제는 추정(Estimate)을 하려면 잠재변수 간 또는 오차항 간 공분산 등을 설정해주어야 한다. 다만 본 절에서는 잠재변수 간 관계만을 설정하며, 아래 그림과 같다. 변수의 설정은 위 그림 좌측 위에서 네 번째가 인과관계 설정에 사용되고, 그 아래 심벌은 공분산 설정을 위해 사용된다.

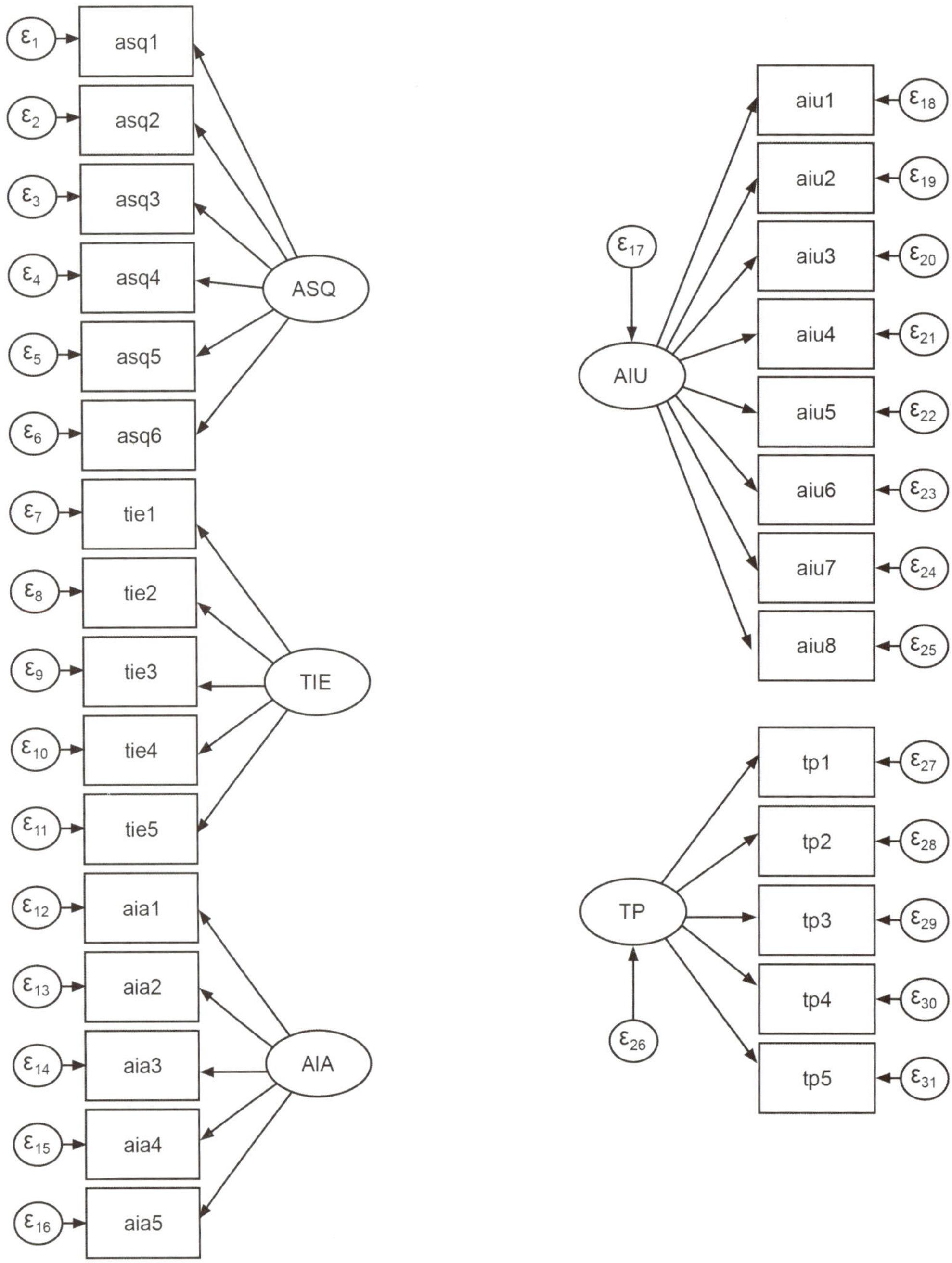

〈그림 4-8〉 대화창 실행 후 경로 지정

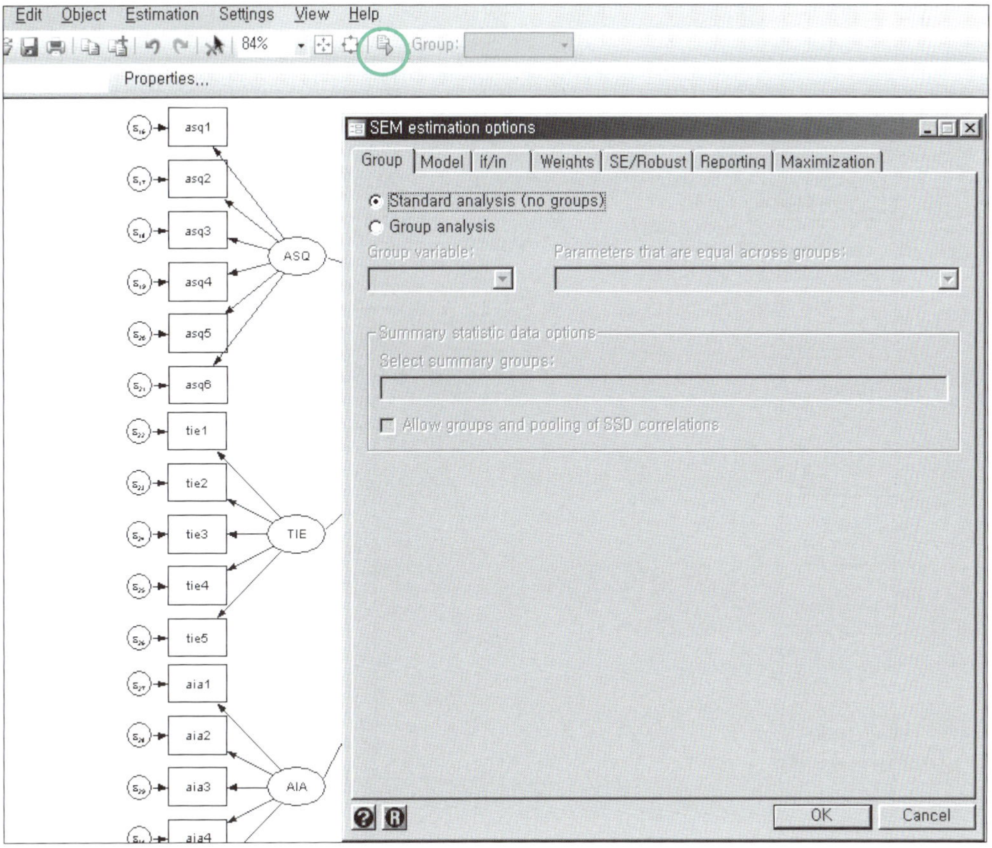

〈그림 4-9〉 경로지정 후 추정(estimate)

위 그림에서 [아이콘]를 클릭하면 추정 단계에 들어가게 된다. 일반적으로 Standard analysis를 적용하는데, 만약 그룹을 적용하려면 Group analysis를 선택하면 된다. 또한 모델설정을 변경하려면 Model 탭을 적용하면 되는데, 일반적으로 최대우도법을 활용한다.

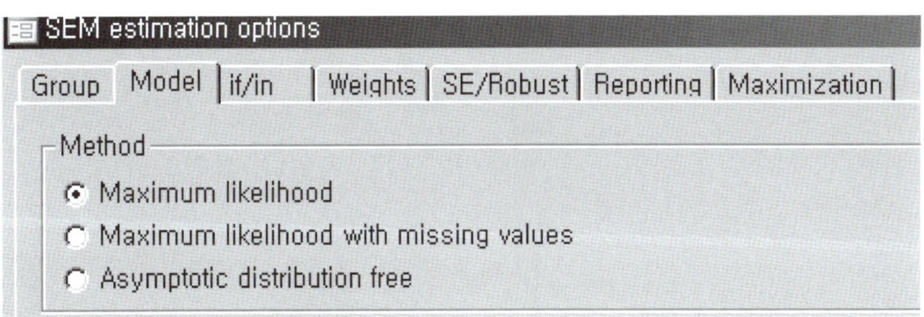

〈그림 4-10〉 Model tab 대화창

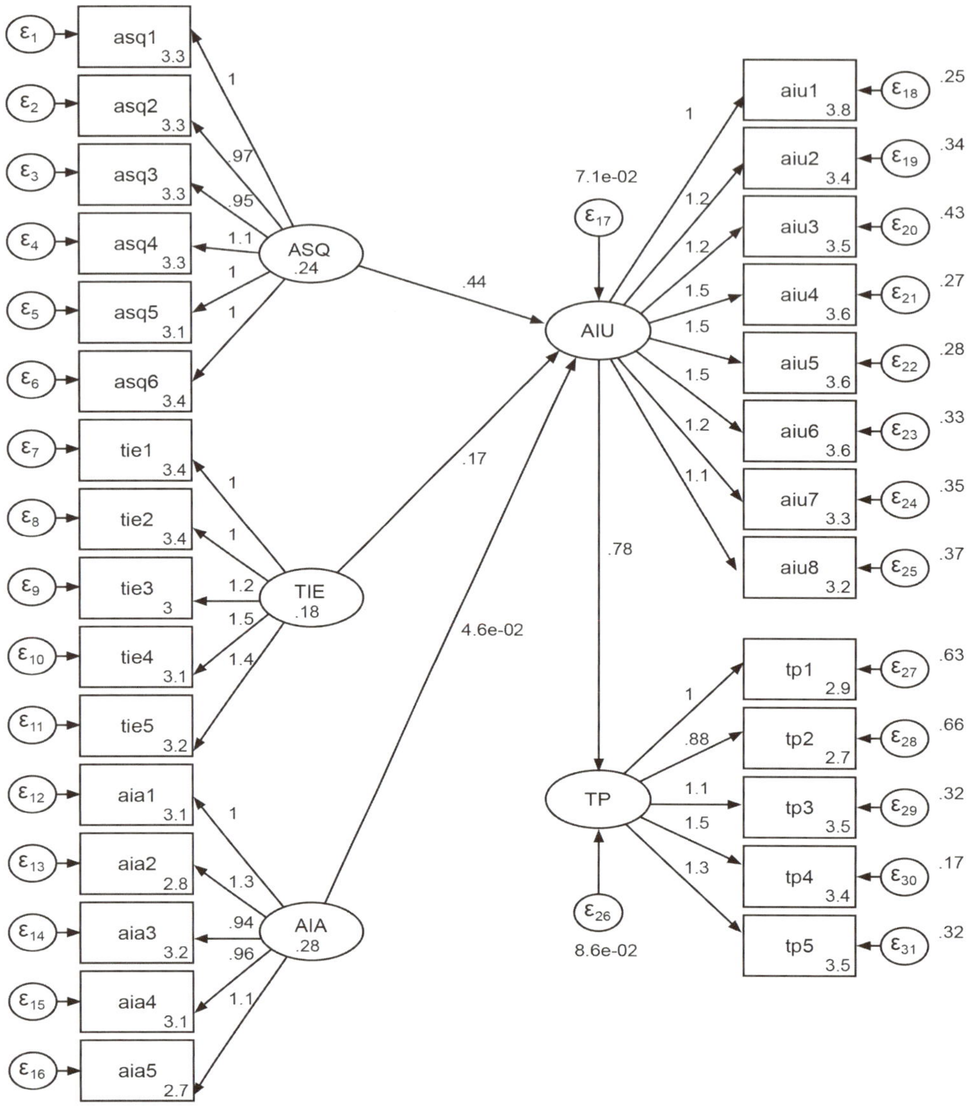

〈그림 4-11〉 추정 결과 종합 화면

지금까지 과정을 거치면 분석 과정이 완료된다. 추가적으로 이전 예제 프로그램에서와 같이 추가적인 작업이 필요하다. 다만 과정을 바꾸어 설명을 하였다. 그렇다면 지금까지의 과정을 명령어 창에서 확인해보자.

```
. sem (AIU -> aiu1) (AIU -> aiu2) (AIU -> aiu3) (AIU -> aiu4) (AIU -> aiu5) (AIU -> aiu6) (AIU -> aiu7) (AIU -> aiu8) (AIU -> TP) (TP -> t
> p1) (TP -> tp2) (TP -> tp3) (TP -> tp4) (TP -> tp5) (ASQ -> AIU) (ASQ -> asq1) (ASQ -> asq2) (ASQ -> asq3) (ASQ -> asq4) (ASQ -> asq5) (
> ASQ -> asq6) (TIE -> AIU) (TIE -> tie1) (TIE -> tie2) (TIE -> tie3) (TIE -> tie4) (TIE -> tie5) (AIA -> AIU) (AIA -> aia1) (AIA -> aia2)
>  (AIA -> aia3) (AIA -> aia4) (AIA -> aia5), covstruct(_lexogenous, diagonal) latent(AIU TP ASQ TIE AIA ) nocapslatent
(6 observations with missing values excluded;
 specify option 'method(mlmv)' to use all observations)

Endogenous variables

Measurement:  aiu1 aiu2 aiu3 aiu4 aiu5 aiu6 aiu7 aiu8 tp1 tp2 tp3 tp4 tp5 asq1 asq2 asq3 asq4 asq5 asq6 tie1 tie2 tie3 tie4 tie5 aia1
              aia2 aia3 aia4 aia5
Latent:       AIU TP

Exogenous variables

Latent:       ASQ TIE AIA

Fitting target model:

Iteration 0:   log likelihood = -8582.0316
Iteration 1:   log likelihood = -8530.4982
Iteration 2:   log likelihood = -8518.9556
Iteration 3:   log likelihood =   -8447.42  (not concave)
Iteration 4:   log likelihood = -8434.4732
Iteration 5:   log likelihood =   -8432.21
Iteration 6:   log likelihood = -8432.0213
Iteration 7:   log likelihood = -8432.0197
Iteration 8:   log likelihood = -8432.0197

Structural equation model                       Number of obs      =       287
Estimation method  = ml
Log likelihood     = -8432.0197
```

	Coef.	OIM Std. Err.	z	P>|z|	[95% Conf.	Interval]
Structural						
AIU <-						
ASQ	.4414481	.0797587	5.53	0.000	.285124	.5977722
TIE	.1667462	.0779456	2.14	0.032	.0139755	.3195168
AIA	.0461918	.0517752	0.89	0.372	-.0552858	.1476694
TP <-						
AIU	.7776124	.131656	5.91	0.000	.5195715	1.035653
Measurement						
aiu1 <-						
AIU	1	(constrained)				
_cons	3.780488	.036236	104.33	0.000	3.709467	3.851509
aiu2 <-						
AIU	1.171893	.1366078	8.58	0.000	.9041464	1.439639
_cons	3.442509	.0422689	81.44	0.000	3.359663	3.525354

〈그림 4-12〉 SEM 추정 결과

aiu3 <-						
AIU	1.164169	.1460442	7.97	0.000	.8779278	1.450411
_cons	3.484321	.045719	76.21	0.000	3.394713	3.573928
aiu4 <-						
AIU	1.479706	.1538003	9.62	0.000	1.178263	1.781149
_cons	3.644599	.0432935	84.18	0.000	3.559746	3.729453
aiu5 <-						
AIU	1.42478	.1492393	9.55	0.000	1.132277	1.717284
_cons	3.616725	.0429005	84.31	0.000	3.532641	3.700808
aiu6 <-						
AIU	1.485474	.1578713	9.41	0.000	1.176052	1.794896
_cons	3.623693	.045945	78.87	0.000	3.533643	3.713744
aiu7 <-						
AIU	1.168363	.1402711	8.33	0.000	.8934372	1.44329
_cons	3.310105	.0426488	77.61	0.000	3.226514	3.393695
aiu8 <-						
AIU	1.112998	.1390808	8.00	0.000	.8404051	1.385592
_cons	3.209059	.0424979	75.51	0.000	3.125765	3.292354
tp1 <-						
TP	1	(constrained)				
_cons	2.891986	.0525438	55.04	0.000	2.789002	2.99497
tp2 <-						
TP	.8758635	.1572926	5.57	0.000	.5675758	1.184151
_cons	2.672474	.0523759	51.02	0.000	2.569819	2.775129
tp3 <-						
TP	1.088785	.1631018	6.68	0.000	.7691112	1.408459
_cons	3.533101	.0421597	83.80	0.000	3.45047	3.615733
tp4 <-						
TP	1.493359	.2088851	7.15	0.000	1.083951	1.902766
_cons	3.407666	.0429351	79.37	0.000	3.323514	3.491817
tp5 <-						
TP	1.328599	.1967691	6.75	0.000	.9429388	1.714259
_cons	3.456446	.0459239	75.26	0.000	3.366437	3.546455

〈그림 4-12〉 SEM 추정 결과 (계속)

asq1 <-						
ASQ	1	(constrained)				
_cons	3.25784	.0419452	77.67	0.000	3.175629	3.340051
asq2 <-						
ASQ	.9695537	.119008	8.15	0.000	.7363024	1.202805
_cons	3.324042	.0498713	66.65	0.000	3.226296	3.421788
asq3 <-						
ASQ	.954201	.1125753	8.48	0.000	.7335576	1.174844
_cons	3.30662	.0460955	71.73	0.000	3.216275	3.396966
asq4 <-						
ASQ	1.058182	.114555	9.24	0.000	.833658	1.282705
_cons	3.25784	.0455527	71.52	0.000	3.168558	3.347121
asq5 <-						
ASQ	1.031095	.1178656	8.75	0.000	.800083	1.262108
_cons	3.094077	.0470654	65.74	0.000	3.00183	3.186323
asq6 <-						
ASQ	1.00333	.115961	8.65	0.000	.7760503	1.230609
_cons	3.407666	.0486937	69.98	0.000	3.312228	3.503103
tie1 <-						
TIE	1	(constrained)				
_cons	3.439024	.0438918	78.35	0.000	3.352998	3.525051
tie2 <-						
TIE	1.01839	.1348811	7.55	0.000	.7540283	1.282752
_cons	3.351916	.0461533	72.63	0.000	3.261458	3.442375
tie3 <-						
TIE	1.239499	.1509999	8.21	0.000	.9435451	1.535454
_cons	3.031359	.0455258	66.59	0.000	2.94213	3.120588
tie4 <-						
TIE	1.516827	.1804694	8.40	0.000	1.163114	1.870541
_cons	3.094077	.0473227	65.38	0.000	3.001326	3.186827
tie5 <-						
TIE	1.420187	.1696541	8.37	0.000	1.087671	1.752702
_cons	3.15331	.0463892	67.98	0.000	3.062389	3.244231
aia1 <-						
AIA	1	(constrained)				
_cons	3.114983	.0434082	71.76	0.000	3.029904	3.200061
aia2 <-						
AIA	1.34223	.105689	12.70	0.000	1.135083	1.549377
_cons	2.84669	.0508823	55.95	0.000	2.746962	2.946417
aia3 <-						
AIA	.9399404	.0963385	9.76	0.000	.7511203	1.12876
_cons	3.156794	.0454225	69.50	0.000	3.067768	3.245821

〈그림 4-12〉 SEM 추정 결과 (계속)

aia4 <-						
AIA	.9600291	.0985405	9.74	0.000	.7668932	1.153165
_cons	3.10453	.0458111	67.77	0.000	3.014742	3.194318
aia5 <-						
AIA	1.050358	.1056618	9.94	0.000	.843265	1.257452
_cons	2.74216	.0491425	55.80	0.000	2.645843	2.838478
Variance						
e.aiu1	.2534977	.023042			.2121304	.302932
e.aiu2	.343376	.0320658			.2859443	.4123429
e.aiu3	.4327257	.0389682			.36271	.5162568
e.aia4	.3414897	.0341538			.2807019	.4154415
e.aia5	.3808853	.037794			.3135683	.4626539
e.AIU	.0713561	.0149645			.0473065	.1076322
e.TP	.0858183	.0241657			.0494185	.149029
ASQ	.2383128	.0398322			.1717416	.3306885
TIE	.1778335	.0381247			.1168233	.2707059
AIA	.2829953	.0430748			.2099991	.3813652
Covariance						
ASQ						
TIE	0	(constrained)				
AIA	0	(constrained)				
TIE						
AIA	0	(constrained)				

LR test of model vs. saturated: chi2(373) = 1481.05, Prob > chi2 = 0.0000

〈그림 4-12〉 SEM 추정 결과 (계속)

지금까지 구조방정식을 수행하였다. 두 가지 방법 중 연구자의 편의에 따라 선택하면 된다. 먼저 syntax(sem)를 입력하여 추정하는 방법과 builder(db sem)를 활용하여 모형을 구축한 후 추정하는 방법이 있다. 추가적으로 최적의 모형을 선택하기 위해 다양한 기법 등을 반복하여 적용할 필요가 있다. 그 예는 estat mindices, estat teffect, estat gof 등을 수행하면 된다.

참고문헌

배득종 · 정성호. (2013). 통계학헤드스타트. 서울: 박영사.

정성호. (2016). STATA 친해지기. 서울: 박영사.

정성호. (2013). STATA를 활용한 사회과학통계. 서울: 박영사.

Kline, R. B. (1988). STRUCTURAL EQUATION MODELING. The Guilford Press.

StataCorp. (2015). STATA STRUCTURAL EQUATION MODELING REFERENCE MANUAL RELEASE 14.

Wooldridge, Jeffrey M. (2015). *Introductory econometrics: a modern approach.* Fifth Edition. Cengage Learning.

찾아보기

[한글]